企业 e-learning 实战攻略

主　编　王效俐

副主编　王建刚

罗　峰

杨　政

上海科技教育出版社

图书在版编目(CIP)数据

企业 e-learning 实战攻略/王效俐主编 . —上海：
上海科技教育出版社,2010.4

ISBN 978 - 7 - 5428 - 4986 - 1

Ⅰ.①企… Ⅱ.①王… Ⅲ.①计算机应用—企业
管理 Ⅳ.①F270.7

中国版本图书馆 CIP 数据核字(2010)第 061771 号

企业 e-learning 实战攻略

主　　编：王效俐
副 主 编：王建刚　罗　峰　杨　政
责任编辑：赵忠卫
封面设计：汤世梁

出版发行：上海世纪出版股份有限公司
　　　　　上 海 科 技 教 育 出 版 社
　　　　　(上海市冠生园路 393 号　邮政编码 200235)

网　　址：www. ewen. cc
　　　　　www. sste. com

经　　销：各地 新华书店
印　　刷：常熟文化印刷有限公司
开　　本：787×1092　1/16
字　　数：535 000
印　　张：22
版　　次：2010 年 4 月第 1 版
印　　次：2010 年 4 月第 1 次印刷
书　　号：ISBN 978 - 7 - 5428 - 4986 - 1/G·2824
定　　价：78.00 元

内 容 提 要

    本书是一本介绍企业 e-learning 基础和实际应用的读物。作者通过梳理散见于网络、杂志等各种媒体的 e-learning 文献,结合作者多年的 e-learning 实施经验,对 e-learning 的概念、软件系统、实施推广及未来发展等做了一个全景式的描述。本书第一章阐述 e-learning 的定义、框架、应用领域以及国内外发展进程。第二、三、四、五章分别论述学习管理系统、知识管理系统、虚拟教室系统和在线考试系统等 e-learning 主要软件系统。第六章讨论 e-learning 的电子课件制作。第七章介绍 e-learning 的最佳应用。第八章主要介绍 e-learning 的实施。第九章就 e-learning 的推广和评估进行了阐述。第十章对 e-learning 未来的发展进行了探索和展望。最后专门用一章的篇幅对几家已经实施了 e-learning 的典型企业做了案例分析。

    本书的读者对象为企业领导者、人事和信息部门主管、e-learning 系统实施、咨询、服务等相关从业人员。本书可用作企业培训管理人员和 e-learning 系统实施人员的培训教材,也可用作普通高校教育技术专业、信息管理专业和高职、高专相关专业教学参考书。

序

　　随着 Internet 的迅速发展和全球对终身教育需求的增长，e-learning 这种基于 Internet 以异步教育方式为主要特征，可以满足随时随地进行学习的新的学习方式开始出现。自 20 世纪 90 年代末以来，e-learning 在世界范围得到飞速发展。从北美到欧洲，进而发展到亚洲，许多著名企业开始采用 e-learning 的方式进行企业员工培训。据 Global Industry Analysts 公司的一份报告称：2007 年美国的 e-learning 市场已经达到了 175 亿美元，其中有 60％是属于企业 e-learning 的份额。欧洲的企业 e-learning 市场占整个 e-learning 市场的 15％。据估计，亚洲 e-learning 市场的年增长率在 25％～30％之间，全球 e-learning 的市场增长率在 15％～30％。据美国培训与发展协会（ASTD）预测，到 2010 年，雇员人数超过 500 的公司 90％都将采用 e-learning 培训。

　　中国的 e-learning 开展得比较晚，作为一种新的学习方式，起初主要应用于各种网络教学和远程教育。近几年，企业才开始采用 e-learning 方式进行培训，但发展十分迅猛。

　　e-learning 的兴起引发了新的学习革命，特别是在企业中，如何充分发挥 e-learning 优势，利用 e-learning 方式进行企业知识构建和传播，推动建立学习型组织，已经成为企业发展进程中新的课题。如何指导企业正确有效地实施 e-learning，是企业培训部门、技术部门和决策部门需要正视和思考的问题。

　　编写本书的初衷就是让企业在导入和实施 e-learning 时减少搜寻成本，了解 e-learning 的基本概念和实际运用，将理论与实践结合起来，对推动 e-learning 的发展起一定的帮助作用。本书有如下几个特点：

　　一是力求通俗化。 e-learning 概念尚未十分普及，对大部分人来说，实施和应用 e-learning 时遇到的新名词新理论较多，操作方法也较为复杂，因此，本书尽量用通俗易懂的语言来写作，凡碰到技术名词，尽量予以解释。并在书后附录中列出了术语表，方便读者查阅。

　　二是力求可操作性。 在介绍 e-learning 相关的软件系统时，不拘泥艰难的技术实现，主要侧重在如何使用上，尽量从用户角度去看待技术问题。

　　三是力求具有查询和帮助功能。 在 e-learning 系统选型、相关软件的部署上，给出相应的建议，这些都是实际项目实施过程中的经验总结，读者可以在其中找到自己企业目前状态下可以借鉴的部分。

　　本书的附录部分给出了部分 e-learning 服务供应商的联系方式，方便需要新上 e-learning 的企业查询和联系。

四是力求知识的完备性。在介绍各个相关概念时，尽量扩大介绍面，让读者对某个问题有全面的了解而不需要去查阅其他工具书。这样，本书的知识点涵盖十分广泛，虽嫌有些泛泛，但是对初次接触 e-learning 的读者来说，是比较方便的。

除此之外，本书还有如下两个亮点：

1. 本书对企业实施 e-learning 的导入时机分析是一大亮点。书中对企业的技术基础、企业的文化基础、管理基础、企业规模和分支机构、企业发展和成长速度、行业竞争程度、客户服务以及产品更新特点等多个维度进行了深入分析，便于那些需要实施和准备实施 e-learning 的企业对照自己的企业实际情况，从技术、文化、管理等角度深入思考。

2. 本书提出的"学习营销"（Learning Marketing）概念也是一大亮点。书中将 e-learning 与企业的市场营销业务进行结合，为 e-learning 将来的发展做出了一些探索。并对 e-learning 与电子商务、e-learning 与 ICT 的发展、与 IBM 公司倡导的 SSME 的关系进行了讨论，结合目前国内外新兴学科热点进行探究，对发展服务型经济，更好地认识 e-learning 本质有很好的指引作用。

学习知识与呼吸空气一样，已经变成现代人生活的一种习惯。如何让学习更有效率呢？e-learning 提供了一个不错的选择，在网络化数字化手段支持下，人们可以从世界各地高效地汲取所需知识。我们有理由相信，e-learning 将会为人类学习带来全新的变革。

主编　王敏娟
2009 年 12 月于同济大学

前　言

随着 e-learning 产业的日渐成熟，近年来，众多中国企业已经开始着手实施 e-learning。在这一过程中，企业遇到了一系列困惑：到底该不该上 e-learning？为什么很多企业花了很多的时间、精力和不菲的代价上了 e-learning，却没有收到理想的效果？当企业花费了大量的时间和精力导入 e-learning 后，企业如何知道其绩效？由于对整个培训体制变革所需投入的人力、物力的担心，和受根深蒂固传统培训观念的影响，使一些企业裹足不前。

目前，国内只有一些零散的文章介绍 e-learning，没有一本比较系统和专业的图书。有关企业 e-learning 实施和使用等知识，则分散于供应商、客户的个别部门甚至是个别人的脑海中，没有成体系的介绍。

正是基于这种背景条件，本书作者通过梳理散见于网络、杂志等各种媒体的 e-learning 文献，结合多年的 e-learning 实施经验，对 e-learning 的概念、软件系统、实施推广及未来发展等做了一个全景式的描述。

全书共分十一章。第一章阐述了 e-learning 的定义、框架、应用领域以及国内外发展进程。第二、三、四、五章分别论述了学习管理系统、知识管理系统、虚拟教室系统、在线考试系统等 e-learning 主要软件系统。第六章讨论了 e-learning 的电子课件制作。第七章介绍了 e-learning 的最佳应用。第八章主要介绍了 e-learning 的实施。第九章就 e-learning 的推广和评估进行了阐述。第十章对 e-learning 未来的发展进行了探索和展望。最后专门用一章的篇幅对几家已经实施了 e-learning 的典型企业做了案例分析。

本书的主要读者对象是企业领导者、人力资源与信息技术支持部门主管和管理人员、e-learning 咨询服务机构、e-learning 系统各部门和相关从业人员。本书可用作企业人力资源和培训管理人员及 e-learning 系统实施人员的培训教材，也可用作普通高校教育技术、信息管理专业和高职、高专相关专业教学参考书。

作者及分工：

王效俐：同济大学经济管理学院教授、德国洪堡学者。领衔主持编写，负责全书审稿、统筹。

王建刚：同济大学管理科学研究所博士研究生，曾任汇思软件（上海）高级经理，负责撰写第一章、第二章、第五章（由肖钢提供大部分文稿资料）、第八章、第九章、第十章，以及第十一章案例选编，并负责全书统稿。

罗　峰：同济大学经济管理学院博士研究生，资深 IT 工程师，上海证券交易所高级经理，负责撰写第三章，并担任全书技术部分的审核。

杨　政：管理学博士，公安部消防局副研究员，负责撰写第四章。

王巧宁：毕业于北京师范大学教育技术专业，有多年 e-learning 从业经验，负责撰写第六章、第七章。

本书的编写集合了作者及 e-learning 业界多位理论与实践工作人员的研究成果和亲身

实践，没有大家的悉心指导和努力探究，本书很难有现在这样的面貌。

感谢平安金融培训学院教研二部副总经理陈劲女士、汇思公司 CEO 陈兆辉先生等企业学习专家百忙中担任本书顾问。

感谢汇思公司副总裁林大伟先生、副总裁林长春先生、汇思学习顾问林友青先生、汪林涛先生、刘少逸先生等对本书提出的许多非常有价值的意见。

特别感谢业界专家《在线教育资讯》秦宇先生对本书提出的宝贵修改意见和案例支持。

感谢中国远程教育杂志社执行主编夏巍峰先生、上海汇旌网络科技发展有限公司总经理连云驰先生等 e-learning 业界专家的指教，并提供了文章和案例支持。

感谢深圳新风向科技有限公司总经理宋国光先生、副总经理肖钢先生提供的文档帮助。

感谢深圳市升蓝软件开发有限公司总经理陈忠先生、艾康(上海)信息技术有限公司总经理刘山池先生提供的技术支持。

感谢多样屋生活用品(上海)有限公司人事总监史庆新小姐提供案例方面的大力支持。

感谢上海师范大学教育技术专业研究生彭敏军先生、刘引红小姐、澳洲南十字星大学王粟小姐、上海飞机装备公司刘志广先生参与书稿资料的收集、整理工作。

感谢上海科技教育出版社资深责任编辑副编审赵忠卫先生为本书的出版做出的努力。

感谢储愿新先生为本书担任法律顾问。

本书借鉴和引用了来自《培训》杂志、《中国远程教育》(资讯版)、《在线教育资讯》等出版物上的文章，在此对所有编者和作者表示诚挚的谢意！

由于本书涉及的内容多，时间紧，限于作者的经验与水平，难免存在不足之处，衷心希望各界人士与读者批评指正。如有未联系上的作者或在参考文献中遗漏的，请随时和我们联系，以便在下一版中更正，谢谢！

同时也热忱希望各界同仁共同研究与探讨我国的企业学习与知识管理的建设与发展，作者乐意与各个实施 e-learning 的企业共同探讨如何提高组织学习效率，提供相应的咨询与建议。

欢迎联系！

E-mail：shyu808@126.com 或 08elearning @ tongji.edu.cn

编写组

2009 年 12 月

目 CONTENTS
录

6

7

第一章　e-learning 概述

随着 Internet 的迅速发展和全球终身教育需求的增长，人们已经得以通过互联网进行学习与教学。思科总裁约翰·钱伯斯曾指出："互联网应用的第三次浪潮是 e-learning。"借助各种新的科技手段，特别是计算机网络技术而兴起的 e-learning 已经深刻地改变了学习的面貌。通过现代信息技术提供的全新沟通机制和丰富学习资源，e-learning 实现了一种全新的学习方式，这种学习方式大大改变了传统教学中教与学之间的关系，提供了全新的学习体验。学生们越来越习惯用各种电子工具进行学习，而重视效率的企业也利用 e-learning 作为组织学习的手段，以培育人力资源、降低组织学习和员工培训的成本。

本章重点

- e-learning 的定义、框架和标准。
- e-learning 在教育和企业领域的不同应用。

第一节　e-learning 概念和应用领域

e-learning 作为一种新型的学习方式，已经在全社会得到了广泛的关注和应用。要了解和使用 e-learning，首先需要了解 e-learning 的由来及应用。到底什么是 e-learning？e-learning 有什么样的内涵？包含了哪些因素？本节将从 e-learning 的翻译、定义和应用等几个方面进行阐述。

一、e-learning 的译法与定义

（一）e-learning 的译法

目前，国内对 e-learning 的整体认识比较模糊，有多种叫法：在线学习、电子化学习、数字化学习、网络化学习、网络培训或在线培训等。通常把英文 e-learning 理解成 Electronic Learning，存在如表 1-1 所列几种译法。

表 1-1 e-learning 的译法

英文词汇	译法	译法的侧重点
Electronic Learning	数字(化)学习	强调学习内容数据化,如利用 CD、PC 等的学习。
	电子(化)学习	强调学习形式电子化。
	网络(化)学习	强调在 e-learning 中要把数字化内容与网络资源结合起来。

除此之外,关于 e-learning 的 e,还有如表 1-2 所列多种解释。

表 1-2 e-learning 中 e 的多种解释

e 的解释	e-learning 的译法	译法的侧重点
Exploration	探索式学习	强调 e-learning 中学习者自由探索的精神。学习者成为 e-learning环境下的主动学习者。他们可以利用 e-learning 资源进行情境探究学习、自主发现性学习,也可以使用信息工具,通过解决具体的问题,进行创新性、实践性的问题解决学习。
Engaged	沉浸式学习	强调学习者在真实的环境中建构知识和学习知识的能力,并接受挑战,促进学习形态从被动型转向投入型,提高学习效果。
Experience	体验式学习	强调的是通过深度的学习体验提高学习者的学习效果,学习者可与计算机仿真学习环境互动,深度体验和感悟学习内容。
Excitement	激情式学习	强调学习者要全身心地参与到学习中去才能产生有效的学习效果。基本理念是在 e-learning 环境中根据学习者自己的特点,组建协作团队,并使之基于一定的任务进行有意义的学习,激发学习热情,使学习效率达到最高。
Empowerment	授权式学习	强调 e-learning 能快速扩展学习者的学习能力。学习者通过不同的媒体、不同的方式进行学习,反思自己的知识建构。根据学习反馈,开拓不断深入学习的机会,与专家交流的机会,与其他学习者分享知识和发展能力的机会,平等地参与讨论和协作的机会。
Effective	有效式学习	强调转换教学理念,精心设计教学模式,采用多种教学形式和教学环节,将课程讲授、测试、协同学习、模拟学习等各种教学手段整合在一起,调整评价方法,加强 e-learning 教学管理,可以大大提升教学效果。
Enterprise	企业级学习	强调 e-learning 是一种企业级别的学习,既不局限在信息部门也不局限在培训部门。
Easy	便利式学习	强调学习是愉快之旅,是方便容易的。强调 e-learning 的易用性是企业在建设和推广 e-learning 时首要考虑的因素。

（二）e-learning 的定义

迄今为止，e-learning 还没有一个确定和统一的定义。e-learning 发端于美国，美国教育部 2000 年度《教育技术白皮书》里对 e-learning 进行了阐述，具体有如下一些说法：

（1）e-learning 指的是通过互联网进行的教育及相关服务。

（2）e-learning 提供给学习者一种全新的方式进行学习，提供了学习的随时随地性，从而为终身学习提供了可能。

（3）e-learning 改变教学者的作用和教与学之间的关系，从而改变教育的本质。

（4）e-learning 能很好地实现某些教育目标，但不能代替传统的课堂教学，不会取代学校教育。

美国培训与发展协会（ASTD）2001 年对 e-leaning 作了一些界定：

（1）电脑化学习（Computer-Based Learning，CBL）：是指学习的内容储存在光碟或磁片内，通过独立的个人电脑来学习。

（2）网络化学习（Web-Based Learning，WBL）：通过互联网或企业内部网络来学习，相当于在线学习（Online Learning）。

（3）电子化学习（e-learning）：包括电脑化学习、网络化学习、虚拟教室等。其定义泛指所有通过电子媒体进行的学习。

（4）远距离学习（Distance Learning）：除了利用电子式的媒介之外，还包括文件式函授与空中教学等。

美国学者沃恩·沃勒（Vaughan Waller）和吉姆·威尔逊（Jim Wilson）给出的定义是：e-learning 是一个将数字化传递的内容同学习支持和服务结合在一起而建立起来的有效学习过程。他们对此定义作解释时，特别强调了三个要求：

一是有效学习。强调的是学生在利用网络进行学习的时候可以分为有效学习和无效学习两种情况。比如，学生把所有的时间都花在了浏览商业网站和各种娱乐新闻方面，这样的学习过程就是无效的。

二是结合。强调的是内容和学习支持服务两个方面的结合，两者缺一不可。也就是说，在开展各种 e-learning 教学活动的时候，除了要注意教学内容，还要注意应用适当的技术为学习者提供学习上的支持和各种服务，以提高学习效率。

三是内容的数字化传递。就是说，e-learning 是采用数字化的技术来传递各种内容的。这又区别于幻灯投影、模拟电声电视技术。

美国 e-learning 专家罗森伯格（Rosenberg）认为：e-learning 是利用网络技术传送强化知识和工作绩效的一系列解决方案。他指出，e-learning 要基于三大基本标准：第一，e-learning 互联成网，能即时更新、储存、利用、分配和分享教学内容或信息；第二，e-learning 利用标准的网络技术，通过电脑传送给终端学员；第三，e-learning 注重的是最宏观的学习，是超越传统培训模式的学习解决方案。

中国的 e-learning 学者郑世良认为：所谓 e-learning 就是指在线学习或网络化学习，即在教育领域建立互联网平台，学生通过 PC 上网，通过网络进行学习的一种全新的学习方式。这种学习方式离不开由多媒体网络学习资源、网上学习社区及网络技术平台构成的全新的网络学习环境。在网络学习环境中，汇集了大量数据、档案资料、程序、教学软件、兴趣讨论组、新闻组等学习资源,形成了一个高度综合集成的资源库。这些资源允许成千上万的学习者同时使用,没有任何限制,而且所有成员都可以发表自己的看法,将自己的资源加入到网络资源库中,供大家共享。

北京师范大学知名教授何克抗对 e-learning 给出定义为:e-learning 是指主要通过互联网进行的学习与教学活动,它充分利用现代信息技术所提供的、具有全新沟通机制与丰富资源的学习环境,实现一种全新的学习方式;这种学习方式将改变传统教学中教学者的作用和师生之间的关系,从而根本改变教学结构和教育本质。

综合以上观点,本书给出的 e-learning 的定义为:e-learning 是利用网络与信息等现代科技手段将学习和学习技术进行结合,不断提高学习效率的一种全新的学习方式。

首先,e-learning 是各种科技手段在学习中的应用。不断丰富和发展的现代科技手段都会充实到 e-learning 的运用中去,目前最流行的是计算机和网络技术,其他如移动数字技术等也会随着技术的成熟引入到 e-learning 中。

其次,e-learning 的目的是提高学习效率。人类社会的智力进化已经到了一个很高的层面,学习已经成为人类生存和发展的必须,提高学习效率将使人类的智力进一步向更高级的层面进化。

e-learning 的应用目的在于通过先进的技术帮助人们更好地进行知识、技能以至态度理念的传播,提高学习者的学习能力和创新能力。从这个意义上说,e-learning 真正体现了人格化的人本主义。人本主义认为,自我实现是促使人成长和发展的最大驱动力。而e-learning 充分实现了个性化学习,为学习者提供了丰富的学习资源。学习者可在任何时间从互联网上选择学习资源,按照自己的方式和速度开展学习。数字化的学习采用多种创设情境、协作学习、会话交流的认知工具和多媒体传播手段,充分体现了学习者的主体性和自我实现。

e-learning 可以有广义和狭义两种理解,对 e-learning 的不同译法和解释主要是由于对e-learning 广义和狭义概念的不同理解造成的。

从广义上理解,e-learning 即数字化学习,是指在由通信技术、微电子技术、计算机技术、人工智能、网络技术、多媒体技术等技术所构成的电子化环境中进行的学习,只要是基于电子技术的学习都可以称之为 e-learning。广义的 e-learning 概念主要指通过各种电子化媒介进行的学习活动。具体是指运用电子技术和信息技术把教育内容转变为电子化、网络化形式进行的学习行为。应用形式包括基于录音带和录像带的学习、基于计算机的学习、基于光盘的学习、基于卫星电视的学习,也包括目前的基于互联网和企业内部网的学习及基于数字多媒体技术的虚拟学习教室和基于手机、PDA 等数字终端的多种学习模式。一般将广义的 e-learning 称为电子化学习。

从狭义上理解,e-learning 专指在线学习或网络学习。即通过网络平台让学习者利用计算机进行学习,不包含光盘学习、卫星电视等其他的电子传播手段。狭义的 e-learning 概念专指基于互联网(包括企业内部网)的学习。这种学习方式强调利用信息网络技术以及现代多媒体技术,构建全新的网络学习环境和网上虚拟学习社区。由于互联网在人们学习领域中已经成为重要的角色,因此,一般将狭义的 e-learning 也称为网络化学习。

目前学术界和业界流行的 e-learning 说法大多是狭义的概念。因此,如无特殊说明,本书后面提到的 e-learning 一般均为狭义的概念。

二、e-learning 基础理论

e-learning 源自科技的发展和学习理论的丰富，了解这些理论和技术背景对深入理解 e-learning 的本质、进行 e-learning 项目设计等有重要启示作用。

（一）建构主义

建构主义（Constructivism）也译作结构主义，其最早提出者可追溯至瑞士的皮亚杰（J. Piaget）。在皮亚杰理论的基础上，科尔伯格在认知结构的性质与认知结构的发展条件等方面作了进一步的研究。斯腾伯格和卡茨等人则强调了个体的主动性在建构认知结构过程中的关键作用，并对认知过程中如何发挥个体的主动性作了认真的探索。维果斯基创立的文化历史发展理论则强调认知过程中学习者所处社会文化历史背景的作用。在此基础上以维果斯基为首的维列鲁学派深入地研究了"活动"和"社会交往"在人的高级心理机能发展中的重要作用。所有这些研究都使建构主义理论得到进一步的丰富和完善，为实际应用于教学过程创造了条件。

建构主义源自关于儿童认知发展的理论。由于个体的认知发展与学习过程密切相关，因此利用建构主义可以比较好地说明人类学习过程的认知规律，即能较好地说明学习如何发生、意义如何建构、概念如何形成，以及理想的学习环境应包含哪些主要因素等等。总之，在建构主义思想指导下可以形成一套新的比较有效的认知学习理论，并在此基础上实现较理想的建构主义学习环境。

建构主义因其倡导的本质要求，天然地成为了 e-learning 的基础理论。何克抗教授指出，建构主义所强调的"以学生为中心"、让学生自主建构知识意义的教育思想和教学观念，对多年来统治我国各级各类学校课堂的传统教学结构与教学模式是极大的冲击。除此以外，还因为建构主义理论本身是在 20 世纪 90 年代初期，伴随着多媒体和网络通信技术的日渐普及而逐渐发展起来的。可以说，没有信息技术就没有建构主义的"出头之日"，就没有今天的广泛影响，所以这种理论"天生"就对信息技术"情有独钟"，它可以对信息技术环境下的教学（也就是信息技术与各学科课程的整合）提供最强有力的支持。

雷兰（Relan）和格兰尼（Gillani）在 1997 年也指出，Web 中的教学是在合作学习环境下，基于建构主义的一种认知教学策略全部内容的应用，以便能利用互联网的各种特性和资源。

建构主义学习理论的基本内容可从"学习的含义"（即关于"什么是学习"）与"学习的方法"（即关于"如何进行学习"）这两个方面进行说明。

1. 关于学习的含义

建构主义认为，知识不是通过教学者传授得到，而是学习者在一定的情境即社会文化背景下，借助其他人（包括教学者和学习伙伴）的帮助，利用必要的学习资料，通过意义建构的方式而获得。由于学习是在一定的情境即社会文化背景下，借助其他人的帮助即通过人际间的协作活动而实现的意义建构过程，因此建构主义学习理论认为"情境"、"协作"、"会话"和"意义建构"是学习环境中的四大要素或四大属性。

2. 关于学习的方法

建构主义提倡在教学者指导下的、以学习者为中心的学习。也就是说，既强调学习者

的认知主体作用,又不忽视教学者的指导作用。教学者是意义建构的帮助者、促进者,而不是知识的传授者与灌输者。学习者是信息加工的主体、是意义的主动建构者,而不是外部刺激的被动接受者和被灌输的对象。学习者要成为意义的主动建构者,就要求学习者在学习过程中从以下几个方面发挥主体作用:

(1) 要用探索法、发现法去建构知识的意义。

(2) 在建构意义过程中要求学习者主动去搜集并分析有关的信息和资料,对所学习的问题要提出各种假设并努力加以验证。

(3) 要把当前学习内容所反映的事物尽量和自己已知事物相联系,并对这种联系加以认真思考。"联系"与"思考"是意义构建的关键。如果能把联系与思考的过程与协作学习中的协商过程(即交流、讨论的过程)结合起来,则学习者建构意义的效率会更高、质量会更好。协商有"自我协商"与"相互协商"(也叫"内部协商"与"社会协商")两种。自我协商是指自己和自己争辩什么是正确的;相互协商则指学习小组内部相互之间的讨论与辩论。

教学者要成为学习者建构意义的帮助者,就要求教学者在教学过程中从以下几个方面发挥指导作用:

(1) 激发学习者的学习兴趣,帮助学习者形成学习动机。

(2) 通过创设符合教学内容要求的情境和提示新旧知识之间联系的线索,帮助学习者建构当前所学知识的意义。

(3) 为了使意义建构更有效,教学者应在可能的条件下组织协作学习(开展讨论与交流),并对协作学习过程进行引导使之朝有利于意义建构的方向发展。引导的方法包括:提出适当的问题以引起学习者的思考和讨论;在讨论中设法把问题一步步引向深入以加深学习者对所学内容的理解;要启发、诱导学习者自己去发现规律、自己去纠正错误、自己去补充认识的片面。

总之,建构主义影响广泛,内容也十分丰富,除这里介绍的以外,本书还将在不同章节中就建构主义的一些原理、方法做简要介绍。

(二) 教育技术学

在高校的专业设置中,教育技术学无疑是与 e-learning 关系最密切的专业。虽然信息管理、企业管理等专业也提供了 e-learning 的使用和实施方面的相关课程和研究,但是教育技术专业本来就是专门研究如何利用技术来促进教学的学科。

教育技术学研究的直接指向是教学资源的开发和学习过程的改善。社会的发展、知识的更新和方方面面环境的变化,要求教育技术领域不断地对智慧的、知识的、技术的、环境的各类硬、软件资源进行研究、设计和开发。还要求它研究如何将已开发的各类资源,应用到人们的学习过程之中。比如,如何制作课件来提高教学效率;如何利用互联网及其网上的"知识海洋"进行自主的、更有成效的学习。同时,还要进一步研究各类学习过程的组织、管理和评价。可见,教育技术学是一门需要多学科理论支持的、实践性极强的学科。

国内开设了这个专业的高校有 130 多所,主要是一些师范大学,如南京师范大学、北京师范大学、首都师范大学、华东师范大学、华中师范大学、华南师范大学、西北师范大学、东北师范大学等。在一些综合性大学新建的相关学院,如北京大学的教育学院等也有这个专业。

不过,高校的教育技术专业尚有一些与企业 e-learning 的需要不同和脱节的地方,包括在一些专有名词上还是沿用过去的提法:如电化教育等。许多学校的专业课程设置也往往在 3D 动画、软件工具等方面倾注了过多的精力,不是将教学重点放在教学设计(ID)与实际的 e-learning 项目管理等方面。主体还是为了教育系统内部培养人才,没有把眼光放到更广阔的企业和社会用人市场。

高校教育技术专业的培养方向与企业用人市场的脱节造成了一些明显的弊端。一方面,教育技术专业毕业的学生毕业后找不到合适的工作,只能去电视台做摄制制作,去学校教计算机课程等等偏技术性的工作,以至于相当部分的师范院校缩减招生。另一方面,企业迫切需要的大量教学设计和教学技术的人才难以找到。随着企业 e-learning 应用的深入,已经有许多企业将眼光投向了教育技术专业的毕业生,有部分毕业生凭着扎实的教育技术功底已经成为企业培训部门的骨干,但与庞大的需求比起来还很不够,需要高校与企业加强交流与合作,打通教育技术专业人才的培养与就业通道。

三、e-learning 的应用领域

从广义上讲,e-learning 可应用于诸多领域。比如,在政府和事业单位,可以进行职员再教育、法律法规等培训。例如,香港警察署、深圳税务局、上海干部学习城等就是把 e-learning 应用于此类培训的例子。实际应用中,e-learning 主要有两大应用领域:教育和企业。

不论应用在哪个领域,就其共性来看,e-learning 是一种受教育的方式,包括新的沟通机制和人与人之间的交互。这些新的沟通机制是指:计算机网络、多媒体、专业内容网站、信息搜索、电子图书馆、远程学习与网上课堂等,强调 e-learning 是一种新的教学方式。在教学交互方式上一般有共同的功能,包括讨论组、个人专栏、电子白板、虚拟视频教室、新闻组、研讨室、邮件列表、社区和服务中心、即时短消息、学习者监督、进度报告等,可实现分布式组织结构管理、多级授权和多种用户角色。因此,不论是教育领域中的网络教育,还是企业 e-learning,在很多时候都是 e-learning 的一种实际运用。

国外 e-learning 的应用领域主要是企业培训,教育领域次之。企业主要用于企业员工的培训,通常由企业的培训或人力资源部门来具体操作,国外大多数的 LMS(学习管理系统)开发商和内容提供商主要是为这一领域服务的。国外 e-learning 与国内 e-learning 应用领域侧重点的不同主要原因是教育领域和企业培训的不同需求造成的。我国 e-learning 应用得最多、最大的是教育领域,即网络教育。企业 e-learning 无论在内容上还是在应用规模上,与教育领域的差别比较大,本书主要介绍我国企业领域的 e-learning 应用。

(一) 企业 e-learning 的应用特点

企业 e-learning 是构建在企业现有知识水平和企业未来核心竞争力之间的桥梁,是企业知识创新和人才创新的重要途径。通过与企业知识管理、企业工作流整合,与企业绩效以及企业决策支持深层整合,企业 e-learning 成为企业组织战略发展和企业信息化的重要组成部分。

随着学习技术的发展和信息技术的进步,e-learning 的特征还将发展变化,目前企业

e-learning有如下特点：

1. 学习的网络化

企业 e-learning 的重要特征是基于互联网或企业的内部网络，运用标准的网络技术，如TCP/IP 协议及网页浏览技术等组成的网络学习平台。

2. 学习的个性化和创新化

e-learning 体现了个性化学习和创新精神。e-learning 提供员工自助学习的环境，员工针对自己的特点和需求开展个性化学习。在 e-learning 丰富的知识海洋里，学员应学会如何准确选择所需信息，如何及时获取所需学习的知识，如何把学习到的知识用于业务，这都要求有创新思维和精神。

3. 学习的过程可管理

e-learning 不仅是创新的学习方式，也是一种创新的管理方式，更强调对学习的追踪和管理。e-learning 既可管理学习者的学习课程，记录学习过程，使之成为学习效果评估的依据，也可让公司管理者清楚地掌握学习者的学习动态和教学者的教学质量，并能灵活地调整课程项目与内容，调整培训策略。e-learning 与人力资源系统整合，可作为学员绩效考核的一项依据。

4. 学习的及时性和目的性

企业 e-learning 的基本目标是为员工的日常工作和业务提供知识支持，减少员工搜寻资料所用的时间，根据员工的当前业务提供参考数据和帮助。企业 e-learning 从内容的提供、学习进程的监控、学习效果的评估以及反馈都是以绩效为指向的，是以提高绩效为目的的。当员工在工作中需要协助时，能及时从学习网络中获取信息或知识，以解决遇到的问题，从而达到工作的高绩效。

5. 学习的非正式性

企业 e-learning 主要是指学习者自发的学习方式。学习者为了解决工作中遇到的某个问题在企业内部知识体系和课程网络上寻找解决方法，就是一种自发性的学习。因为这种学习是自发的、非组织性的，因此不能称为是接受系统性的教育。

同时，企业学员是具有一定工作经验的成人，因此，企业 e-learning 带有成人教育和职业教育的特点。e-learning 学习过程、反馈和界面风格等很多方面都要根据成人学习特点和接受能力进行针对性的设计。另外，由于企业的很多知识隐含在员工的业务经验中，因此，e-learning 的学习内容经常是以动态化、短小精悍且灵活的方式呈现，使得这种学习方式具有非正式学习的特点。

（二）企业与教育领域 e-learning 的应用区别

企业与教育领域 e-learning 的应用可以从使用目的、内容建设、功能模式、平台系统等几个方面进行分析。

1. 从使用目的上分析

企业使用 e-learning 的目的主要是给员工进行企业文化、产品知识和操作技能方面的培训和学习。企业必须快速、持续地为每个员工提供适合其岗位发展需要的培训，使全体员工不断汲取新的知识，才能适应日新月异的市场环境。企业 e-learning 更多关注技能习得所体现的绩效（Performance），关注员工学习与企业工作内容的结合，使用培训、督导、绩效考核等方式来促进员工学习。

因此，企业 e-learning 是一种学习与绩效提升的解决方案，它通过网络和计算机实现学习的全过程管理（设计、实施、评估等），使学习者获得知识、提高技能、改变观念、提升绩效，最终使企业提升竞争力。企业 e-learning 主要通过互联网（或局域网）进行企业学习与教学活动或培训活动，即在企业中建立一个学习交流的网络化平台，对企业中的员工进行有效的培训和考核，并为企业的员工提供一个良好的企业知识创建、管理和共享环境。

我国教育领域 e-learning 的应用一般是指网络教育，即网络技术在学历教育上的应用。在培训方面的应用则很少。目的是解决学历教育中大量的求学者与学校资源匮乏之间的矛盾，希望对传统的学校教育起到替代作用，很多网络教育机构具有发放文凭和证书的权力。

但实际情况是，网络教育并不如愿望那样成功。从动机上看，办学者是在教育产业化背景下，希望多招收学生来扩大收入，并通过 e-learning 方式降低办学成本；学习者则是希望借助网络教育取得一纸文凭或证书。因此，学习者一旦获得了入学的资格，后来的学习积极性就很难保证。这时候，e-learning 反而会成为教学质量的一个负面力量，因为网络教育很难像传统的课堂面授那样对学习者进行有效的学习监控。

2. 从内容建设上分析

内容建设上，企业以电子课件为主，主要解决工作中的实际问题居多。同时由于企业在实施 e-learning 项目时通常采用直接外购课程内容的方式，所以特别关注学习管理平台与课程内容之间的沟通、兼容等问题，从而也使企业 e-learning 对标准化的遵循程度高于教育领域对标准化的遵循程度。而教育领域则以系统的课程为主，主要从理论体系上对学习者进行教育和培养，比如建设一些精品课程等。

3. 从功能模式上分析

功能模式上，企业 e-learning 系统管理功能较强大，一般包括组织机构、教务、学习和教学、考试、培训班、报表等，功能基本涵盖网络课程开发和管理、培训资源管理、学习和教学过程、教务管理、考核和反馈、在线学习和离线跟踪等。满足企业建立多层、立体式课程体系的需要，提供网上培训和面授教学、在线和离线自主学习和协作学习相结合的多种学习策略，可以满足不同知识背景的员工多种学习风格的需要。它包含了员工之间的相互沟通、知识的创建、管理和共享，同时为整个学习经历的交付、评估与管理提供解决方案。企业 e-learning 功能上还有一些新的应用，例如，技能管理、岗位管理等。

目前，教育领域的 e-learning 即网络教育，在功能上并没有像企业那样强大，基本侧重于教学内容管理、教务管理等基本功能。也不需要像企业 e-learning 一样，与其他各种系统兼容与整合。但在多媒体融合、虚拟教室、虚拟技术、虚拟社区、资源库等方面，教育领域的 e-learning 系统应用得较多。

4. 从平台技术上分析

平台技术上，企业的 e-learning 系统需要考虑与企业 HR 系统、绩效考评、财务等系统进行数据交换，这样才能满足企业庞大的分布式培训需求。还需要提供多种手段来控制网络流量，防止网络拥塞，以应对大型企业网络部署复杂的现状。

教育领域的 e-learning 系统通常需要考虑教学资源管理和调度、课程管理和分配、学习和教学过程支持、教学评估和分析支持、教务和系统管理等几个方面。由于学校开设的课程与企业培训内容不一样,不像企业统一化程度高,需要同时对大量人员进行教学与培训,因此在网络带宽、分布式内容服务器等方面,没有更多的要求。

第二节　e-learning 的组成

了解 e-learning 系统的组成和框架体系是理解和应用 e-learning 的重要一步。由于学习的需要以及学习支持技术的不断变化,e-learning 的组成和框架体系也随之不断发展、演变,实际应用中表现为一系列的软件系统的发展和变化。目前,虽然对 e-learning 系统框架体系的探讨尚没有权威的结论,但已经有不少有价值的论述。

一、e-learning 系统的框架

(一) IEEE 提出的框架

软件工程专家罗依·雷德(Roy Rada)和电子工程专家杰姆斯科·休宁(James Schoening)于 1979 年在 IEEE (Institute of Electrical and Electronics Engineer,即电子电气工程师协会)的教学技术标准制订会议上提出了一个框架,称为"学习技术系统架构",如图1-1所示。这是一个典型的 e-learning 参照模型,这个模型实际上是由 IEEE 的架构和参照模型工作组与其他标准化组织(AICC、IMS 和 ADL,参见本书第三节内容)共同开发的。

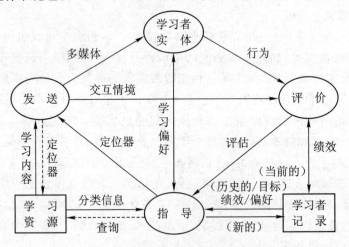

图1-1　IEEE 提出的学习技术系统架构

IEEE 提出的学习技术系统框架并未完全考虑基于互联网分布式学习的特点以及学习者之间协作学习的特征。华东师范大学甘永成博士也提出了一个 e-learning 系统框架,如图1-2 所示。这个 e-learning 框架模型描述了各种模块之间的信息流动和联系,显示了e-learning的主要过程通过学习价值链进行的交互作用。

这个框架详细表述了 e-learning 各个因素之间的联系,对理解 e-learning 有非常好的帮

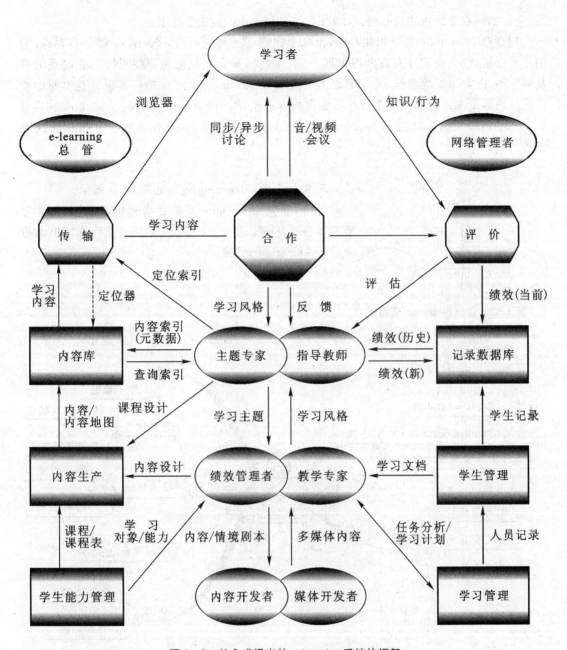

图 1-2　甘永成提出的 e-learning 系统的框架

助,不过稍微有些复杂。这个系统框架主要反映教育领域 e-learning 的应用。就目前实际情况来说,企业 e-learning 的一般应用体现在如下三个方面:

(1)建立系统平台。系统平台是指用来运行 e-learning 的各种技术平台体系,企业 e-learning 应用最基础和最广泛的是学习管理系统,其他如知识管理系统、虚拟教室系统、考试系统等也有所应用。

(2)进行内容建设。内容建设是指如何建立和丰富在系统平台上进行学习的各种资源。例如,各种电子课件、各种学习资料等资源的建设、充实等。

(3)e-learning 的实施和推广。实施和推广是指建立了系统平台和丰富了学习内容之后,企业如何在组织内实施和推广,以便实现 e-learning 的建设初衷。

与企业 e-learning 的应用相对应,市场上出现了三种主要的 e-learning 服务提供商,分别是平台提供商、内容开发商和咨询服务商。其中,平台提供商主要提供学习管理系统等基础软件,并提供课程制作、传送管理的工具软件。Sumtotal、汇思等厂商就是这类平台提供商。内容开发商主要提供学习所需要的内容或教材,如 Skill Soft 公司就是知名的内容开发商。咨询服务商主要提供与 e-learning 有关的服务,如 e-learning 建设和推广咨询服务等。

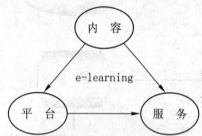

简要的企业 e-learning 应用如图 1-3 所示。

此外,企业 e-learning 还需要考虑到目标规划、学习管理等各个方面。图 1-4 是本书从企业实际出发提出的企业 e-learning 的框架。

图 1-3 企业 e-learning 应用

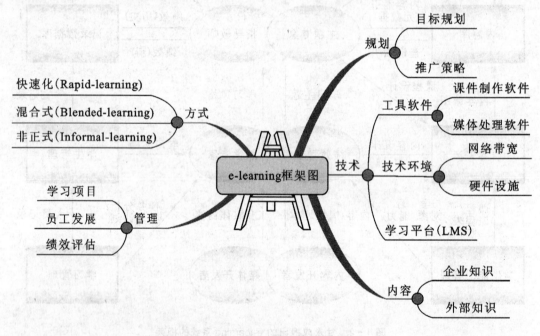

图 1-4 企业 e-learning 框架图

二、e-learning 的主要软件系统

全球权威行业研究评论机构盖特纳(Gartner Group)提出的 e-learning 系统框架包含下列六大系统:

(1)学习管理系统(LMS)。

(2)虚拟教室工具(Virtual Classroom Tools)。

(3)自学课程编辑工具(Self Authoring Tools)。

（4）现成在线教材（Off the Shelf Content）。

（5）定制在线教材（Custom Content Scenario Ability）。

（6）在线测验（Assessment）。

目前,企业 e-learning 的基本应用流程可以简单描述为:以学习管理系统（LMS）为中心,对各种储存在学习内容数据库的知识和各种学习活动进行管理。通过网页形式或者虚拟教室方式建立 e-learning 学习环境,e-learning 的各项功能界面与后台内容数据库结合,LMS 将内容数据库、学习过程及实时 e-learning 所产生的知识显示在终端上,随时将知识提供给员工,并通过在线测验系统评估学习效果。

因此本书认为,e-learning 在实际应用中表现为上述 e-learning 学习流程中的各种软件系统,也称平台,其组成主要有:学习管理系统（LMS）、知识管理系统（KMS）、虚拟教室系统（VCS）、考试系统（OES）等,如图 1-5 所示。

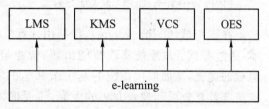

图 1-5　e-learning 的主要应用系统

（一）学习管理系统（LMS）

学习管理系统 LMS（Learning Management System）,也称为在线学习系统、在线培训系统、网络教育平台、在线教育系统等。LMS 是 e-learning 的基础管理系统。一般说来,LMS 包括以下主要功能:管理教育培训流程;计划教育培训项目;管理资源、用户和学习内容;跟踪用户注册课程和学习过程数据管理;支持课程的编目、注册、跟踪、报告;支持 SCORM、AICC 等课件标准。更复杂的还能提供技能认证等高级管理功能。LMS 负责用户登记、跟踪目录列表中的课件、记录学习者的数据,并向管理者提交报告。典型的 LMS 可以处理多个发布者的课件,一般不包括课件的制作功能,而主要提供课件管理功能。

有关 LMS 功能与应用的详细论述请见本书第二章。

（二）知识管理系统（KMS）

世界 500 强企业中的大部分都已经把知识管理理念和方法应用于企业的经营管理。许多著名的跨国公司,像 IBM、微软、英特尔等,已经取得显著成效,积累了丰富的经验。知识管理是企业在 21 世纪生存发展的必由之路。

知识管理系统 KMS（Knowledge Management System）是一套对知识管理活动的各个过程进行管理的软件系统。为了提高组织的发展和竞争能力,KMS 通过建立技术和组织体系,对组织内外部的个人、团队进行以知识为核心的一系列管理活动,包括对知识的定义、获取、存储、学习、共享、转移和创新等。目前,知识管理系统和学习管理系统正在结束分离状态,逐步走向融合。

有关知识管理的详细论述请见本书第三章。

（三）虚拟教室系统（VCS）

VCS（Virtual Classroom System）即虚拟课堂教育,是以建构主义理论为基础,一项基于互联网的同步教育模式。它有别于一般的课堂,教学者及学习者可以在世界各地通过

VOIP(Voice Over Internet Protocol,互联网协议电话)技术进行实时的交流,获取在传统课堂教育中所能获得的必要资源,包括有关的课程教材。

虚拟教室系统是利用计算机多媒体技术、网络技术、现代通信技术等构建的数字化网络教育软件平台。不同于一般的多功能教室,它解决了多媒体教室和电子阅览室无法解决的问题,能实现实时视频点播教学、实时视频广播教学、教学监控、多媒体备课与授课、多媒体个别化交互式网络学习、同步辅导、同步测试、疑难解析、BBS讨论、远距离教学等功能。

有关虚拟教室的详细论述请见本书第四章。

(四)在线考试系统(OES)

在线考试(Online Exam),指利用计算机网络进行的考试,即利用计算机及相关网络技术,通过考试管理系统实现智能出题、智能组卷、智能考务、智能阅卷和智能统计等考试全流程的优化,从而取代传统的基于纸和笔的考试方式。采用在线考试,不仅考试者可以突破传统教育资源和教育方法的限制,不受时间和空间等条件的约束,而且还大大减轻了组织者负担,提高教学效率和质量,加强考试过程中的安全性,防止泄题和作弊,快速分析考试数据等优点。

在线考试系统(Online Exam System),是用来进行在线考试管理的一套软件系统,或者称为考试管理平台。利用该系统可以有效地实现各部门及对内、对外考试资源共享,统一考试管理。在线考试系统能实现无纸化方式的网上各类考试、练习、竞赛、调查,凭借强大网络技术的数据处理、多媒体表现功能和高度管理能力,大幅度降低各类考试成本,快速实施各种考试,实现统一化管理,缩短参加考试所花费的时间,使各项数据安全备案,并将各类考试和信息化系统统一起来。

有关考试系统的详细论述请见本书第五章。

第三节　e-learning 标准和研究机构

随着 e-learning 行业的发展,e-learning 标准也越来越多。同时相关的研究也蓬勃发展起来,出现了专业的研究机构和研究人员。

一、e-learning 标准

e-learning 中有一些通用的国际标准,是在 e-learning 平台和课件建设中经常碰到的,了解和熟悉 e-learning 标准对于 e-learning 厂商的重要性不言而喻,对于普通用户而言也不无裨益。理想的 e-learning 标准应达到如下要求:

(1)支持现有的和新兴的技术和架构,鼓励创新。为学习管理、内容管理、知识管理、人力资源系统提供移动化、Web 2.0、面向服务的架构。

(2)支持多种学习方式和教学方法,如身临其境的学习环境、非正规学习、以社区为基础的学习、混合学习、协作学习等。

(3)支持多个培训和教育背景,例如,课堂和远程学习、对工作表现的支持、个人的自我学习。

（4）纳入模块化和可扩展的软件体系结构，提供个人资料和实验。

（5）方便的迁移策略，以保护现有的在系统和学习材料中的投资。

（6）建立管理规范和标准，使用公开、透明的进程。

（一）制订标准的组织

1. AICC

AICC（Aviation Industry CBT Committee）即航空工业计算机辅助训练委员会，1988 年在美国成立，在世界各地有若干分支机构。AICC 是一个有关培训技术的国际专家组织。他们为航空业的发展、传送和 CBT（计算机辅助训练）评价及相关的培训技术制定指导方针，为航空工业建立计算机辅助培训指南，建立、发布和评估应用于计算机辅助培训的相关技术，目标是建立高性价比的可持续的培训。他们发布了很多指南，包括对硬件和软件的配置要求。目前，AICC 的规范覆盖了九个主要领域，从学习物件到 LMS，主要围绕 CMI（Computer Managed Instruction，计算机管理教学）系统的互操作性提供了整体的规划，目前已提交到 IEEE/LTSC 作为规范草案，并开始影响到了各种行业。最著名的 AICC 规范有 CMI001、AICC/CMI 交互指南，目前最新版本为 V4.0。

AICC 规范提出来的初衷是为了满足航空训练的需要。飞机的寿命为 20 年，需要许多维修人员，为提高训练成效，航空业大多用计算机软件来训练维修工程师。但计算机技术的发展很快，为维持训练软件的可用性，AICC 从使用者角度提出一个 CMI 规范，希望飞航训练单位按此规范选用的软件，能够避免因计算机软硬件环境的改变而失效。这些规范主要为维持早期开发的训练软件能够持续使用并适用于网络环境而制定。虽然 AICC 主要侧重于航空工业，但它多年来制定的一些标准以及在教育方面的经验都可供其他领域借鉴。

AICC 官方网站的网址：http://www.aicc.org

2. SCORM

SCORM（the Sharable Content Object Reference Model）即可共享内容对象参考模型，是美国国防部于 1997 年启动的一个称为"高级分布式学习"（Advanced Distributed Learning，ADL）研究项目制订的一份规范。

SCORM 定义了一个网络化学习的"内容聚合模型"（Content Aggregation Model）和学习对象的"运行环境"（Run-time Environment）。简单说，它就是为了满足对网络化学习内容的高水平要求而设计的。其目的是使课程能够从一个平台迁移到另一个平台，创建可供不同课程共享的可重用构件，以及既快速又准确地寻找课程素材。

SCORM 综合了 IEEE、AICC 和 IMS 规范的部分内容，主要规范有：元数据规范、基于 XML 的课件打包规范、与运行环境相关的规范。这些规范能够比较容易被遵照执行。ADL 组织提供了一些范例，推荐了一些解决方案，并给出了详细的说明。这些都有利于平台提供商和内容开发商执行 e-learning 标准，提高内容的可重用性。

SCORM 标准从提出到现在已有多个版本，分别是 SCORM 1.0、SCORM 1.1、SCORM 1.2、SCORM 2004，应用最广泛的是 SCORM 1.2，其次为 SCORM 2004，接下来的 SCORM 主版本为 SCORM2008。

SCORM 官方网站的网址：http://www.adlnet.gov/scorm/[/url]

国内专门研究和介绍 SCORM 的网站网址：http://www.iscorm.cn

3. IMS

IMS 成立于 1997 年，是一个厂商联盟，全称为：IMS 全球学习联合公司（IMS Global Learning Consortium Inc.）。它的使命是促进学习技术的广泛使用，提高学习技术的适用性。IMS 是一个非盈利性组织，由超过 50 个成员和机构组成。这些成员来自 e-learning 行业的各个领域，包括硬件厂商、软件厂商、教育专家、出版社、政府机构、系统集成商、多媒体内容供应商以及其他组织。IMS 是一个中立机构，IMS 成员相互之间协调商业利益和各种标准，合作制定出适应实际需要的有关兼容性和可重用性的规范。

IMS 建立和发展学习技术的兼容性规范，许多 IMS 规范已经被广泛应用于 e-learning 产品和服务中。IMS 规范和相关出版物供公众免费使用。IMS 关注基于 XML（可扩展标记语言）的规范的发展。这些规范描述了课件、章节、测试、学习者和组织的主要特征。另外，XML 规范和最佳实践指南提供了一个用于描述 e-learning 元数据的结构。这些规范提供了一种方法用于描述各种学习资源，提供了一种公用的元素集合，这些元素可在不同系统和产品之间进行传递。对学习资源的描述有助于在已有的学习资源中搜索和查找，有助于学习资源的交换，有助于在学习资源的生命周期内更好地管理学习资源。

最著名的 IMS 规范有 IMS Meta-data、IMS Content Packaging 和 IMS QTI（Question and Test Interchange）。

IMS 官方网站网址：http://www.imsproject.org

（二）标准的内容

各大标准制订组织制订标准的规范主要集中在以下三个方面：

（1）交互：规定学习资源如何与 LMS（学习管理系统）等技术平台进行交互。

（2）元数据：如何按一定的格式描述学习内容。

（3）打包：如何把学习内容进行有效的打包。

1. 交互

交互指的是学习内容如何进行动态交换。当学习者开始学习一个章节时，课件需要从技术平台中提取课件的初始化数据或以往的学习记录，当学习者完成该章节的学习，需要把学习记录等相关信息提交给技术平台，技术平台负责存储和管理这些信息。学习记录可以是学习者的一次学习活动的学习时间、测试成绩、学习进度、书签等信息。

内容开发者广泛采用的交互协议是超文本 AICC 传输协议：Hypertext AICC Communication Protocol（AICC HACP）。AICC CMI 指南给出了一个数据模型，这些数据模型用于描述学习者的表现和学习记录，用于跟踪学习者每次学习活动的表现。AICC 管理着一个独立的测试实验室，该实验室负责测试、认证内容和管理系统与 AICC LAN 或 HACP 协议的兼容性。

除了 AICC 协议外，ADL SCORM 文档中所描述的运行环境（Run-time Environment）交互规范，被越来越多的厂商接受和使用。该规范即"API Communication"协议，有时候被非正式地称之为 LMS API，因为该接口中所使用的函数都被命名为"API LMS Function Name"的形式。

2. 元数据

元数据(Meta-data)指为学习内容提供标准的模型来定义其中的数据。例如，能从中找到学习者学习一门课程所要花费的时间、对内容的一个简明的描述、所使用的语言、作者等。这些信息对那些想使用该学习内容的人非常有用，在学习内容的设计、制作、发布和维护的整个流程中，这些信息可以作为固定的数据源被跟踪。

IEEE 规范中的学习对象元数据模型 LOM(Learning Object Meta-data)是应用最广泛的元数据标准，它包含在 IMS 和 ADL 的核心规范中。如果内容或程序支持 ADL 或 IMS 规范，则同时也支持 IEEE LOM 规范，不仅基于学习对象或课件，也可以用于描述诸如视频、图片甚至网页等媒体学习元素。

3. 打包

打包(Packaging)指的是集中和描述课件中的学习资源，也指对学习资源的集合过程。如 IMS 内容打包规范，可以打包多个 QTI(Question and Test Interoperability)文件成一个测试目录或者包含多个测试的课件。

目前主要的打包规范有 AICC 课件结构文件格式(Course Structure File,CSF)和 IMS 内容打包规范(Content Packaging Specification,CPS)。这些规范在 ADL SCORM 文件中得到解析和扩展。随着 e-learning 行业的成熟，也出现了一些课件制作和打包工具，这些课件制作工具能较快地制作一些课件，并能将课件按照既定的标准打包，使课件内容能与平台进行顺畅的通信。

AICC 课件结构文件包含描述课件结构的基本数据，它包含课件中的所有章节。章节在课件结构文件中出现的顺序暗示了他们在学习者面前展示的顺序，但是这一顺序并不是强制的。尽管学习者可以任意选择某一单元或章节进行学习，但是技术平台将按照章节在结构文件中的顺序依次罗列。如果开发者对章节顺序有特殊的要求，那么这些要求在课件前提条件列表中被描述。AICC 课件结构规范基于由逗号分割的 ASCII(美国信息互换标准代码)文件格式。逗号分割格式提供了一种用于区分字段和值的简单机制，这种格式也被称为表格。正因为这个原因再加上其他一些原因导致大多数厂商转而支持基于 XML 文件格式的规范，例如，在 IMS 中所描述的格式。

IMS 内容打包指南定义的 XML 文件包含三个主要部分：

(1) 元数据 Meta-data——使用 IEEE LOM 元素描述整个课件的信息。

(2) 内容列表 Table of Contents——课件中所有学习资源的章节。

(3) 资源 Resources——课件播放所需要的所有文件或 URL(统一资源定位符，也称网页地址)的完整列表。

依据 IMS 内容打包规范，发布的内容必须包含一个 imsmanifest. xml 文件，并提供相关的 DTD 和 XSD 文件，这些文件依据 IMS 和 ADL 规范规定了 manifest 文件的有效性。

（三）标准的应用

尽管标准将来会不断发展和变化，但应用 e-learning 标准已经成为大势所趋，e-learning 业者应该理解这些标准和规范的内容。这些标准和规范提供了一致的数据表现形式和数据交互机制，应用于学习项目的设计、制作、发布和维护的整个过程，是项目开发的基础。随着越来越多的厂商对标准的支持，内容将更快更容易地被广大用户使用，降低了内容对 LMS 等技术平台的依赖性，也因此给内容开发商带来好处。

国际主流内容开发商一般都同时支持 AICC 和 SCORM 规范,主流的学习平台同时支持 IMS、AICC 和 SCORM 标准。AICC 规范发布较 SCORM 早,历史较久的内容开发商支持 AICC 标准,随着 SCORM 标准的出现,这些内容开发商同时支持 SCORM 标准。新进入 e-learning 行业的内容开发商则因为 SCORM 具有良好的易用性,大都支持 SCORM 标准。从 AICC 和 ADL(SCORM 标准的制定者)网站上公布的经过各自认证的商业产品数量来看,目前 ADL 的产品数量远多于 AICC。中国大陆的内容开发商主要遵循 ADL 的 SCORM1.2 规范。

二、e-learning 的研究机构

伴随着 e-learning 的不断发展,相关的研究机构也迅速成长起来。下面简要介绍国内外一些著名的研究机构。

(一) ASTD

美国培训与发展协会(American Society for Training & Development,ASTD)成立于 1944 年,是企业培训和绩效评估领域的最大职业协会和首屈一指的资源提供者。其全球网络遍及70 000多个国内、国际分支机构,在 100 多个国家拥有 15 000 多个会员组织。ASTD 根据自己的研究分析、会员和研讨会、展览、公开课、出版物以及合作联盟的研究成果与实际经验,对外提供信息、调查结果、分析报告和应用数据,课题非常广泛。每年均召开年会,设有e-learning发展专场。

ASTD 的网址:http://www.astd.org

(二) Brandon-hall

Brandon-hall 为美国 e-learning 业内著名的专业分析机构,由 Brandon Hall 博士创办,每年都会举办全球性的 Excellence in Learning Award 竞赛。Brandon-hall 利用调查分析报告方式对企业购买 LMS、采购电子化课程、推进 e-learning 实施给出建议。每年均会针对电子学习相关产品提出研究报告,以供采购者参考,但该网站提供的报告全文需付费购买。

Brandon-hall 的网址:http://www.brandon-hall.com

(三) Bersin & Associates

Bersin & Associates 的总部位于美国加州,是一家专注于在企业学习和人才管理领域提供研究和咨询的服务机构。他们的相关研究及基于研究的服务主要用于为企业提供行动指导和帮助,提高企业运营效率,促进业务发展。

Bersin & Associates 的研究会员能够借助完整的资料库以获得专门用于指导专业人员的最佳实践、案例、标准和深度市场分析,从而做出快速准确的判断。其研究领域涵盖了计划与策略、学习计划和传递、人才管理、技术和基础构造,以及评估与分析。会员能够从深度咨询服务、专有网络广播入口、分析师现场讲解和战略培训中获益。

Bersin & Associates 的网址:http://www.bersin.com

（四）在线教育资讯网站

在线教育资讯是致力于探索和研究新的学习技术与学习方法的专业门户网站。自2000年成立以来，网站一直致力于在组织中推广国内外先进的学习技术、学习方法和学习理念，立足于学习产业发展的国际前沿，凝聚并传播专业人士的实践经验，为从业者、使用者与关注者提供相互交流沟通的服务平台。在线教育咨询网站开通了三个开源 LMS 社区：Dokeos 中文社区、OLAT 中文社区、Docebo 中文社区，为业界提供交流和学习的平台。

在线教育资讯网站的网址：http://www.online-edu.org

（五）学习港网站与 e-learning 世界网

学习港网站主要侧重教育领域的 e-learning 应用与推广，是《中国远程教育》杂志社面向社会和学习者专门提供网络教育资讯服务开发建立的专业性网站。网站服务于国内1 500万网络学习者，提供完善的网络教育资讯和社区交流平台，帮助网络求学者选择合适的网络教育。学习港网站是目前网络教育行业具有很大影响力的网络媒体。

学习港网站的网址：http://www.xuexigang.com

《中国远程教育》杂志社还通过 e-learning 世界网专门搭建了一个专业的 e-learning 研究与交流平台。主要关注 e-learning 时代的培训变革，服务于 e-learning 研究者、实践者、企业培训部门、人力资源部门，以及 e-learning 专业厂商，主旨是推进我国 e-learning 行业的整体发展。

e-learning 世界网的网址：http://www.oure-learning.com

第四节　国外 e-learning 的应用

e-learning 发端于美国，自20世纪后期就开始了 e-learning 的应用。一些主要的西方发达国家 e-learning 的应用也比较早和普遍。

一、美国

1997年美国白宫及国防部共同推动 Advanced Distributed Learning 计划，推行 SCORM 产业标准。2001年 ADL(SCORM)、IMS、MIT(OKI) 决定合作制订 e-learning 共同产业标准，这些举措促使了 e-learning 的快速发展。下面是美国一些著名企业和部门使用 e-learning 的情况。

2000年8月美国税务局与 ADL 顾问公司签约，提供 e-learning 顾问服务，金额8 800万美元。2000年12月美国陆军与普华永道(PWC)签约，建设 AUAO(Army University Access Online)计划，已上线营运，称为 eArmyU.com，预计5年内训练8万名军方学习者，金额45 000万美元。2000年美国海军建设 NavyLearning.com，提供上百门的课程给全球120万名美国海军相关人员研习使用。

MIT 麻省理工学院计划在10年内将其所有教材全部 e 化上网，民众可以通过 e-learning 免费学习所有 MIT 的课程。微软公司在 2001 年以 e-learning 的模式，提供各种教学课程给全球 450 家签约企业，共约 250 万名 MCSE、MCSD 等技术认证课程的学习者，直接在网络上学习并取得了各种微软公司的技术认证。

麦当劳的汉堡大学导入 e-learning 并建设完善的 LCMS 系统。除了提供各式在线课程之外，也可与学习评估系统结合。经过适用评估之后，麦当劳发现，运用 LMS 在线学习系统的机制，可以节省 40%～60% 的传统训练时间。

Sun 公司和 Digital Think 公司合作，提供全球 3.9 万名员工各式在线课程，例如，Java、E-commerce、E-busines 等。Sun 公司这项计划预期员工受训率可提升到 25%，却不会减低学习效果。

美国 21 世纪不动产公司运用 Centra 公司的实时在线教学及虚拟教室系统，可同时对全球 5 000 家连锁分部进行在线授课。该公司发现，通过实时学习系统，可以有效提升经纪人在实际销售上的绩效。

伊士曼柯达公司使用 THINQ Training Server，可同时向 150 个国家 8 万名左右的员工提供随时随地依个人进度进行在线学习的各种新产品以及管理性课程。

GM 与 UNex 合作，提供 8.8 万名员工以 e-learning 方式取得 MBA 学位。师资及教材则来自于 Stanford、Carnegie Mellon University、University of Chicago 等名校。

Ford 于 2001 年大规模导入 My Roadmap 计划。针对业务、财务、人力资源等部门进行在线训练约 35 万名员工，包含 800 堂实体课程、1 500 门在线课程。

美国五大会计管理顾问公司与 Cisco、IBM、Oracle、Sun 等科技公司纷纷进入 e-learning 服务市场。据美国权威培训杂志《培训》2006 年报告，与 2005 年相比，全美培训支出增长约 7%，达到创纪录的 558 亿美元。平均而言，每位受训员工花费了雇主的 1 273 美元。

e-learning 在美国正稳步走向普及。伴随着 e-learning 投资的增长，培训对象的范围也在不断扩大。目前在美国 e-learning 主要盛行于以下五大领域：

（1）面向客户和经销店的产品及服务方面的培训。

（2）面向本公司营业负责人的新产品及新服务方面的培训。

（3）面向所有员工的规章制度及评定制度方面的培训。

（4）面向新员工和管理人员的培训。

（5）在导入系统时，面向用户的培训。

二、欧洲

1996 年，欧盟推出 Learning in the Information Society 计划。从 2000 年起，欧洲就对移动学习的方式表现出极大的兴趣，先后组织了 30 多个移动学习项目，对移动学习的教学对象、教学方法、技术手段等进行探讨。2001 年 Saba 与 SUFi（苏格兰产业大学）合作，预计通过 e-learning 向各地 6.1 万名学习者提供课程。并与荷兰经济部合作 Acadoo 产业学习网站计划，通过 e-learning 每年培育 1.5 万名专业技术性员工，以解决其各产业人才需求供给不均的现象。Saba 并与挪威合作 Competency Network 计划，以产业训练为主，目标是让挪威所有国民皆可由 Competency Network 进行更有效率的学习。

欧洲视教育与培训为知识社会的主要系统，他们认为，教育与培训系统在创新方面有三个基本的作用：

（1）提供教学与价值的创新。

（2）测试培养创新的能力。

（3）传播创新文化。

信息通讯技术具有引导变革的潜能，有助于开展合作学习，能够使新创造、新设计的教学内容实现快速传播。因此，利用信息通信技术促进远程教育和电子化学习已经成为欧洲发展教育培训的主要形式。然而，真正要求教育提供者普遍掌握信息通讯技术的技能，仍然是欧洲院校在发展电子化学习中的一个问题。为此，微软公司已经决定至 2010 年为 2 000 万欧洲人提供信息技术技能培训。

近年来 e-learning 的质量问题逐渐得到重视，对数字化课程质量管理方法的研究也得到发展。为了早日结束欧盟成员国在 e-learning 质量管理与监控方面不统一的状况，在欧洲执委会政策支持下，欧洲职业训练发展中心（CEDEFOP）成立了欧洲质量监测会（EQO），对 e-learning 质量评估进行深入全面的研究。

三、韩国

在亚洲地区，韩国、日本都是 e-learning 的应用大国，而韩国在政府鼎力支援下，走在亚洲前列。韩国 e-learning 的发展，大体可分为如下几个阶段：

2000 年至 2004 年：是 e-learning 技术的积累阶段。这时期韩国进行了信息通信技术和产品（ICT，Information and Communications Technology）的大量应用，e-learning 产业主要是累积、发展及提供 e-learning 的学习教材，并且将内容发展与 ICT 产品之间进行实际的运用操作，同时建设全国性的教育资源分享系统，以及相关的电子化协助中心。

2004 年到 2005 年：是 e-learning 产业的起飞阶段。韩国政府及民间企业大量建设线上学习平台、电子化居家学习系统以及通过韩国教育广播电台（EBS）放送电子化讲堂节目等内容。

自 2006 年起，e-learning 进入到泛在学习（U-learning）阶段。这时韩国社会已经成为一个知识导向的社会，e-learning 的方向是以自我为导向的学习为主，也是个性化的学习阶段。这时期也出现了电子化教科书的领航测试版本，因为社会进入了无所不在（Ubiquitous Society）的阶段，每天的学习更是这个阶段的主要特色。

e-learning 的市场方面，2007 年韩国 e-learning 市场成长达到 6.8%，总规模从 2006 年的 16 200 亿韩元（约合人民币 89 亿元），成长到 2007 年的 17 300 亿韩元（约人民币 95 亿元）。2007 年，韩国总共有 756 家公司推行 e-learning 服务，较 2006 年成长 21.7%。在所有推行 e-learning 的公司中，有 61% 是提供 e-learning 服务的公司，产业规模很大，占整体市场规模的 63.8%，总市场规模达到 10 000 亿韩元。根据韩国知识经济部的统计资料显示，在所有新兴的韩国 e-learning 公司中，以 e-learning 服务供应商（Service Provider）的增加速度最快，其次是内容供应商（Content Provider），而新的整体解决方案供应商（Solution Provider）增加的速度最慢。

投身 e-learning 产业的就业人数同样也出现逐步增长的趋势。总人数从 2006 年的 1.9 万余人，上升到 2007 年的 2 万余人，年度增长比例约为 5.7%，平均每个 e-learning 公司的雇员数约为27.5人。有个有趣的现象,2007年韩国企业的平均劳工空缺率(Average Labor Shortage Rate)为7.1%,但是在 e-learning 产业领域,平均劳工空缺率却高达83.3%,不仅显示 e-learning 产业正处在起飞阶段,同时也显示 e-learning 专业人才相对不足的现象。

韩国政府对于 e-learning 产业的政策支持及协助,体现了官方推动 e-learning 的决心。为了支持 e-learning 产业的成长,韩国政府以补助80%～100%训练费用的方法,鼓励企业采用 e-learning 作为员工教育训练的主要方式。韩国教育部也主导五项主要的 e-learning 政策,包括建构式创新政策、缩短教育落差政策、无所不在学习环境的学习政策、教育及商业整合政策及 e-learning 的全球化政策等。另外,韩国政府还特别成立知识经济部,以实际政策及行动推动电子化教育内容的发展,并且支持电子化教育内容的传播,全面推动韩国的 e-learning 整体发展。

在企业针对 e-learning 所编列的预算上,也可以看出韩国民间企业对 e-learning 产业的重视程度。根据韩国最大的 e-learning 公司 Credu 统计,韩国大型企业投入 e-learning 的总预算,从2005年的6340亿韩元,上升到2007年的7 100亿韩元。中小型企业投入建设 e-learning 的比重,也有逐年增加的趋势,从2005年的350亿韩元,上升到2007年的500亿韩元。去年韩国所有企业投入 e-learning 的预算,约为760亿韩元,其中大型企业仍然是主要的投资者,约占93%。目前韩国应用 e-learning 的企业主要集中在建筑、物流、医疗服务以及营养师培训等行业。

四、日本

日本 e-learning 的发展虽然不如韩国全面化,但是在大学校园中推行的 u-Campus 计划相当成功。下面以日本德岛大学为例来介绍日本 e-learning 的发展情况。

日本德岛大学拥有7 000多名学习者,同时拥有2 600名教职员工。为了让所有的学习者都享有无所不在的学习环境,德岛大学通过日本政府的 NEXT 计划以及与 HP 共同出资100余万美元,运用 PDA、行动电话及 WiFi 无线网络系统,建立一个高科技的示范校园,即为 u-Campus 计划。

u-Campus 计划的主要目的,是要让学习者可以更主动且互动地参与学习过程。并且以追求在正确的学习时间、正确的学习环境,提供正确的学习素材之无缝学习(Seamless learning)为主要诉求。计划采用电子化履历(e-Portfolio)作为主要的认证标准,简化收集报告的繁琐过程,并鼓励学习者通过课堂外的渠道进行学习。

u-Campus 还提供医学和牙医学方面的 e-learning 内容。u-Campus 协助基础建设,通过运用校园 SNS(社群网络服务),创造一个无所不在的学习环境。这种学习方式运用网络、无线设备以及移动技术,让教育可以在任何时间及任何地点发生,即 U-learning。

通过桌上型电脑、有线的传输系统作为学习工具的 e-learning,是一种正式的学习方式(Formal Learning),这种学习方式的传输媒介是通过教学者及专家建设的。但是这并不能满足现在学习者的需求,因此产生了校园 SNS(社群网络服务)。SNS 是一项包括地区居民的社交支援网络,因为现在大学学习者所处的社交环境较以前大不相同,许多学习者宁愿关在宿舍中学习或是独处,拒绝参与更多的社交活动,也不愿意参加就业训练及教育课程,长此以往,这会造成学习者沟通障碍等社交问题。因此,大学当局鉴于学习者普遍善用移动电话及电脑,大力鼓励 SNS 加强为学习者服务,使 SNS 成为学习者之间相互沟通的工具。学习者可以通过笔记本电脑、移动电话以及无所不在的电脑系统,借助无线通信技术(例如Wifi)等进行沟通学习。

学习方式则包括正式学习及非正式学习(Informal Learning)等方式。学习的媒介也不再是由专家和学者所规定的方式,而是通过学习者自己的媒介,称之为 LORAMS,例如,YouTube、Myspace、Yahoo! Video 和 LivedoorPIC 等影片和图片分享网站。

U-learning 有几项连接功能,既可以连接在教室中单向的教学方式,也可以在教室外以学习者为主的互动式学习方式;既可以连接在教室中以教学者为主的学习环境,也可以连接在教室外以学习者为主的学习环境。此外,U-learning 也可以连接虚拟世界中的学习资讯与实际生活中的需求。运用 RFID 标签及头戴式耳机和麦克风等设备,学习者可以随处取得学习资讯。U-learning 的目的亦在改进课堂的品质以及学习效果,增加学习者的学习机会,同时提升教学者授课的品质,并提供更为精致且进阶的课程。

亚太地区其他国家,也有越来越多的企业开始使用 e-learning。新加坡通过 e-learning 加强企业、商业合作者和政府之间的重要合作,通过对政府人员的不断培训从而促使办事更加有效,耗费大大减少。印度已快速成为世界 e-learning 中心,许多跨国公司如 McGraw-Hill、Digital Think、SkillSoft、Menterqy 等,都纷纷进军亚太市场,并在印度开始进行业务整合与扩展工作。由于欧美的 e-learning 市场趋向成熟,所以厂商开始放眼亚太地区,并增设营业场所。例如,移动电话在印度正以指数速度增长并全面渗透,以及印度教育领域需求的扩张,移动学习目前在印度已经展开。

第五节 中国 e-learning 的应用

中国大陆与港澳台地区在经济发展的起步上尚有一定差距,在教育水平上也有距离,因此 e-learning 的应用则是沿着港澳台向大陆内地渗透进行传播的。本节分别介绍大陆地区和港澳台地区 e-learning 的应用情况。

一、大陆地区

中国大陆由于市场经济发展得比较晚,企业管理的整体水平正在紧追国际化步伐,企业培训部门在中国企业的决策过程中通常并不具备核心地位,也影响了 e-learning 的发展。早期有组织的企业培训活动,包括培训理念、体系、模式都是从国外传过来的,e-learning 同样如此。下面从 e-learning 市场、e-learning 平台、企业 e-learning 课程、e-learning 标准化等方面,分企业和高校两个领域来介绍大陆 e-learning 的发展状况。

(一)企业 e-learning 的发展状况

1. 起步阶段(2000—2003 年)

世纪之交时期的中国,许多精英投身在互联网热潮的兴奋中,借鉴 e-learning 在美国的发展,希望能导入和生发出本土的 e-learning 产业,也出现了一些新兴厂商。但是这时期的中国 e-learning 尚处于起步阶段。从总体看,企业培训市场还主要以传统培训为主。据赛迪传媒统计,中国企业 2001 年用于培训的费用达到 100 亿元人民币,对基于 e-learning 远程培训的投入只占到整体投入的 0.1%,所以,企业 e-learning 服务市场的发展空间很大。企业的人力资源部门逐渐看到了应用 e-learning 能为企业带来的好处,不但节省培训经费,还能使企业内部的知识在网络上得到快速传播和更新。

虽然 e-learning 起步较晚,但在巨大的市场潜力推动下,这个时期国内推行的主流企业级 e-learning 平台(注:这里特指学习管理系统 LMS,本节以下都是这种意义上的说法)约有十几家(不包括各类网校、普通高校教育领域中的教学平台产品),其研发模式主要有两种:第一种模式是国内公司自主设计研发的产品,自主知识产权,市场占有率约为 70%。第二种模式是以国外公司为核心技术的产品,包括两种情况,一种是国外公司在中国创办的独立分支机构,另一种是国内外企业合作但以国外产品为软件技术核心,这部分平台的市场占有率约为 30%。

这段时期的平台产品通常均能涵盖培训资源管理和调度、课程管理和分配、学习和教学过程支持、教学评估和分析支持、教务和系统管理等几个方面,基本能够满足企业当时的培训需求。平台产品的推广均定位在大型和特大型企业,主要原因是这类企业人员流动大,培训需求旺盛,基本具备较为成熟的网络设施、运营经验,并且对员工培训相对重视,每年都有相对固定的经费预算。

这段时期实施 e-learning 的企业,由于缺少资源和素材积累,以及教学设计理论、课程制作技术等方面的支持,教学内容基本上都是通过购买网络课程的方式得到。流通的课程主要有符合相关标准的课程、基于 Web 的网页课程、流媒体(见第六章第一节)课程三种类型,其中以符合相关标准的课程为主流,代表未来发展的方向。

由于受知识产权、综合实力等方面的限制,国内独立的内容、服务提供商只有少数几家公司。占市场主导地位的是一批国外公司。大部分国内课程提供商采用的方式是取得代理销售权,并汉化国外的业内相关课程。企业通常也需要开发一些定制化的课程内容,一般由独立的课程提供商来完成。课程内容主要是在课程提供商、大学等研究机构、典型企业用户等多方合作的基础上完成的,涵盖业务、管理、团队、销售、财务、绩效等多个侧面。

这时期国内企业 e-learning 领域的平台类和课程类产品绝大多数均符合 AICC 1.3 标准,但是几乎都没有经过国际标准的官方相关认证。尚没有出现能够大规模推广的符合 SCORM 标准的相应产品。国内自主产权的产品得到国际认证的更是微乎其微,而国外的同类产品得到认证的比例明显高于国内,有些企业直接参与了标准的制定工作。

这时期中国企业在 e-learning 项目实施过程中通常都存在一些典型问题,主要有:

(1)企业投入不足。中国企业的培训层在企业决策中通常并不具备核心的地位,并且通常认为培训、教育是员工个人的事情,认识不到企业学习和员工培训的关系,以及建设学习型组织的意义,致使投入资金缺乏,不够重视。

(2)企业 IT 技术应用能力落后。表现在企业基础网络建设落后,重硬轻软,员工缺少基本的信息技术应用能力,网络频宽资源有限。

(3)在线学习的标准化方面的限制。e-learning 要求数据和产品拥有充分的开放性,遵循业内相关标准，并拓展与其他应用系统交换数据和互操作的能力，支持多种数据格式，以提高运营品质。

（4）学习习惯和文化的难以改变。网络学习由于其紧凑的学习压力、情感交流和课堂气氛等先天缺陷，再加上人类已经习惯于实体学习的习惯，致使大量员工尚不能完全适应网络学习风格。

（5）内容的生产匮乏。课程和其他资源的建设是长期的工程，企业由于缺少各类资源的制作工具、教学设计的支持以及技术、资金、专业人员方面的储备，尚不能充分利用企业现有的知识进行培训，资源利用率较低。

（6）难以提供有效学习环境。企业由于缺少现代教育技术和教学设计专业人才，加之员工普遍缺少网络学习的经验，致使学习氛围、社区环境、个性化的学习空间尚不合人意。

2. 尝试阶段（2004—2006 年）

随着全球经济一体化的推进和中国加入 WTO 后的经济发展，中国的企业全面走向国际化的经济舞台，将无可选择地面对各项深层次的变革与创新。企业必将对培训从内涵战略到职能、体制、实施的内容与手段等进行深层次的全面的思考和变革。在此大背景下，e-learning 逐渐为中国企业所认可，中国银行、平安保险、NOKIA 中国、中国电信等大型企业率先实施了企业 e-learning。

一方面国外各大 e-learning 系统提供商纷纷以合作或独资的形式挤入中国，抢这块正在迅速扩大的蛋糕，IBM、思科这些公司都早已开始在中国布局；另一方面，国内许多e-learning 公司选择了代理国外 e-learning 产品线的做法来抢占市场。

但这时期国内真正实施 e-learning 的企业并且成功的案例并不多，实施 e-learning 的企业大部分是那些已经在国外有过成功尝试的大型跨国公司。国内一些行业，如 IT 业、通信业、金融业、会计审计、咨询业以及一些制造业，特别是一些大公司，它们接受 e-learning 的热情非常高，因为与小企业相比，e-learning 给它们带来的好处是实实在在的。但从多数大公司的实际情况来看，效果仍然不是特别理想。

原因主要在三个方面：

一是国内很多企业在传统的培训体制上都不很完善，培训意识不很强，这造成了对e-learning 的轻视态度。

二是这些企业的员工使用计算机和网络的水平参差不齐，导致培训质量也参差不齐。

三是缺乏 e-learning 的培训经验，既没有良好的教学资源、课件、师资力量来吸引员工学习，又没有良好的监督激励体制来鼓励员工认真使用 e-learning。存在的最大问题是优秀的 e-learning 课件资源，以及师资力量的缺乏。

这个时期也只有一些大中型公司使用 e-learning。因为对于小公司来说，使用 e-learning 所能节约的培训成本可能并不那么明显，甚至可能会比传统的培训方式花费更大。单是在建设 e-learning 企业平台这一过程中，平台设计、课程制作、师资培训等都需要耗费大量资金，对于大公司，分摊到每个员工身上的费用可能很小，但对于小公司可能就很大了。

3. 发展阶段（2007 年后）

2007 年后，随着大型企业持续不断地应用 e-learning 和大量中小企业对其的了解和尝试，e-learning 迎来了一个大发展的时机。已经实施了多年的大型企业在 e-learning 上积累了很多的经验，对 e-learning 有了深入的理解和认识，在 e-learning 的应用和投资上理性化，并形成了自己的 e-learning 政策和制度,很多还有了固定的组织和专业的团队,使得 e-learning 的应用获得了较为满意的效果。虽然中国大陆的 e-learning 市场呈现快速发展的态势,但也还存在一些典型问题,效果并不理想。原因主要在三个方面:

第一,很多企业的投入不足,培训的系统性和长期性往往受到经济周期的影响,企业部分高层领导对员工学习的重视程度不够。

第二,一些企业往往倾向依靠内部的雇员来实施 e-learning 项目,受系统平台和人员专业素质的局限。这些企业往往缺乏专业的 e-learning 平台和课件,又缺乏相应的学习效果监督和评估,导致 e-learning 实施不够理想。

第三,更重要的是,很多中小企业对于 e-learning 的认知还停留在单纯的"培训"概念上,而没有把 e-learning 与企业长期发展战略相结合,在资金投入、专业人员引进和长期合作的服务商选择上专业性不强,造成了低水平的重复建设,宝贵的资源被大量浪费。

不过,e-learning 的发展前景还是很乐观。根据一项研究,正处于成长期的中国网络教育市场,在市场规模上也处于快速的增长阶段,尤其是在 2006 年之后,年增长率保持在 20％以上。预计到 2011 年中国网络教育市场整体规模将达到 405 亿元人民币。与此同时,中国大陆企业中使用 e-learning 服务的总人数及其增长率也基本与市场规模的增长相符。

当今世界科技进步飞速,当经济环境成熟时,企业就能够快速吸收和应用新科技,不用担心变革的成本和冲击。例如,在中国内地很多地方,移动电话比固网电话的基建便宜许多,大力发展移动电话市场可以节省铺设网络的高额花费。同样,在推动 e-learning 的时候,很多人以为中国连基本培训也搞不好,更说不上 e-learning,但正好可以借助后发优势,利用 e-learning 创建新的高效学习模式。

(二)高校 e-learning 的发展状况

我国人口居世界第一位,是世界最大的发展中国家,但高校设施严重缺乏,大部分适龄青年不能在大学学习。据统计,经过大规模的扩大招生之后的 2003 年,我国适龄青年的高校毛入学率为 17％,而世界上其他发展中国家的高等教育毛入学率的平均水平为 18％～20％,美国、加拿大、俄罗斯等国的毛入学率则高于 50％。也就是说,要赶上其他国家的高校毛入学率,达到高等教育普及化,还有很长的路要走,对高等教育的投入要加大。但是,作为一个发展中国家,资源的短缺问题在短期内是很难解决的。这种高等教育资源短缺的情况导致了人才的缺乏,制约了我国经济的高速发展。

自 20 世纪 90 年代起,在国家信息基础设施(主要是计算机互联网和卫星数字传输网,即所谓地网和天网)建设发展的基础上,我国开始实施现代远程教育工程。网络远程教育属于现代远程教育的形式之一,具体地说,它是以计算机网络技术为基础,以人工智能、决策科学和系统科学为指导,以多种媒体技术为主要手段的一种新型教育形式。很多高校已陆续在网上建立了自己的电子教室,在公众多媒体信息网、中国金桥网等国内主干网上也有许多站点提供了网络教育服务。这种网络和远程教育,是高校 e-learning 的具体应用。

我国网络远程教学与西方发达国家相比,在开出的课程种类、课程内容质量和技术含量上还有一定差距,其原因主要是:

其一,我国网络建设起步较晚,网络基础设施发展不够完善。

其二,网络建设重硬轻软,致使信息高速公路上有路无车,网络资源难以发挥应有的价值和效益。

目前全国大多数高校都建成了校园网，并实现了与互联网的连接，这些高校拥有雄厚的师资力量，本应在网络远程教学中担任重要角色，但其中多数高校的网上仅仅是一些学院的简介和概述式的长久不变的东西，而对教学真正有价值的内容，如所开课程的资源库、网上教室、BBS 站等却寥寥无几。即使有的高校在网上设有远程教育网页，但上面的内容大多却是一成不变的。

不过，高校 e-learning 应用前景十分广阔。自 1999 年开始，教育部陆续批准 68 所高校和中央广播电视大学开展现代远程教育试点，并给予非常宽松的政策。这是中国高等学历教育由计划走向市场的一个标志，也是中国高等学历教育的第一次市场化尝试。

高校网络学历教育经过 10 年的发展，开设了高起专、高起本、专升本三个层次 1 600 多个专业，建设网络教育课程资源 2 万多门，全国建立了近 9 000 个校外学习中心。截至 2008 年底，注册参加网络教育的学习者总数达到 800 多万人，初步形成了具有中国特色的高校网络教育办学及学习支持服务体系。

从目前存在的三个成人教育的主流模式来看，自学考试和成人高等教育的招生呈现下滑的趋势，而网络教育却逐年呈现较好的发展势头。此外，教育培训活动在学习型社会将成为主体，这包括以应用型人才培养为目标的成人学历教育和以转变观念、提升素质与能力为目标的非学历教育培训。因此，教育领域 e-learning 的应用将越来越普及和深入。

二、港澳台地区

中国 e-learning 的应用主要包括大陆地区、台湾地区和港澳地区。说到中国的 e-learning 状况，就一定要提到中国台湾。台湾地区 e-learning 的发展不仅在中国，而且在世界上也处于先进行列。虽然香港和澳门的 e-learning 也发展得不错，但相比之下，没有台湾地区的总量多，因此，不再一一详细介绍。

在 e-learning 的发展进程中，台湾当局起到了关键的推动作用。台湾当局 2003 年启动了一个为期 5 年的 e-learning 计划：the National Science and Technology Program for e-learning。这个计划牵涉到 13 个有关部门，充当了所谓"点火人"的角色。台湾当局在一些具有代表性的企业当中推出了补助方案，如果企业做 e-learning，可以在计划书里说明做这件事对企业战略发展有什么价值、要达到什么成效、有多少门课程等等，台湾当局有关部门会对这个计划书进行评比，发放补助。

除了在评比过程中设立一些规范外，当局还要比较每个企业的示范作用到底有多大。因为如果某个产业只有一两家企业，即使做成功了，影响也非常小。所以台湾当局优先考虑的对象是那些热门产业。特别是早期，大型企业比较容易得到台湾当局的青睐，当见到成效后，会有很多企业跟进。第一个五年计划结束后，有很多实施 e-learning 的标杆企业出现了。例如，台湾复兴航空公司就是其中之一。

此外，台湾当局的补助计划每年都有一些不同的政策方向，比如，补助传统产业、补助中南部的企业、补助小型企业等等。这样，一开始是补助大型企业，慢慢地转向不同规模、不同行业、不同区域的企业，使不同行业、不同区域都有示范企业。

（一）台湾地区 e-learning 的发展趋势

（1）台湾地区中小企业 e-learning 的导入速度和数量在快速增长。大型企业有 60％已经导入了 e-learning。但在台湾的产业中最主要的还是中小企业，因此在第二个五年计划中，台湾当局有关部门已将关注点更多地放在了中小企业。

（2）台湾地区 e-learning 的应用在不断深化。已经导入 e-learning 的大型企业不仅在课程设置上和应用的深度上向更高层次发展，同时正慢慢地向人才管理方向移动，将 e-learning和绩效、能力、职能以及接班人计划结合在一起，变成一个完整的人才管理平台。

（3）台湾地区 e-learning 的应用范围正在扩展。导入了 e-learning 的企业也已经把仅仅局限在自己企业的数字学习向外辐射到自己的客户中，通过 e-learning 方式提升客户的能力以进一步提升企业自身的竞争力。

（二）台湾地区 e-learning 的推进和研究机构

台湾的"资策会"，全称"台湾财团法人资讯工业策进会"，是由台湾当局与民间共同出资，于 1979 年成立的财团法人机构。资策会长期协助当局进行资讯产业环境建构及信息化社会推动等工作，致力于推动台湾成为亚洲最 e 化的地区。多年来，凡是台湾资讯产业竞争力的分析、前瞻科技相关法规的研讨，以及信息服务业发展方向的规划等，资策会无不竭智尽力，在台湾重要资讯政策形成及制定过程中，扮演着举足轻重的角色。

台湾"工业局"执行了一个"电子学习产业推动与发展计划"，建立了"数位学习产业推动暨发展计划"网站（网址：http://www.elearn.org.tw），在这个网站上除了有各分项计划的简介外，还有计划执行成果、研究报告下载、产业新闻动态等内容。

另外，台湾地区从事 e-learning 学术研究的学者也很多。台湾学者善于总结和发掘实际应用中的 e-learning 科学问题，加以深入剖析和研究，取得了不俗的成果。台湾地区 e-learning的学术研究也一样得到了前述台湾当局科技发展计划的支持，在国际上 e-learning 权威的 6 种期刊中，从 2001 年到 2006 年，台湾学者发表了大量的学术论文，文章数量一度占据世界前三名的位置（数据来自：ISI Web of Science, from Jan. 2001 to Sep. 2006）。

台湾复兴航空公司的 e-learning

台湾复兴航空公司规模并不大，主要以岛内客运和部分国际航线客运为业务范围，拥有 18 架飞机，其中 8 架空客、10 架 ATR72。为保障飞行安全，及时调整和纠正机师在飞行过程中的细小问题，公司对飞行机师的培训任务非常繁重。以往的解决办法是短期集中培训，但是这样的方式往往必须使机师停飞，且教官也要停飞，因为教官本身也是有经验的机师。对于航空公司来说，机师停飞一天就等于少飞一天的班次，减少了公司收益。另一方面，很多时候由于航班班次时间不好调整，往往不能把需要培训的机师一次性召集齐，于是只好采用分期轮训的方式，这样每个机师每月将固定有一段时间必须停飞参加培训，且由于不同内容分时培训，培训效果很难保证。

　　为解决以上问题，复兴航空开始导入 e-learning。经过三年的努力，从对 e-learning一无所知，到 e-learning 的运用得心应手，所有员工都采用在线学习的方式从 e-learning 获益，企业也从实施 e-learning 的过程中获得了大量的实际利益。现在复兴航空已经把 e-learning 广泛应用于航务处的机师培训，以及空勤人员的训练等环节。机师晋升职位，需要在 e-learning 平台上学习一定的课程，并通过在线的考试。机师一进入公司网上报到系统，即可以看到要求自己当天学习的课程，以及前次飞行中出现的问题，需要调整的方向。

　　复兴航空公司 e-learning 的主要负责人称这样的方式还起到了一个意想不到的效果，即避开了人情麻烦。许多担任飞行监督的职员往往碍于情面不好当面指出机师的问题，即使指出也比较缓和，尽量避免尴尬。而有了 e-learning 平台后，指出问题不必面对面，也没有旁人在场，机师出现的问题只有监督人和机师自己知道，这样就有效避免了很多不必要的人情麻烦。

　　在最初阶段，复兴航空公司投入 e-learning 的经费很少，主要依靠实施人员的热情和领导的协调，逐步在公司内部形成一致意见，当所有人都看到实施 e-learning 的必要性后，经费投入成为顺理成章的事情。另一方面，复兴航空公司积极争取对外交流、合作，将自己制作的资源拿去参加评奖、展示，终于得到当局的支持，最后成为全行业实施 e-learning 的先进单位得到台湾当局的基金投入。

　　复兴航空公司建设的 e-learning 平台不仅仅服务于内部员工的日常培训，而且也用于新进公司员工的初始培训，还与公司的 OA 系统融合，实现在线测试，测试结果与员工绩效挂钩。报到系统跟员工完成学习的情况挂钩，信息交流平台、内部业务平台和 e-learning 系统的融合、集成，使 e-learning 系统能更好地服务于公司的整体需要，也避免了信息化平台的重复建设，节约了资金和时间。

　　复兴航空公司下一步的目标是移动学习（Mobile Learning）。公司计划在一年内为所有机师配备手持终端（PDA），使机师不需要在 PC 上参与学习，同时 PDA 还可以服务于机师的起飞前检查、日志记录、与总部的网上信息沟通等工作，进行设备共享。

思考与展望

1. e-learning 的本质和特征是什么？
2. 如何进行 e-learning 的标准化？
3. e-learning 可以应用到哪些领域？
4. e-learning 包含哪些应用系统？
5. 如何理解企业 e-learning 的应用组成？
6. e-learning 在企业和教育领域的应用重点分别是什么？
7. 为了更好地发展 e-learning，可以借鉴和参考台湾地区的经验有哪些？
8. e-learning 将为偏远地区的教育和学习带来怎样的影响？如何推动和实施这一进程？

第二章 学习管理系统(LMS)

学习管理系统(Learning Management System,LMS)又称学习管理平台,是 e-learning 实际应用中最重要的软件系统,主要包含注册报名、课程管理、资源管理等功能。同时能进行学习评估、学习活动跟踪并生成学习报告。通过 E-mail、BBS 等方式提供学习者与学习者、学习者与教学者间的交互沟通渠道以及进行面授培训的管理等。

本章将从总体架构、功能特点、软硬件要求等方面对 LMS 进行详细介绍和探讨。

本章重点

- LMS 的系统架构。
- LMS 的功能特点。
- LMS 的选购。

第一节 LMS 概述

一、LMS 的定义和架构

(一) LMS 的定义

学习管理系统(Learning Management System,LMS),也可称为在线培训系统、网络教育平台、在线教育系统等等。LMS 是 e-learning 的基础管理系统,实践中应用最多,以致于很多时候,人们就将 LMS 等同于 e-learning。一般说来,LMS 包括以下主要功能:

(1) 管理教育培训流程。

(2) 计划教育培训项目。

(3) 管理资源、用户和学习内容。

(4) 跟踪用户注册课程和学习过程数据管理。

(5) 支持课程的编目、注册、跟踪、报告。

(6) 支持 SCORM、AICC 等课件标准,更复杂的还能提供技能认证等高级管理功能。

LMS 负责用户登记、跟踪目录列表中的课件、记录学习者的数据,并向管理者提交报告。典型的 LMS 可以处理多个发布者的课件,一般不包括课件的制作功能,而主要提供课件管理功能。

与 LMS 最为密切的另一个系统是学习内容管理系统(Learning Content Management System,LCMS)。这个系统的核心是学习内容。它为参与课件制作的用户提供方便的课件制作方法和工具。LCMS 主要是根据学习者的需要尽快制作足够的学习内容,学习内容具有可重用性。根据 IDC 的定义,LCMS 是以学习对象的形式创建、保存、组装、递送个性化的学习内容的系统。其重点是在线学习内容的管理。LCMS 把学习对象保存在中心数据库中,设计者通过学习对象的获取、组装来制作个性化的课件。LCMS 把学习内容通过动态递送接口传送给 LMS,而 LMS 将生成的学习过程报告等个性化信息反馈给 LCMS 以供制作课件参考。

LCMS 主要组成部分有:

(1) 管理系统。管理学习者的记录,从课件目录装入 e-learning 课件,跟踪、报告学习者的进程,还提供其他基本的管理功能。

(2) 自动课件制作。给制作者提供模板,制作者使用这些模板,利用已有的学习对象生成新的学习对象,或者使用新旧学习对象的联合来开发课件。还可以通过定制接口按指导方法快速转换现有内容。

(3) 学习对象数据库和动态传递接口。LMS 和 LCMS 两者的相同之处是都涉及对课件内容的管理、对学习者表现的跟踪,两者都涉及在学习对象层面上管理和跟踪学习内容。不同的是 LMS 跟踪管理来自在线学习的内容、教室、虚拟学习环境等混合学习环境的课件。而 LCMS 并不管理混合学习,它从比学习对象更底层的知识粒度管理学习内容,使在线学习内容的组织更方便。高级的 LCMS 能够基于用户特征信息和学习风格动态创建学习对象。当 LCMS 和 LMS 系统都支持 XML 标准后,信息可以方便地从对象级别迁移到 LMS 级别。

(二) LMS 的架构

目前,LMS 采用比较成熟的 J2EE 企业应用架构,采用多层次结构、模块化设计,具有很强的灵活性;采用 B/S 结构,100%的瘦客户端;使用跨平台的 Java 语言,应用于多个操作系统,提高了系统的应用面;提供标准的 API 接口,便于其他系统的集成;利用先进的 EJB、JDBC、LDAP 和 XML 等技术,保证系统的高性能、高扩展性、安全性和灵活性,为满足不同层面用户的需求,提供不同的软件配置方案。

LMS 作为企业学习管理平台,能满足企业复杂的网络培训需求,实现企业级的网络教学管理。目前,众多 LMS 充分利用了 J2EE 技术平台的扩展和伸缩能力,采用四层架构设计。系统架构主要分为数据层、应用层、表现层和客户端四层,如图 2-1 所示。包括以下几个服务器模块:

1. 客户端

教学内容创作组装工具、浏览器客户端和离线学习客户端组成了 e-learning 系统的客户端。教学内容创作组装工具(AAT)用来创建和修改课程内容,对课程内容进行评估,并把内容打包导入到教学管理系统中。浏览器客户端(Browser)帮助学习者、教师和管理员

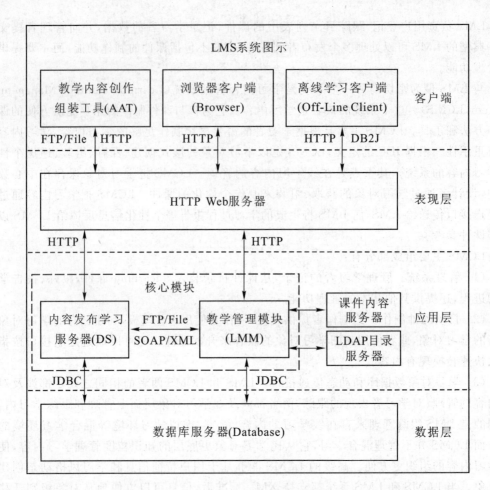

图 2-1 LMS 系统图

进行教学管理。离线学习客户端为非实时在线学习者和低速网络连接用户提供相同的用户界面,帮助他们进行学习。

2. HTTP Web 服务器

HTTP Web 服务器为浏览器客户端访问系统提供了统一入口,包括应用程序接口、静态内容页面的访问。HTTP Web 服务器主要和访问的用户数目有关,可以和应用服务器安装在一台物理服务器上。如果用户数目增多和内容访问频繁时,建议使用独立的 HTTP Web 服务器,也可以扩展多个 HTTP Web 服务器和负载均衡设备,支持大规模的访问量。

3. 学习管理模块

在 LMS 中,学习管理模块(Learning Management Module,LMM)是其核心管理功能模块,提供了配置和协调其他模块的功能。对管理员,LMM 提供强大的教学资源管理功能,包括物理的教室、人员状况、课件资料、虚拟教室等,设置灵活的编目,检索和报告的功能,可以实现多种课程注册学习的流程。对教师,可以选择开设课程、预定教学活动和资源,跟踪学习者学习进度。对学习者,可以搜索课程分类,选择参加的课程,显示和完成课程活动,察看自己的学习进度。学习管理模块除了包括基本的"学习者-管理员"的审批工作流程以外,还包括强大的报告功能,提供对学习者学习状态的统计报告。

4. 内容发布服务器

内容发布服务器(DS-Delivery Server)也是LMS的重要组成部分,可以启动课程内容,提供学习内容导航,跟踪学习活动并发送跟踪的信息到学习管理服务器,这样可以分担分布的学习者学习时对系统的压力。DS的详细功能如下:

(1) 内容分发,支持在不同的内容学习服务器上的学习跟踪和反馈。

(2) 对于AICC/SCORM课件跟踪学习者的学习进度。

(3) DS提供专门的离线客户端,可以支持课件下载到本地和离线学习。

(4) 学习的进度和成绩可以跟踪到服务器上。

5. LDAP目录服务器

轻量目录访问协议(Lightweight Directory Access Protocal,LDAP)目录服务器主要提供统一的用户目录管理,包括基本的用户信息管理和用户验证功能,可以在不同的系统之间实现单一登录(SSO)。LDAP目录服务器模块可以用企业已有的LDAP目录服务器,如:Domino、Microsoft Active Directory。LDAP目录服务器主要跟用户注册数目和同时在线用户数有关,对于用户量规模很大的系统,建议采用独立的LDAP物理服务器。

6. 课件内容服务器

课件内容服务器主要为提供对课件访问的Web服务器。该服务器可以和HTTP Web服务器为同一服务器,也可以为单独的HTTP服务器。课件内容服务器可能还包括流媒体服务器。对于大量的用户访问也可以使用一组Web服务器和负载均衡设备。

7. 数据库服务器

对于关系数据库服务器,主要是实现用户和课程的信息管理和活动跟踪。系统可以利用已有的数据库应用平台(DB2,Oracle,Microsoft SQL Server)。LMS和DS服务器可以使用同一个数据库服务器,也可以使用不同的数据库服务器。

二、LMS的功能和要素

早期LMS的功能主要集中在对在线学习的管理。LMS发展至今天,管理范围和功能不断扩大,已经涵盖了组织中一切学习活动的管理,它们包括:管理教育培训流程,计划教育培训项目,管理资源、用户和学习内容,跟踪用户注册课程和学习过程数据管理,支持课程的编目、注册、跟踪、报告,支持SCORM、AICC等课件标准,更复杂的还能提供技能认证等高级管理功能。对于标准课件(SCORM、AICC课件)平台可以自动解析,不但能够跟踪上课次数、上课时间,而且能跟踪课程的章节详细学习信息。对于非标准课件可以按照课件自身的规则进行加载,而且还能够跟踪上课次数、上课时间等信息,这就是LMS核心的学习跟踪功能。

(一)LMS的功能

LMS的功能包括两大方面:

其一,对学习自身的管理,如在线课程管理、学习资源管理、学习社区管理等。

其二,与学习相关的业务管理,如培训业务管理、组织结构和岗位人员管理、绩效评估、电子商务等。

图 2-2 是典型的 LMS 所具备的功能。

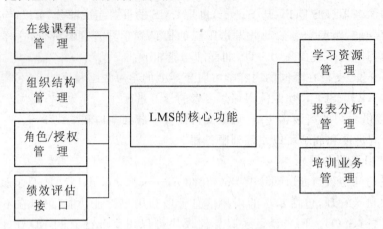

图 2-2 LMS 的核心功能模块

在 LMS 中,各个功能模块的功能各有特点,其详细功能如表 2-1 所示。

表 2-1 LMS 的功能模块

功 能 模 块	功 能
在线课程管理	对各种形式 e-learning 的管理,包括呈现方式、分类方式、选课、检索等。
学习资源管理	对文档资源库、在线考试库、案例库、视频库等数据库中的各种形式学习资源的管理,包括上传、分类、关联、更新维护等。
学习社区管理	对在线学习交流场所的管理,包括学习社区、专题论坛、聊天室、博客等。
报表分析管理	对所有在线学习活动的跟踪记录管理,并能根据需要提供各种形式的分析报告。
培训业务管理	对传统培训业务的管理,包括对培训调查、报名、授权、评估等培训流程的管理及对培训资源等方面的管理。
组织结构管理	对组织结构与学习对应关系的管理,包括级别、矩阵、职能等组织结构下的人员学习管理。
角色/授权管理	对 LMS 不同类型的使用者功能和权限的管理,包括对学习者的授权机制。

另外,目前的 LMS 大多自带考试系统,可以对学习者的学习进度和效果进行简单评价,一般可满足企业员工培训的需求。如果需要对学习者进行多层面、综合性的评价,建议使用专门的考试软件,详见本书第五章在线考试系统。

(二) LMS 的要素

1. 系统扩展性与兼容性

系统架构的设计,要充分考虑未来用户数的增加、系统课程内容的发展和系统功能的扩展等方面持续发展的需要。

系统架构的设计要考虑以下因素:

（1）人员和课件的增加

人员的增加包括注册学习人员的增加和同时在线人数的增加。人数的增加会加大后台数据的压力，同时也会增加前端应用程序和应用平台的压力。人员增加也对用户管理及维护带来了难度。课件的增加也是系统扩展很重要的一部分，它会直接影响对磁盘空间和备份的要求。

（2）系统压力增大

由于数据量的增长，会影响应用程序的压力，后台服务（如数据库）的压力同时会增大。课件的增长及使用人数的增加会使数据流增大，会对既定带宽的网络造成拥堵。

（3）对原有系统部署的影响

系统的扩张带来了系统压力的增大，管理和维护难度的增加，对原有系统部署会产生一定的影响。

（4）对各类课程的兼容

市场上存在多种多样的课件，需要系统能提供很好的兼容支持。常见的 LMS 系统能提供对标准（SCORM、AICC）和非标准（URL、视音频、流媒体等）课件的良好支持，使客户可以采购来自不同第三方的课件。

2. 系统可靠性与安全性

硬件失效和软件系统超负荷是影响系统可靠性的主要因素。

通常硬件失效会带来比软件系统失效更大的损失。例如，硬盘损坏会带来数据丢失，而丢失的数据可能再也无法恢复。软件系统由超负荷运转带来的系统失效，则可以采用系统集群和负载均衡来避免。

系统的高可靠性可以最大限度地避免在有限资源下（有限的服务器投资）的系统失效。可以对硬件中最容易损坏的硬盘，使用 RAID5 磁盘阵列以减小由硬盘物理损坏所带来的损失。把系统中负载较重的软件系统进行集群和负载均衡，以减小对单台服务器的压力，避免由软件超负荷带来的系统失效。

LMS 上的学习和培训内容常常是企业长期积累的宝贵知识，同时课件也是企业的商业机密。从系统信息安全的角度需要考虑：系统如何防止非法人员的侵入？如何避免授权人员对内容的非法拷贝和下载？这是 LMS 中信息安全最需要考虑的内容，详细内容请参阅本章第四节。

三、LMS 的发展

近年来 LMS 发展相当迅速，大致经历了从 CMS（内容管理系统）到 LMS（学习管理系统）再到 LCMS（学习内容管理系统），又回归到 LMS 的发展历程，其中 CMS 侧重学习对象和学习内容的管理，初期 LMS 侧重于对教务教学行政事务的管理，LCMS 则是初期 LMS 学习管理功能与 CMS 内容管理功能的集合，而现在的 LMS 则整合了全部的功能。

随着软件开发技术的不断发展，LMS 系统也在随之发展。用户对 LMS 的要求已不仅仅停留在技术上功能的实现，更多的是关注 LMS 系统的界面友好性、易用性。由于学习者在互联网上的经验日增，对界面的要求亦相对提高，界面除了要达到直观之外，更要与现今主流的门户网站的界面技术看齐，使用户在平台运作时，如同运作一般的门户网站一样。

最终目的是让用户没有经过 LMS 使用培训也能自如地在界面上运作,并找到有用的信息。内容对象(Content Object)和活动/过程对象(Activity/Process Object)是当前 LMS 关注的两大领域,基于后者展开的学习设计已成为 LMS 研究的热点。总体来说,LMS 有如下的发展方向。

(一) 共享化

LMS 并非仅仅是呈现学习内容的工具,而是通过网络实现学习资源共享。学习者通过 LMS 能及时了解到自己所需的资源的最新发展动态。学习不仅仅发生于课程设计时指导者的人为设计中,也来自于学习者自己对于学习的主动搜集、创作、共享中。学习者能建立和管理属于他们自己的学习环境,能自由地控制学习和交流的进行。学习能在可以想得到的广泛领域内发生,不仅包括在线和离线方式。

这样,LMS 在新技术的影响下,不仅有传统的各项基本的学习功能,也有适应学习内容变化的新功能。学习内容已经不仅局限于传统的教师设计的课程内容,也有学习者自己主动创作和共享的学习内容,学习内容微型化,学习方式随意性和即时性等。

(二) 个性化

一些知名企业已经开发了新的 LMS 以满足学习者个性化学习需求。Claroline 发布了协作学习功能模块:Wiki(维基)和 RSS 订阅,还和 Moodle 同时推出了多媒体发布和管理功能模块。它既可上传多媒体文件到系统平台后发布,也可将多媒体文件发布到 YouTube、Google Video 或 Dailymotion 之后,再通过链接发布于平台上。Moodle 允许学习者有自己的 Blog(博客),Sakai 可以提供给用户 Podcast(播客),Wiki(维基)、Blog(博客),Dokoes 也提供了 Blog(博客)和在线视频的功能。这种提倡个性化的学习,把 e-learning 带向了 e-learning2.0 时代。学习内容在一种全新的方式下被创造出来。个性化的学习不仅仅是学习者的接受式学习,而是一种再创作的过程,类似博客的帖子或者维基的共创。

(三) 智能化

在 LMS 中,让学习者通过更少的点击,便能进行多个主要的操作。学习者可以在选课中心查看培训活动,在学习中心查看课程信息或进行网上学习,也可在考试中心进行考试。另外,在页面上可以采取同页局部更新的技术,这样,当学习者做了一些点击动作后,某部分的页面便会更新,学习者不仅不用等待全页面的更新,还能立即知道更新了什么内容。最后,除了实用性的列表或连接,管理员还可以在首页加插图片或生动的多媒体信息,如图 2-3 所示。用图片方式推广课程或企业活动信息,还能起到美化界面的作用,使页面更加吸引人。

延伸阅读

LMS 开发中新技术的应用

1. AJAX 技术

图 2-3 典型的 LMS 界面

AJAX 全称为异步 JavaScript 和 XML(Asynchronous JavaScript and XML),是指一种创建交互式网页应用的网页开发技术。

AJAX 技术是目前在浏览器中通过 JavaScript 脚本可以使用的所有技术的集合。AJAX 并没有创造出某种具体的新技术,它所使用的所有技术都是在很多年前就已经存在了,然而 AJAX 以一种崭新的方式来使用所有的这些技术,使得古老的 B/S 方式的 Web 开发焕发了新的活力。具体来说,AJAX 基于以下的技术:

XHTML:对应 W3C 的 XHTML 规范,目前是 XHTML1.0。

CSS:对应 W3C 的 CSS 规范,目前是 CSS2.0。

DOM:这里的 DOM 主要是指 HTML DOM,XML DOM 包括在下面的 XML 中。

JavaScript:对应于 ECMA 的 ECMAScript 规范。

XML:对应 W3C 的 XML DOM、XSLT、XPath 等规范。

XML Http Request:对应 WhatWG 的 Web Applications1.0规范的一部分。

AJAX 技术之中,最核心的技术就是 XML Http Request,它最初的名称叫做 XMLHTTP,是微软公司为了满足开发者的需要,1999 年在 IE5.0 浏览器中率先推出的。后来这个技术被上述规范命名为 XML Http Request。它正是 AJAX 技术之所以与众不同的地方。简而言之,XML Http Request 为运行于浏览器中的 JavaScript 脚本提供了一种在页面之内与服务器通信的手段。页面内的 JavaScript 可以在不刷新页面的情况下从服务器获取数据,或者向服务器提交数据。而在这个技术出现之前,浏览器与服务器通信的唯一方式就是通过 HTML 表单的提交,这一般都会带来一次全页面的刷新。

此外,随着浏览器的发展,更多的技术还会被添加进 AJAX 的技术体系之中。AJAX 就是 Web 标准和 Web 应用的可用性理论的集大成者。它极大地改善了 Web 应用的可用性和用户的交互体验,最终得到了用户和市场的广泛认可。所以可以说,AJAX 就是用户和市场的选择。

因此,AJAX 技术可以实现上面提到的同页局部更新的效果,当学习者做了一些点击动作后,某部分页面便会更新。这样,学习者不用等待全页面的全部更新,便可以立即知道更新了什么内容。

2. .net 开发技术

微软公司推出的 .net 技术是一种面向企业应用的技术框架,与 SUN 公司的 J2EE 一样,可以用来开发 LMS 系统。Web 服务从由简单网页构成的静态服务网站,发展到可以交互执行一些复杂步骤的动态服务网站,这些服务可能需要一个 Web 服务调用其他的 Web 服务,并且像一个传统软件程序那样执行命令。这就需要和其他服务整合,需要多个服务一起无缝地协同工作,需要能够创建出与设备无关的应用程序,需要能够容易地协调网络上的各个服务的操作步骤,容易地创建新的用户化的服务。

微软公司推出的 .net 系统技术正是为了满足这种需求。.net 将互联网本身作为构建新一代操作系统的基础,并对互联网和操作系统的设计思想进行了延伸,使开发人员能够创建出与设备无关的应用程序,容易地实现互联网连接。.net 系统包括一个相当广泛的产品家族,它们构建于 XML 语言和互联网产业标准之上,为用户提供 Web 服务的开发、管理和应用环境。.net 系统由以下 5 个部分组成。

(1) .net 开发平台

.net 开发平台由一组用于建立 Web 服务应用程序和 Windows 桌面应用程序的软件组件构成,包括 .net 框架(Framework)、.net 开发者工具和 ASP.net。

(2) .net 服务器

.net 服务器是能够提供广泛聚合和集成 Web 服务的服务器,是搭建 .net 平台的后端基础。

(3) .net 基础服务

.net 基础服务提供了诸如密码认证、日历、文件存储、用户信息等必不可少的功能。

(4) .net 终端设备

提供互联网连接并实现 Web 服务的终端设备是 .net 的前端基础。个人计算机、个人数据助理设备 PDA,以及各种嵌入式设备将在这个领域发挥作用。

(5).net 用户服务

能够满足人们各种需求的用户服务是.net 的最终目标,也是.net 的价值实现。在这 5 个组成部分中,.net 开发平台中的.net 框架,是.net 软件构造中最具挑战性的部分,其他 4 个部分紧紧围绕.net 框架来进行组织整合。

第二节　LMS 部署的技术环境

技术环境的部署是 LMS 应用的基础,良好的技术环境才能使得 LMS 达到更好的使用效果。LMS 的运行环境包括软件环境和硬件环境两部分,如图 2-4 所示。软件环境包括数据库服务器、应用服务器、Web 服务器和防病毒软件。硬件环境包含应用服务器、数据库服务器、Web 服务器、磁带机与硬件防火墙。

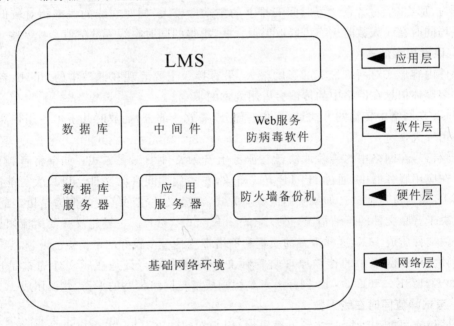

图 2-4　系统结构图

一、网络带宽

现以主流 LMS 为例,来分析 LMS 在服务器端和客户端不同情况下所需的网络带宽,以帮助客户及项目经理在项目初期对系统所需网络带宽进行一个初步的估算。这里的估算方法和给出的参数建议均为经验值,实际网络带宽在 LMS 上线后,还可以根据实际情况进行调整。

（一）网络带宽分析

对于 LMS 来说，网络带宽非常重要。分析网络带宽时有三个关键点，它们直接决定着系统所需要的网络带宽：

（1）平均同时在线人数。

（2）课件内容的形式。

（3）考试峰值同时在线人数。

下面从这三个方面进行详细分析，并给出一些建议，这些建议都是在长期的项目建设中总结出来的经验值，对于网络带宽的估算有非常大的参考价值。

1. 平均同时在线人数

根据经验，平台平均同时在线人数可以按系统有效注册用户总人数的 10％～15％ 计算。这个比率可以根据学习者使用系统的方式进行调整。如果要求学习者在工作时间使用系统，那么，学习者在非工作时间会很少使用系统，计算平均同时在线人数时，比率可以高一些，求得的平台同时在线人数估值会多一些。如果要求学习者在非工作时间使用系统进行学习，那么，学习者在学习时间安排上的主动性较大，同时在线的概率相对较低，所以计算平均同时在线人数时比率可以取得低一些，求得的同时在线人数估值会少一些。

2. 课件内容形式

课件内容形式对网络带宽的影响最大、最直接。主要表现在课件中的 Flash、音频、视频这些多媒体信息在网络中的传输会占用大量的带宽。

Flash 在网络中传输的方式是：下载一部分，播放一部分，播放时几乎不占用带宽，下载时会占用较大带宽。

音频信号在网络中的传输取决于在服务上音频文件的部署方式。如果将音频文件直接放置在应用服务器中，通过 HTTP 方式播放，在播放期间音频文件会以最大可能的带宽下载到 IE 缓存进行播放。如果采用流媒体方式，音频文件在网络中的传输是恒定的，占用带宽取决于音频文件的压缩情况，可以压成 28K、56K、64K。一般建议在使用流媒体服务器时音频文件压成 56K，这样声音的质量和网络带宽是一个较好的平衡点。

视频文件在网络中的传输原理与音频文件完全相同。只是视频文件通常是压缩成 64K、100K、128K、256K、300K，同样考虑到视频质量与网络带宽的平衡，建议压成 100K。

3. 考试峰值同时在线人数

考试最有可能引发同时在线人数突增，因为在组织考试时，通常要求学习者必须在一个指定的时间段考试，这样学习者就失去了自己安排时间的主动性，出现同时很多人上线参加考试的情况。考试峰值同时在线人数建议取成功报名考试总人数的 60％。例如，使用 LMS 开展考试，每次考试参加的人数大约在 200 人，则建议的峰值同时在线人数为：200×60％＝120 人。

除了 LMS 自带的考试功能外，还有专业的考试系统进行在线考试，详细内容参见本书第五章。

（二）网络带宽的计算

1. 一般情况网络带宽的计算

假设系统中课件内容是丰富多样的,如表2-2所示。那么,一般来说,学习者登录系统是呈分散地访问不同资源的状况。这种状况称为一般情况。在项目建设的初期,一般情况是估算系统所需网络带宽的依据。

表2-2 课件内容

	百分比	所需带宽	平均请求持续时间
普通页面	60%	28K	3秒
标准课件内容	20%	56K	3秒
Word 或 PowerPoint 文档	10%	56K	5秒
视频内容	5%	100K	30秒
课程评估内容	5%	28K	3秒

根据表2-2所示的系统中课件内容,可以求得系统中每项内容平均请求持续时间为8.8秒。

计算一般情况网络带宽的方法如表2-3所示。

表2-3 网络带宽的计算

A. 平均同时在线人数	一般情况下的同时在线人数。这些用户可能在点击、等待网页下载或正在阅读课件及理解网页。
B. 平均每次点击相隔时间(秒)	平均每次点击相隔时间指用户在点击与点击之间相隔的时间。其中包括下载、阅读及理解该网页。 建议值为20秒。
C. 平均每个用户享有网络带宽(Kbps)	建议采用表2-2中的平均值(约56K)。
D. 预留峰值带宽比率	建议值为20%。 预留的缓冲值用于弥补预估数值与实际用量的差距,以及在使用过程中的一些特别情况。
E. 所有内容平均请求持续时间	指同时在线的学习者每次点击后到服务器返回数据完成操作所需的时间。 建议使用表2-2中计划的值。
G. 计算公式	$\left[\dfrac{A}{B} \times C \times (1+D)\right] \times E$

例如,某公司 e-learning 系统有10 000名注册用户,则平均同时在线人数约为1 000人,根据表2-3中的计算公式可估算出这个系统所需要的网络带宽为:

$$\left[\frac{1\,000 \times 10\%}{20} \times 56 \times (1+20\%)\right] \times 8.8 = 2\,956.8K \approx 3M$$

2. 大量流媒体课件情况网络带宽的计算

如果系统中视频课件数量超过课件内容总数的40%,并且每一门视频课件中视频播放时间平均超过 10 分钟,即为大量流媒体课件情况。如果符合这个条件就需要考虑建设流媒体服务器,并且为流媒体服务器开设更大的网络带宽。

流媒体服务器所需网络带宽计算公式为:

流媒体服务器所需网络带宽 = 同时观看用户数×视频压缩传输率

当同时观看用户数达到 10 人以上之后,服务器所需网络带宽可以乘以 80% 的系数。因为流媒体服务器在同时传输视频路数达到一定量时会有优化算法,可以节约带宽。

例如,在 LMS 中搭建流媒体服务器支持 200 人同时观看视频课件,已知在流媒体服务器中的视频文件压缩后的传输率均为 100K。根据上述公式可估算出流媒体服务器所需网络带宽:200 × 100K × 80% = 16M。

3. 考试情况网络带宽的计算

在 LMS 中考试要占用较大的网络带宽资源,因为考试总是在一个特定的时间段进行,所以会形成一个短时间的同时在线人数的高峰期。但对每一个学习者来说,考试本身对网络带宽的要求不高,只需要 28K 足以满足要求,所以计算考试情况下网络带宽只需要重点考虑同时在线人数,可按参加考试人员的 60% 计算,计算公式为:

考试所需网络带宽 = 参加考试人员总数 × 60% × 28K

例如,在 LMS 中举行有 1 000 人参加的在线考试,要求所有参试人员必须在指定时间参加考试,考试时长 2 小时。利用上述公式可求得考试情况所需网络带宽为:

1 000×60%×28K=16.8M

4. 客户端网络带宽的计算

客户端网络带宽是指每一位学习者在使用系统时所需要的网络带宽。对于一个学习者来说只需要具有 512K 的 ADSL 即可正常访问,无需特别考虑。

延伸阅读

系统压力测试及软件

在 LMS 部署中,网络的负载由以下方面引起:

(1) 内容。这是最沉重的负载,28K～64K/每用户。

(2) 应用程序。次重负载,3K/每用户。

(3) 数据。每用户每秒钟小于 3K 字节,为最轻负载。

Mercury LoadRunner 是一种预测系统行为和性能的负载测试工具。这种测试工具通过模拟上千万用户实施并发送负载,通过实时性能监测的方式来确认和查找问题。LoadRunner 能够对整个企业 e-learning 架构进行测试。通过使用 LoadRunner,企业 e-learning 能最大限度地缩短测试时间,优化性能和加速应用系统的发布周期。LoadRunner 包含:

(1) Controller 用于组织、驱动、管理和监控负载测试。

(2) 负载生成器用于通过运行虚拟用户生成负载。

(3) Analysis 有助于用户查看、分析和比较性能测试结果。

(4) Launcher 为访问所有 LoadRunner 组件的统一界面。

(三) 内外网要求

企业在用 LMS 平台的过程中,都会涉及课程内容访问设置的问题。究竟是设置为内外网都可以访问,还是仅供内网访问呢?

仅设置为内网用户访问主要是考虑安全保密的要求,设置为外网访问主要是考虑便利经济性的问题。一般建议内外网均开放,但是课程内容要有选择地开放。理由是:

(1) 从内网来说,访问容易,安全性高,但有其缺点。e-learning 的价值就在于任何时间都可以访问,如果课程内容仅放在内网,学习者的访问就会受限制,在业余时间或下班时间就不能学习。

(2) 外网访问能充分体现 e-learning 的优势,但其劣势就在于安全方面,尤其是企业的部分课程带有保密性,甚至连员工的家人都不能看。除此之外,如果设置为外网的话,IT 设备的成本也会比较高,特别是带宽方面,如果在内网的话 1M 带宽不成问题,外网就要 10M 或 20M。

(3) 利用内外网隔离技术可以被内外网同时访问。可以设置某个课件只能从内网或外网访问,但需要专门定制,各个 LMS 供应商可根据自己客户的网络环境进行开发。

二、硬件环境

(一) 服务器

作为一台服务器(Server),有两个特点是必需的:第一,服务器必须应用在网络和计算机环境中;第二,服务器要为网络中的客户端提供服务。一台脱离了网络的服务器是没有太大意义的,即使配置再高,也只是一台高性能计算机,无法实现为客户端提供网络服务的功能。在网络中,服务器为客户端提供着数据存储、查询、转发、发布等功能,维系着整个网络的正常运行。

1. 分布式服务器

分布式服务系统就是将服务系统的功能拆分,将各个功能放在几个独立的组件上,通过这几个组件之间的相互协作,来完成整个系统的功能。在这里,几个独立的组件可以是几个独立的 CPU,但更通常的是指网络上的几台计算机。

采用分布式系统,最大的优点体现在系统的处理速度上。系统的各个功能放在几个独立的组件上,各部分的组件完成自己的功能,以并行的方式协同工作。分支机构用户有较大访问量的时候,网络中传输的数据很可能超过目前现有的网络带宽,基于这种情况,可根据实际的应用需求,在用户访问相对比较集中的分支机构,配置分布式课件服务器。可以把客户的访问需求,重新定向至各分支机构相应的课件服务器,从而有效缓解分支机构网络的带宽压力。针对带宽压力的问题,不同的 LMS 提供商提供的解决方法也有所不同。

应用举例:分布式课件服务器

1. 应用模式

结合众多大型项目实施的需求,利用 LMS 对分布式课件服务器的支持,可以通过分布式的方式,部署课件服务器,使得跨区域访问系统的用户能就近访问单独配置的课件服务器,从而大大缓解课件内容基于网络传输时,所占用的带宽资源,有效提升系统性能。

2. 技术实现

分布式课件服务器的技术实现,主要依靠 LMS 本身的负载均衡功能模块,此功能模块可将跨区域的用户访问,重定向至此用户 IP 就近的课件服务器,此课件服务器仅提供单一的 Web 服务,配置简单且成本低廉;课件服务器中的网络课程将由以上的负载均衡模块,定时通过 FTP 方式,与系统服务器端的课件内容保持数据统一。

3. 分布式课件服务器的优势

基于以上分布式课件服务器的系统架构方案,主要有以下的特点:

(1) 有效节省网络干路的带宽压力。

(2) 通过 FTP 方式,可以在晚间定时分发课件内容,有效利用已有网络带宽。

(3) 方案对课件服务器配置要求较低,可以由分支机构自行消化,快速部署。

(4) 可以使分支机构用户就近访问课程资源,保证用户的学习效果。

2. 集群服务器

集群,英文名称为 Cluster。通俗地说,集群是这样一种技术:它至少将两个系统连接到一起,使两台以上服务器能够像一台机器那样工作或者看起来像一台机器那样,图 2-5 即为集成服务器示意图。采用集群系统通常是为了提高系统的稳定性和网络中心的数据处理能力及服务能力。

目前,有两种常用的服务器集群方法,一种是将备份服务器连接在主服务器上,当主服务器发生故障时,备份服务器才投入运行,把主服务器上所有的任务接管过来。另一种方法是将多台服务器连接起来,这些服务器一起分担同样的应用和数据库计算任务,改善大型应用的响应时间。同时,每台服务器还承担一些容错任务,一旦某台服务器出现故障时,系统可以在系统软件的支持下,将这台服务器与系统隔离,并通过各服务器的负载转嫁机制完成新的负载分配。PC 服务器中较为常见的是两台服务器的集群,UNIX 系统可支持 8 台服务器的集群,康柏的专用系统 OpenVMS 可支持多达 96 台服务器的集群。

在集群系统中,所有的计算机拥有一个共同的名称,集群系统内任一服务器上运行的服务都可被所有的网络客户使用。集群系统必须能协调管理各分离组件的错误和失败,并可透明地向集群中加入组件。用户的公共数据被放置在共享的磁盘柜中,应用程序被安装在所有的服务器上。也就是说,在集群上运行的应用程序需要在所有的服务器上安装。当

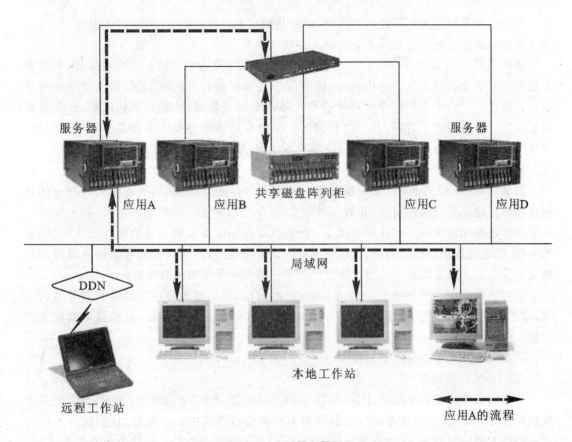

图 2-5　集群服务器图示

集群系统正常运转时,应用程序只在一台服务器上运行,并且只有这台服务器才能操纵该应用在共享磁盘柜上的数据区。其他服务器则监控着这台服务器,只要这台服务器上的应用程序停止了运行(无论是硬件损坏、操作系统死机、应用软件故障,还是人为误操作造成的应用程序停止运行),其他服务器就会接管这台服务器所运行的应用程序,并将共享磁盘柜上的相应数据区接管过来。

集群服务器系统有以下三个优点:

(1)集群系统可解决所有的服务器硬件故障。当某台服务器出现故障,如出现硬盘、内存、CPU、主板、I/O板以及电源故障时,运行在这台服务器上的应用程序就会被切换到其他的服务器上继续运行。

(2)集群系统可解决软件系统的问题。在计算机系统中,用户使用的是应用程序和数据,而应用程序运行在操作系统之上,操作系统又运行在服务器上。这样,只要应用程序、操作系统、服务器三者中的任何一个出现故障,系统实际上就停止了向客户端提供服务,比如常见的软件死机,就是这种情况之一,尽管服务器硬件完好,但服务器仍旧不能向客户端提供服务。而集群的最大优点在于对故障服务器的监控是基于应用程序的,也就是说,只要服务器上应用程序停止运行了,其他相关服务器就会接管这个应用程序,而不必理会应用程序停止运行的原因是什么。

(3)集群系统可以解决人为失误造成的应用程序停止运行。例如,当管理员对某台服务器操作不当导致该服务器停机,因此运行在这台服务器上的应用程序也就停止了运行。

由于集群系统是对应用程序进行监控的,因此其他相关服务器就会接管这个应用程序。

集群服务器系统也存在以下不足:

集群系统中的应用程序只在一台服务器上运行,如果这个应用程序出现故障,其他某台服务器就会重新启动这个应用程序,接管位于共享磁盘柜上的数据区,进而使应用程序重新正常运转。整个应用程序的接管过程大体需要三个步骤:侦测并确认故障、后备服务器重新启动该应用程序、接管共享的数据区。因此在切换的过程中需要花费一定的时间,切换所花时间取决应用程序的大小。应用程序越大,切换的时间越长。

3. 负载均衡

负载均衡(Load Balance)是一项技术。随着业务量的提高,网络的各个核心部分的访问量和数据流量就会快速增长,其数据处理的压力和计算强度也相应地增大,甚至使单一的服务器设备无法承担。在这种情况下,如果扔掉现有设备去做大量的硬件升级,虽能解决问题,但也造成现有资源的浪费,且在下一次业务量提升时,又将面对再次硬件升级的高额资金投入。一般来说再卓越的设备也总是无法满足业务量增长的需求。

针对这种情况衍生出来了一种廉价、有效的方法,来扩展现有网络设备和服务器的带宽,增加吞吐量,增强网络数据处理能力,提高网络的灵活性和可用性。这种技术就是负载均衡。

负载均衡技术主要有以下一些应用:

(1) DNS 负载均衡

最早的负载均衡技术是通过 DNS(Domain Name System)来实现的,在 DNS 中为多个地址配置同一个名字,因而查询这个名字的客户机将得到其中一个地址,从而使得不同的客户访问不同的服务器,达到负载均衡的目的。DNS 负载均衡是一种简单而有效的方法,但是它不能区分服务器的差异,也不能反映服务器的当前运行状态。

(2) 代理服务器负载均衡

使用代理服务器,可以将请求转发给内部的服务器,使用这种加速模式显然可以提升静态网页的访问速度。然而,也可以考虑这样一种技术,使用代理服务器将请求均匀转发给多台服务器,从而达到负载均衡的目的。

(3) 地址转换网关负载均衡

支持负载均衡的地址转换网关,可以将一个外部 IP 地址映射为多个内部 IP 地址,对每次 TCP 连接请求动态使用其中一个内部地址,达到负载均衡的目的。

(4) 协议内部支持负载均衡

有的协议内部支持与负载均衡相关的功能,例如,HTTP 协议中的重定向能力等,HTTP运行于 TCP 连接的最高层。

(5) NAT 负载均衡

NAT(Network Address Translation)网络地址转换,简单地说就是将一个 IP 地址转换为另一个 IP 地址,一般用于未经注册的内部地址与合法的、已获注册的互联网 IP 地址间进行转换。适用于解决互联网 IP 地址紧张、不想让网络外部知道内部网络结构等场合。

(6) 反向代理负载均衡

普通代理方式是代理内部网络用户访问互联网上服务器的连接请求,客户端必须指定代理服务器,并将本来要直接发送到互联网上服务器的连接请求发送给代理服务器处理。

反向代理(Reverse Proxy)方式是指以代理服务器来接受互联网上的连接请求,然后将请求转发给内部网络上的服务器,并将从服务器上得到的结果返回给互联网上请求连接的客户端,此时代理服务器对外就表现为一个服务器。反向代理负载均衡技术是将来自互联网上的连接请求以反向代理的方式动态地转发给内部网络上的多台服务器进行处理,从而达到负载均衡的目的。

(7) 混合型负载均衡

在有些大型网络,由于多个服务器群内硬件设备、各自的规模、提供的服务等的差异,可以考虑给每个服务器群采用最合适的负载均衡方式,然后又在这多个服务器群间再一次负载均衡或集群起来以一个整体向外界提供服务(即把多个服务器群当做一个新的服务器群),从而达到最佳的性能。这种方式称之为混合型负载均衡。此种方式有时也用于单台均衡设备的性能不能满足大量连接请求的情况下。

(二) 网络设备

常用的网络设备有中继器、网桥、路由器和网关等。

1. OSI 体系结构

OSI(Open System Interconnect)意为开放式系统互联。国际标准组织(ISO, International Organization for Standardization)制定了 OSI 模型。这个模型把网络通信的工作分为 7 层,分别是物理层、数据链路层、网络层、传输层、会话层、表示层和应用层。1~4 层被认为是低层,这些层与数据移动密切相关。5~7 层是高层,包含应用程序级的数据。每一层负责一项具体的工作,然后把数据传送到下一层。

2. 中继器 (Repeater)

中继器是局域网互联的最简单设备,它工作在 OSI 体系结构的物理层,它接收并识别网络信号,然后再生信号并将其发送到网络的其他分支上。要保证中继器能够正确工作,首先要保证每一个分支中的数据包和逻辑链路协议是相同的。例如,在 802.3 以太局域网和 802.5 令牌环局域网之间,中继器是无法使它们通信的。

但是,中继器可以用来连接不同的物理介质,并在各种物理介质中传输数据包。某些多端口的中继器很像多端口的集线器,它可以连接不同类型的介质。

中继器是扩展网络最廉价的方法。当扩展网络的目的是要突破距离和结点的限制时,并且连接的网络分支都不会产生太多的数据流量,成本又不能太高时,就可以考虑选择中继器。采用中继器连接网络分支的数目要受具体的网络体系结构限制。

中继器没有隔离和过滤功能,它不能阻挡含有异常的数据包从一个分支传到另一个分支。这意味着,一个分支出现故障可能影响到其他的每一个网络分支。

3. 网桥 (Bridge)

网桥工作于 OSI 体系的数据链路层。所以 OSI 模型数据链路层以上各层的信息对网桥来说是毫无作用的,协议的理解依赖于各自的计算机。网桥包含了中继器的功能和特性,不仅可以连接多种介质,还能连接不同的物理分支,如以太网和令牌网,能将数据包在更大的范围内传送。网桥的典型应用是将局域网分段成子网,从而降低数据传输的瓶颈,这样的网桥叫"本地"桥。用于广域网上的网桥叫做"远地"桥。两种类型的桥执行同样的功能,只是所用的网络接口不同。一般常见的交换机就是网桥。

4. 路由器(Router)

路由器工作在 OSI 体系结构中的网络层,这意味着它可以在多个网络上交换路由数据和数据包。路由器通过在相对独立的网络中交换具体协议的信息来实现这个目标。比起网桥,路由器不但能过滤和分隔网络信息流、连接网络分支,还能访问数据包中更多的信息。并且用来提高数据包的传输效率。

路由表包含有网络地址、连接信息、路径信息和发送代码等。路由器比网桥慢,主要用于广域网或广域网与局域网的互连。

5. 网关(Gateway)

网关把信息重新包装以适应目标环境的要求。网关能互联异类的网络,从一个环境中读取数据,剥去数据的老协议,然后用目标网络的协议进行重新包装。网关的一个较为常见的用途是在局域网的微机和小型机或大型机之间作翻译。网关的典型应用是网络专用服务器。

(三)终端设备

终端即计算机显示终端,是计算机系统的输入、输出设备。计算机显示终端伴随主机时代的集中处理模式而产生,并随着计算技术的发展而不断发展。迄今为止,计算技术经历了主机时代、PC 时代和网络计算时代这三个发展时期,终端与计算技术发展的三个阶段相适应,应用也经历了字符终端、图形终端和网络终端这三种形态。

1. 终端的分类

终端设备将不局限在传统的桌面应用环境,随着连接方式的多样化,它既可以作为桌面设备使用,也能够以移动和便携方式使用,终端设备会有多样化的产品形态。此外,随着跨平台能力的扩展,为了满足不同系统应用的需要,终端设备也将以众多的面孔出现:Unix 终端、Windows 终端、Linux 终端、Web 终端、Java 终端等等。

目前常见的客户端设备分为两类:一类是胖客户端,一类是瘦客户端。把以 PC 为代表的基于开放性工业标准架构、功能比较强大的设备叫做"胖客户端";除了个人 PC 之外,还有 PDA(Personal Digital Assistant)、手机等,则归入"瘦客户端"。

PDA、手机、便携式个人电脑的大量出现和功能的不断增强,为 e-learning 学习带来了新的应用,如 M-learning(移动学习)、U-learning(泛在学习)等(详见本书第十章)。

2. 终端的基本配置

在 e-learning 学习环境的设置中,终端的配置首先要满足上网的功能,能够运行 IE6.0 以上版本的浏览器。其次,要能播放各种不同类型的学习课件,如 Flash 等。早期的 LMS 还要求终端有 Java 虚拟机,不过随着技术的发展,现在的大多数平台都整合了这种技术,用户不再需要安装 Java 虚拟机。

LMS 中基本的 PC 客户端环境配置要求如下:

配置 Intel PentiumⅡ 400MHz CPU,64M 内存,简单配置的声卡、显卡、网卡及常用的 PC 工作站即可满足客户端硬件要求。客户端需要安装 Windows 98 第二版或以后版本的 Windows 平台,Internet Explorer6.0 或以后版本的浏览器,Windows Media Player 9.0 或以后版本的媒体播放器。

最新的 e-learning 应用情况下,如移动学习中手机的终端配置、操作系统等有特定的要求，这里不再赘述。

三、软件环境

（一）数据库

数据库是 LMS 数据的存放中心，目前常用的数据库有 DB2、Oracle 和 SQL Server 等。根据经验，如果企业人数在 3 000 人以下，一般软件的单机版就足够用了，如果人数超过 3 000 人，最好购买企业版，可参考以下对各种数据库的介绍。

1. DB2 数据库

DB2 是 IBM 公司研制的一种关系型数据库。主要应用于大型系统，具有较好的可伸缩性，可支持从大型机到单用户环境，应用于 OS/2、Windows 等平台下。DB2 提供了高层次的数据利用性、完整性、安全性、可恢复性，以及小规模到大规模应用程序的执行能力，具有与操作平台无关的基本功能和 SQL 命令。

DB2 采用了数据分级技术，能够使大型机数据很方便地下载到 LAN 数据库服务器，使得客户机/服务器用户和基于 LAN 的应用程序可以访问大型机数据，并使数据库本地化及远程连接透明化。它以拥有一个非常完备的查询优化器而著称，其外部连接改善了查询性能，并支持多任务并行查询。DB2 具有很好的网络支持能力，每个子系统可以连接十几万个分布式用户，可同时激活上千个活动线程，对大型分布式应用系统尤为适用。

除了可以提供主流的 OS/390 和 VM 操作系统，以及中等规模的 AS/400 系统之外，IBM 还提供了跨平台（包括基于 UNIX 的 LINUX、HP-UX、Sun Solaris 以及 SCO UnixWare；用于个人电脑的 OS/2 操作系统，以及微软的 Windows 2000 和其早期的系统）的 DB2 产品。DB2 数据库可以通过使用微软的开放数据库连接（ODBC）接口，Java 数据库连接（JDBC）接口或者 CORBA 接口代理被应用程序访问。

2. Oracle 数据库

SQL(Structured Query Language)主要包括数据定义、数据操纵（包括查询）和数据控制三方面功能。SQL 是一种非过程化程度很高的语言，用户只需说明“干什么”而无需具体说明“怎么干”，语言简洁、使用方便、功能强大，集联机交互与嵌入于一体，能适应广泛的使用环境。

Oracle 数据库是以高级结构化查询语言（SQL）为基础的大型关系数据库，通俗地讲它是用方便逻辑管理的语言操纵大量有规律数据的集合。是目前最流行的客户/服务器(Client/Server)体系结构的数据库之一。

Oracle 在数据库领域一直处于领先地位。1984 年，首先将关系数据库转到了桌面计算机上。然后 Oracle 率先推出了分布式数据库、客户/服务器结构等崭新的概念。Oracle 6 的版本首创行锁定模式以及对称多处理计算机的支持。Oracle 8 主要增加了对象技术，成为关系-对象数据库系统。目前，Oracle 产品覆盖了大、中、小型机等几十种机型，Oracle 数据库成为世界上使用最广泛的关系数据系统之一。

Oracle 数据库由三种类型的文件组成：数据库文件、日志文件和控制文件。数据字典是由 Oracle 自动建立并更新的一组表，这些表中记录用户的姓名、描述表和视图以及有关用户权限等信息。数据字典是只读的,只允许查询。也就是说数据字典是一种数据库资源,每个用户都可以访问数据字典。Oracle 数据库本身也要利用数据库字典来管理和控制。

3. SQL Server 数据库

SQL Server 是一个关系数据库管理系统。它最初是由微软、Sybase 和 Ashton-Tate 三家公司共同开发的。在 Windows NT 推出后,微软将 SQL Server 移植到 Windows NT 系统上,专注开发 SQL Server 的 Windows NT 版本;Sybase 则较专注于 SQL Server 在 UNIX 操作系统上的应用。

SQL Server 数据库管理系统具有使用方便、可伸缩性好和与相关软件集成度高等优点,可以在 Windows 98 到 Windows 2003 等多种系统平台中运行和使用。常见版本有下述几种。

(1) 企业版(Enterprise Edition)。

支持所有的 SQL Server 特性,可作为大型 Web 站点、企业 OLTP(联机事务处理)以及数据仓库系统等的产品数据库服务器。

(2) 标准版(Standard Edition)。

用于小型的工作组或部门。

(3) 个人版(Personal Edition)。

用于单机系统或客户机。

(4) 开发者版(Developer Edition)。

用于程序员开发应用程序,这些程序需要 SQL Server 2000 作为数据存储设备。

(二) 中间件

中间件是一种独立的系统软件或服务程序,分布式应用软件借助这种软件在不同的技术之间共享资源。中间件位于客户机/服务器的操作系统之上,管理计算机资源和网络通信。

1. 中间件特点

(1) 满足大量应用的需要。

(2) 运行于多种硬件和 OS(Operating System)平台。

(3) 支持分布式计算,提供跨网络、硬件和 OS 平台的透明性的应用或服务的交互功能。

(4) 支持标准的协议。

(5) 支持标准的接口。

2. 中间件分类

(1) 数据访问中间件。

(2) 远程过程调用中间件。

(3) 消息中间件。

(4) 交易中间件。

(5) 对象中间件。

3. 免费中间件(Tomcat)

对一些中小企业来说,特别是应用人数规模在 2 000 人以下的,可以考虑利用免费的中间件。Tomcat 服务器是一个免费的开放源代码的 Web 应用服务器,截止到 2008 年 8 月 27 日的版本是 6.0.18。

Tomcat 是 Apache 软件基金会(Apache Software Foundation)的 Jakarta 项目中的一个核心项目,主要由 Apache、Sun 等公司和一些个人合作开发而成。由于有了 Sun 的参与和支持,最新的 Servlet 和 JSP 规范总是能在 Tomcat 中得到体现,Tomcat 5 支持 Servlet 2.4 和 JSP 2.0 规范。因为 Tomcat 技术先进、性能稳定,而且免费,因而深受 Java 爱好者的喜爱并得到部分软件开发商的认可,成为比较流行的 Web 应用服务器。

Tomcat 很受广大程序员的喜欢,因为它运行时占用的系统资源小,扩展性好,支持负载均衡与邮件服务等开发应用系统常用的功能。而且它还在不断地改进和完善中,任何一个感兴趣的程序员都可以更改它或在其中加入新的功能。

Tomcat 是一个小型的轻量级应用服务器,被普遍使用在中小型系统和并发访问用户不很多的场合,是开发和调试 JSP 程序的首选。对于一个初学者来说,可以这样认为,当在一台机器上配置好 Apache 服务器,可利用它响应对 HTML(Hyper Text Mark-up Language)页面的访问请求。实际上 Tomcat 部分是 Apache 服务器的扩展,但它是独立运行的,所以当运行 Tomcat 时,它实际上作为一个与 Apache 独立的进程单独运行。

当配置正确时,Apache 为 HTML 页面服务,而 Tomcat 实际上运行 JSP 页面和 Servlet。另外,Tomcat 和 IIS、Apache 等 Web 服务器一样,具有处理 HTML 页面的功能,它还是一个 Servlet 和 JSP 容器,独立的 Servlet 容器是 Tomcat 的默认模式。不过,Tomcat 处理静态 HTML 的能力不如 Apache 服务器。

4. 常用的中间件

BEA 公司的 WebLogic Server 是常用的中间件之一。WebLogic Server 是用于开发、集成、部署和管理大型分布式 Web 应用、网络应用和数据库应用的 Java 应用服务器。将 Java 的动态功能和 Java Enterprise 标准的安全性引入大型网络应用的开发、集成、部署和管理之中。BEA WebLogic Server 拥有处理关键 Web 应用系统问题所需的性能、可扩展性和高可用性。与 BEA WebLogic Commerce ServerTM 配合使用,BEA WebLogic Server 可为部署适应性个性化的应用系统提供完善的解决方案。

BEA WebLogic Server 具有开发和部署关键 Web 应用系统所需的多种特色和优势,包括:

(1) 领先的标准

对业内多种标准的全面支持,包括 EJB、JSB、JMS、JDBC、XML 和 WML,使 Web 应用系统的实施更为简单,同时也使基于标准的解决方案的开发更加简便。

(2) 无限的可扩展性

BEA WebLogic Server 以其高扩展的架构体系闻名于业内,包括客户机连接的共享、资源 pooling 以及动态网页和 EJB 组件群集。凭借其出色的群集技术,BEA WebLogic Server 拥有最高水平的可扩展性和可用性。BEA WebLogic Server 既实现了网页群集,也实现了 EJB 组件群集,而且不需要任何专门的硬件或操作系统支持。网页群集可以实现透明的复制、负载均衡以及表示内容容错,如 Web 购物车;组件群集则处理复杂的复制、负载均衡和 EJB 组件容错,以及状态对象(如 EJB 实体)的恢复。

（3）快速开发部署

凭借对 EJB 和 JSP 的支持，以及 BEA WebLogic Server 的 Servlet 组件架构体系，可加速投放市场速度。这些开放性标准与 WebGain Studio 配合时，可简化开发，并可发挥已有的技能，迅速部署应用系统。

BEA WebLogic Server 的特点是与领先的数据库、操作系统和 Web 服务器紧密集成。其具有的容错、系统管理和安全性能已经在全球数以千记的关键任务环境中得到了验证。

（4）体系结构

BEA WebLogic Server 是专门为企业级的应用系统开发的。企业的许多应用系统需要快速开发，并要求服务器端组件具有良好的灵活性和安全性，同时还要支持关键任务所必需的扩展、性能和高可用性。BEA WebLogic Server 简化了可移植及可扩展的应用系统的开发，并为其他应用系统提供了丰富的互操作性。

第三节　LMS 与其他 IT 系统集成

一、集成类型

（一）OA 和 Portal

1. 什么是 OA 和 Portal

OA（Office Automation）就是办公自动化。所谓 OA 系统就是用网络和 OA 软件构建的一个单位内部的办公通信平台，用于辅助办公。

采用 Internet/Intranet 技术，基于工作流的概念，使企业内部人员便捷地共享信息、高效地协同工作，改变过去复杂、低效的手工办公方式，实现迅速、全方位的信息采集、信息处理，为企业的管理和决策提供科学的依据。OA 的初级阶段以大规模采用复印机等办公设备为标志，发展到现阶段以运用网络和计算机为标志，对企业办公方式的改变和效率的提高起到了积极的促进作用。

OA 软件解决企业的日常管理规范化、增加企业可控性、提高企业运转效率的基本问题，范围涉及日常行政管理、各种事项的审批、办公资源的管理、多人多部门的协同办公、以及各种信息的沟通与传递。可以概括地说，OA 软件跨越了生产、销售、财务等具体的业务范畴，更关注企业日常办公的效率和可控性，是企业提高整体运转能力不可缺少的软件工具。总体上讲，OA 办公自动化系统是指一切可满足企事业单位的、综合型的、能够提高单位内部信息交流、共享、流转处理、实现办公自动化和提高工作效率的各种信息化设备和应用软件；它不是孤立存在的，而是与企事业单位其他各类管理系统（如电子政务系统、电子商务系统、CRM 系统、ERP 系统、财务系统）密切相关、有机整合。

Portal 就是门户的意思，也是个技术名词，专指门户系统。OA 是基于 Portal 来开发的。目前，大公司如 IBM 等都有自己的门户系统。有的企业单独做 Portal，相当于一个门户网站。通过门户网站，员工可以知道自己还有多少邮件没有收、多少事没有办等信息。

2. LMS 与 OA 和 Portal 的集成

OA 是一个公司的日常办公系统，LMS 是学习系统，两者之间的集成在实践中很常见，一般 OA 系统是一个门户的作用，用户只需登录 OA 系统就可以直接转入到 LMS 系统中进行学习。与 Portal 的集成主要是同步人员信息。但是在与 Portal 的整合中，连通性经常出问题。

（二）EHR 系统

1. 什么是 EHR 系统

HR（Human Resource）即常说的人力资源，HR 系统就是人力资源管理系统，目标是让企业的人力资源更好地规划和发展。系统的任务是实现人力资源部门对员工的管理。管理的内容有以下几个方面：组织管理、人事信息管理、招聘管理、劳动合同、培训管理、考勤管理、绩效管理、福利管理、工资管理等。

EHR 的意思是指人力资源管理电子信息化，是指企业基于高速度、大容量的硬件和先进的 IT 软件的人力资源管理模式。通俗地说，就是人力资源管理信息化或自动化。IT 技术的运用，使人力资源管理的手段和过程发生了巨大的改变。这种改变不仅体现在用自动智能机器取代了人工操作，还对传统的人力资源管理理念产生影响。

EHR 是新经济时代下人力资源管理的趋势，EHR 不仅使企业的人力资源管理自动化，实现了与财务流、物流、供应链、客户关系管理等系统的关联和一体化，而且整合了企业内外人力资源信息和资源，使之与企业的人力资本经营相匹配，使人力资源管理的从业者真正成为企业的战略性经营伙伴。

2. LMS 与 EHR 系统的集成

LMS 与 EHR 的集成是最常见也是最重要的集成，两者的集成对象主要是员工的信息。LMS 与 EHR 在功能上有很多相似地方，有些 EHR 系统本身的功能比较强，也有创建课程等功能。但两者之间的侧重点是不同的，LMS 定位在学习过程的管理，主要是管理学习者的学习，EHR 则更关注学员学习结果的总结，EHR 的培训模块只是作为结果的记录，而不是组织培训。

除此之外，LMS 与企业的 ERP 系统也可以进行集成，以达到数据共享的目的。但因为企业通常都会与 HR 系统进行集成，或者已经与 ERP 模块中的人力资源模块进行了整合，已经实现了数据共享的目的，所以很少有企业将 LMS 与 ERP 的其他模块进行系统集成。

（三）电子邮件

LMS 需要与电子邮件整合，目的是发挥电子邮件在培训与学习流程中的作用，主要体现在关键事件的提醒上。如培训审批通知、报名注册通知等。除此之外，电子邮件也被当作学习内容的载体，企业可以通过电子邮件发送一些非正式的学习内容，起到提升学习兴趣、促进学习文化的作用。

邮件系统可以用来向用户传递与课程学习相关的信息。比如，用户报名参加某门课程的学习，管理员审批通过后就会通过邮件接口自动给用户发一封邮件，告之课程申请成功。

在与邮件集成的过程中，会用到邮件系统程序内部的邮件系统协议，比如常见的 pop3 等，整个集成就是在协议的基础上通过代码来实现的。

（四）视频会议

视频会议系统在企业培训中的应用日趋流行,更大幅度减少了培训费用,同时大大提升了培训效果,有的企业已经应用了更专业的虚拟教室系统。LMS与视频会议集成的目的在于发挥两者的优势(详见本书第四章)。

为了便于管理,可在LMS中开发一种学习活动模块来支持视频会议或虚拟教室的管理,通过数据库集成和开发管理程序实现开课、发布、用户注册、授权等功能。一些视频会议系统和LMS厂商还提供相应的集成模块,使系统的集成更为容易。视频会议结束后的录像能放在LMS中作为课程,可供不能参加视频培训的学习者课后学习。

视频会议系统与LMS可进行数据库级整合和松耦合性集成,直接调用视频会议的API接口。这样不破坏各自系统的独立性,保证两个系统既可独立运行也可协作运行。

（五）其他资源

LMS还会与一些常见的、可辅助学习的其他外部系统或技术相结合。

1. 光盘／移动学习

LMS主要通过B/S结构的网络服务为学习者提供在线学习,其优势在于标准化、便于管理,使用方便。但如果员工经常出差,或遇到没有网络、带宽不足的情况可以考虑应用其他技术载体,如光盘、笔记本电脑、手机等。这些存储于其他载体中的学习内容需要有标准化的格式,能够脱机记录学习过程并可将学习记录回传至LMS。

2. 博客／播客

当企业考虑应用博客／播客等WEB2.0技术时,可以考虑与LMS集成。一些LMS已经集成了供学习者分享知识的博客等功能,能融入更多的WEB2.0技术是LMS未来的发展趋势。对于已经独立实施并投入应用的博客等系统,可以采用TAG、RSS等技术实现相关知识的互联互通。

3. 互联网第三方资源

对于学习者来说,早已熟练使用Google、百度搜索和MSN、QQ等即时交流工具。这些服务均可以嵌入或整合到LMS之中,用以辅助员工学习。一些常用的网络化工具软件还提供针对企业应用的专业版本,使整合更为容易。

二、集成接口

目前e-learning行业中还没有一个规范的集成标准,一般参考IMS标准(详见本书第一章有关内容)。现在的企业在实施e-learning项目前,已经拥有自己的人力资源系统或ERP等系统。为了简化企业应用流程,众多LMS提供商都提供了标准的API接口,可方便地与企业原有系统集成。

（一）API接口

API(Application Programming Interface,应用程序编程接口)是一些预先定义的函数,目的是提供应用程序与开发人员基于某软件或硬件访问一组程序的能力,而又无需访问源码或理解内部工作机制的细节。API 本身是抽象的，它仅定义了一个接口，而不涉入应用程序如何实现的细节。应用程序接口是一组数量上千、极其复杂的函数和副程序，可让程序设计师做很多工作，例如，读取文件、显示选单、在视窗中显示网页等。操作系统的 API 可用来分配内存或读取档案。许多系统应用程序借由 API 接口来实现，如图形系统、数据库、网络 Web 服务，甚至是线上游戏。

API 分为四种类型：

（1）远程过程调用（RPC）：通过作用在共享数据缓存器上的过程（或任务）实现程序间的通信。

（2）标准查询语言（SQL）：是标准的访问数据的查询语言，通过通用数据库实现应用程序间的数据共享。

（3）文件传输：文件传输通过发送格式化文件实现应用程序间数据共享。

（4）信息交付：指松耦合或紧耦合应用程序间的小型格式化信息，通过程序间的直接通信实现数据共享。

当前应用于 API 的标准包括 ANSI 标准 SQL API。另外还有一些应用于其他类型的标准尚在制定之中。API 可以应用于所有计算机平台和操作系统。这些 API 以不同的格式连接数据（如共享数据缓存器、数据库结构、文件框架）。每种数据格式要求以不同的数据命令和参数实现正确的数据通信，但同时也会产生不同类型的错误。因此，除了具备执行数据共享任务所需的知识以外，这些类型的 API 还必须解决很多网络参数问题和可能的差错条件，即每个应用程序都必须清楚自身是否有强大的性能支持程序间通信。相反由于这种 API 只处理一种信息格式，所以该情形下的信息交付 API 只提供较小的命令、网络参数以及差错条件子集。正因为如此，交付 API 方式大大降低了系统复杂性，所以当应用程序需要通过多个平台实现数据共享时，采用信息交付 API 类型是比较理想的选择。

Windows API 是一套用来控制 Windows 的各个部件（从桌面的外观到为一个新进程分配的内存）的外观和行为的一套预先定义的 Windows 函数。用户的每个动作都会引发一个或几个函数的运行以告诉 Windows 发生了什么。

目前，企业中对 API 的使用主要从以下两个方面来展开：

（1）单一登录 API 接口：可与企业现有的信息系统进行单一登录集成，实现在整个企业内部，只通过一次登录，就可以使用包括培训平台在内的所有应用系统，简化用户使用流程。

（2）标准 IMS API 接口：大多数平台同时提供标准的 IMS API 接口，利用它可与其他系统实现用户数据的同步，比如同企业已有的 EHR 系统对接，实现全体员工数据的共享等，其过程如图 2-6 所示。

图 2-6　LMS 和企业 EHR 系统数据共享执行过程

为说明如何使用这些功能，下面通过 LMS 和企业 EHR 系统的运行来看一种典型的执行步骤。

输入步骤如下：

步骤 1：根据 IMS 企业某一系统的规范说明创建一个 XML 文件，含有用户和用户组数据。

步骤 2：利用 IMS 企业 API 把这个 XML 文件导入到 LMS 的数据库中。

步骤 3：建立一个定期任务以实施上述的步骤 1 和步骤 2。

IMS 企业 API（IMS Enterprise API）遵从 IMS Global Learning Consortium Inc.（http://www.imsproject.org）的 IMS 企业规范说明书 V1.1。它的功能是通过一个 XML 文件描述输入与输出数据来完成的。用户可利用这些标准 API 完成企业内部的数据共享。

（二）LDAP 接口

LDAP 是小型目录访问协议，英文全称是 Lightweight Directory Access Protocol。简单说来，LDAP 是一个得到关于人或者资源的集中、静态数据的快速方式。LDAP 是一个用来发布目录信息到许多不同资源的协议，通常它被当作一个集中的地址本来使用，不过根据组织者的需要，它可以做得更加强大。不少 LDAP 开发人员喜欢把 LDAP 与关系数据库相比，认为是另一种存储方式，然后在读性能上进行比较。但 LDAP 和关系数据库是两种不同层次的概念，后者是存储方式（同一层次如网格数据库，对象数据库），前者是存储模式和访问协议。LDAP 是一个比关系数据库抽象层次更高的存储概念，与关系数据库的查询语言 SQL 属同一级别。LDAP 最基本的形式是一个连接数据库的标准方式。该数据库为读查询作了优化，因此它可以很快地得到查询结果，不过在其他方面，例如更新，就慢得多。

从另一个意义上来说 LDAP 是实现了指定数据结构的存储，它是一种特殊的数据库。但是 LDAP 和一般的数据库不同。LDAP 对查询进行了优化，与写性能相比 LDAP 的读性能要优秀很多。

LDAP 协议是跨平台和标准的协议，应用程序不用考虑 LDAP 目录放在什么样的服务器上。LDAP 得到了业界的广泛认可，因为它是互联网的标准。厂商都很愿意在产品中加入对 LDAP 的支持，因为他们根本不用考虑另一端（客户端或服务端）是怎么样的。LDAP 服务器可以是任何一个开发源代码或商用的 LDAP 目录服务器（或者还可能是具有 LDAP 界面的关系型数据库），因为可以用同样的协议、客户端连接软件包和查询命令与 LDAP 服务器进行交互。与 LDAP 不同的是，如果软件厂商想在软件产品中集成对 DBMS 的支持，那么通常都要对每一个数据库服务器单独定制。不像很多商用的关系型数据库，不必为 LDAP 的每一个客户端连接或许可协议付费。大多数的 LDAP 服务器安装起来很简单，也容易维护和优化。

LDAP 服务器可以用"推"或"拉"的方法复制部分或全部数据。例如：可以把数据"推"到远程的办公室，以增加数据的安全性。复制技术是内置在 LDAP 服务器中的而且很容易配置。如果要在 DBMS 中使用相同的复制功能，数据库厂商就会要求支付额外的费用，而且也很难管理。

LDAP 允许根据需要使用 ACI（一般都称为 ACL 或者访问控制列表）控制对数据读和写的权限。例如，设备管理员可以有权改变员工的工作地点和办公室号码，但是不允许改变记录中其他的域。ACI 可以根据谁访问数据、访问什么数据、数据存在什么地方以及其他使用方式对数据进行访问控制。因为这些都是由 LDAP 目录服务器完成的，所以不用担心在客户端的应用程序上是否要进行安全检查。

第四节　常见 LMS 选用问题

随着 e-learning 市场的快速发展，企业面对众多的供应商和解决方案，往往不知所从。LMS 选购是企业实施 e-learning 的一个重要步骤，这个环节企业需要倾注大量的精力进行调研、比较、分析，最后才能做出决定。为减少搜寻成本，企业需要可操作的选购策略和方法。这里，本书从多年的 LMS 实施经验和理论探索出发，对 LMS 选用问题做了详细的介绍，并给出了一些简单易行的参考建议。

一、购买与使用的考虑因素

（一）买断与租用

租用（ASP 方式）和买断方式是当前软件使用的两种方式。买断就是自行购买，通过一次性付费买断软件的终身使用权，然后企业便可自己运营，是传统方式，首次费用相对较高。

ASP（Application Service Provider）即应用服务提供商。ASP 方式是近几年来新推出的方式，已逐渐被广大用户接受。它的特点是：不需购买软件和装软件所需的服务器等设备，只是使用软件服务商提供的空间及用户，通过互联网来管理相关业务。在费用方面，只是付给服务商一定租期的租用费，是一种既省钱又省力的方式，而且实施迅速，前期投入少，减少了企业风险。无需担心信息化系统后期的维护和升级，让企业更加关注业务增长而非软件这种管理工具。此种方式对于 ASP 客户要求只有一个：就是能上互联网的电脑即可。

这两种方式的选择要根据企业实际情况来定，对于大型企业，已经具有软件运行环境及维护人员的，建议用购买的方式。对于中小企业，考虑到人力及资金等问题，前期可采用 ASP 方式，先行使用起来，在企业发展壮大有能力时，再改为买断方式。

（二）安全与知识产权

1. 核心知识的安全

企业知识的安全管理不仅是控制访问权限、防止知识被随意下载等问题，还需要在网络上部署安全设备以防止病毒攻击计算机并破坏或者盗窃数据。企业核心知识安全管理的首要目标已经变成以最佳的方式保持网络的正常运行，并防止企业的核心知识被偷窃或者下载。

企业自行开发的各类培训课件，耗费了企业资源，倾注了工作人员的心血，其独特的知识在某些方面形成了企业的核心竞争力，所以在设计 LMS 中的知识传递子系统时，要遵循保密原则,建立防止资源被随意下载的保密机制。

2. 电子证书的做法

LMS 中知识产权的保护可以参照电子商务中解决安全问题的方法。在电子商务中,为了保证网络上传递信息的安全,通常采用加密的方法。但对电子商务来说,这还是不够的,如何确认交易双方的身份,如何获得通信对方的公钥并且相信此公钥是由某个身份确定的人拥有,解决的方法就是找一个大家共同信任的第三方,即认证中心(Certificate Authority,CA)颁发电子证书。任何一个信任 CA 的通信一方,都可以通过验证对方电子证书上的 CA 数字签名来建立信任,并且获得对方的公钥以备使用。

然而,建立 CA 认证中心不是简单的工作,下面介绍在 Win2000 服务器中建立 CA 认证中心的具体方法和步骤。企业可以借鉴电子商务的 CA 认证方法来管理 LMS 系统中企业知识的安全和产权。

证书服务的一个单独组件是证书颁发机构的 Web 注册页。这些网页是在安装证书颁发机构时默认安装的,它允许证书请求者使用 Web 浏览器提出证书请求。此外,证书颁发机构网页可以安装在未安装证书颁发机构的 Windows2000 服务器上,在这种情况下,网页用来为不希望直接访问证书颁发机构的用户服务。如果选择为组织创建定制网页访问CA,则 Windows2000 提供的网页可作为示例。安装独立根证书和安装其他类型的证书与其方法类似。安装其他类型的证书只要选择其他证书的类型即可。

电子证书的做法在技术上比较复杂,对一般学习者来说有一定的挑战性。但随着技术的进步和系统性能的不断优化,利用电子证书进行身份认证来学习的方式会越来越广泛。

3. 防下载和防拷贝

网页代码是制作者的劳动成果,但其他人可以通过浏览器或其他手段来盗用网页的源代码,网页制作者经常会遇到精心制作的 Javascript 特效被别人抄袭,而自己对此却无可奈何。所以需要一些防范的措施。

使用 e-learning 进行学习的大部分学习者都是利用 IE 浏览器登录学习平台的,如果要防止非法下载 LMS 平台的内容,可以采用网页防止下载的方法,禁止访问者查看网页源代码。

查看源代码的方法一是鼠标右键菜单方式,二是窗口菜单栏查看方式,即选择"查看"/"源文件"方式。使用 ASP、JSP 等服务器端编程技术可以实现对网页源代码的保护,但如果不提供对服务器端编程的支持,要禁止访问者查看网页源代码就只能在客户端编程上下工夫了。

二、LMS 平台选购策略

(一)LMS 的选购步骤和选购原则

1. 选购步骤

LMS 是一个规模较大且复杂的软件系统,更替迅速,价值较高。所以,如果企业是选择购买而不是选择租用(ASP 方式)使用 LMS,应根据自己的情况及需要,进行合理选择。当然,下面的一些步骤和原则,采用租用(ASP)方式也可以作为参考。

以下几个步骤是关于选择 LMS 的一些建议,仅供参考。

（1）确定 LMS 商业需求并进行 LMS 需求评估。

（2）为企业转变做准备。

（3）研究 LMS 供应商并缩小选择供应商的范围。

（4）安排供应商示范。

（5）制订投标要求并分发投标要求。

（6）评估投标并初审供应商。

（7）候选供应商演示并确定供应商。

（8）洽谈 LMS 购买合同并开始准备执行。

2．选购原则

选购 LMS 平台的一般原则如表 2-4 所示。

表 2-4　选购 LMS 的一般原则

选择原则	具体内容描述
现状评估	认清组织在战略地位、人才管理、教育培训等方面所处的现状。
技术架构	培训部门与 IT 部门进行详细沟通，确定 LMS 是否与组织的 IT 规划一致。主要包括技术架构类型、J2EE 或 .net、单点登录方式，是否有统一的 SOA 系统管理架构等。
模块化	LMS 须具备模块化结构的特征。包括功能、结构、风格及语言的模块化。模块化的意义在于升级维护方便以及能够满足大型多管理级别用户在管理控制上的需要。
LCMS	LMS 中集成 LCMS 功能，管理者直接基于平台开发内容，可实现内部课程资源的快速开发。
Web2.0 特征	现阶段的 LMS 应满足 Web2.0 理念，特别是在学习社区功能方面设计上应满足以学习者为中心，并能够集成常见的互联网应用，如 Google 搜索、维基百科等。
移动学习	LMS 是否具有能够满足基于移动终端(例如：智能手机)学习的处理系统，如，课件播放器或学习社区的 WAP 访问版本或访问路径。本功能是一个扩展功能，目前仅作为参考。
离线学习	针对无法在线访问或带宽不足的用户，提供离线学习方案，并实现离线学习、在线管理。
产业标准	平台能够满足主流的 SCORM 标准，并通过 ADL 机构的认证。
可定制	平台可实现功能及流程级别的初始化定制，并能够满足客户代码级定制的需要。
报告及接口	平台可实现定制化的统计报告功能；平台预留数据接口，能够与主流的人力资源管理系统集成。

（二）LMS 的品牌和服务

目前市场上主要的商用 LMS 产品分为两类，一类是国内专业厂商提供的 LMS，另一类是国外厂商提供的 LMS。

国外的 LMS 优势在于产品符合人才发展的理念，能够满足组织未来发展的需要。劣势也很明显。一是大多数先进功能对于尚处于初级人才管理阶段的国内企业并不适用。二是定制化功能比较弱。由于很多国外 LMS 平台在中国大陆没有自己的研发和支持队伍，技术支持均设在境外，要修改一些参数和代码十分困难。有些国外 LMS，进行功能定制需要得到总部批准后才能回到用户这头进行测试使用,十分繁琐和麻烦。国外品牌 LMS 还有一个劣势就是实施成本较高。主要面向 e-learning 需求比较成熟的,企业管理基础、技术基础和文化基础比较好的大型用户。

国内 LMS 的优势在于适合国内大多数中小企业现阶段的情况,可定制性强,能提供及时的本地化服务。缺点是先进性以及满足未来发展的空间不足,技术开发力量薄弱,LMS 的标准性不强,存在其他厂商制作的课程难以与平台进行沟通的情况。在 e-learning 整体推进和后期的内容搭建上难以提供整体的咨询推广等一体化服务。

(三)硬件成本和应用规模

e-learning 学习环境的搭建,计算机硬件的配置是重要的组成部分,在配置的过程中难免会考虑性价比的问题。在做硬件配置的时候,要依据企业现有的用户量和未来 2~3 年的规划来配置硬件。做到一定的超前和冗余,便于扩展和升级,但也要防止超过自身需求而导致资源浪费的现象。

1. 个人电脑

根据员工的工作需要配置计算机的功能,并购买那些在性能上能满足工作需要的计算机,可以让企业节省成本。无疑,计算机的价格随其功能的强大水涨船高。高端个人电脑可以辅助高分辨率的数据图像处理、财务建模精算或 CAD(计算机辅助设计)应用等。如只用电脑收发电邮和上网,则无需高级配置。

企业还可以通过管理硬件更新周期来控制成本。对于真正需要较新技术的企业,三年是比较合适的更新期。但是在大多数情况下,四年或以上的更新周期可以使 IT 成本得到更好的管理。有些企业按部门划分 IT 需求,对计算能力要求较高的部门适当缩短其电脑更新周期,而对并不十分依赖于新技术的部门(通常是大多数部门)则适当延长其更新周期。

2. 数据存储

企业 IT 采购中经常会出现超支的领域是数据存储。通常,30%~70%的存储设备并未得到利用,这是因为存储需求十分难以估算,而且无法升级。

IT 存储中一个重要趋势即所谓的"效用模式"(按需存储),实质上就是"根据使用需要来购买"存储。此种新型存储可以帮助企业根据其需求,选择最适合的存储配置与相关软件,并且只需按照所使用的存储量支付。由于该模式在调整存储量的需求方面具有更大的灵活性,企业因此可以减少日常开支,并提高运营效率,改善现金流。

采用"效用模式"存储的企业还可以通过缩小所需的存储量节省更多的资金。例如,"关键"文档需要频繁备份,而多数文件只需要每天备份一次,或存档供以后使用。当然未必所有企业均适合使用效用模式。大型跨国企业的规模通常要求企业具备专业的 IT 能力,但大量采购同时也可以帮助企业获得具有竞争力的采购价格。因此,此类企业更有必要准确规划、量化其存储需求。

LMS 的使用中涉及数据存储最多的是学习者的信息、学习记录、企业知识等方面。需要根据具体情况来确定存储数据的要求。比如,一家几万人的大型企业连续几年的学习数据可能会十分庞大,而小企业这方面的存储量相对就很小。

3. 服务器

　　大部分中型企业使用的都是中型服务器。电脑行业并未明确定义所谓"中型",但通常该类服务器的价格介于 2.5 万~100 万美元之间,而且通常在基于 UNIX 或 Linux 的系统上运行。企业可以选择租用这些服务器。小型服务器最高价格仅为 2.5 万美元,通常在微软 Windows 上运行。随着其功能的日益强大,小型服务器已经能够完成一些曾只能由较大型服务器承担的工作。如果企业的数据存储空间不够,通过集群软件结合若干小型服务器可以实现同样的功能,而且成本仍低于一台中型服务器。

　　入门级服务器的使用时间更长,而且所需投资及维护费用相对较少。一般在 LMS 中都可以使用入门级服务器,费用不高。下面以一个流行的 LMS 为例,分别列出应用服务器、内容服务器和数据库服务器的标准配置。

　　(1) 应用服务器(DELL 2850)

　　应用服务器(DELL 2850)的标准配置如表 2-5 所示。

表 2-5　应用服务器的标准配置

项　　目	配　　置
处理器	XEON 2.8G * 2
内存	2G
硬盘	36G SCSI * 3 Raid 5
网卡	千兆
尺寸	20 U

　　(2) 数据库服务器(DELL 2850)

　　数据库服务器(DELL 2850)的标准配置如表 2-6 所示。

表 2-6　应用服务器的标准配置

项　　目	配　　置
处理器	XEON 2.8G * 2
内存	2G
硬盘	36G SCSI * 3 Raid 5
网卡	千兆
尺寸	20 U

　　(3) 内容服务器 (DELL 2850)

　　内容服务器(DELL 2850)的标准配置如表 2-7 所示。

表 2-7　内容服务器的标准配置

项　　目	要　　求
处理器	CPU 2.8GHz
内存	512M
硬盘	80G
网卡	千兆
尺寸	1 U

4. 带宽

如果企业开设外网来使用 LMS 系统,就需要考虑带宽要求。网络带宽开支通常是企业 e-learning 实施中很大的一部分花费,需要全面分类以及持续进行评估。以中国大陆目前的市场价格,租用 1M 电信宽带的年租金高达 7 万多元,是一笔很大的开支,所以企业培训部门很多采取与其他部门共享带宽的作法。

外部的网络带宽一般都是由电信等基础运营商提供的。与其他采购行为不同,企业如果与电信部门签订长期协议有可能不合算。因为随着技术发展,语音及数据服务价格会日益下跌,此外,企业的采购量不断增加,硬件的单位成本却不断降低,因此,企业一般采取阶段性的带宽租用策略。

三、主流 LMS 供应商

对刚刚了解 e-learning 的企业来说,如何选择合适的供应商是个重要的问题。但他们对 e-learning 服务供应状况往往并不十分了解,目前,第三方咨询机构也比较缺乏,难以给出一些全面而充分的信息。为此,本书对主流 LMS 供应商作些介绍,其他的 e-learning 服务提供商参见本书的附录。

(一) SumTotal Systems 公司

美国 SumTotal Systems 公司是全球最大的学习管理、人才管理和绩效管理解决方案提供商之一。SumTotal Systems 公司最出名的产品是人才管理套件,可帮助企业评估员工潜能、提高员工的工作表现。SumTotal Systems 公司全球拥有超过 1 500 家知名跨国企业和政府机构客户,用户人数超过 1 700 多万人。

(二) Saba

Saba 同样是美国 LMS 最主要的供应商之一。Saba 为人员管理提供了统一的解决方案,包括学习、协作、执行工作情况、补偿(赔偿)和人才管理,促使顾客可以联合、发展、管理和奖励他们的员工。Saba 已经与著名的视频会议提供商 Centra 进行了合并,其竞争能力更为强大。

(三) Cyberwisdom

Cyberwisdom,中文名香港汇思网络有限公司,成立于 1999 年,是中国最早的 e-learning 解决方案供应商之一,总部位于香港,在北京、上海、广州和深圳设有分支机构。汇思的投资方为著名的晨兴科技集团,在大陆地区的 LMS 中享有很高的市场份额,已经成功为一大批来自金融、企业、政府及教育机构的客户提供了全面的 e-learning 解决方案。

四、开源 LMS

目前已经有相当多的开源(免费)LMS,并且越来越容易使用。这对一些刚刚尝试使用 LMS 的用户来说,是一个不错的机会。

（一）MOODLE

MOODLE(Modular Object-Oriented Dynamic Learning Environment)是面向对象的动态学习环境组件,是目前世界上最著名的开源 LMS。这是由一位澳大利亚大学的网络管理员发起并组织开发的一个开放源代码的 CMS(Content Management System,内容管理系统)。这位管理员原来负责本校使用的 Web CT 课程管理系统(由一家美国商业公司开发的 CMS),但由于在使用 Web CT 过程中遇到的问题很多,不胜其烦,便在全球范围发起了这样一个开源 CMS 项目,目的是能够为各国的高校提供一个能够符合高校教学特点和要求且无须付费购买的系统。

MOODLE 的网址:http://moodle.org

（二）Bodington

Bodington 是一个开源虚拟学习环境/LMS。Bodington 项目旨在为高等院校、大型组织提供一个开源的平台以支持学习、讲授和研究。它比较适合大型组织之间综合性的、跨领域的综合合作。

Bodington 的网址:http://bodington.org/index.php

（三）TinyLMS

TinyLMS 从字面上解释是微小的 LMS,事实上它的确是一个小型级的 LMS。其特点是:

（1）遵守 SCORM 1.2 标准。

（2）学习指南可以在线或离线使用。

（3）运行环境只需支持 HTML、JavaScript 和 Cookies 的浏览器即可。

（4）除支持 SCORM 所规定的树型组织结构,TinyLMS 还支持二维表格结构。

（5）TinyLMS 可以用作一个 SCORM 对 SCORM 的转换器。它可以将分散的优秀学习内容整合到一个大的 SCORM 包中。

（四）Sakai

Sakai 项目的初始倡导者是美国密西根大学和印地安那大学,他们利用开源软件来合作开发 CMS。随后,伴随着"开放知识行动"(OKI)和 uPortal 协会的支持,麻省理工学院和斯坦福大学也接踵加入。2004 年,借助 Andrew W. Mellon、William 和 Flora Hewlett 基金会提供的 680 万美元的经费资助,Sakai 项目正式启动。

网址:http://sakaiproject.org

（五）Eledge

Eledge 是一个开放的 LMS,它创建一个用于在线教育的 Web 网站,包括学习者注册、认证、内容创建、知识测验、家庭作业评分、教学者考评登记、课程安排和在线帮助等。Eledge 没有提供知识内容,它只为教学者提供通过互联网方式来使他们的课程能够让学习者更易于理解。Eledge 使用 Java servlets 技术并利用 MySQL 数据库来存储信息与课程。

网址:http://eledge.sourceforge.net

思考与展望

1. LMS 的学习管理功能主要有哪些?
2. LMS 如何与其他 IT 管理系统无缝整合?
3. LMS 选购时应注意哪些问题?
4. LMS 部署的技术环境有什么要求?
5. LMS 实际应用中,如何进行带宽分析和计算?
6. 未来 LMS 的发展方向是什么? 未来的 LMS 能提供哪些更好的应用?

第三章　知识管理系统(KMS)

作为知识经济时代重要特征的知识管理正在影响着社会和各类组织的运行管理,知识管理与 e-learning 的结合适应了当前社会发展、技术发展、组织发展及教育自身发展需要。本章将在知识管理系统概念、知识管理与 e-learning 实施的信息技术基础上进行 e-learning 与知识管理结合的探讨,主要让读者了解知识管理的概念和内在特点,从而明确 e-learning 与知识管理结合的理论基础及系统结合的模式等。

本章重点
- 知识管理的理论与方法。
- 知识管理系统的技术基础和应用。

第一节　知识管理概述

当前,知识管理(Knowledge Management,KM)作为一场管理的革命正改变着人们的生活,知识管理不再只是概念,已经发展成一个可提高组织绩效、持续创新和竞争能力的管理方法和工具体系。一些龙头型企业或创新能力强的优秀组织已经进行了一系列的探索和实施,以求获得更多的竞争优势,使其有更加广阔的战略视野和丰富的继承与发展的经验、方法。随着知识经济时代的来临,在未来的全球化竞争中,知识管理能力将逐步成为各类组织的核心竞争力和可持续发展的关键。

一、知识

知识(Knowledge)是人对信息进行加工、提炼、联想之后得到的反映客观世界各种事物和经验的总结。美国著名学者丹尼尔·贝尔(Daniel Bell)给知识下的定义为:知识是对事实或思想的一套有系统的阐述提出合理的判断或者经验性的成果,它通过某种交流手段,以某种系统的方式传播给其他人。

一般而言,知识分为显性知识或称外明知识(Explicit Knowledge)、隐性知识或称内隐知识(Tacit Knowledge)。显性知识是指能够编码、贮存，能够以一种系统的方法传达而不失真的正式和规范的知识。例如，文件数据库、决策集成系统、知识管理系统中的知识等。隐性知识是指高度个体化，难以用程式化沟通，难以用直接交流方式共享的知识。各行业各类专家、学者的知识就是这类知识。知识的收集是对原始信息(数据、知识)或二次信息用某种技术手段在某种介质上记录下来。原始信息收集的关键是完整、准确、及时地把需要的信息收集起来、记录下来，做到不漏、不错、不误，二次信息的收集实际上是对已存在某种介质上的知识进行系统分析和整理。知识的收集、整理是知识管理的基础，知识积累、共享是实现知识管理的前提。

流行于教育学中的建构主义认为，知识不是对现实的纯粹客观的反映，任何一种传载知识的符号系统也不是绝对真实的表征。它只不过是人们对客观世界的一种解释、假设或假说，它不是问题的最终答案，它必将随着人们认识程度的深入而不断地变革、升华和改写，出现新的解释和假设。

知识并不能绝对准确无误地概括世界的法则，提供对任何活动或问题的解决都实用的方法。在具体的问题解决中，知识是不可能一用就准，一用就灵的，而是需要针对具体问题的情景对原有知识进行再加工和再创造。

知识不可能以实体的形式存在于个体之外，尽管通过语言赋予了知识一定的外在形式，并且获得了较为普遍的认同，但这并不意味着学习者对这种知识有同样的理解。真正的理解只能是由学习者自身基于自己的经验背景而建构起来的，取决于特定情况下的学习活动过程。否则，就不叫理解，而是叫死记硬背或生吞活剥，是被动的复制式的学习。

二、知识管理

知识管理的理论和实践首先来自企业界，包括彼得·德鲁克(Peter Drucker)在内的大师们认为未来企业的成功需要进行知识资产的培育和管理，但对于知识管理本身还未有统一定义。

关于知识管理，经济合作发展组织(Orgnization of Economic Cooperation and Development，OECD)的观点为：

(1) Know-what，即关于事实方面的知识。

(2) Know-why，即关于自然原理和规律方面的科学理论知识。

(3) Know-how，即指做某些事情的才能和能力。

(4) Know-who，指关于谁知道什么和怎么做的知识。

其中(1)、(2)属于可编码化知识(Codifide Knowledge)或显性知识，而(3)、(4)则属于隐性知识。知识管理就是以组织知识为基础和核心的管理，是对企业生产经营依赖的知识进行收集、组织、创新、扩散和使用等一系列过程的管理，其实质就是对组织中人的经验、知识、能力等因素的管理，实现知识共享并有效实现知识价值的转化，以促进组织知识化和企业不断成熟。实现组织知识价值的转化(社会化、外化、组合、内化)的主要形式是组织的技术创新，组织的知识管理在一定程度上是组织的技术创新的管理和实现。

布罗边(Broadbent)认为知识管理是透过良好的信息管理与组织学习实务，以增进组织知识的应用。

杰米·盖尔布瑞奇(Jeremy Galbreach)对教育领域的知识管理下过定义,他认为,教育领域的知识管理就是利用技术工具和程序处理数字化存储教育领域的知识和智慧,并通过网络使得整个教育领域的知识和经验得到传播、共享和访问。

卡尔·弗拉保罗(Carl Frappaolo)认为知识管理就是运用集体智慧提高企业应变和创新能力,是为企业实现显性知识和隐性知识共享提供的新途径。

本书对知识管理的理解是:知识管理是为了提高组织的发展和竞争能力,建立技术和组织体系,对组织内外部的个人、团队进行以知识为核心的一系列管理活动,包括对知识的定义、获取、存储、学习、共享、转移和创新等。

三、知识管理的相关概念

(一)知识转化的 SECI 模型

如图 3-1 所示,由野中郁次郎(I. Nonaka)提出的知识转化的 SECI 模型可知,通过知识的社会化方式可实现隐性知识到隐性知识的转化;通过知识的外化,可实现隐性知识到显性知识的转化;通过知识的综合或关联,可实现显性知识到显性知识的转化;通过知识的内化方式可实现显性知识到隐性知识的转化。

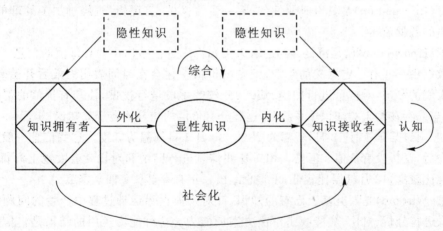

图 3-1　知识转化的 SECI 模型

知识存在于社会和人的头脑中,不会因为组织和个人的创新而存在,也不会因为组织与个人的无知而消失。知识是以一定的形式存在于一定的载体上,主要存在于人脑之中,人类社会对知识的追求总是客观存在的,而组织和个人的追求总是能动的。知识产品具有自然扩散与传递的特性,这种有益的外部性是知识自然发展对社会的贡献,不以人的意志为转移。这一客观存在性反映了知识产品的自然属性。另外,国家通过法律强制性地抑制这种外部性的发散,通过专利保护、著作权法使每一个受益人付出代价或合作成本,这种人为的强制性说明了知识产品的私人占有特性,说明了知识产品的社会属性的存在。

(二)数据、信息、知识与智慧

人类的知识层级如图 3-2 所示。

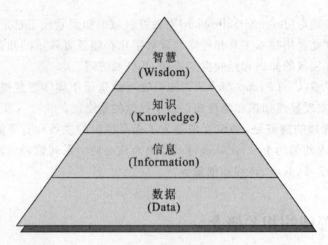

图 3-2　知识层级图

数据（Data）是使用约定俗成的关键词，对客观事物的数量、属性、位置及其相互关系进行抽象表示，以适合在这个领域中用人工或自然的方式进行保存、传递和处理。

数据本身是没有联系的，孤立的，没有意义的。当数据用来描述一个客观事物和客观事物的关系，形成有逻辑的数据流时，才能被称为信息。作为知识层次中的中间层，有一点可以确认，那就是信息必然来源于数据并高于数据。

信息（Information）是具有时效性的、有一定含义的、有逻辑的、经过加工处理的、对决策有价值的数据流。

知识（Knowledge）就是沉淀并与已有人类知识库进行结构化的有价值的信息。信息虽给出了数据中一些有一定意义的东西，但它的价值往往会在时间效用失效后开始衰减，只有通过人们的参与，对信息进行归纳、演绎、比较等手段进行挖掘，使其有价值的部分沉淀下来，并与已存在的人类知识体系结合，这部分有价值的信息才转变成知识。

例如，上海某年 9 月 18 日，气温为 28 度；12 月 1 日气温为 3 度。这些信息一般会在时效性消失后，变得没有价值。但当人们对这些信息进行归纳和对比就会发现上海每年的 7 月气温会比较高，12 月气温比较低，于是总结出一年有春夏秋冬四个季节。

智慧（Wisdom）是人类基于已有的知识，针对物质世界运动过程中产生的问题根据获得的信息进行分析、对比、演绎找出解决方案的能力。这种能力运用的结果是将信息的有价值部分挖掘出来并使之成为已有知识架构的一部分。

生活中经常看到一个人满腹经纶，拥有很多知识，但不通世故，被称做书呆子。也会看到有些人只读过很少的书，却能力超群，能够解决棘手的问题。人们会认为后者具有更多的智慧。

总之，知识是系统化和经验化的信息。现代社会进入了信息时代，会出现信息爆炸，但知识却十分缺乏，所以有了数据挖掘、知识发现等概念。

（三）数据挖掘

数据挖掘（Data Mining，DM）简单地说就是从大量数据中挖掘或抽取出知识。数据挖掘概念的定义有若干版本，以下给出的是一个被普遍采用的定义。

数据挖掘，又称为数据库中知识发现（Knowledge Discovery from Database，KDD），它

是一个从大量数据中抽取挖掘出来的未知的、有价值的模式或规律等知识的复杂过程。

知识挖掘的全过程示意图如图3-3所示。从图中可见,整个知识挖掘过程是由若干挖掘步骤组成的,而数据挖掘仅是其中的一个主要步骤。整个知识挖掘的主要步骤有:

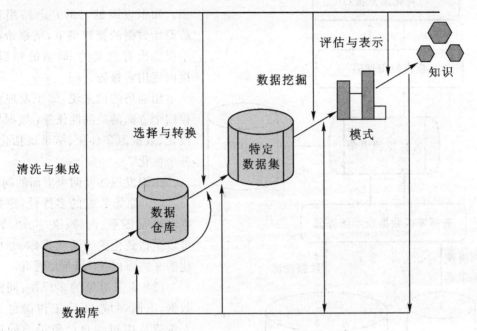

图3-3 知识挖掘全过程示意图

(1) 数据清洗(Data Clearing):其作用是清除数据噪声和与挖掘主题无关的数据。

(2) 数据集成(Data Integration):其作用是将来自多数据源的相关数据组合到一起。

(3) 数据转换(Data Transformation):其作用是将数据转换为易于进行数据挖掘的数据存储形式。

(4) 数据挖掘(Data Mining):它是知识挖掘的一个基本步骤,其作用是利用智能方法挖掘数据模式或规律知识。

(5) 模式评估(Pattern Evaluation):其作用是根据一定的评估标准(Interesting Measures)从挖掘结果中筛选出有意义的模式知识。

(6) 知识表示(Knowledge Presentation):其作用是利用可视化和知识表达技术,向用户展示挖掘出来的相关知识。

尽管数据挖掘仅仅是整个知识挖掘过程中的一个重要步骤,但由于目前产业界、媒体、数据库研究领域"数据挖掘"一词已被广泛使用并被普遍接受,因此,"数据挖掘"一词被广义地用来表示整个知识挖掘过程。即数据挖掘就是一个从数据库、数据仓库或其他信息资源库的大量数据中发掘出有趣知识的过程。数据挖掘系统总体结构如图3-4所示。

(四) 知识发现

知识发现 KD(Knowledge Discovery)是从数据集中识别出有效的、新颖的、潜在有用的,以及最终可理解的模式的非平凡过程。知识发现将信息变为知识,从数据矿山中找到蕴藏的知识金块,将为知识创新和知识经济的发展作出贡献。

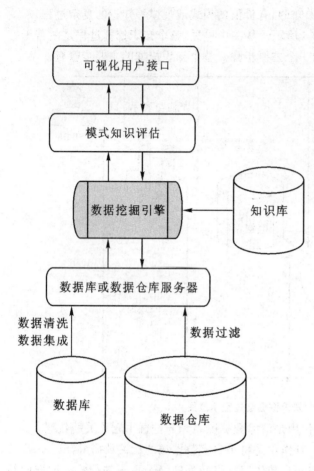

图3-4 数据挖掘系统总体结构描述

知识发现是所谓数据挖掘的一种更广义的说法,即从各种媒体表示的信息中,根据不同的需求获得知识。知识发现的目的是向使用者屏蔽原始数据的繁琐细节,从原始数据中提炼出有意义的、简洁的知识,直接向使用者报告。

用通俗的话来说,知识发现要迎接四个方面的挑战性任务:数据量规模化、数据源多样化、结果概括化、服务个性化。

知识发现涉及两个方面的问题:

(1)原始数据的多样性:原始数据可以是图形、图像、文字、语言,也可以是格式化的关系数据库、非格式化的文档库以及 HTML 网页。

(2)服务对象的多样性:同样的数据,不同领域、不同工作岗位上的人希望从中得到自己所关心的那部分知识。知识发现的目的是向具有不同知识需求的使用者提供因人而异的、有针对性的知识发现服务。

如何从一组原始数据中以最高的效率总结出有意义的、简洁的知识,这是一个挑战性的计算机科学难题。获得有意义的表示是知识发现的根本,而简洁表示则是由人的记忆等认知能力在时间与空间方面的限制所决定的必然要求。所谓"有意义",就是说知识发现的结果必须是普通人都能够读懂的、直观上对使用者能够产生影响的知识产物。所谓"简洁表示",就是发现出来的知识必须浓缩、精炼、有概括性,必要时还应进行知识的可视化。

(五)商业智能

商业智能 BI(Business Intelligence)是一种运用了数据仓库、在线分析和数据挖掘等技术来处理和分析数据的技术,目的是为企业决策者提供决策支持。商业智能用来帮助企业更好地利用数据提高决策质量的技术集合,是从大量的数据中获取信息与知识的过程。简单来说就是业务、数据、数据价值应用的过程,如图3-5所示。

不难看出,传统的交易系统完成的是商务 Business 到数据 Data 的过程,而 BI 要做的事情是在 Data 的基础上,让 Data 产生价值,这个产生价值的过程就是商业智能分析的过程。

从技术角度来说,商业智能分析的实现过程是一个复杂的技术集合,它包含 ETL、DW、

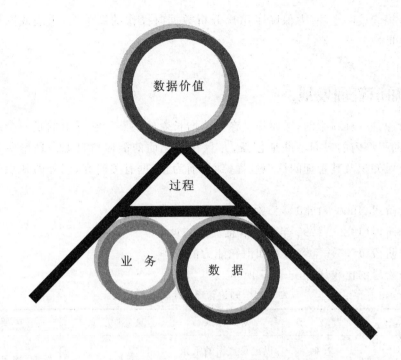

图 3-5 商业智能的图解

OLAP、DM 等多个环节,基本过程如图 3-6 所示。

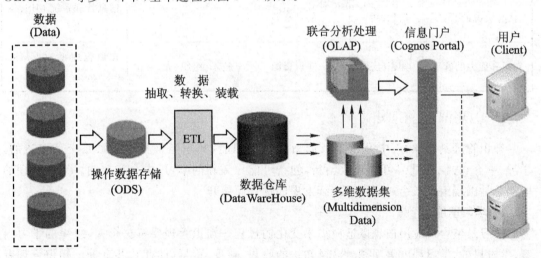

图 3-6 商业智能分析的实现过程

简单地说就是把交易系统已经发生过的数据,通过 ETL 工具抽取到主题明确的数据仓库,在线联机分析处理(OLAP)后生成报表,通过门户(Portal)展现给用户,用户利用这些经过分类(Classification)、聚集(Clustering)、描述和可视化(Description and Visualization)的数据,支持业务决策。

商业智能不能产生决策,而是利用商业智能过程处理后的数据来支持决策。商业智能最终展现给用户的信息就是报表或图视,但它不同于传统的静态报表或图视,它颠覆了传统报表或图视的提供与阅读的方式,产生的数据集合就像玩具"魔方"一样,可以任意快速地旋转组合报表或图视,有力保障了用户分析数据时操作的简单性、报表或图视的直观性及思维的连贯性。

四、知识管理发展

知识管理是一种新生的,然而却是在快速增长着的实践。它寻求的是一个组织价值的最大化,帮助组织内的人们不断地创新,并且在变化面前能应对自如。理论研究者与实践家也有一个对知识及其管理的认识过程,到目前为止,据有关研究,国外的知识管理经历了三个阶段:

第一个阶段(1900—1980 年),对数据和文献的管理。

第二个阶段(1980—1995 年),对信息资源的管理。

第三个阶段(1995—至今),对知识和能力的管理。

这三个阶段的比较详见表3-1所示。

表 3-1　知识管理三个阶段的比较

阶　段	背　景	对　象	典型方式	主要象征
数据和文献的管理	农业/工业经济	以记录数据的纸张为载体的文献	手工方式	图书、档案等
信息资源的管理	信息经济	信息资源	技术、组织、人	信息管理系统 MIS、办公自动化 OA 等
知识和能力的管理	知识经济	知识资源	技术、组织、人、文化	知识管理系统 KMS、e-learning 等

(一)知识管理的职能

知识管理具有学习、中介、控制、创新等基本职能,其职能是相互联系并交叉渗透的。学习、中介、控制的结果可能导致创新,创新可能导致新的学习、中介和控制。知识管理的职能总是围绕组织或个人赢得可持续发展的优势而展开。

1. 学习职能

学习是整合及应用信息以适应需求变化的过程。知识管理要解决个人、组织的学习内容、学习目的、学习程度等问题。涉及知识的收集、整理、积累(储存)、共享等。知识管理者要激励员工进行学习。组织学习的过程是一个组织的"系统监考"过程,即要把积累在个体头脑中的知识体系化,还要设法发现与特定需求相关的知识,激励员工把个体知识在企业内部共享,有效区别员工拥有的不同知识,正确处理有效知识(相对组织而言)和暂时的无效知识(不指向企业执行目的),组织整体知识积累的层次和水平等。

2. 中介职能

通过中介,知识可以得到有效的传输,将知识需求者和最佳知识源进行明确、固定的匹配。中介能减少机会成本,减少信息使用成本,能够提高知识的利用率,在知识的提供者和知识的使用者之间提供快捷、准确的支持。知识在地区与地区之间、国家与国家之间、企业与企业之间、个体之间的分布不均衡，组织与个体在掌握知识的程度上也不均匀。掌握知识的人存在流动性和分散性，特别是经验知识分散性强、传递性差，适用范围窄，一般不易传递。不依靠中介势必花费很大的代价，有时由于个体和组织的无知导致长期的成本付出，这些都迫切需要中介来进行有效的沟通。

3. 控制职能

受各种因素的干扰，为了保证目标得以实现，知识管理需要控制。知识的效益不仅体现在适度垄断（垄断可以产生高额利润），而且知识的共享是知识增值的主要途径。因此，要解决好垄断与共享问题就要进行控制，保证组织目标的实现也要进行控制。由于知识主要存储在人脑，人在组织中天生的竞争性，势必导致知识垄断，从而阻碍组织的知识共享，使组织和个人学习受到影响。杜绝"搭便车"（Free Rider）现象与不劳而获的思想，控制必须解决知识的评价问题，对知识合理的评价和预期是控制的基础。

4. 创新职能

创新是知识管理最主要的职能。学习、中介、控制每个过程都要有创新，创新是知识管理的灵魂。知识管理的目标是使组织获得永久的竞争力，而且竞争力的取得靠核心技术，核心技术需要创新，知识管理创新职能包含创新意识与创新能力的培养。

（二）知识管理的战略目标

知识管理的核心有三个层次，其一是要将隐性知识明晰化，对现有数据、信息进行加工、分析获得直接用于决策的知识化信息；其二更好地共享那些清晰化的知识，以便更快速高效地理解、查找、传递和使用；其三还要进行有效的知识挖掘和发展，将各类知识源进行分类整合，把知识提取出来的同时，还要进一步对它们加以挖掘提炼，发展成新的知识。这三个层次都是为了将知识转化为合适的行动，而不是只建立一个中央数据库复制相应的数据或信息。

知识管理的主要战略目标是根据组织的总体战略把各种组织内外的关联知识进行按需整理、应用、决策和创新等，将知识作为一种资本，而且是一种需要管理的战略资产进行管理以提高竞争力。因此知识管理是组织首先要考虑的一个重要方面，在实行知识管理时除了组织制度及人力资源配合，还要用到一些新的管理方法和工具如组织能动、过程工程、e-learning 以及 IT 技术等，这些方面的工作结合在一起才能加强对知识的管理。

还有一个战略目标是加强企业知识生命周期管理。企业生命周期一般划分为培育期、成长期、成熟期和衰退期四个阶段。在培育期，企业的知识存量相对较少，知识管理的重点应在于促进隐性知识向显性知识转化，个体知识向组织知识转化。进入成长期的企业，通常从重点关注内部生产转向兼而关注外部市场，应在组织知识的基础上，致力于创造和运用组织知识和组织间知识，这个阶段知识管理的重点在于通过为组织学习进行知识创新创造条件，并使决策权与知识相匹配。成熟期的企业通过培育期和成长期的积累，通常都具备了较多的知识存量，但常常是分散于各处，需要加以整合，这个时期企业知识管理对各种制度依赖性较强。在衰退期，针对处于衰退期企业所表现出的特点，知识管理则重点在于通过强化组织学习，针对企业知识需求进行知识创新。一个知识生命周期导致一种全新的技术创新模式，所以说，基于知识生命周期的知识管理模式既是知识管理的目的，也是一种重要的知识管理模式。

从知识管理战略结构可知,知识管理要从企业的战略和具体实际(员工/业务/IT工具等微观资源)出发,变被动从属为主动匹配及相互促生,充分结合企业发展方向,获得高层战略支持,利用IT信息技术及业务需求,主动进行知识管理,帮助企业实现战略目标。研究表明,知识管理战略设计和实现的能力影响着企业战略的成功。

(三)知识管理的企业应用

世界500强企业中的大部分都已经把知识管理理念和方法应用于企业的经营管理。许多著名的跨国公司,像IBM、微软、英特尔等公司,已经取得显著成效,积累了丰富的经验。知识管理是企业在21世纪生存发展的必由之路。中国的企业在最近几年才开始接触知识管理,而且大多数企业对知识管理的认识还很肤浅,知识管理水平还很低下,在管理实践中存在许多问题。例如,不知企业知识管理的战略与目标,不知如何将信息技术应用与知识管理相结合等。

目前企业界为提高经济效益和管理效能使用了很多先进的管理方法,像TQM、BPR、BSC、JIT、KPI以及ABC(Activity Based Costing)等企业的管理方法都有一定的先进性。为了赢得越来越激烈的竞争,优秀的公司都把知识管理和创新看作是最重要的一个新领域。一个公司的将来和价值更多地取决于它快速产出新产品的能力,进入新市场的能力,以及对新的威胁做出快速反应的能力。获取信息、知识和数据的能力已经大大地超过了人们集中注意来吸收和分析这些信息的能力。

知识管理在企业中的应用非常重要。比如通过知识管理达到知识共享、知识传递、知识反馈、知识创新等,最后通过提高核心竞争力表现出来。尽管知识管理一般从学习开始到创新结束,但整个内容和环节是相互渗透的,并且在知识运动中产生共振,它们都围绕形成组织的可持续发展优势而循环不息,推动企业的发展和进步。

知识管理在企业的应用方面有许多优秀的实践者,例如,EDS公司有一个"知识管理办公室",并为员工提交创新建议提供一个创新引擎门户。EMC的目标是通过同行压力最终培育知识管理文化,为公司保留它面向创业的快速学习文化。IBM对知识管理进行了大量研究,并明确阐述诸如"认知企业成熟模型"等概念。i-Flex使用QPati测试程序,为专家提供了K-webcast会议。Infosys使用诸如"学习一次,处处使用"等座右铭。甲骨文公司拥有一个交换代理商的网络。Novell公司在它兼并其他公司期间,推行一种协同文化。MITRE公司把知识管理系统与三条企业价值观联系起来:"人人互助"、"追求卓越"、"提供公众感兴趣的产品"。

延伸阅读

企业CKO制度

首席知识官CKO(Chief Knowledge Officer)掌管企业内所有与知识管理相关的工作,负责为企业提供独立而正确的情报分析,最大、最有效地利用公司拥有的知识,协助公司实现目标,为公司创造价值。

CKO的主要工作内容大致可归纳为以下几点:

（1）创建一个有利于组织知识发展的良好环境，包括各项配套的软硬件设施。

（2）充当企业知识的守门员，适时引进组织需要的各项知识，或促进组织与外部的知识交流。

（3）促进组织内知识的分享与交流，协助个人与单位的知识创新活动。

（4）指导组织知识创新的方向，使企业有系统地整合与发展知识，强化组织的核心技术能力。

（5）应用知识以提升技术创新、产品与服务创新的绩效及企业的竞争力，扩大知识对于企业的贡献。

（6）形成有利于知识创新的企业文化与价值观，促进组织内部的知识流通与知识合作，提升员工获取知识的效率，增加企业整体知识的存量与价值。

CKO 必须塑造企业环境，这些都是非常"人性化"的。因此，CKO 的兴趣必须很广泛，不能只关心资讯技术，还必须对员工的生活、工作和学习也很有兴趣。CKO 应该从事过资讯部门的工作，有管理、领导经验。在个人品格上，CKO 应倾向于热情、富有求知欲，并善于激发旁人。

世界 100 强企业现有的 CKO 大部分是具备科技知识、反应灵敏的 30～40 岁的女性。因为 CKO 所需要的特质有很多是女性化的，如必须能够倾听员工的需求，还要倾听那些建构知识资料库的人的想法。CKO 需要了解他们愿不愿意提供知识，是否存在什么难处，包括技术上、沟通上的问题。

五、知识管理系统

知识管理的具体化是 KMS（Knowledge Management System，知识管理系统），表现为一个完整的企业管理系统。KMS 通过支持组织学习内容，实现学习型组织的架构，如图 3-7 所示。

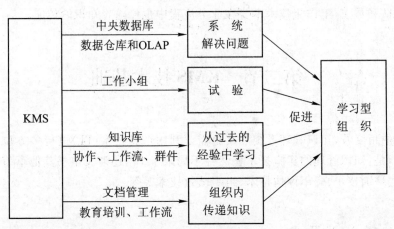

图 3-7 KMS 支持的组织学习内容

（一）系统地解决问题

哈佛大学教授加尔文（David. A. Garvin）提出的所谓系统地解决问题，主要是指利用科学的方法收集数据,系统地分析问题产生的原因,把握不同因素之间的联系,并从中找出解决问题最优解的过程。KMS 系统通过以下方式实现组织学习:

(1)建立一个中央数据库存储员工知道的知识以及企业或机构中包含的信息和知识。如各种数据库、互联网站点、员工头脑中以及从合作伙伴之中得到的知识,通过将这些数据源进行整合,从而赋予其更多的意义。

(2)把数据转化成知识。数据仓库技术和在线分析(OLAP)技术,使得机构中各个层次上的知识工作者都能更好地了解他们的工作,从而作出更好的决策。

(二)试验

试验与系统地解决问题是两种互为补充的学习方式,如果说解决问题主要是为了应付当前困难的话,那么试验主要是面向未来,为了把握机会、拓展空间而展开的创造和检验新知识的活动。试验也是一种重要的组织学习方式。它对组织的生存与发展具有重要作用。

(三)从过去的经验中学习

从过去的经验中学习是组织学习的一项重要内容。对于以显性方式展示的经验,KMS 系统采用数据仓库技术,提供知识资产管理和动态知识管理的功能,收集和加工各部门历史数据,通过数据仓库的前端工具进行决策支持。对于隐性方式存在的经验,KMS 利用协作、跟踪和工作流技术、群件技术实现跨越时间和距离的共享。

(四)在组织内传递知识

组织学习要求全体成员、所有部门都积极行动起来,促进知识在组织内部快捷流畅地传播。KMS 是建立在互联网上的,员工可以容易地交流、传递信息和知识;与知识工作者共享最好的实践经验。另外,系统提供文本和文档管理,实现全文检索。数据仓库和所有的知识管理功能也都提供信息的分布式检索。通过知识和信息的捕捉、搜索和发送把知识带给各个团队和员工,工作流技术本身在业务流程中也伴随着知识的传递。

第二节 KMS 技术基础

从广义的角度看,知识管理系统的实施需要利用信息技术(IT)进行多方位的设计来实现与创新,但是,知识管理的实施技术显然并不局限于 IT,还涉及本书其他章节提到的课件技术、混合式培训技术、应用评估技术、组织绩效技术等等。

一、KMS 相关技术

不同的组织有不同的知识管理架构,也会对应不同的 IT 应用,如国际上通行的 IT Infrastructure Library、微软公司的操作框架等。基于知识管理的特征,知识管理在不同阶段的 IT 实施模式和手段应该有所不同,不能一概而论,但 IT 在 KM 中有一些基本的特征和应用点。

知识管理的初期阶段使用 IT 可以快速、简单地解决知识管理中的知识高效采集和正确传输问题，这时可以把知识管理等同于企业的文档资料管理，因而以数据库（DB）等为主要手段，以 MIS 为特征的知识管理系统针对企业流程及文档资料的整理、归类成为这个阶段知识管理的主要特点，图书情报资料的收集、管理方法在这里得到充分应用。

知识管理的第二阶段，以 Web 技术、DB 技术、PC 软件、C/S 体系、B/S 体系等技术为主要手段的知识管理阶段，比较强调显性知识，而忽略了隐性知识。但是隐性知识往往是公司的巨大财富，是公司的核心竞争力的源泉，因为隐性知识难以模仿。国外有实证研究发现，84％的被调查员工认为，他们成功完成重要项目所需要的非常关键的知识是从其他同事那里获得的，虽然他们也从企业的知识档案中获得知识，但这些知识经常只是一个补充而已。IT 提供或扩大了获取公司内重要资源的途径，使公司能够更高效地利用资源，改善组织决定。IT 还使公司的工作流程扁平化，使公司的行动更高效、更协调。

知识管理的第三阶段，IT 与互联网技术的飞速发展，很快应用到知识管理的实践中来，这一阶段知识管理以数据挖掘技术（Data Mining）、商业智能技术 BI（Business Intelligence）、知识发现技术 KD（Knowledge Discovery）、知识搜寻技术 EL（Expertise Location）、协作技术（Collaboration）、知识传递技术（Knowledge Transfer）为主要手段。挖掘隐性知识、知识综合评价、知识库、知识地图等方法和工具的应用是该阶段的主要特征。显性知识能够编码，隐性知识难以编码表达，因此，基于利用本阶段 IT 的企业知识管理系统能解决显性知识和隐性知识共享的问题。85％的经理认为他们是从朋友中获得对于完成项目非常关键的知识的。由此可以看出，隐藏在公司正式组织架构背后的社会关系网络是企业知识传播的主要通道和途径。

（一）群件技术

群件是帮助群组协同工作的软件。一般包括电子邮件、文档管理和工作应用等几大部分。比较有名的群件产品主要有 Lotus 的 Domino/Notes、Novell 的 GroupWise 和 Microsoft 的 Exchange。由于实现了对非结构化信息的管理和共享，群件对公司来说就意味着一种高效的协同工作手段和公司战略级的解决方案。从而成为知识管理的基础技术之一。

群件自身的特性使它对网络结构、信息存储、管理方式等都有别于传统的事务处理。群件技术有以下几个特点：

（1）群件适应客户机/服务器体系结构，它与传统的 E-mail 系统相比，在 Client/Server 环境下进行电子邮件传输更易于管理，易于共享并具有更高的效率和安全性。

（2）群件具有灵活的可伸缩性和足够的安全性，可以适应公司规模和管理结构的改变。例如公司新增加部门、原有机构扩容或合作伙伴变化，都能与他们进行直接的信息交流等。

（3）群件可以降低基础设施建设费用，群件的通信基础设施提供了全面完整的网络管理工具，用户无须增加其他的通信处理组件。避免了额外的设备购置费用和由此带来的培训、系统管理和维护方面的开销。

（4）群件能够提高与其他应用系统的联结，使之成为公司的信息中心。

（5）群件提供存转路由（Store-And-Forward Routing）和邮件转发代理（Message

Transfer Agents,MTAS)功能,这些功能可以保障网络系统具有较高的容错性和邮件传输效率。例如一条线路不通时,系统可以自动从其他可选信道中选取一条最佳线路进行拨号或连接。

(6) 群件提供可扩展、可复制的目录管理机制。目录是电子邮件系统的一个最基础的组件,它齐心协力地维护有关整个系统的各个用户、用户群组逻辑用户(又称角色)、服务器地址以及服务器连接等重要信息,良好的目录管理机制对于保障系统安全可靠地运转具有相当重要的意义。

(7) 群件具备系统监控和管理功能,可根据管理对象的不同,在集中管理和分散管理之间进行折中。可以全面、自动地监控系统各个组件的运行情况,并向各级管理员提供充分的系统维护工具。

(8) 跨操作系统的平台和跨网络的传输协议,这一点在公司机构高速和跨部门、跨公司通讯与数据交换时相当重要。

(二) RSS 技术

RSS(Really Simple Syndication 或 Rich Site Summary,简易信息聚合)是一种消息来源格式规范,用以发布经常更新数据的网站,例如博客文章、新闻、音讯或视讯的网摘。RSS文件(或称做摘要、网络摘要、更新)包含了全文或节录的文字、订阅者的网摘数据和授权的元数据。网络摘要能够自动地发布他们的数据,同时也使读者能够定期更新他们喜欢的网站或是聚合不同网站的网摘。RSS 摘要可以由 RSS 阅读器、Feed Reader 或是 Aggregator等网页或以桌面为架构的软件来阅读。标准的 XML 文件可允许信息在一次发布后通过不同的程序阅览。使用者将网摘输入 RSS 阅读器或是用鼠标点取浏览器上指向订阅程序的RSS 小图标来订阅网摘,RSS 阅读器定期检阅是否有更新,然后下载到使用者接口。

二、KMS 核心构件

KMS 的核心构件主要有知识库、知识地图和专家系统等。

(一) 知识库

知识库(Knowledge Base)是 KMS 中的基础构件,也是知识工程中结构化的有组织的知识集群,是针对某一(或某些)领域问题求解的需要,采用某种(或若干)知识表示方式在计算机存储器中存储、组织、管理和使用的互相联系的知识片集合。这些知识片包括与领域相关的理论知识、事实数据,由专家经验得到的启发式知识,如某领域内有关的定义、定理和运算法则以及常识性知识等。

知识库的特点如下:

(1) 知识库中的知识根据它们的应用领域特征、背景特征(获取时的背景信息)、使用特征、属性特征等构成便于利用的、有结构的组织形式,知识片一般是模块化的。

(2) 知识库的知识是有层次的。最低层是"事实知识",中间层是用来控制"事实"的知识(通常用规则、过程等表示),最高层次是"策略",它以中间层知识为控制对象。策略也常常被认为是规则的规则。因此知识库的基本结构是层次结构,是由其知识本身的特性所确定的。在知识库中，知识片间通常都存在相互依赖关系。规则是最典型、最常用的一种知识片。

（3）知识库中可有一种不只属于某一层次（或者说在任一层次都存在）的特殊形式的知识——可信度（或称信任度，置信测度等）。对某一问题，有关事实、规则和策略都可标以可信度。这样，就形成了增广知识库。在数据库中不存在不确定性度量。因为在数据库的处理中一切都属于"确定型"的。

（4）知识库中还可存在一个通常被称作典型方法库的特殊部分。如果对于某些问题的解决途径是肯定和必然的，就可以把它作为一部分相当肯定的问题解决途径直接存储在典型方法库中。这种宏观的存储将构成知识库的另一部分。在使用这部分时，机器推理将只限于选用典型方法库中的某一部分。

（二）知识地图

知识地图是一种知识（既包括显性的、可编码的知识，也包括隐性知识）导航系统，并显示不同的知识存储之间重要的动态联系。它是知识管理系统的输出模块，输出的内容包括知识的来源，整合后的知识内容，知识流和知识的汇聚。它的作用是协助组织机构发掘其智力资产的价值、所有权、位置和使用方法。使组织机构内各种专家技能转化为显性知识并进而内化为组织的知识资源，鉴定并排除对知识流的限制因素，发挥机构现有的知识资产的杠杆作用。

知识地图是实现知识管理的重要手段。知识地图是一种帮助用户知道在什么地方能够找到知识的知识管理工具，知识地图也是一张表示企业组织有哪些知识及其方位的图片，它是知识存在位置的配置图，知识地图还是利用信息技术制作的企业知识资源的总目录及知识款目之间关系的综合体。一份完整的知识地图包括的内容十分丰富，它不仅要提供知识资源的存量、结构、功能、存在方位以及查询路径等，还必须清楚揭示组织内部或外部相关知识资源的类型、特征及知识之间的相互关系。

知识地图对概念和知识关联的切实表述或分类，起到一种搜索导航的作用，使用户快速找到他们需要的知识点，然后重新返回相关的知识源。知识源可能指人、文献资料、非出版的原始资料。在这一过程中你可能会成为别人的知识源，而你自己的知识源又会与其他知识相联。另外，知识地图还支持用户的模糊查询，它可以将毗邻的知识单元联系起来并进行详细的描述。用户使用隐喻的方法可以找到他们需要的却无法详细描述的知识。通常这样的知识地图是可视化的并通过所谓的"语义入口"进行浏览，使用户很容易地定位于与他们的利益相关的信息。

知识地图还具有对智力资产的培育和评估功能，费尔切尔德（Fairchild）认为公司进行知识管理主要有以下几种类型：评估知识、开发知识、进行以项目为基础的学习、管理知识工人。而知识地图描述知识的过程，也是评估原有知识的过程，由此可见知识地图对评估知识的作用。并且它对知识的开发、共享和应用都起到了十分重要的作用。尤其是面向程序的知识地图描述了运作项目需要什么样的技能、他们之间的关系怎样以及通过什么过程才能获得某种技能，这显然是进行以项目为基础的学习的工具。知识地图还能提供整个组织或某个组织单元内各领域和部门各种专家的详细信息及与其交流的环境。由于为组织创造价值的专家就是智力资本，所以这种知识地图不仅描述了专家的情况，也表示了智力资本的情况，清楚地看到它对管理知识工人的重要意义。

（三）专家系统

专家系统（Expert System），是一种在特定领域内具有专家水平解决问题能力的程序系统。它能够有效地运用专家多年积累的有效经验和专门知识，通过模拟专家的思维过程，解决需要专家才能解决的问题。专家系统属于人工智能的一个发展分支，自1968年费根鲍姆等人研制成功第一个专家系统 DENDEL 以来，专家系统获得了飞速的发展，并且运用于医疗、军事、地质勘探、教学、化工等领域，产生了巨大的经济效益和社会效益。现在，专家系统已成为人工智能领域中最活跃、最受重视的领域。

用于某一特定领域的专家系统，可以划分为以下几类：诊断型专家系统、解释型专家系统、预测型专家系统、设计型专家系统、决策型专家系统、规划型专家系统、教学型专家系统、监视型专家系统等。专家系统通常由人机交互界面、知识库、推理机、解释器、综合数据库、知识获取等6个部分构成。

知识库用来存放专家提供的知识。专家系统的问题求解过程是通过知识库中的知识来模拟专家思维方式的，因此，知识库是专家系统质量是否优越的关键所在，即知识库中知识的质量和数量决定着专家系统的质量水平。一般来说，专家系统中的知识库与专家系统程序是相互独立的，用户可以通过改变、完善知识库中的知识内容来提高专家系统的性能。

推理机针对当前问题的条件或已知信息，反复匹配知识库中的规则，获得新的结论，以得到问题求解结果。在这里，推理方式可以有正向推理和反向推理两种。正向推理是从前件匹配到结论，反向推理则先假设一个结论成立，看它的条件有没有得到满足。由此可见，推理机就如同专家解决问题的思维方式。知识库就是通过推理机来实现其价值的。

人机界面是系统与用户进行交流的界面。通过该界面，用户输入基本信息、回答系统提出的相关问题，并输出推理结果及相关的解释等。

综合数据库专门用于存储推理过程中所需的原始数据、中间结果和最终结论，往往是作为暂时的存储区。解释器能够根据用户的提问，对结论、求解过程做出说明，因而使专家系统更具有人情味。

知识获取是专家系统知识库是否优越的关键，也是专家系统设计的"瓶颈"，通过知识获取，可以随时扩充和修改知识库中的内容，也可以实现自动学习功能。

三、主流 KMS 体系

KMS 中的知识主要有两种数据结构，一种是用以描述知识属性和本体的结构化数据，另一种是以文档、邮件、多媒体等形式存在的非结构化数据。如何选择合适的技术体系平台来实现两类数据的有效处理将成为 KMS 系统成败的关键要素之一。

下面简要介绍三种主要的平台，它们是 Domino 体系、Java 体系和 .net 体系。

（一）Domino 体系

Lotus 公司的 Domino 和 Notes 是结合了公司级电子邮件、分布式文档数据库和快速应用开发三位一体的强大技术，完全集成了互联网技术，提供给用户完整的、以网络为中心的应用计算平台。用户可以充分利用这一平台快速开发并实施与公司业务密切相关的、具有战略意义的群件应用,满足公司业务和知识管理对信息技术的要求。

在文档等非结构化数据处理方面,文档型数据库处于领先地位,具有海量特性,不受字节数的限制,任何图形、声音信息,无论其大小、长短、高低,都只是这一数据库中一个组成元素而已,Domino 在存储这类非结构化数据方面具有业界公认的优势。

Domino 服务器与 LotusNotes 服务器是一个相同的产品。Domino 被完全集成到 Notes 服务器中,并且在 Notes 中也增加了许多互联网功能。Domino 是个全能的服务器软件,允许客户进行通讯、合作和协作。它能够处理电子邮件、进行 Web 发布并构筑工作流应用。它支持多样化的客户机和设备,包括 Web 浏览器、Notes 客户机以及 POP3、IMAP 客户机。服务器控制 Notes 数据库的访问、控制 Notes 内部的通信、Notes 邮件的路由,以及其他 Notes 用户和 Domino 服务器及工作站之间复制数据等。

以 Lotus 公司的文档管理系统为例,它的 Domino. doc 提供了一个管理文档的平台,这些文档包括广泛的信息类型,从纯文本和平面图像到 3D、音频和视频元素,它没有强加给用户一个编辑系统,而是让用户选择自己喜爱的工具来编写文档。Domino. doc 最令人称道的一点就是与 ODMA 应用的集成。ODMA 是一项工业标准,它定义了桌面应用如何与文档管理存储资源进行交互式操作,这意味着 Domino. doc 支持 ODMA 应用程序,如 MicrosoftOffice、LotusSmartSuite 和 CorelOffice,用户或作者在生成存放于 Domino. doc 中的文档时,可使用这些 ODMA 应用去存取公司文档,而不必放弃他们熟悉的应用程序。例如从 MicrosoftWord 或 lotusWordPro 中,用户只要选择文件\保存,其文档就被存入他们所选的 Domino. doc 文件夹中了,由 Domino. doc 自动驱动 ODMA API。

（二）Java 体系

Java 是为网络而设计的,它可以保证安全的、健壮的且和平台无关的程序通过网络传播,在很多不同操作系统的计算机和设备上运行。用 Java 编写的与平台无关的程序会更容易编写、管理和维护,代价也更低。Java 提供一个受保护的环境,从网络上下载的程序可以以不同的定制安全级别运行,而且 Java 体系结构对程序的健壮性有一定的保证,无所不在的网络带来了一个机会就是在线程序发布,所以最终用户运行的总是最新的版本。

平台无关性、安全性和网络移动性,Java 体系的这三个方面共同使得 Java 和发展中的网络计算环境相得益彰。Java class 文件格式、Java 应用编程接口（API）、Java 虚拟机共同组成可以在任何地方运行的 Java 平台。Java 虚拟机的主要任务是装载 class 文件并且执行其中的字节码。如果希望使用特定主机上的资源,它们又无法从 Java API 访问,那么可以写一个平台相关的 Java 程序来调用本地方法。如果希望保证程序的平台无关性,那么只能通过 Java API 来访问底层系统资源。

Java 程序设计语言使用 Java 语言写程序,能够充分利用如下的许多软件技术:面向对象、多线程、结构化错误处理、垃圾收集、动态连接、动态扩展等。

（三）. net 体系

. net 体系是微软公司面向新技术环境的强大平台。它为开发知识管理系统提供了一条多方面都平衡得很好的途径。

微软 Windows NT Server 提供一套可伸缩的服务,用来管理任何解决方案的所有核心元素,从而为数字神经系统提供了基础。微软 Windows NT Directory 服务则提供一套中心化的基于标准的目录,用于管理关于员工的技能和竞争力的信息,而这些是与基于标准的保密性直接集成在一起的。Windows NT 也提供了一种管理应用软件的标准方法,它是通过微软 Management Console 来管理的,这就保证了以十分低廉的价格拥有了对整个微软服务器产品家族的所有权。

在数据处理领域关系型数据库(RDB)技术处于统治地位,它以关系数学、简单的关系模型为基础,以 SQL 为处理工具,得到了广泛的应用,其技术特征决定了其更擅长结构化数据处理应用,近年来开始具有内容管理、多媒体等数据处理能力。

第三节　KMS 的框架、功能与流程

一、KMS 的框架

KMS 的理论模型和框架如图 3-8 所示。

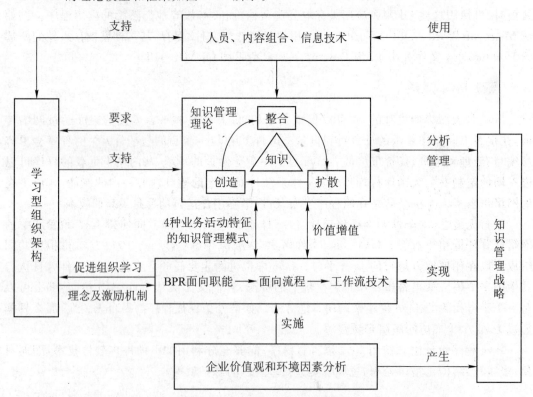

图 3-8　KMS 的理论模型和框架

KMS 各个组成部分的设计是重点内容。

(1) KMS 的门户建设:目标在于创建一种新的环境实现企业和个人知识及经验的共

享，这里采用的知识管理技术主要以门户系统、内容管理系统等为代表。

（2）业务功能的整合：在这里主要是根据业务功能，将知识管理和业务流程进行整合，这方面主要关注的是实现和应用集成的 EAI（Enterprise Application Integration，企业应用集成）技术，与人结合的工作流管理技术，以及集成的相关标准如 XML 等。

（3）系统的智能性应用：智能性是 KMS 发展的方向，在这方面应用的知识管理主要体现在：知识表示、知识推理和知识及时呈送机制等。知识表示机制的主要挑战在于把知识表示工具提供到拥有知识的人的手边，涉及的关键技术有知识本体论构建技术、动态知识的表示方法、知识表示工具的集成技术等。知识推理机制基于知识表示基础之上，它赋予搜索引擎更高的智能，除了目前的关键词匹配外，将更多地在搜索引擎中应用如基于案例的推理、基于自然语言理解的推理和基于神经网络方法的匹配等知识推理技术。知识及时呈送机制则是知识表示和知识推理的最终目标，即知识的 JIT（Just In Time，即时）机制，需要把搜索成功的知识及时地、友好地呈送给需要的人，涉及的技术包括智能管理技术、及时帮助技术以及在线 e-learning 技术等。

二、KMS 的功能

KMS 的功能定义包括知识资产定义、知识资产清点、知识资产编目、知识资产保护等。

（一）知识资产定义

知识资产定义是 KMS 整个知识管理策略的关键部署，提供了一个能够高效率实施知识创建、共享、创新和协作所需基本要素的集成平台。具体包括功能强大的知识清点工具、内容编目工具、流程管理工具，能够管理个人、团队信息与活动的知识门户和应用集成工具包。具有专门技术定位、用户情况概要和协作流程管理功能，是关于"人"（专门技术地点）、"地点"（门户）、"物"（内容目录）在内的全面知识管理策略下的企业知识管理门户。

（二）知识资产清点

进行知识管理首先要清点企业内部的知识资产。这种知识清点的对象是全体职工和数据库。因为企业内部的知识资产，一部分存在于职员的头脑中，而销售信息等数字类的知识则主要存在于计算机的数据库中。如果实验报告等以纸的形式保存在图书馆里，则它们也是检查的对象。

通过这种知识清点，企业内部什么样的知识分布在什么地方也就一目了然，同时也能了解公司内缺少的知识是什么。由此便可绘制知识地图使企业内部的知识状况清晰可见。

参考已作好的知识地图，把掌握着重要知识的人挑选出来组成专家网。这些人被收录在企业的专家网络图内，允许最终用户容易地发现和获取与某一主题相关的信息和应用，确切知道组织机构内与该主题相关的行家里手的所在位置，并能进行有关咨询。进入公司的年轻职员有工作热情，但是缺乏经验和人际关系网，但正准备退出第一线的为数众多的老一代职员却拥有丰富的经验和人际关系网。年轻职员和老一代职员双方可以利用电子邮件和电子会议方式进行知识传递。而且，专家还可以包括退休人员和其他方面的各种专家、消费顾问等，不一定非是公司职员不可。通过知识清点绘制出的知识地图和专家网络图将作为整个知识管理的主要线索。

（三）知识资产编目

内容编目工具能够根据标题、主题等主要检索方式对文本资源建立全文检索、编制类目，同时根据新的内容和使用情况自动更新和维护。允许最终用户能够通过兴趣、任务和工作重点等多种检索方式组织管理个人和团队的知识资产。

（四）知识资产保护

知识资产保护是指对企业的知识产权、专利产品、商标、客户资料等知识资产的管理。在 KMS 中有专属模块可以新增用户，设置用户访问权限，查询用户基本信息。主要的安全管理有两个方面，一是应用级安全，二是操作系统级安全。

从应用级安全来讲，知识共享并不意味着所有的知识能被所有的用户访问。通常情况下，知识创新首先是由某个知名的、可信赖的团体集体讨论或是由研究人员提出的某种创意，然后才广泛地与他人共享。该系统提供了灵活的安全机制，在同一数据库中的不同文档，甚至是同一文档中的不同部分都可以用不同的密级进行安全保护，从而能够很好地保护小组、部门或整个公司知识资产的安全。

从操作系统级安全来讲，在网络上运行的应用程序，其数据的安全性要求是必须的，因为应用级安全防范并不能防止操作系统的入侵。特别是在内网联入互联网的情况下，更要强调内外网之间设置防火墙限制外部访问的重要性。

三、KMS 的流程

KMS 主要通过知识资产采集、知识资产传递及利用、知识资产创新、教育培训、效益分析等方法实现知识管理的功能。其中工作流自动化和规范化在知识管理中扮演着重要角色，它在以下两个方面尤其适合知识管理的需要，一是知识创新和采集，二是知识发布。

在知识创新和采集方面，也许需要投入很多精力来整理来自竞争对手的信息，因为采集到的信息需要专家进行分类、分析和过滤以后，才能作为有价值的知识被广泛使用，而工作流自动化能够使这些周期性的日常事务更快、更有效地完成。可以设想一个协作工作组，这个工作组在工作过程中创造了许多知识，如果运用工作流自动化，把指派任务、任务跟踪、通知和情况汇报等职责流程都通过工作流实现，这对增强和管理工作组的知识创新十分有利。

在知识发布方面，以简单的 Web 出版为例，它完全不同于书面出版要求，内外部文档、新资源、项目名册和进度表都需要编入索引，转换成普通 Web 形式，这个出版链也包括多个部门之间的工作协调。因此，工作流电子化、规范化能够把这些日常任务串连起来使之流程化，有效加快流转速度。

知识管理系统的结构如图 3-9 所示，下面介绍流程的各个环节。

（一）知识资产采集

知识资产采集的任务是把各种各样的信息资源，如电子信息资源、纸介质信息资源、语音信息资源和数据库数据资源等收集到数据仓库内进行分类整合，使之能够为众人共享。

它主要从以下两个方面获取知识，一是对企业现有知识的采集，二是对"隐性"知识的挖掘和捕获。例如，通过把企业现有研究资料、客户资料、竞争对手资料收集并创建文件，然后输入知识仓库进行知识加工，这就是对企业现有知识的采集。通过对创新、教育培训等过程的跟踪、调查得到用户的反馈，从中提取出对企业有益的知识并录入知识仓库进行知识加工，这就是对隐性知识的挖掘和捕获。知识的加工处理就是指对知识进行分类、分析、整理和提炼，形成对组织有价值的知识。

1. 电子信息资源的采集

电子信息资源的采集包括企业内部的异构数据库、项目文档、外部互联网资源等。

2. 异构数据库资源采集

异构数据库资源采集主要是指，通过对. net 文档数据库的导入及 Sybase、Oracle、SQL 等异构数据库的查询操作，

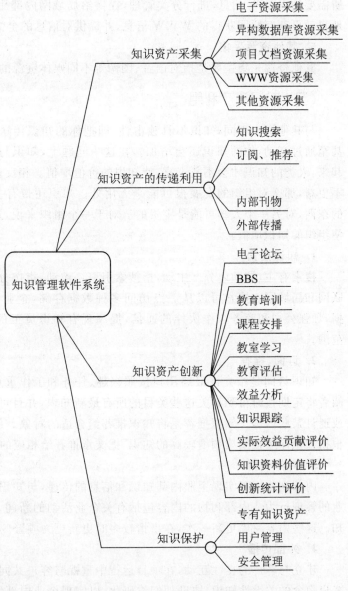

图 3-9 KMS 知识管理系统

获得所需的文档和数据，然后利用语义分析和数据挖掘等分析手段，提取有用的信息和知识的过程。

3. 项目文档资源采集

文档是企业至关重要的资产，对此几乎没有人会提出争议。随着互联网标准的广泛采用，对跨机构、跨地域的文件访问与协作提出了空前的要求，同时它作为知识载体普遍存在于企业各个角落。如何在满足企业对分布式环境下跨部门协作的文件管理的同时，实现从文档中发现所包含的显性知识是 KMS 知识管理的基础。

4. WWW 资源采集

互联网信息资源为 KMS 提供了巨大、广泛的信息资源。通过接入互联网，可自动采集

所需要的 WWW 信息,进行分类管理,提供给局域网内部用户浏览使用。还可实时或定时地自动更新互联网获得的 WWW 信息,并提供对信息的全文检索和访问的权限控制等。

5. 其他资源采集

其他资源采集主要是指对语音、图像等不同媒体资源的采集。

(二)知识资产利用

与其他资产不同,知识不具独占性,即把你的知识传送给别人后,你还拥有这种知识,甚至通过互动,你的知识还会增加。在这一问题上,知识与货币有相似之处——只有流动起来,人类的知识才会不断丰富,使知识的价值增值。相反,如果知识像一潭死水不流动也不更新,那么对组织的发展很可能毫无用处。知识还带有主观色彩,即对一个人毫无价值的东西,对另一个人却可能是宝贵的。对于一个组织来说,通过知识的传播与共享,就可以使组织的知识增值。

1. 知识搜索

搜索有主、被动之分。主动,指搜索引擎。被动,指按分类导航查询。搜索范围包括互联网和局域网。搜索可以从一点访问多种数据存储,企业可以连续地访问内部和外部数据,加强公司和商务合作伙伴的通信,提高现有知识员工的工作有效性,扩大参考资料的范围。

2. 订阅、推荐

知识订阅是指允许最终用户按照兴趣、任务和工作重点等多种方式主动订阅知识,订阅者将定期按时得到有关这些类目的所有最新知识,并且可根据需要及时地更换订阅内容或退订某些内容。知识推荐是将知识推荐给合适的对象。例如,可以由首席知识官(CKO)根据知识库中被阅读频度较高的知识,把文章推荐给相应的兴趣组。

3. 内部刊物

内部刊物用于实现企业内部知识和信息的传递,与知识推荐不同之处在于它更强调企业的管理行为。内部刊物的内容包括有关企业活动的新闻、事件、报告、演讲和各种活动通知。这些内容每周更新一次,在事情较多时更新更为频繁。

4. 外部传播

建立与客户的良性互动,在项目运行中重视与客户共同工作,共同学习,花大力气挖掘客户隐含的关键性知识,协助他们编码化,以实现企业内部经验与知识的共享;发现和培育客户方的增长型人才,以协助企业实现内涵式增长。

注重咨询工作的动态性,除完成咨询报告外,同时以推荐管理经验、联系培训、推荐专家等方式使客户接触新知识,帮助客户与专家及研发机构、信息机构建立关系,协助企业建立与形成相关的知识网络。

5. 公告

一种及时更新、便于维护的建议,小经验等信息的"张贴白板"。

(三)知识资产创新

这是知识管理的最终落脚点。知识只有作用于实践,才能给人们带来价值。同时,也只有通过在实践中的不断扬弃,知识才能不断更新,适应人类改造世界的需要。一个组织能否充分利用组织的知识,能否不断地创造出新的知识,进行知识更新,将是其能否成功的关键因素。而人类信息技术的突破和不断完善必将为知识的使用打开前所未有的局面。

1. 电子论坛

简单说来,电子论坛能够正确关联"内容"与"人",提供一个把人和内容紧密结合在一起的虚拟协作场所。在这个协作场所中,一方面最终用户可以很容易地获取所需的知识,很快地与专家交流,而无论这些知识和专家位于何处,只要能够通过网络相连,他们都共同置身于虚拟的协作环境中,实现高效率的协作,充分利用企业知识和专家丰富的经验从容应对紧急事件。

另一方面,在存在时差和空间距离的情况下,可通过召开电子会议来实现异地项目协作,提高各项目成员的工作效率。在这样一个积极而又坦率的协作场所内,人的知识不断膨胀并产生新的想法,因此知识得到迅猛发展,进而产生创新。

2. BBS

可以在公告栏上发布公司的规章、业务操作规范、业务经验等,让公司员工都能够及时了解公司的运作情况,吸收公司的共同经验和知识。BBS是一个更广意义上的讨论区,员工可以在BBS上讨论各种问题,或者是对某些问题发表看法。BBS提供了一个展现各种思想的舞台,这使得员工能够借鉴别人的想法和知识,利用交叉的知识来达到自己的目标。

3. 教育培训

教育培训作为用于实现知识管理策略的工具之一,能够通过有效手段培训员工,提高员工素质,共享企业内部有用信息和经验。其核心思想是:将知识直接作用于提高企业产量、效率和竞争力。

4. 课程安排

知识地图制成后,一方面公司内什么样的职员掌握了什么样的知识,他们希望向什么方向发展,这些将变得越来越清楚。另一方面公司内的薄弱环节和知识不足部分便暴露出来。这就需要通过从外部引进经验、进行教育研究等方式来加以弥补。在把职员培养成知识工作者方面,教育和培训是极为重要的。

5. 教室学习

教室是一个"上课"的地方。学习者在其中由老师指导进行学习,更重要的是教室是一个讨论的园地,创造一个包括教学者在内的讨论氛围,这样容易实现知识创新。

（四）知识资产评价

1. 教育评估

开设课程的教学者根据学习者的作业成绩、考试成绩、平时表现等对参与该课程的学习者进行评估。

2. 效益分析

效益分析系统通过对知识管理具体过程(例如,利用、创新、教育等)的被动跟踪和主动调查,以便掌握什么样的知识对企业是有用的、重要的,知识的创新来自哪里,教育计划的实施效果如何等。并用量化的方法对企业知识资产这一无形资产给出评估,这样的评估将作为CKO分析知识的利用率和衡量企业知识创新能力的重要依据之一。

3. 知识跟踪

知识跟踪的任务是收集知识资产在利用过程中和利用后的结果以及对企业产生的影响。

4. 实际效益贡献评价

实际效益贡献评价主要指知识资产作用于企业商业运营过程之后，所产生的实际贡献的定量指标评估。

5. 知识资料价值评价

知识资料价值评价是指在知识库的维护过程中，用于评估某一知识资料在增进知识的积累、增进知识的内部共享和外部交流程度三个方面的定量指标。

6. 知识创新统计评价

知识创新统计评价是指通过对一个创新的被动跟踪和主动调查之后，得出的它对专业人员能力、内部结构能力、外部结构能力三个方面的影响。

专业人员能力：是指专业人员在各种情况下创造有形资产和无形资产的能力。

内部结构能力：内部结构能力包括专利、概念、模型、计算机系统和行政管理体系等，这些都是由员工创造而由企业所拥有。此外，企业文化或企业精神亦属内部结构能力。

外部结构能力：外部结构能力是指企业与客户和供应商的关系。商品名称、商标和企业声誉或形象等亦属外部结构能力。

创新激励机制指标：创新激励机制指标是指依据知识创新统计评价的结果，为帮助企业在实施激励机制时提供的一些量化指标。主要目的就是鼓励员工写下自己了解的知识，并把生成的文件存入数据库。

第四节　KM\KMS 在 e-learning 中的整合

当前学界和业界对 e-learning 与知识管理之间的关系及结合方式的认识还没有完全统一。但是 e-learning 作为知识管理在学习与共享环节具体实现中的一种方式，还是逐渐被人们认可和接受。知识的获取、存储、传递和应用的闭环结构是知识管理的核心，更容易与企业战略目标相结合，如果通过灵活的柔性方式采用远程电子化课堂、e-learning、网络考试等电子信息化手段进行结合和实施部署，将为组织提高竞争力提供重要的思路和手段。

有鉴于此，e-learning 与知识管理之间的关系定位及结合方式已经成为管理学界和企业界共同关心和努力解决的课题。本书认为，e-learning 的重要组成系统之一就是知识管理系统，知识管理与 e-learning 在知识管理系统的应用上得到了统一。

一、整合的基础

知识管理和 e-learning 虽然过去被看作两个领域，侧重点也不同，但两者的实质都是获取知识，两者的共性如下：

（1）都依赖互联网等信息技术。

（2）知识学习都是其重要内容。

（3）都需要尽可能多的用户有效共享知识。

（4）都必须基于知识的获取和共享。

（5）都共享元数据等基本对象。

目前,知识管理和 e-learning 正在结束分离状态,逐步走向融合。企业试图通过知识管理提高效益和效率,e-learning 也应用知识管理的潜力来强化学习的绩效和可持续性保障。知识管理和 e-learning 的结合基础主要有:

（1）知识管理和 e-learning 虽然有各自独立的特征,却存在许多可互补和结合的基础,因为两者具有共同目标:提升个人和组织的知识与学习,进而提高个人素质与组织竞争力。

（2）从知识管理的角度来看,实践社区是很重要的知识共享的场所。信息与通讯技术的发展为创建虚拟社区提供了技术保证。在 e-learning 学习环境下,学习者的分布和知识的传输都具有时空分离的特点,需要通过同伴的协作和助学代理的指导来解决学习中遇到的问题。按照专家的观点,在知识管理与 e-learning 共同的环境下,结合与协作可以解决知识的产生、传递、学习与共享等问题。

（3）e-learning 将为知识管理的实施提供一个天然的信息技术支持环境。e-learning 中的本体分类思想（Ontology）、元数据思想（Meta Data）、XML、资源描述框架技术（RDF）及学习内容管理系统（LCMS）等技术可以弥补原有知识管理系统在评价及反馈方面的不足,并能将知识库中的知识细化到对象,从而实现相关知识间的聚合与重组,为知识学习者提供方便。e-learning 技术能使知识管理的实施变得容易和高效。

（4）知识管理也能从管理理论和技术工具等方面给予 e-learning 支持。例如,知识管理战略思想、知识分类、知识转化、知识编码、学习组织及绩效评估等。同时知识管理体制能让学习者彼此间信任,建立相互的信任可以保证有效的交互和持续的知识共享。

（5）知识管理与 e-learning 的结合是适应当前社会发展、技术发展、企业发展及教育自身发展的需要,同时也是促进和提升知识管理与 e-learning 各自发展进步的需要,两者不是竞争与单行道的关系,而是融合与互补的关系。

二、整合的需求

在知识经济时代,企业培训应用电子化培训 e-learning 是历史的必然,知识管理和 e-learning 的融合也将是大势所趋。基于 KM 和 e-learning 的基本原理及特点,知识管理环境下的绩效技术和组织学习可通过 e-learning 进行具体承载,结合组织战略目标、知识管理思想和技术,设计一个将 e-learning 与知识管理结合或集成起来的架构非常重要。

知识管理和 e-learning 结合与集成的因素与需求状态是:

（1）相关内容标准、数据库的开发和市场需求的趋同性,要求知识管理和 e-learning 逐步以元数据和互操作性的数据库为基础进行结合与集成,比如,支持"知识对象"的 ADL SCORM 标准的制定,它支持任何地点、任何时间、任何方式（Anywhere、Anytime、Anyhow）的传送信息和知识。

（2）基础架构、过程和组织能力的获取,在组织开发知识管理和 e-learning 的过程中,需要分别为知识管理和 e-learning 集成和整合组织的基础架构、过程和企业组织能力等。其实可以基于结合与集成的创新,共享相关的组件资源和过程资源,另外对两者的运营维护和管理最好进行同步的变更或升级等。

（3）战略性目标及学习绩效需要将知识管理和 e-learning 进行集成，可以丰富学习体验；可以降低整体成本；便于与其他组织资源的协同，提高整体成效；能够更好推动员工对企业战略目标的理解和知识性支持；可以更有目的性地学习和开展知识创新实践。

（4）基于知识管理理念和 IT 技术的 e-learning 系统能够迅速收集、处理、传播有关知识，最大的优点是通过编码知识或课件等的重复利用，不仅节约知识产生及传播累计时间，降低信息交流成本、人员和服务成本，取得显著的规模效益，而且降低了服务对象的机会成本，为服务对象创造了价值。知识是依靠有形信息系统和无形的人与人面对面交流网络来完成的，e-learning 系统对知识的流动转化显得更为重要，它能够迅速地整合信息，使之符合知识传播的需要，也能进行知识的使用及进一步创新等，从而获得新知识，大大提高工作效率，降低成本。

（5）通过 e-learning 与 KMS 的集成，可以将战略层面的管理理念与实务层面的电子化培训学习平台进行有机结合，能快速进行有关知识管理的部署与实施，将知识管理的要素环节进行落实，获得较好的实际效果。

（6）在结合的初期阶段，e-learning 的价值在知识管理中主要体现在知识沉淀和知识传递的环节中，较难在知识产生和知识应用中发挥更大作用。特别是在知识应用层面，结合后的 e-learning 价值十分清楚，体现在降低培训成本方面很容易计算投资回报率（ROI），学习绩效评估也比较容易。

（7）e-learning 对知识管理的绩效改进以及企业战略目标影响难以衡量，这与传统面授培训难以进行深度的培训效果评估有着同样的处境。因此，从知识管理角度来看，e-learning 若要取得成效必须加强在知识产生和知识应用环节中的作用。

（8）在 e-learning 技术架构上需要融合更多能够促进知识产生和知识应用的技术手段。例如，博客、Wiki、SNS 等 Web2.0 技术。这些 Web2.0 技术的应用在知识产生、知识沉淀、知识传递和知识应用上的价值正在显露出来，详见表 3-2 所示，并逐渐得到人们的认可。

表 3-2　常见的 e-learning 实现方式在知识管理四个环节中的作用对比

e-learning 方式		知识产生	知识沉淀	知识传递	知识应用
传统方式	LMS	○	◑	●	◕
	LCMS	◑	◕	◑	●
	VC 虚拟教室	◔	◔	●	●
	课件工具	○	●	◔	○
	BBS 讨论区	◕	◑	●	◔
Web2.0 方式	Wiki 知识库	◕	●	●	◑
	Blog 博客	◕	◑	◑	◕
	SNS 社会网络	◔	●	●	◑
	Digg 掘客	◔	◑	◑	◑
	IM 即时通信	◔	○	◕	●

●最佳　◕好　◑一般　◔较差　○最差

基于知识管理和 e-learning 的结合与集成，从知识管理的角度考虑构建 e-learning 体系，可以更清楚 e-learning 的优势与不足。通过在 e-learning 系统中集成成熟的 Web2.0 应用，可弥补传统 e-learning 在知识产生与知识应用上的欠缺，让 e-learning 真正贯穿知识管理各个关键环节，使之作为知识管理最为重要的应用方式在组织中发挥更大的价值。

三、整合架构

知识管理系统（KMS）主要是从技术角度实现对知识的管理，是知识管理实施的具体体现和实施关键，KMS 为达到相应的管理目标，就要从技术上提供对知识生产、分享、应用及创新过程的系统支持，显然离不开具体技术与工具的支撑，一般 KMS 构建分为三层：知识应用层、知识生产层和知识资源层。KMS 功能主要表现为以下几点：

（1）具有支持内部和外部信息、知识资源获取的通道。

（2）具有存储知识的知识库。

（3）具有支持获取、提炼、存储、分发以及呈现知识的工具。

（4）具有支持知识工作者进行知识分享、应用以及创新的工具。

支持知识管理的逻辑架构如图 3-10 所示。它明确了学习理论及知识内容、IT 技术与 e-learning 等工具是构建知识管理系统的基础，也是实现知识管理的强大推动力。

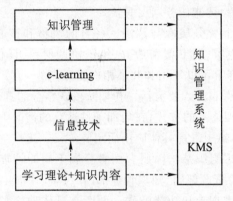

图 3-10 支持知识管理的逻辑架构

e-learning 是一种新的教育手段和方式，包括新的沟通机制和交互作用，这些机制与作用包括计算机网络、多媒体、专业内容课件、信息搜索、远程学习平台、网络课堂和考试系统等。就当前企业现状而言，e-learning 尚处于对传统培训的补充阶段，e-learning 的价值主要体现在降低培训成本以及提供更自由的学习方式。因此，e-learning 虽然在企业中越来越得到重视，但主要应用还是停留在培训层面上，e-learning 相关的项目通常由企业培训部门来运作，还未进入战略重点层面，要弥补这块短板，e-learning 一个很好的发展趋势是与知识管理的互补、嵌入、结合与互促。

实践发现，即使企业设立了知识管理组织和岗位也很难推进知识管理工作，也即存在知识管理系统（KMS）的设计与开发不能满足知识管理的实际需求等问题。很大一个原因就是没有合理地、恰当地集成或兼容包括 e-learning 在内的各种知识管理构件及技术。

四、整合模式

国外研究人员产生了从知识管理和 e-learning 内在关系的视角,融合绩效管理和 IT 技术匹配部署的思想,尝试研究了 e-learning 系统与知识管理系统结合的目标与内容,分析了企业培训 e-learning 系统中个人及组织知识管理环节中的获取、储存、扩散、共享和创造的过程,阐述了如何利用相关工具提升员工的学习与知识管理绩效。国内的有关研究则在学习理论的基础上,以学习技术系统架构的思想建构了面向企业培训的 e-learning 系统的学习框架,从知识管理和绩效技术的视角提出了功能架构。探讨了个人及组织知识的协商建构与共享,提出了支持企业知识管理与学习培训绩效提升的策略与方法,并通过 e-learning 与知识管理的结合促使企业逐步转变为学习型组织。

基于国内外的研究与实践,本书认为知识管理和 e-learning 结合模式必须考虑如下要素:

(1)模式结合的基础是知识管理和 e-learning 两大体系必须具有开放的思想和开放的技术架构。在为提高组织及个人的学习绩效或知识管理绩效这个目的上是一致的,但要进行有层次和功能接口的匹配,要基于有差异的 IT 技术支持方式。

(2)模式结合的原则是内容格式逐步通用,技术手段上相互支持,实施标准逐步融合或兼容。比如,都能实现内容入口引导、单用户登录、文件管理、内容搜索、工作流协同、网络远程使用、数据库底层支持、智能任务调度等。

(3)模式结合的程度上要分层次与范围。各自的风格和核心可以保持各自独立和特色,比如各自的重点核心内容、内容覆盖边界、组织协调层次、评估手段及范围等都有交叉有差异,在重叠层次和内容上可以复用和共享相应资源。

(4)模式结合的时间点和方式要灵活。初期阶段在结合的具体实现方式上可比较多采用 e-learning 嵌入知识管理体系的方式;在后期条件适宜的情况下,可采用知识管理整合 e-learning 的方式进行,在实施中可视具体应用而定。

(5)模式结合必须考虑组织结构障碍。两者分属不同的管理层级和负责部门,在结合时需要考虑培训部门、人力资源部门、知识管理部门、IT 部门等组织协调或机构融合。

(6)模式结合必须考虑理念和功能障碍。两者在具体功能和实施方式上不完全一致,在结合时需具体考虑两者系统发展概念与功能单元的差异,结合不好容易导致混乱,最好从内容源头进行整合。

(7)模式结合必须考虑技术障碍。由于历史原因,在采用的技术体系不完全一致的情况下,以谁为结合基准,需要从技术的发展角度进行充分考虑。

图 3-11 是一个国内著名金融企业的知识管理和 e-learning 结合的模式案例。显然,此案例的知识管理和 e-learning 结合的模式属于渐进式结合,其特点是:

(1)集成了知识资源层的各种知识和学习内容作为知识管理和 e-learning 系统的底层,共享相应资源。

(2)统一了知识管理和 e-learning 系统的技术接口与内容格式,作为长期规范,提高了后续知识资源整合的效率。

(3)对已有的知识管理系统和 e-learning 系统进行了整合,特别在知识管理系统的知识生产层中的知识仓库、知识获取、知识分类、智能代理与 e-learning 系统的学习目录系统

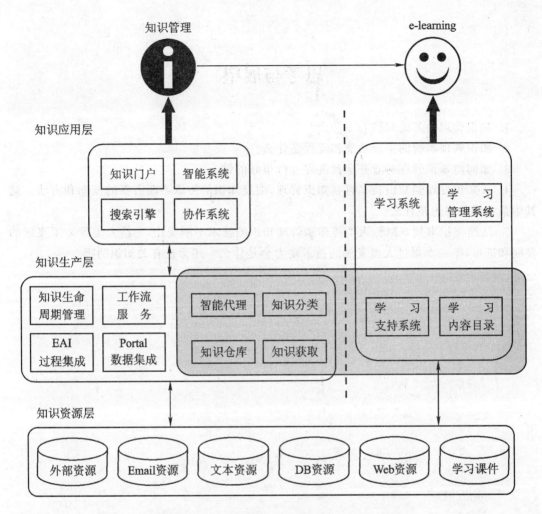

图 3－11　知识管理与 e-learning 结合的模式案例

和学习支持系统进行结合，互用相应组件资源，但又保持了各自系统的独立。

（4）因为在短时间内不大可能进行培训部门、人力资源部门、知识管理部门、IT 部门等机构改革及组织责任重新分配，故其结合模式在面向用户或学习者的界面上保持各自风格，便于底层资源共用，但顶层业务分头管理。

（5）虽然本案例中的知识管理系统和 e-learning 系统的功能单元和技术体系并不完全一致，但已经形成了以知识管理系统为主，在不久后将 e-learning 系统作为一个重要组件完全融入知识管理系统的认识。

从以上知识管理系统和 e-learning 系统结合模式的出发点和方式可知，知识管理的意义在于要协助知识工作者最好地工作，需要把技术与组织的知识资源与知识运动过程结合起来，管理知识信息生产以及知识应用。在 e-learning 环境下，共享知识资源及相关组件资源对结合过程是至关重要的，并作为一种可行的传递和学习工具，将这些知识资源和学习内容发送给学习者。两者结合的结果导致将以前分散的资源聚集，对知识资产体系的理解也会逐步加深，未来的趋势是两者的理念和体系逐渐融合，并且最终达到完全整合的统一状态。

思考与展望

1. 知识管理的基础和核心是什么？

2. 知识管理系统的主要功能和流程是什么？

3. 如何将知识管理与业务运营流程进行很好的结合？

4. 从知识发现到知识共享再到知识管理，围绕知识的传承不断有新的概念和方法。这其中最关键的思想是什么？

5. 从结绳记事到 KMS，人类传递和管理知识的技术不断变化，也给人类带来了飞速的发展和进步，下一个促进人类发展的技术动力会是什么？还会是有关知识的吗？

第四章 虚拟教室(VCS)

虚拟教室是基于互联网的可实时交互的虚拟远程教学和培训系统,是计算机技术、网络通信技术和多媒体技术相结合的产物。它运用协同工作理论,虚拟了传统课堂的教学功能,为地域分散的网络在线教学者和学习者提供一个共享、协同的课堂学习环境。

虚拟教室的研究和应用主要集中在教育部门,但越来越多的企业基于自身良好的 IT 基础,例如 LMS(学习管理系统)、VCS(视频会议系统)等,在企业培训和学习中越来越多地应用到了虚拟教室,并将与现有的 e-learning 系统进行整合。

本章主要介绍虚拟教室的概念和功能,介绍虚拟教室系统的总体设计架构,分析虚拟教室与其他 e-learning 系统的异同以及相互集成等。

本章重点

- 虚拟教室的特点和应用。
- 虚拟教室的一些关键技术。

第一节 虚拟教室概述

虚拟教室提供了一种新型的超媒体教学和学习环境,具有广阔的运用前景。它的出现和运用必将对传统教育培训方式带来深远的影响。随着国家逐步加大对网络通信基础设施的建设、教学资源建设的投入和科学技术的进步,虚拟教室将会有很好的发展前景。

成功的虚拟教室,在学习的过程中不但要接近真实教室的学习环境,保持传统教室教学的优点,还要利用网络的特点将各种媒体形态相互紧密结合,以提高学习的趣味性。传统的虚拟教室通常只有文字、图片和声音,在学习情境上很难接近真实教室,对于一些较为静态的课程或许还很实用,但是往往"不耐看",对于实验、观测、学术演讲这类较为动态的学习活动,就很不容易表现。

一、虚拟教室定义

虚拟教室系统(Virtual Classroom System，VCS)是指在计算机网络的基础上利用多媒体技术构建教与学环境的一套软件系统，可使身处异地的教学者和学习者相互听得着、看得见。虚拟教室以建构主义理论(参见本书第一章)为基础，利用计算机多媒体技术、网络技术、现代通讯技术等构建的数字化网络教育支撑平台，为教学者和学习者提供一个类似传统教室，同时又不受时间、地域限制的网络教学环境。

对虚拟教室可以有如下的理解：

(1) 虚拟教室是计算机辅助教育和网络远程教育发展的产物，是指在计算机网络的基础上利用多媒体技术构建成的教与学的环境，可使身处异地的教学者和学习者相互听得着、看得见。

(2) 虚拟教室是基于 Web 的可实时交互的虚拟远程教学系统，是计算机、网络通信、多媒体和虚拟现实技术相结合的产物。它运用协同工作理论(Computer Support Cooperative Work，CSCW，计算机支持的协同工作)，一定程度上以"虚拟"的形式实现了传统课堂的教学功能，为地域分散的师生提供了一个可共享的协同式虚拟学习环境。

(3) 虚拟教室系统基于视频会议(Video Conferencing)技术，不是单纯的只能用在局域网内的电子教室。实时互动的虚拟教室不受地域的限制，涵盖几乎所有电化教室现场教学的功能(讲课、媒体播放投影、电脑屏幕投影)，还增添了电子白板、文件共享、协同浏览、聊天室文字讨论。

可以看出，虚拟教室主要是通过网络技术、多媒体技术等建立的网络教学系统，以实现教学者和学习者之间跨地域实时性交流，因而运用文本、音频、视频进行信息传递与交互是虚拟教室的一个主要功能。虚拟教室可以弥补现实课堂限时限地的缺陷，使时空上分离的教学双方可以随时随地进行交流，为学习者的正式学习或者非正式学习服务。

与虚拟教室概念最密切的是视频会议系统。视频会议系统功能一般包括：视频会议室的创建、查询会议室、加入会议室、退出会议室、暂停/恢复播放音频、开启/关闭音频、举手发言、点名发言、结束会议等。

从某种意义上说，虚拟教室属于视频会议室的一种应用，可以看成是视频会议室系统的一个特例。虚拟教室系统利用教室控制器管理一个虚拟教室，与标准视频会议系统相比，虚拟教室的特点是发言人(包括教学者即主持人及发言的学习者)较少，而旁听的人(即当前没有发言的学习者)较多，对一般的教学来说，学习者是固定的，即教室对象创建时即预设了学习者列表，学习者人数一般为几十人。

二、虚拟教室特点

虚拟教室构造了一个崭新的现代教学和培训环境，与其他 e-learning 学习方式一样，有很多的优势和特点。

(一)学习泛在化

学习不受时间和地域的限制。学习者可以在自己家里相对舒适和方便的环境里学习。

学习者可以同时在同一个虚拟教室中听同一个教学者的课程,注视电子黑板,通过聊天或E-mail提问,阅读学习辅助材料。甚至分处世界各地的不同国家、不同民族、不同语言、不同肤色的学习者通过虚拟教室,都可以在"一起"学习、交流。

(二)学习个性化

学习者可以有着不同的学习风格,按自己喜欢的学习方式进行学习,允许每个学习者有不同的学习步调、在线测试等。学习者也可以随时随地进入虚拟教室学习,不论白天黑夜,只要有兴趣,就可以随时随地上课。

(三)学习高效化

由于虚拟教室的自动化程度高,"容量"大,可以减少教学者数量,从而大大减少开课成本。学习者可在实际需要的情况下再去学习相应的课程,因而学到的知识马上就能得到运用,使学习的有效性大大提高。

从物理空间扩大到虚拟空间是基础设施尚不完善的国家最需要的学习解决方案。比如在中国和印度。中国有着众多的需要接受教育的人口,包括在校生和职业人员。但目前无法建造满足如此众多需求的教室,使用虚拟教室则可以将教室的使用率提高30%。数字化学习在印度将教育带到了交通难以到达的农村地区,教育门户网站也将教育扩展到了辅导中心鲜见的乡镇。尽管没有过多的市场运作,印度数字化学习公司 Learn Smart India 学生中还是有25%来自小城市和乡镇。

在虚拟教室系统中,许多教学管理方面的事务不必人工去做,例如学习者的注册登记、作业的分发、学习者反馈信息的收集、在线测试等都可以由计算机来自动完成,可以高效地为学习者提供教学和管理服务。

三、虚拟教室相关概念与技术

虚拟现实技术和虚拟学习社区是与虚拟教室相关的两个重要概念和技术。虚拟教室和虚拟学习社区是既有联系、又有区别的两个不同概念。两者皆是网络技术发展的产物,都是为跨时空的学习者提供服务。但是虚拟教室是一个网上教学系统,因而必须具备音频、视频媒体等技术系统,加上对学习活动的管理,而虚拟学习社区则强调用户之间的交流。拥有共同目标的人们参与虚拟学习社区进行学习,虚拟学习社区中,学习者处于平等地位,他们拥有相似的兴趣和爱好,通过小组学习和社区活动,在社区成员之间建立相互支持和相互依赖的亲密关系。为了达到对知识的更深理解、解决学习中的疑难问题而积极地交流,不断发现新知识,不断提升个体的智能和集体的智慧。

虚拟现实技术可以将学习环境虚拟化,意味着学习活动可以在很大程度上脱离时空的限制,根据需要处在不同地理位置的教学者和学习者可以组成一个虚拟教室,如同他们在一个真实的教室里进行教与学的各种活动。

(一)虚拟学习社区

所谓虚拟学习社区(Virtual Learning Socity),是指建立在网络和通信技术上,借助网络和通信工具,由各种不同类型的个体组成,通过教学、研究等活动建立一个虚拟的社会形态,以交互学习、协作学习和自主学习为主要的学习方式,使学习者获取知识、增进理解和提高技能,形成以学习为目的的一个交互的自治区域。

关于虚拟学习社区的定义,国内外学者有着不同的表述,关键词有:组织、集合、共同的目标、共同的兴趣、共享资源、交流、情感、归属、技术支持等。本书主要参考甘永成博士对虚拟学习社区的定义,认为:虚拟学习社区是指通过互联网虚拟空间媒体,一组共享相同语言和价值的人们,基于一定的教学策略进行交流和合作学习的形式。

虚拟学习社区有如下特点:

1. 资源共享

虚拟学习社区中的资源包括某一学科的专业知识、教学知识和技能、实践经验总结等。有些成员乐于主动提供学科知识,分享个人经验和心得,发表文章的数量多,质量高,思想敏锐,学识渊博,诚实守信,对其他成员的问题积极地提出看法和建议,经常组织社区成员开展活动,成为虚拟学习社区中富有影响力的领袖。也有部分成员专业知识和经验比较欠缺,但善于收集、转发他人的文章,以丰富社区的学习资源。

2. 协作思考

协作与思考是虚拟学习社区的主要特色。从技术层面来说,网络环境跨越了时空限制,提供了各种同步、异步的交流工具,扩展了协作与思考的范围、深度和广度。例如博客及博客圈为人们提供了交流与思考的平台。从人员角度来看,社区成员的知识和经验、人生经历、价值观念、行为规则、思维方式等各不相同,即使是教授同一学科的教学者,在教学整体设计、教学内容处理、教学方法选择以及学习者积极性的调动等方面的差异也是十分明显的。这种差异就是一种宝贵的学习资源。成员之间通过合作与交流,相互促进、相互学习、取长补短,从而产生新的思想,使原有的观念更加科学和完善。在虚拟学习社区中,有很多志同道合的人一起学习,可以消除个别化学习的孤独,产生参与感、认同感与归属感,在协作中得到鼓励和支持,从而提高学习成效。这种交往与协作,不只是学习信息的交流与研讨,对教学者来说,更多的是思想的沟通、心灵的碰撞、灵感与智慧的激发。

3. 教学相长

学习者的成长是教学者专业化的起点和归宿。虚拟学习社区提供了师生交流的虚拟环境,学习者更容易表达真实的想法。要善于倾听学习者的声音,因为学习者的疑问、观点在一定程度上反映了教学工作的成效,并指引着工作的方向。每个学习者都具有自身的判断和思维能力,对教学者来讲,学习者也是智慧之源,他们非比寻常的创造性,青春焕发的朝气会时时感染教学者,给教学者的专业发展带来新生力量。师生通过彼此分享心得,分享知识、情感,可以促进了解,增强理解,从而更好地实现教学目标,促进师生的共同发展。

虚拟学习社区是一个交流的平台,可以是教学者组织的师生间、生生间的交流,也可以是有共同爱好、兴趣的人自发地组织起来进行的学习与交流。至于用什么媒体,不是虚拟学习社区关注的重点。

(二)虚拟现实

虚拟现实(Virtual Reality,VR),它是以计算机技术为主,并综合利用多种高科技产生的一个逼真的三维视觉、触觉、嗅觉等多种体验的虚拟世界。从而使人产生一种身临其境的感觉。3D虚拟世界已经给学习带来了一场新的学习革命。哈佛大学在迅速风靡世界的《Second Life》游戏中向外界提供培训，我国也有教育电视台携手国内知名3D虚拟世界打造3D版"学习超市"，还打造了一个"虚拟大学"提供了完整的课件展示、虚拟黑板等教学用具，方便世界各地的人们交流、学习。

通常意义上的虚拟现实技术需要大型计算机、头盔式显示器、数据手套、洞穴式投影机等昂贵设备。随着计算机技术、网络技术等新技术的高速发展，虚拟现实技术发展迅速，并呈现出多样化的发展态势。根据沉浸程度的高低和交互程度的不同，可划分为四种类型的虚拟。其中，桌面式虚拟现实系统非常简单，需要投入的成本也不高，因而，在学习和教育领域中有较广泛的应用。

桌面式虚拟现实系统是一种比较简单的虚拟现实系统，只要在普通的多媒体计算机中就可以实现。它以计算机的屏幕作为观察虚拟世界的一个窗口，通过键盘、鼠标等输入设备实现与虚拟世界的交互。虽然桌面式虚拟现实系统缺少完全的沉浸感，但由于对硬件的要求不高，开发成本也相对较低，因而具有广泛的应用。

常见的工具有全景技术软件（Quick Time VR）、虚拟现实建模语言（VRML）、网络三维互动（Cult3D）等。其中，VRML应用较广泛。VRML是一种用于建立真实世界场景模型的建模语言，可以对一系列的三维物体如球体、柱体等图形进行描述。VRML为ASCII文本格式的描述性语言，可以使用文本编辑器直接书写，也可以使用可视化编辑器（Vrml Pad）建模，还可以使用三维模型工具将模型转换为wrl格式文件。在开发多媒体课件时，设计人员利用VRML制作出例如原子、晶体等3D模型嵌入到一般的多媒体课件中，如PPT课件，不仅可以弥补一般多媒体课件的不足，还能将教学信息进行三维可视化呈现。

依照建构主义，将学习环境虚拟化能很好地体现如下的教育原则：

（1）把所有的学习任务都置于为了能够更有效地适应世界的学习中。

（2）教学目标应该与学习者的学习环境中的目标相符合，教学者确定的问题应该使学习者感到就是他们本人的问题。

（3）设计真实的任务。真实的活动是学习环境的重要特征。就是应该在课堂教学中使用真实的任务和日常的活动。

（4）设计能够反映学习者在学习结束后就从事有效行动的复杂环境。

（5）给予学习者解决问题的自主权。教学者应该刺激学习者的思维，激发他们自己解决问题。

（6）设计支持和激发学习者思维的学习环境。

（7）鼓励学习者在社会背景中检测自己的观点。

（8）支持学习者对所学内容与学习过程的反思，发展学习者的自我控制的技能，使之成为独立的学习者。

虚拟教室是虚拟现实技术的一种实践，在学习中有很多的优势。

1. 提高教学效率，使教学得到优化

在教学中引入虚拟现实技术，能为学习者提供生动形象的学习材料，逼真的学习环境，如化合物分子的结构，空间立体几何图形，帮助学习者解决学习中的知识难点，使抽象的概念直观化、形象化，方便学习者对抽象概念的理解。学习者可以最大程度投入学习，获得最佳的学习效果，从而可以使教学者提高课堂教学效率。

2. 激发创新思维,培养动手能力和创新能力

利用虚拟现实技术,在多媒体计算机上建立虚拟实验室,学习者通过亲自操作,获得真实的体验。学习者可以根据自己所学的理论知识提假设条件,进行实验,直到得出满意的实验结果。例如,学习者可以按照自己的假设条件,完成某一化学反应,通过虚拟实验,得到相应的结果。通过这种探索式的学习,可以培养学习者的学习兴趣,有利于激发学习者的创造思维,培养学习者的实践能力和创新能力。

3. 协同学习,培养合作精神

随着计算机技术的发展,虚拟现实技术也会不断完善,将计算机支持的协同工作(CSCW)技术和虚拟现实技术结合起来,构造分布式虚拟学习环境,也将成为可能。协作者能够实时地了解其他协作者的状态,从而可以使他们之间的协作更好地进行,还能通过各种输入输出设备,实时地与其他小组成员进行交流,充分发挥集体智慧,并相互学习,相互促进,共同进步。

4. 制作三维课件

一般的多媒体课件无法摆脱二维平面的约束,局限于内容的展示,借以图片和二维动画等进行教学,而且在学习过程中,学习者往往处于被动状态。在课件中引入虚拟现实技术后,将能摆脱这些约束。如在 Powerpoint、Authoware 和 Flash 等课件中嵌入已经用 VRML 设计好的各种三维模型、物质结构等,不仅可以弥补课件的不足,学习者还可以通过输入设备对三维物体进行操作,如进行任意角度的旋转,对观察体随意地放大、缩小。这不仅能强化抽象知识,增强学习者的理解能力,还能丰富媒体的表现形式,而且更具有交互性。

5. 开发虚拟实验室

在教学中,许多昂贵的实验、培训器材,由于受价格的限制而无法普及。还有许多实验是根本不可能做的,如核反应实验。在涉及这些实验时,教学者往往在课件中引入动画或视频进行教学,学习者通过观看课件了解实验的原理、过程,知道实验结果,但教学结果往往不如人意。

引入虚拟现实技术后,可以有效解决实验条件与教学结果之间的矛盾。利用虚拟现实技术,在多媒体计算机上开发虚拟实验室,如物理、化学、生物等实验室。学习者可以"走进"虚拟实验室,不受时间、环境和学校实验条件的限制,身临其境般地完成在现实中无法亲自操作的实验。通过在计算机上开发虚拟实验室代替动画、视频进行教学,学习者从被动地接受实验转变为主动地探索实验,教学质量不仅大大提高,还避免真实实验或操作带来的各种危险,也能让学习者在实验的过程中,深入领会实验原理,增加对实验的兴趣。

6. 仿真实践训练

在职业学校里,某些专业如数控加工技术,汽车专修,更注重真实的操作,以提高学习者的实际操作能力。由于学校的设备条件有限,教学时间内无法完全达到教学目的。许多学校采用安排实习时间,让学习者通过社会实践进一步加强实践训练。由于学习者掌握专业知识程度的差异和实习时间的限制,实践后学习者实际操作能力并没有明显提高。设计人员可以根据专业特点,通过虚拟现实、多媒体、网络等技术的综合应用,创建虚拟场景,场景里的设备可以根据需要随时生成。学习者可以进入这个虚拟场景,以观摩者、学习者和实践者三种身份参加实践训练。学习者在仿真的环境中通过亲自操作,反复训练,直到掌握操作技能为止。

虚拟现实技术作为一门新兴技术,具有很广阔的应用前景。目前虚拟现实技术在感知方面,视觉合成研究得较多,对触觉的模拟还不足,其虚拟的效果还需要进一步加强,而且虚拟现实系统应用的相关设备价格也比较昂贵。随着计算机技术的发展,虚拟现实的硬件与软件成本的逐渐降低,虚拟现实技术将会以其自身的强大优势和潜力,广泛应用到学习和教育领域,并发挥重要作用。

四、虚拟教室发展

虚拟教室在 e-learning 中的应用目的是为了创设一个有利于教与学的教学情境。国内外专家学者对虚拟教室和虚拟教学的研究指出,创建虚拟教室的方法主要有两大类。一类是基于视频会议系统的虚拟教室系统,通过视频会议的支持功能开展远程教学和交互;另一类是按照 CSCW 构建的网络虚拟教室系统。

从虚拟教室的实现方法和表现形式的角度,可以把虚拟教室分为三类:

(一)基于视频会议系统的虚拟教室

这类虚拟教室的实现方法在现有的视频会议系统的基础上改制而成,即在普通的教室中装备大屏幕的墙面投影和电子白板、摄像头、麦克风等硬件设备,共享各种信息服务,如实时的视频信息、数据传递、会话选择、成员角色判断和控制。有的还采用 Agent 系统如 Open Agent Architecture(OAA)作为系统的分布式计算环境,使得教学者可以像在普通教室中一样用语言、手势、板书等熟悉的方式来实现远程教学。

(二)二维虚拟教室

这类虚拟教室通常提供视频、电子白板以及文本交互工具,有的还提供会话录音功能。这类虚拟教室的典型案例有:

(1) WIZIQ,一个全球最大的免费实时网上教学交流平台。

(2) 美国阿克伦大学推出的主要讲授化学质谱分析、统计的在线虚拟教室。

(3) Shauna Schullo、Amy Hilbelink 介绍的两种在线同步解决方案 Macromedia Breeze 和 Elluminate Live。

(4) 弗吉尼亚工学院的 Philip L. Isenhour 和 John M. Carroll 等的 LiNC 项目。

(5) C. Abdallah 开发的 VC Player(Virtual Classroom Player, VC Player)项目。

在 VC Player 中,允许两种媒体流同步结合,一种是显示教学者授课的真实视频,以视频开窗的形式显示在右下角,另一种用于显示 PPT 课件内容。系统允许教学者在 PPT 上手写注释,并被同步投影到大屏幕上。C. Abdallah 指出:动态的边讲解边注释比仅对静态的 PPT 讲解能获得更好的教学效果,利用语音和手写注释更能表达复杂的概念。

(三)三维虚拟教室

这类虚拟教室建立在 3D 网络虚拟环境(Virtual Environments, VEs)和虚拟交互社区(Virtual Interactive Communities, VIC)概念上。近十年来 VIC 发展得很快,最流行的

VIC 是大规模多用户角色扮演游戏（Massive Multiplayer Online Role-Playing Games，MMORPGs），在全球拥有众多用户，其中 SecondLife、World of Warcraft 以及 Knight Online 就是这类 VIC 的典型代表。

　　基于 VEs 和 VIC 的三维虚拟教室共同点是：建立在高速终端 PC 上，该 PC 已与网络连接，带宽稳定，大多数支持电子白板以及文本交互（少数支持语音交流，但须额外付费），学习者由虚拟动画角色来代表，称作替身（Avatar），它们代表用户在虚拟教室中的具体位置和动作。这类虚拟教室以美国学者 Joshua Squires、Anna Michailidou、Anastasios A Economides 以及美国南加利福尼亚大学的 Albert A Rizzo 和 Dean Kli 教室控制器的工作为代表。

　　虚拟教室作为 e-learning 的一个关键应用，是下一代网络 NGN（Next Generation Network）的核心增值服务。在 IPV6 普及后，特别是全球范围的互联网带宽大幅提升后，虚拟教室能发挥更大的效益。但基于互联网的虚拟教室系统，比局域网的虚拟教室系统有更多需要解决的技术难题。例如，局域网内可以使用广播技术，而互联网不能；局域网内的 PC 间通信全部可以实现 P to P（见本章第三节），并且不需要使用特别的技术就能做到。互联网的情况非常复杂，终端私网内多种类型的 NAT（Network Address Translation，网络地址转换）及防火墙的使用，进一步加大了 P to P 的难度，甚至有的会话必须使用中转服务器来实现；局域网不必考虑带宽问题、延时问题、丢包问题，可以直接用 TCP 协议来传输任何数据，包括信令及媒体数据，而基于互联网的应用则要处理这些问题，信令可以用 TCP 来传输，但媒体数据一定要用 UDP 协议来传输。如何解决这些问题是虚拟教室技术发展的任务，需要不断地改进及优化，并衍生出新的应用和服务。

延伸阅读

Second Life 与学习

　　第二人生（Second Life，SL）是一部模拟真实的大型多人在线角色扮演游戏，它巧妙融合了联网游戏和在线虚拟社区的诸多概念，创造了一种新型的网络空间。SL 为信息时代的学习、教育提供了积极的、浸润式的数字化游戏式学习环境，一些大学和教育机构已经开始使用 SL，鼓励师生探索、学习和合作。基于人与人、人与对象、对象与对象三种活动方式，SL 中的教育潜力可以被不断发掘出来。

　　哈佛大学法学院在 Second Life 中开设虚拟课堂向学生授课。这种跨越地域、应用多媒体手段教学的方式得到了学生们的巨大认可，以至于有学生开玩笑说："我们没有出现在现实课堂上是因为我们要到 Second Life 中听课。"

第二节　虚拟教室的学习环境和功能

　　虚拟教室的学习环境是通过网络资源造就的一个以学习者为中心、以"学"为中心的崭新的学习环境,教学者只是站在学习引导者和组织者的位置上,主要起协调作用,这种学习方式得到了建构主义学习理论的支持。建构主义认为,学习者的知识是在一定情境下,借助于他人的帮助,如人与人之间的协作、交流、利用必要的信息等等,通过意义的建构而获得的。

一、虚拟教室的学习环境

建构主义的教学模式要求以学习者为中心。在整个教学过程中,教学者起组织者、指导者、帮助者和促进者的作用。利用情境、协作、会话等学习环境要素,充分发挥学习者的主动性、积极性和首创精神,最终达到使学习者有效地实现对当前所学知识的意义建构的目的。在这种模式中,学习者是知识意义的主动建构者。教学者是教学过程的组织者、指导者、意义建构的帮助者、促进者。教材所提供的知识不再是教学者传授的内容,而是学习者主动建构意义的对象。媒体也不再是帮助教学者传授知识的手段、方法,而是用来创设情境、进行协作学习和会话交流,即作为学习者主动学习、协作式探索的认知工具。显然,在这种场合,教学者、学习者、教材和媒体等四要素与传统教学相比,各自有完全不同的作用,彼此之间有完全不同的关系。但是这些作用与关系也是非常清楚、非常明确的,因而成为教学活动进程的另外一种稳定结构形式,即建构主义学习环境下的教学模式。

（一）学习环境的组成

理想的学习环境应当包括情境、协作、交流和意义建构四个部分。

1. 情境

学习环境中的情境必须有利于学习者对所学内容的意义建构。在教学设计中,创设有利于学习者建构意义的情境是最重要的环节或方面。

2. 协作

协作应该贯穿于整个学习活动的过程中。教学者与学习者之间,学习者与学习者之间的协作,对学习资料的收集与分析、假设的提出与验证、学习进程的自我反馈和学习结果的评价以及意义的最终建构都有十分重要的作用。协作在一定的意义上是协商的意识。协商主要有自我协商和相互协商。自我协商是指自己和自己反复商量什么是比较合理的。相互协商是指学习小组内部之间的商榷、讨论和辩论。

3. 交流

交流是协作过程中最基本的方式或环节。比如,学习小组成员之间必须通过交流来商讨如何完成规定的学习任务达到意义建构的目标,怎样更多地获得教学者或他人的指导和帮助等。其实,协作学习的过程就是交流的过程,在这个过程中,每个学习者的想法都为整个学习群体所共享。交流对于推进每个学习者的学习进程,是至关重要的手段。

4. 意义建构

意义建构是教学过程的最终目标。其建构的意义是指事物的性质、规律以及事物之间的内在联系。在学习过程中帮助学习者建构意义就是要帮助学习者对当前学习的内容所反映的事物的性质、规律以及该事物与其他事物之间的内在联系达到较深刻的理解。

（二）学习环境的功能

虚拟教室提供一个特殊的学习环境,供学习者进行基于资源的学习。这种学习环境的功能主要有以下一些。

1. 展示学习内容

例如,以 Web 页面来展示学习材料,并用按钮或超文本完成跳转、查看、网址、选择等的操作。

2. 支持双向交互

学习环境中的交互包括社交交互与内容交互两种主要类型。社交交互即教学中的人际交互,发生在教学者—学习者、学习者—学习者之间的信息交流,它具有灵活性和双向性的特点。常用的活动类型包括在线提问、答疑、咨询等。内容交互又称为教学交互,是学习者与学习资源之间的交流,其活动类型主要围绕学习者对学习资源的处理和加工(浏览、查询、注解、分析),学习环境则采用反馈、提问、序列编排等控制手段予以支持。

3. 开展协作学习

学习者亲身体验到了合作的重要性,学习者的学习活动(竞争、辩论、讨论)可通过 E-mail、语音邮件、列表服务器、新闻组、聊天室、公告板、网上会议以及互联网等其他双向交互媒体,以同步或异步的方式完成,增强了人与人之间的交流与合作。

二、虚拟教室的功能

表 4-1 是一个典型的虚拟教室的主要功能列表。

表 4-1 虚拟教室的主要功能

交互教学功能	辅助教学功能	教学管理功能
音视频交互	邮件通知	课件管理
文字交互	文件管理	考勤系统
白板交互	文件传输	学习计划管理
课件共享	电子投票	课堂角色管理
协同浏览	远程控制	培训数据库
屏幕广播	课程录制	
电子举手	课件点播	
在线测试		

（一）教室创建

教学者向教室控制器发送"虚拟教室创建请求",如果已创建的教室总数未达到最大数量,教室控制器再查看请求者是否有权创建,如果有权创建,教室控制器则创建虚拟教室对象(指面向对象分析与设计中的对象)初始化该教室,安排座席,将其他座席如发言席、旁听席置为无人状态。

创建虚拟教室时,可设置密码,这样进入虚拟教室时需要提供密码。教室控制器内有一张以教学者姓名为关键字的学习者名单,以便收到"进入虚拟教室请求"时做鉴权之用。

（二）系统进入

客户端可发送"教室查询请求"到教室控制器，教室控制器将已创建的虚拟教室信息以列表的形式返回给客户端，这些信息包括教室名称、教室编号、教学者姓名、已进入教室的人数等。客户端可选择合适的教室进入。

客户端软件起动时可得知客户端 PC 的音频/视频设备的工作状态。客户端软件取出选定的教室编号（从查询虚拟教室得到的列表中选择），并要求用户填入自己的姓名、密码等信息，之后形成"虚拟教室进入请求"数据报发送给教室控制器。如果该虚拟教室需要密码才能进入，教室控制器将验证用户密码，并查看用户的姓名是否在预定的名单中。如果密码正确而姓名又在名单中的话，则为该客户端分配相应的座席，将"虚拟教室进入请求"包含的信息拷贝到该座席对象，包括客户端的姓名、是否有音视频设备等。

（三）音视频开启

虚拟教室能支持多人同时发言，以适应诸如讨论会、辩论会这样的场合。客户端通常有一个开启/关闭音频的功能，以便减少网络带宽的占用，及降低噪声干扰。开启/关闭音频的信息将被传送到教室控制器，教室控制器会将该信息"广播"到其他客户端，以便使所有人都知道某某人音频是关闭的还是开启的。

开启/关闭视频的功能也是主要用于减少网络带宽的占用。当正在发言的客户端学习者暂时不希望其他人看到自己的视频时（有人来访）也非常有用。开启/关闭视频的信息也将被传送到教室控制器，教室控制器会将该信息"广播"到其他客户端。

客户端可随时暂停播放和恢复播放音频。这是客户端的一个本地功能，与教室控制器无关，用于用户暂时需要静音的场合。

（四）发言方式

处于旁听状态的学习者是不能发言的，只能听和看"教学者"及"发言席"上的用户。举手发言就是学习者客户端告诉教学者客户端自己希望能被加入到"发言席"。

教学者从学习者客户端中选一人，将发言权交给他的过程叫"点名发言"。该学习者客户端被加入到"发言席"，别人可以收到他的音视频。

（五）系统退出

学习者客户端退出时，教室控制器断开与该客户端的连接，收回分配给该客户端的座席，修改会议室对象相关信息（如与会人数等）。如果是教学者客户端退出，则教室控制器将关闭该虚拟教室。

关闭虚拟教室时，教室控制器将收回所有已分配给该虚拟教室的资源、然后销毁会议室对象。

第三节 虚拟教室的设计、架构和相关技术

虚拟教室系统构建技术包括计算机支持的协同工作、多媒体信息处理、流媒体、多媒体同步,多媒体通信及 e-learning 教学平台互动通信等功能。客户端只需要通过浏览器访问指定的服务器,经过身份验证和权限认证后就可自动下载和安装客户端软件并与服务器进行通信。系统运行管理流程如图 4-1 所示。

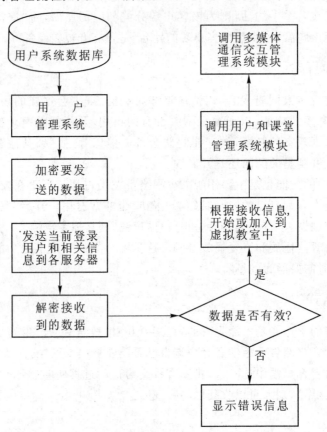

图 4-1 网络虚拟教室系统运行管理流程示意图

一、虚拟教室的设计

虚拟教室系统是个实时性要求很高的系统,使用 TCP 协议来传送媒体数据显然不合适。UDP 协议能满足实时性要求,但是存在乱序及抖动的问题,使用 RTP/RTCP 及乱序整理,在一定程度上弥补了这些不足。防火墙及 NAT 的过度使用使得点对点呼叫建立的成功率大大降低,而使用集中式的服务器中转则成本太高,可以将终端当作分布式中转服务器的技术,来减轻集中式中转服务器的负担,提高系统的实用性。在设计的时候应考虑

如下几点：

（1）虚拟教室系统应可同时管理多个虚拟教室。

（2）虚拟教室控制器（以下简称控制器）应能存取后台数据库，该数据库与 Web 服务器共享。Web 服务器用来管理教学者和学习者的信息、教学计划、课程安排、作业下载、提交、成绩管理、论坛、课件及其他多媒体资料下载等。

（3）控制器应有一份教学者名单，记录创建虚拟教室所需的鉴权信息，如教学者姓名、虚拟教室名称、虚拟教室创建口令等。

（4）控制器还应有一份以教学者为关键字的学习者名单，存放于数据库，当学习者客户端进入虚拟教室时，教室控制器对"进入请求"进行鉴权。

（5）媒体中转服务器、NAT 检测服务器、客户端应建立与控制器的 TCP 连接。

（6）教学者客户端应有一些辅助管理功能，如可以将某些不遵守纪律的学习者赶出教室、点名让某个学习者发言等等。

（7）客户端都应有一个文字聊天功能，可以将一段文字发送给所有人或某个人。

（8）系统应支持电子白板，用以辅助讲授内容，界面与 Windows 的"画图"类似，同一时刻只能有一个人修改白板的内容，教学者可以授权其他人修改；白板的内容需要同步到其他客户端。

（9）虚拟教室系统应有文件共享功能，即教学者和学习者都可以将自己电脑的本地文件放到共享区，别人可以从该共享区下载文件。虚拟教室系统应支持协同浏览功能，也即共同浏览网页。

二、虚拟教室的架构

虚拟教室的架构可分为三个组成部分：使用者部件、控制中心和教学资源库，它们构建成了三层架构的功能模型。

（一）学习资源库

虚拟教室的学习资源库由教学信息、管理信息和支持信息构成。教学信息包括教学内容和记录内容两大类。教学内容应包括以下几类：媒体素材、案例、题库、网络课件和网络课程等；记录内容是学习者在学习过程中生成的，包括学习者的作业集、学习过程记录等。管理信息包括教学者信息和学习者信息及课程概况。支持信息是用来对学习者的自学过程进行支持的信息（例如，Frequent Asked Questions，FAQ，常见问题数据库）。虚拟教室的学习资源主要采用文本、图片、声音、动画、视频等多媒体信息，将课程中的相关学习资源进行收集、汇总，并以数据库记录、文件下载、超文本、超媒体等多种方式实现。

（二）控制中心

控制中心功能模块是虚拟教室的核心部件。通过它参与者可以访问虚拟教室所提供的各种资源，它由管理模块和教学模块组成。

1. 管理模块

管理模块包括注册管理系统和课程资料管理系统。注册管理系统由教学者注册管理和学习者注册管理组成,各自的信息放在各自的信息单元中。课程资料管理用来实现对本教室资源库中教学内容的管理。

2. 教学模块

教学模块包括同步教学(实时教学)、异步教学(即非实时教学,教学者将课件制作好后,学习者即可在系统中进行学习)两种形式。

(三)客户端

客户端包括教学者部件和学习者部件两部分,是用以访问虚拟教室控制中心的界面,学习者必须经过注册才能取得学习资格。

白板交互是由白板捕获设备来实现的,它能实时捕获教学者在白板上的书写内容并支持多人标注。屏幕广播可以方便地将教学者桌面操作情况共享给网络虚拟课堂中的所有成员,从而实现协同工作。支持课堂主持人、助教和学习者三种角色的动态切换,形成一个既活泼又有序的互动虚拟课堂环境。在教学中,不仅有"一对多"的辅导答疑,而且还有"多对多"的答疑、讨论。

虚拟教室系统在逻辑上有教室控制器、媒体中转服务器、NAT 检测服务器 A、NAT 检测服务器 B、客户端五个部分组成,如图 4-2 所示。在物理上两个 NAT 检测服务器可合并到教室控制器及媒体中转服务器。因为 NAT 检测的两个服务程序需要运行在具有不同 IP 的机器上,所以在物理上系统的最小配置需要两台服务器,可以将 NAT 检测服务软件 A 与教室控制器软件部署在一台服务器上,而将 NAT 检测服务软件 B 与媒体中转服务软件部署在另一台服务器上。

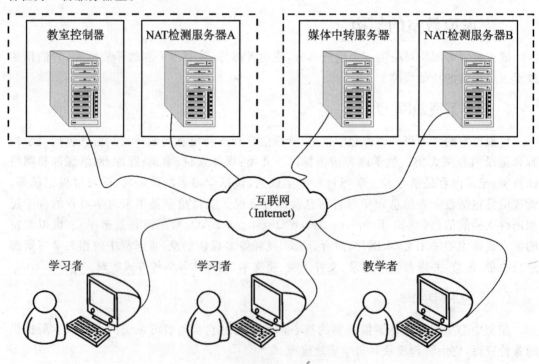

图 4-2 虚拟教室系统架构图

三、虚拟教室的相关技术

虚拟教室是一个复杂的系统,涉及的技术十分广泛。采用的技术主要包括:

(1) 音/视频采集、编码、解码、混音、播放。

(2) 网络通信技术,其中信令传输采用可靠的 TCP 技术,音/视频传输采用实时的 UDP 技术。

(3) VoIP 技术中的 RTP/RTCP、NAT 检测及穿透技术。

(4) 中间件技术。

(一) VoIP 技术

VoIP(Voice over IP)代表基于互联网的语言处理系统,包括网络电话、音视频会议系统等。语音在网络上传播的时候是用一串串 1 和 0 组成的码流来表示的。最初的语音是声波,表现为空气的振动,由语音采集设备(麦克风或话筒)捕获得到模拟信号,然后经 AD 转换得到数字信号,针对语音的特性(在人耳可分辨的声音频率范围,人的语音只占一小部分)对这些数字信号做编码处理,这里所说的编码实质上是有损压缩算法,编码后的语音数据通过互联网传送到接收方,接收方再解码,解码后得到的数据被提交给 DA 转换电路还原成模拟信号,再将模拟信号放大后由扬声器(耳机或听筒)播放。这就是 VoIP 最简单的模型。要扩充成实用型的模型,还可加入呼叫、P to P、以及电话系统中诸如录音、呼叫前转、无人接听前转、多方通话等方案。

在 VoIP 的解决方案中,视频的编码、传送、解码一般是与音频分开处理的,原因除了编码方案不一致外,一般的应用大多只使用语音。采用音、视频同传虽然不需要处理同步问题,但是形成的码流数据量大,丢包率就会增大,从整体上来说,同传音视频造成的音频丢包率远大于单独传送音频的丢包率。音视频分开传送则要处理音频视频同步。音视频分开传送时如果视频出现丢包而音频正常时,系统只播放音频而使视频停顿,即使用上一帧的图像显示。

(二) 流媒体与 P to P 技术

流媒体(Streaming Media)技术是网络技术和多媒体技术发展到一定阶段的产物,它可以指在网上传输连续时基媒体的流式技术,也可以指使用流式技术的连续时基媒体本身。目前,在网上传输音频、视频等多媒体信息主要有两种方式:下载和流式传输。采用下载方式,用户需要先下载整个媒体文件,然后才能进行播放。由于受网络带宽的限制,下载常常要花费很长的时间,所以这种方式延迟很大。而流媒体采用的关键技术是流式传输。传输之前先对多媒体信息进行预处理(降低质量和高效压缩),然后使用缓存系统来保证数据连续正确地进行传输。使用流式传输方式,用户不必像采用下载方式那样要等到整个文件下载完毕才能播放,而是只需经过几秒到几十秒的启动延时即可在客户端进行播放和观看,此后媒体文件的剩余部分将在后台继续下载。

与单纯的下载方式相比,这种对多媒体文件边下载边播放的流式传输方式不仅使启动延时大幅度地缩短,而且对系统缓存容量的需求也大大降低。使用流式传输的另一个好处是使那些事先不知道或无法知道大小的媒体数据(如网上直播、视频会议等)有了传输的可能。

目前,支持流媒体传输的协议主要有实时传输协议 RTP(Real-time Transport Protocol)、实时传输控制协议 RTCP(Real-time Transport Control Protocol)和实时流协议 RTSP(Real-time Streaming Protocol)等。多媒体应用的一个显著特点是数据量大,并且许多应用对实时性要求比较高。传统的 TCP 协议是一个面向连接的协议,它的重传机制和拥塞控制机制都不适用于实时多媒体传输。RTP 是一个应用型的传输层协议,它并不提供任何传输可靠性的保证和流量的拥塞控制机制。RTP 位于 UDP(User Datagram Protocol)之上。UDP 虽然没有 TCP 那么可靠,并且无法保证实时业务的服务质量,需要 RTCP 实时监控数据传输和服务质量。但是,由于 UDP 的传输时延低于 TCP,能与音频和视频很好地配合。因此,在实际应用中,RTP/ RTCP/ UDP 用于音频/视频媒体,而 TCP 用于数据和控制信令的传输。

P to P 是 Peer to Peer 的简称,网络上为了书写的方便,一般也写成 P2P,就是端对端的通信,数据在两个终端之间传送时不需要特定的一个公网上的服务器来中转,中间只是经过一系列的路由器。要实现 A 和 B 两个终端之间的 P to P 通信,它们之间必须彼此信任,即 A 是 B 的信任结点,同时 B 也是 A 的信任结点,或者说存在一种方法能使它们变得彼此信任。

事实上,确实存在这样的方法,使一部分终端之间变得相互信任。最终不能互相信任的结点间通信只能通过第三方中转。能提供中转服务的结点当然必须被两个终端都信任,最简单的做法就是在公网上部署不带防火墙的服务器 S,公网上的结点有公网 IP,不存在 NAT 的问题,不设防火墙时,所有数据都可以发送到该结点。

这种通过服务器转发媒体数据的方法叫做"集中式媒体中转服务器",由于音视频这样的媒体数据量比较大,一台服务器的中转能力是有限的,因此使用成本比较高。

(三) TCP/IP 协议与 UDP 传输

TCP/IP(Transmission Control Protocol/Internet Protocol)中文译名为传输控制协议/互联网络协议。这个协议是互联网最基本的协议,简单地说,就是由底层的 IP 协议和 TCP 协议组成的。

在互联网没有形成之前,各个地方已经建立了很多小型的网络,称为局域网。互联网的中文意义是"网际网",它实际上就是将全球各地的局域网连接起来而形成的一个"网之间的网"(即网际网)。然而,在连接之前的各式各样的局域网却存在不同的网络结构和数据传输规则,将这些小网连接起来后各网之间要通过同样的规则来传输数据。TCP/IP 协议就是这个规则。

UDP 的传送就比较简单,不需要建立连接,不用管目的地是否存在,也不用管中途是否有通路(局域网中的 A 发送一个 UDP 数据报到异地的 B,但是 A 所在的局域网这时可能没有连接到互联网),照样发送数据,UDP 协议本身也不需要等待接收方的应答(应用层需要等待应答的情况与 UDP 协议本身无关)。

(四) 城域网、公网、私网

NAT 的好处就是只使用一个公网 IP(有时也称为真 IP),通过地址转换,能让最大规模的公司连接到互联网,也能让一幢楼或一个小区内的公司或居民连接到互联网。中国的城域网就是这样的网。各个公司使用 192.168.x.x 来部署自己的局域网(私用网络),然后通过 NAT 设备连接到用 10.1.0.x 部署的上一层网络(更大的私用网络),10.1.0.x 网络再通过 NAT 设备(边缘路由器)连接到 61.144.x.x 公网。

公网是使用公用 IP 地址,能被互联网上任何一个结点访问的网络。公网是互联网的一部分,且不设防火墙。

无论是使用公网 IP 地址还是私网 IP 地址,完全不能被外部网络访问,或只能被符合某种条件的外部网络访问的网络称为私网。有的私有网络是独立的网络,不接入互联网,有的私网接入互联网。私有网络也可以是由多个路由器分隔的子网组成。目前在中国较为流行的宽带 IP 城域网、广电网,还有企业公司自建的局域网,就属于私有网络。私有网络通常也称为 Intranet。

（五）IP 地址和动态 IP

由 IANA(Internet Assigned Numbers Authority)统一分配的全球唯一的 32 位(比特)数值,分为公网 IP 和私网 IP。公网 IP 只能有一个用户,而私网 IP 任何组织和个人都可以使用。

1. 私网 IP

按照 RFC1918 的规定,10.0.0.0～10.255.255.255 段的 A 类地址、172.16.0.0～172.31.255.255段的 B 类地址、192.168.0.0～192.168.255.255 段的 C 类地址为私网 IP 地址。

2. 公网 IP

除了 RFC1918 规定的三段私网 IP,其余的就是公网 IP。

3. 动态 IP

在 IP 地址资源比较缺乏的国家和地区,互联网的接入都有两个特点,一是较多地使用动态 IP,二是更加依赖 NAT。

动态 IP 是指互联网接入点的 IP 地址不固定。就相当于使用小交换机的用户,他们的外线号码不是固定的,而是经常变换的,别人要打电话找他们变得相当困难,因为通过 114 查号台也得不到正确的号码。换言之,就算不使用防火墙、NAT 设备,动态 IP 也是不利于双向通信的。例如在中国,Modem、ADSL 拨号接入方式、长城宽带接入方式就属于动态 IP 的接入方式。

（六）RTP/RTCP 协议

1. RTP

RTP(Real-time Transport Protocol)实时传输协议,是针对互联网上多媒体数据流的一个传输协议,由 IETF(互联网工程任务组)作为 RFC1889 发布。RTP 被定义为在一对一或一对多的传输情况下工作,其目的是提供时间信息和实现数据流同步。RTP 的典型应用建立在 UDP 上,但也可以在 TCP 或 ATM 等其他协议上工作。RTP 本身只保证实时数据的传输,并不能为按顺序传送数据包提供可靠的传送机制,也不提供流量控制或拥塞控制,它依靠 RTCP 提供这些服务。

2. RTCP

RTCP(Real-Time Transport Control Protocol) 实时传输控制协议,负责管理传输质量,在当前应用进程之间交换控制信息。在 RTP 会话期间,各参与者周期性地传送 RTCP 包,包中含有已发送的数据包的数量、丢失的数据包的数量等统计资料。因此,服务器可以利用这些信息动态地改变传输速率,甚至改变有效载荷类型。RTP 和 RTCP 配合使用,能以有效的反馈和最小的开销使传输效率最佳化,故特别适合传送网上的实时数据。

在实际运用中,RTCP 和 RTP 是成对出现的。启动一个会话时,程序为 RTP 开一个通信端口用来传输媒体。同时,也将为 RTCP 开一个通信端口,用于质量信息的反馈。

3. NAT 技术

随着互联网的快速膨胀,IPv4 地址空间将处于耗尽的境况,为解决这个问题,于是推出了网址转换器(NAT)。NAT 是两个网络之间 IP 地址的交换中介,其功能是将公网可见的 IP 地址与私网所用的 IP 地址相映射。这样,每一组受保护的私网可重用特定范围的 IP 地址(如 10.x.x.x、172.16.x.x、192.168.x.x),而这些地址是不用于公网的。从公网来的含公网地址信息的数据包先到达边缘路由器,NAT 使用预设好的规则(包含源地址、源端口、目的地址、目的端口、协议)来修改数据包,然后再转发给私网接受点。对于流出私网的数据包也须经过这样的转换处理。从安全性上来看 NAT 提供了对外隐藏私网拓扑的一个手段,但是,这样一来给互联网通信应用带来巨大的麻烦。

私网内的一个网络地址与互联网的不同地址结点或网络地址交互数据时,如果 NAT 有不同的映射时,这种 NAT 称为严格 NAT。严格 NAT 的英文说法为 Symmetric NAT(对称 NAT)。例如,私网内某电脑运行聊天程序,一方面要向服务器报告在线状态,另一方面还要与好友交互数据,严格 NAT 的映射表:61.144.101.120:39 310~192.168.1.223:8000(到服务器的通道),61.144.101.120:39 317~192.168.1.223:8000(到好友的通道)。

第四节 虚拟教室在 e-learning 中的整合

虚拟教室在 e-learning 中整合的内容包括三个层面:即对系统硬件和软件的整合、对 LMS 系统功能支持的整合和对教学模式和方法的整合。有两种可供选择的整合技术路线:一是以 LMS 为主的系统整合路线,二是以虚拟教室为核心的整合路线。应从有利于教学资源融合、授课支持、交互学习、提高信号质量等方面综合考虑对相关功能和资源进行集成。下面从系统协议标准、功能支持、软硬件结合等各个方面简要进行介绍。

一、系统整合标准

在系统整合中需要遵循一定的协议和标准,才能使虚拟教室和 LMS 之间按照一定的规则进行通信和交换数据。虚拟教室主要借鉴视频会议的标准和协议,这里主要阐述 H.323V2 系统实现虚拟教室教学的标准和方法。

视频会议标准由国际电信联盟制定,涉及的技术非常复杂,是多种标准的组合,主要包括视频编码的标准、数据传输标准、规定音频编码的标准、规定信息时分复用的标准、远端摄像机、控制的标准等等。

在不同的应用网络环境中,ITU-T(国际电信联盟)制定了不同的标准系列,在 ISDN 的网络条件中使用了 H.320 系列。如用于 LAN(Local Area Network,本地网)的 H.323V2标准、用于 POST 多媒体的 H.324 系列和用于数据会议的 T.120,其中应用较广的有 H.323V2 标准和 H.320 系列。H.323V2 标准是只适用于 LAN 和互联网的标准,因为它可利用现有的 LAN 结点,通过对现有的 LAN 带宽进行分配,即可实现音、视频数据信号的传输,在 H.323V2 视频会议系统工作时,LAN 中的其他数据仍可在剩余的宽带网中传递。H.323V2 使用与互联网协议兼容的 IETE RTP/RTCP 标准,并计划使用各种分组交换网(PSN)协议,包括 TCP/IP 和 NELLSPX/IPX。在使用了交换集线器和保留协议(RSVP)的以太 LAN 上使用 H.323V2 时,能支持 IP 多点广播,虚拟教室可通过这一标准来实现。

在硬件方面,以 H.323V2 标准为基础建立的系统其设备主要有:专用视频会议卡、声卡、摄像机、话筒、扬声器、视频会议软件、Windows 操作系统或者 Netware 操作系统、Pentium 计算机、32M 以上的 RAM、LAN 网卡等组成不少于 10MB/s 的 LAN 网、一台采用 Windows 或 Netware 操作系统的服务器(用于运行视频会议管理软件)、集线器(用于连接其他的遵循 H.323V2 建议的段)。

上述 H.323V2 系列标准的网络层采用 IP 协议,负责两端点间的数据传输,并采用无连接数据包,在 IP 上层增加了 TCP(传输控制协议)和 UDP(用户数据包协议)。TCP 保证了数据的顺序传送,对不正确的数据要求重发。UDP 采用无连接方式,适合大量的数据传送。RTP 在 UDP 上层相当于 OSI 的会话层,提供同步和排序服务,所以适用于传送连续性数据,如音频、视频并对网络引起的时延和差错具有一定的自适性,RTCP 则管理控制信息。再上层为应用层,主要为音频(G.7XX)、视频(M.26X)、数据(T.120)等。

有了以上的硬件和信息交互协议,就可以建立网上虚拟教室了。目前还有 H.320 标准也常应用于视频会议系统,但功能有所差异,对网络条件和网络资源的要求也是不一样的。在不同的标准下要实现多个视频会议系统互连时,因它们之间采用的标准不同,可能出现是否兼容的问题。要实现 H.323V2 与 H.320 互通,使它们之间优势互补,必须解决两套标准的协议转换问题,这通常由一个专用网关设备来解决。

二、教学支持整合

虚拟教室在 e-learning 教学支持功能整合方面有三个内容,即授课支持、资源调用和实时交互的整合。

(一)整合授课支持功能

在 LMS 的基础上,集成虚拟教室教学者系统、业务应用软件系统等,可使教学者授课不再局限于电子讲稿,可以通过设置大量联系实际的情境,进行仿真的操作示范等,使授课形式多样化,可对学习者产生更大的吸引力和更多的视觉刺激。教学者计算机上多任务的显示内容,可以通过使用屏幕广播或由控制台进行多屏或多分屏呈现给各类学习者。

（二）整合资源调用功能

获得授权后，LMS通过对业务系统的访问能够获取大量可用于教学的资源，但是由于格式、标准等原因不能直接在虚拟教室系统中应用，需要进行格式转换、内容转储等处理。例如将视频、VGA信号采集成流媒体或Flash素材。经过筛选、分类，可以不断充实教学案例资源库，提供给虚拟教学的各环节使用。

（三）整合实时交互方式

虚拟教室系统不仅扩大了教学活动覆盖面，而且使音视频交互的对象扩展到由教学者、远程教室内学习者、全国各地网上学习者组成的三元结构，使互动结构发生了较大变化，形成了多种模式：一对一型、一对多型、多对多型。在音视频交互的同时还可进行文字交互，为组织互动式教学、协作式学习提供了有力的支持。在跨平台的交互中，为避免分散教学者的注意力，保证教学流畅、高效地进行，需要系统管理员密切配合教学者，为此需要建立协同工作流程和规则。

三、系统硬、软件整合

LMS和虚拟教室系统硬、软件整合是实现功能整合的基础，教学者计算机和控制台是整合和集成的核心，具体方法有：

（1）在教学者计算机上安装虚拟教室客户端软件以及业务应用软件。

（2）将教学者计算机的VGA输出经控制台接入视频会议系统并将视频会议系统的画面和声音经控制台接入教学者计算机。

（3）LMS要与视频会议系统主控室协调操作，才能提高采集、传输质量和课堂效率。

除此之外，还要在实践中不断试验解决各种具体问题，比如，要避免将教学者计算机输出的网络实时交互远端的声音直接接入直播教室现场的扩音系统，否则会在系统中产生严重的回音。

思考与展望

1. 虚拟世界将为未来学习带来一场怎样的变革？
2. 虚拟教室有哪些关键的技术要求？
3. 如何利用3D虚拟技术，使学习活动能像3D游戏吸引游戏者那样吸引学习者？
4. 虚拟与真实的区别在哪里？人类感知到的就是真实的吗？
5. 基于人类的感知，可以在虚拟学习中做哪一些改进，比如，触觉、味觉、体位等方面？
6. 从虚拟教室到虚拟校园、虚拟社会，虚拟世界与真实世界的范围哪一个更广阔？

第五章 在线考试系统(OES)

随着计算机科学与互联网技术的飞速发展,以计算机为辅助手段的在线考试(Online Exam)已经在企业得到深入应用与推广。尤其在各种人才选拔、招聘评鉴、入职考评、技能考核、岗位资格、全员考试及知识竞赛等方面的应用得到迅速发展。

本书第二章学习管理系统(LMS)中提到一个很重要的考试模块,能进行在线的简单考试,但这不是专业的考试系统。本章从考试系统的基本概念开始,详细介绍专业考试系统的历史发展、支持理论和应用范围。同时从技术角度讨论系统架构及设计原则,结合与e-learning系统的关系,深入阐述考试系统的功能和特性,并为考试系统的选购给出针对性的策略建议。

本章重点

- 考试系统的功能特点。
- 考试系统的基本原理。

第一节 在线考试概述

一、在线考试基本概念

考试是指通过组织符合一定要求的试题对受测者的能力水平进行测量的过程。一般通过书面、口头提问或实际操作等方式,考查知识或技能。

考试是一种严格的鉴定方法,它要求考试者在规定的时间内按指定的方式解答精心选定的题目或按主测单位的要求完成一定的实际操作的任务,并由主考者评定其结果,从而为主测单位提供考试者某方面的知识或技能状况的信息。

随着计算机科学与网络技术的发展和逐步成熟,在线考试应运而生。

(一)计算机考试

1971 年,美国的教育测量学家劳德(Lord)依据当时计算机技术的发展,在前人对适应性测验理论研究的基础上深入研究,首先提出了基于计算机的自适应考试(Computer Adaptive Test,CAT)这一概念。

美国军方从 20 世纪 70 年代初就在美国陆军职业性测验组(ASVAB)中采用了计算机自适应考试。1984 年美国军方实验室应用了另一个计算机自适应考试系统 CAST(the Computerized Adaptive Screen Test)。美国 Novel 公司于 1991 年成功应用 CAT 进行认证考试,考试人数超过了 100 万人次。2000 年,微软公司也在其国际认证考试:MCSE、MCSD 中全面使用 CAT。

美国国家标准与技术协会高技术研究项目(National Institute Standards and Technology Advanced Technology Program)在 1998 年资助研究的主题就是"适应性学习系统"(Adaptive Learning System),共资助了十几个相关研究,投入研究资金数千万美元。目前该项目研究已经深入美国的很多测量工作,包括美国研究生入学考试(Graduate Record Examination,GRE)、工商管理类研究生入学考试(Graduate for Management and Administration Test,GMAT)以及全美护士国家委员会资格考试(Nurse National Committee License Test,NNCLT)等都已经采用了 CAT 方式。英国计算机学会 BCS 和 IDPM 分别组织了计算机考试,并普及到英联邦国家。日本于 1969 年开始设立"信息技术人员考试",成为仅次于高考的第二大考试。

(二)在线考试

在线考试(Online Exam),指利用计算机网络进行的考试。就是利用计算机及相关网络技术,通过考试管理系统实现智能出题、智能组卷、智能考务、智能阅卷和智能统计等考试全流程的优化,从而取代传统的基于纸和笔的考试方式。采用在线考试,不仅考试者可以突破传统教育资源和教育方法的限制,不受时间和空间等条件的约束,而且还大大减轻了组织者的负担,提高教学效率和质量,加强考试过程中的安全性,防止泄题和作弊,快速分析考试数据等优点。因此,对这一应用的研究具有重要的理论意义和现实意义。

在线考试系统(Online Exam System, OES)是用来进行在线考试管理的一套软件系统,或者称为考试管理平台。利用该系统可以有效地实现各部门及对内、对外考试资源共享,统一考试管理模式。

在线考试系统平台的核心就是实现无纸化方式的网上各类考试、练习、竞赛、调查,凭借强大网络技术的数据处理、多媒体表现功能和高度管理能力,大幅度降低各类考试成本,快速实施各种考试,实现统一化管理,缩短参加考试所花费的时间,使各项数据安全备案,使各类考试与信息化系统统一起来。

利用在线考试系统,考试的工作效率与质量将得到显著的提高,一方面方便了员工参加考试,另一方面减少了因考试而产生的大量额外费用支出。

二、考试理论

考试作为教育培训测量与评价的常用手段,必须建立在合理可行的测量理论基础之上。目前大多数考试系统采用经典测试理论(Classical Test Theory,CTT)和项目反应理论(Item Response Theory,IRT)。

（一）经典测试理论

经典测试理论(Classical Test Theory,CTT) 也称为真分数理论,是一种以考试实得分数为前提条件的理论。它萌芽于17世纪迪莫非尔(Demoirer)关于测量误差服从正态分布的思想,19世纪初经过斯皮尔曼(Spearman)等人的应用和研究有所发展,后经几十年的不断实践、改进而形成一种具有数十种项目分析指标及评价标准体系的测试理论。

在CTT中,有四个基本概念:项目难度、项目区分度、信度和效度。

项目难度表示为答对试题人数与全体考生人数的比例。项目区分度表示为考生在该项目上的得分和测验总分之间的相关系数。区分度是判断试题质量的重要指标之一,从而测出学习效果的差异。信度是指考试结果的准确程度,它是检验考试质量(反映考试稳定性、可靠性和一致性)的主要指标。效度表示一项研究的真实性和准确性程度。

CTT在理论发展体系上最为成熟,以其为理论基础的测验也得到了成功的应用,可以说,CTT是其他测验理论赖以产生的基础。在新的测验理论崛起的今天,CTT仍然占据着不可替代的地位。目前建题库常用的测量理论就是CTT。

（二）项目反应理论

项目反应理论(Item Response Theory,IRT)又称为题目反应理论、潜能理论或潜在特性理论。项目反应理论是一种新兴的心理与教育测量理论,是在批评经典测量理论的局限性的基础上发展起来的。项目反应理论的早期研究者主要有劳莱(LawLey)、理查德森(Richardson)、劳德(Lord)和伯恩鲍姆(Birnbaum)等。

IRT建立在2个核心概念的基础上:项目特征曲线和潜在特质(能力)。项目反应理论的基本思路是确定考生的心理特质和他们对于项目的反应之间的关系,确切地说,项目反应模型表示的是考生"能力"和考生对测验项目"正答概率"之间关系的数学形式。随着计算机技术的发展,IRT得以迅速推广应用。目前一些大型的考试 TOEFL、GRE 等,都相继采用了以IRT为基础的计算机化适应性测验(CAT),一些传统的智力测验如比奈测验、韦氏智力测验、瑞文测验等也使用IRT作为分析的理论依据。

（三）考试理论的研究与发展

随着计算机辅助教育系统的进一步发展,考试的研究方向也开始发生了重大转变,人们开始发展注重能力测试的个性化、自适应性考试系统。其根源可以归结到计算机辅助教育理论从行为主义向认知主义的转变:任何一种先进的教学模式的产生都离不开行之有效的学习理论的指导。

在认知主义的指导下,计算机考试系统不再单纯地只是将传统考试计算机化,不再单一地只为了实现对于知识掌握水平的硬性评估。人们对于智能计算机考试系统的研究就是在整个计算机辅助教育系统的研究思想开始转向强调个性化、人性化的形势下,吸收以前计算机考试系统的优点,试图找到一种像人们一对一交互辅导一样的测试评价系统。这样的一对一辅导能更准确地发现考生的不足,给予考生更加全面、更有针对性的测试。一对一辅导使整个过程高度个性化,同时产生了比传统考试方法更好的效果。

在智能计算机考试系统中,仍然保留了一般考试系统的一些特点,像系统对交互过程的高度控制、系统掌握了丰富的相关教学内容。但最重要的改变,就是系统要求掌握有关考生的特定的知识状态——他们知道什么知识,缺少什么知识——在任何给定的时间。

因此,典型的在线考试系统的基本结构是:系统利用考生模型来判断考生对某领域知识掌握的实际水平,据此教学策略从试题库中抽取出合适的考试内容,当考生的回答返回系统时,进行简单的加工,然后将信息加入考生模型,更新考生模型参数或结构,接着据此对考生知识水平进行新的评估,以便进行下一轮测试。最后,系统在考生模型不断更新的基础上达到完全的对考生能力的掌握。

三、在线考试的优势

(一)传统考试的弊端

传统考试有以下几个弊端:

一是组织工作量大。考试管理者要负责从事组织报名、题库开发、试卷设计、考卷印刷、运输保管、实施监考、评分阅卷、成绩统计、结果分析以及补考实施等等一系列工作,整个过程不仅工作量很大,而且效率不高,也容易出差错,花费的人力和财力都很大。

二是实施周期长。一次几百人多至几千人的考试需要几周甚至几个月的时间才能完成,对上万人的全员考试更是一项艰巨的任务,严重影响了工作的连贯性。

三是考试效果及时反馈弱,试题选择随意性大,对成绩的分析停留在平均分、及格率等表面层次上,难以统计出考生对各个知识点的掌握程度,因此不能对症下药。

四是考试主要以人工处理为主,无论是设计命题、组织考务,还是评分阅卷和成绩分析等,无不耗费大量人力、物力和财力,同时还存在泄漏试题等安全性风险。

(二)在线考试的优势

依托计算机网络平台和现代化多媒体技术的在线考试具有传统考试方式无可比拟的优势。在线考试突破了传统考试中考场空间、时间的限制。它利用网络的无限广阔空间,把考场延伸到了办公室、家中、培训场所及其他任何网络能够覆盖的区域,并可随时随地对考生进行考试,加上数据库技术的利用,使得考试过程中的多种信息能够存储、记录、重现,让考试变得更公平公正,更具权威性、透明性和可靠性。在线考试实现了传统考试理论与现代科技的完美结合,符合现代教育体制的要求,代表着现代教育中考试的改革和发展方向。

相比传统的考试方式,在线考试的优势在于:

1. 突破了时空限制

可以集中考试也可以分散考试,可以在局域网内也可以通过互联网进行远程考试,不再受考试的时间和考试的地点限制,考试者可以自由安排考评环境。考试时间灵活,既可以限定时间进行考试,也可以在规定的时间段内的任意时间参加考试。

2. 组织快捷容易

在线考试系统可以十分方便地完成出题组卷、考务安排、在线考试等各项工作,可随时开展机构考试和部门考试,甚至是针对个别人员的即时考试。同时,也可以实现考生随时随地自我练习和评估，提高考试的全面性和效用性，并大大降低整体工作量。

3. 考卷高度保密

通常传统的纸介质卷面从试题的产生到印刷装订密封、试卷传送、下发试卷等环节需要较长的时间，接触的人员相对较多，给试卷的保密工作带来一定的困难。而计算机考试系统则采用试题库方式提供试题来源，考前无任何成套试卷，考试时考生试卷由计算机随机抽取生成，各考生试题内容不完全相同，避免了可能出现的偷看别人试卷导致作弊现象或不公平成绩等。试题库可指定专人负责管理，从而增加了保密性。

4. 方便题库管理

试题存储在数据库里，通过系统可以十分方便地进行增加、修改和删除等管理工作。对每一道题目都有难度和区分度管理，增加出卷的规范性和科学性。同时，可以增加图片、声频、视频和 Flash 动画等多媒体形式题型，增加了考试的多样性和趣味性。

5. 克服主观因素

采用传统的试卷考试时，由于出卷、印刷等问题，一般一次考试所能印刷的内容各不相同的试卷套数较少，试卷整体覆盖面有限，往往形成重点范围复习，容易猜题等现象，影响了测试的客观性。另一方面试卷的相似性也容易造成作弊现象。计算机考试系统采用随机抽题组卷的方式，试题抽取面相对较宽，并且同时生成多套内容不同或内容相同顺序各异的试卷，整体覆盖面大，可基本反映考生的实际水平，防止突击复习或猜题、作弊得高分等现象，从而保证了考试的客观性。

6. 阅卷公平公正

采用网络阅卷，可以在最短时间内对考生的客观题目成绩进行评定和分析，提高考试的效率。对于标准化试题而言，考试系统可自动评分，迅速准确不受人为因素的干扰，从而避免人为误差及人情分等现象的产生，保证了考试的相对公平与公正。

7. 便于组织考试

以网络技术为支撑的现代计算机，已经具备较大的规模并相当普及，利用计算机网络组织实施大规模的异地实时在线考试已成为现代考试中的一种重要的方式。

（三）在线考试的应用

在线考试方法已经在社会众多领域中逐步得到应用与推广，尤其在各种培训、教育教学领域发展迅速。它使培训者、教育者从出题、组卷、组织考试、阅卷评分、试卷分析等费时费力的传统工作中解脱出来，使他们能够将主要的精力转移到利用现代化的科技手段提高教学效率和教学质量的革新中去，以更好地适应对人才培养发展的需要。

在线考试系统在国外一些发达国家已蓬勃发展起来，凭借着先进的互联网技术，人们选修课程和考试都是通过网络进行的。当前在国外已有 3 000 多所大学、教育机构使用网络考试系统，其中包括：普林斯顿大学、卡耐基梅隆大学、杜克大学、哈佛大学医学院、南洋理工大学等。可见，跨平台、兼容性强的网络考试系统有着强烈的社会需求。

另外，国外一些著名的认证考试，如微软公司的 MCSE（微软系统工程师认证考试）、CISCO 认证考试、NOVELL 认证考试、IBM 认证考试、GMAT（工商管理硕士入学考试）、托福考试、GRE（美国研究生入学考试）等都采用了在线考试形式。在国内，人事部和电子工业部组织的"中国计算机软件专业技术资格和水平考试"，教育部组织的"全国计算机等级考试"，全国电大网络考试，也都应用了在线考试的形式。

　　为提高管理的效率和规范，降低各类考试成本并快速举办各种考试，缩短组织实施考试所花费的时间，以在线考试形式取代目前较为落后的纸面考试方式，实现"以考促学、以练代培"的学考并举新模式，提高全体员工各项知识水平及专业技能，实现人力资源管理合理化、科学化，在公司的经营管理中起到了至关重要的作用。国内很多企业使用在线考试系统进行各种人才选拔、招聘评鉴、入职考评、技能考核、岗位资格考试、全员考试及知识竞赛等工作，在线考试系统的应用范围越来越广，如图 5-1 所示。

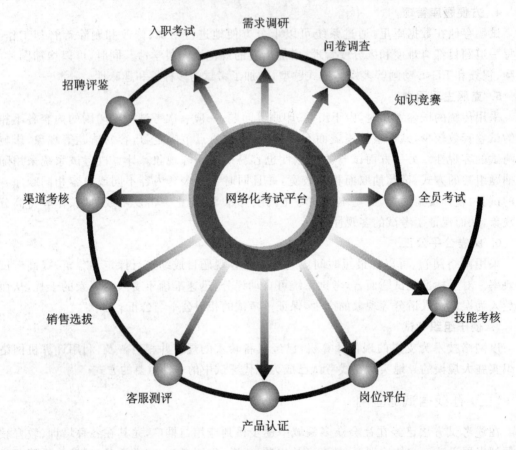

图 5-1　在线考试系统应用范围

　　国外适应性学习和考试系统的开发与研究，已经经历了相当长的时间。国内计算机考试虽然起步较晚，但基于互联网的在线考试系统已经成为发展的主流。在国内，有自适应特性的在线考试系统比较少见，其中比较成熟的有 Newane 在线考试系统，其每道试题都有题目的难度和区分度（题目对个人能力的适合度），系统会根据试题的实际测评情况自动调整。

　　国内对于自适应考试方式的研究，有一些典型的应用成果，比如，HSK（中国汉语水平考试）。HSK 是为测试母语非汉语者（包括外国人，华侨和中国国内少数民族人员）的汉语水平而设立的国家级标准化考试。目前 HSK 考试已达到较高的科学化水平，实现了命题、施测、阅卷、评分和分数解释的标准化，实现了预测、统计分析、试题等值、考试报名、评分和成绩报告等的计算机化。也有一些其他研究，比如全国大学英语四、六级考试委员会一直在致力项目反应理论和"机助自适应测验"的研究和开发。

企业考试系统的应用举例

华为公司应用多语言版本考试系统来实现分布于全球几十个国家近5万名员工的业务培训和技术考核。

招商银行应用在线考试系统组织了20多场岗位技能考核工作，考生遍布全国各支行。同时参加考试的人数最多时达到3 000人以上。

广东移动在短短的三天时间内，应用在线考试系统组织了原本至少需要三个月才能完成的20余家网络维护单位近5 800人次的大规模考试。

金蝶软件应用在线考试系统对分布在全国各地的5 000多名员工和3 000多家合作伙伴进行了资格认证考试。

广发证券公司应用在线考试系统进行证券从业资格辅导、股指期货知识、业务知识等多项考试。

第二节 在线考试系统的架构、模式、设计和功能

一、在线考试系统的架构与模式

流行的在线考试系统（Online Exam System）一般基于J2EE的三层B/S结构的应用系统，其基于MVC的设计模式使考试系统具有更高的结构化和模块化程度，队列技术和缓存技术保证了系统可靠稳定。

（一）系统架构

在线考试系统的架构如图5-2所示。由前端应用系统（包括用户系统和考试管理系统）、后端管理系统、中间件、数据库和操作系统组成。

在该架构中，主要有Model（逻辑模型）、View（数据表现）、Controller（控制器）三个部分。

逻辑模型（Model）：在线考试系统由Database Model和XML来担当这个角色，负责保存应用的大部分商业逻辑。底层数据采用关系型数据库存储，所有数据的操作都是基于ANSI的标准SQL语句进行的。100% Java语句的开发，为在线考试系统能够在更多的平台和复杂的网络环境中稳定运行提供了保障。

数据表现（View）：平台的数据表现使用XSL技术来实现，可以很容易地根据客户的需求，对界面风格、功能、页面文字做个性化定制。

控制器（Controller）：用于对用户的输入作出响应，在线考试系统中由Java Servlet来完成这部分工作。Java Servlet的使用为在线考试系统能在任何符合J2EE标准的应用上稳

图5-2　在线考试系统架构图

定运行提供了保证。

　　另外,还可以通过图5-3所示的拓扑结构来进一步了解考试系统。

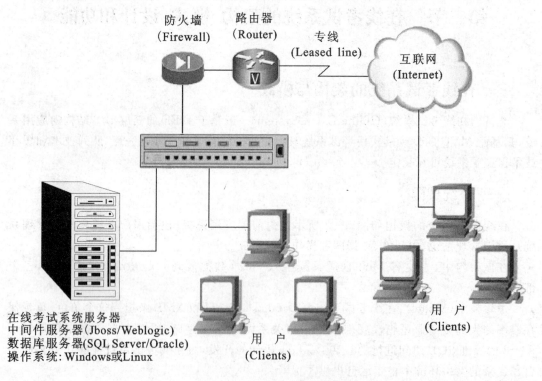

图5-3　在线考试系统拓扑图

　　由图5-3可见,考试系统主要由客户端、服务器、中继器、防火墙、路由器等组成,并在Internet上进行考试活动。

（二）系统模式

当前的在线考试系统体系结构主要有两类模式，一类是客户机/服务器模式（简称 C/S 模式），另一类是浏览器/服务器模式（简称 B/S 模式），下面对这两种体系结构进行简单介绍和比较。

1. C/S 模式

C/S 模式（Client/Server，客户机/服务器模式），是一种二层结构的系统平台模式，具有较强的交互性。在 C/S 模式中，客户端有一套完整的应用程序，在出错提示、在线帮助等方面都有强大的功能，并且可以在子程序间自由切换。其次，C/S 模式提供了更安全的存取模式。由于 C/S 模式配备的是点对点的通信结构，因而适用于局域网，安全性可以得到可靠保证。全国计算机等级考试网络版，NIT 等都采用这种方法，C/S 模式的系统可以采用 ASP、XML 等语言来开发。

2. B/S 模式

B/S 模式（Browser/Server，浏览器/服务器模式），是一种以 Web 技术为基础的系统平台，它把传统 C/S 模式中的服务器部分分解为一个数据服务器与一个或多个应用服务器（Web 服务器），从而构成一个三层结构体系，它简化了客户端，采用点对多点、多点对多点这种开放的通信结构，并采用 TCP/IP 这一类运用于 Internet 的开放性协议，其安全性只能靠数据服务器上管理密码的数据库来保证。世界范围内的"微软认证"考试就是采用这种方式进行。B/S 模式的系统大多采用可视化开发工具如 VB、VC 等来开发，后台数据库支持采用如 SQLServer，Oracle 等数据库。

从技术角度讲，基于 B/S 的系统模型分为以下三层结构：

（1）表示层

表示层通常是客户端程序，处理相应的客户操作，在 Web 应用中这一层由 Web 浏览器担任。在在线考试系统中，表示层（Web 浏览器）位于客户端，考生通过 Web 浏览器向在线考试系统的 Web 服务器提出服务请求，Web 服务器对考生验证身份后，通过 HTTP 协议将其所需的网页传送给客户端，客户机接收下传来的网页，把它显示在 Web 浏览器上。表示层虽然是在客户端的浏览器上显现的，但在本质上它位于 Web 服务器上，是 Web 服务器将页面内容（又往往是通过 Web 服务程序产生的）发到客户端浏览器上的。

（2）逻辑层

逻辑层完成业务逻辑规则，负责数据库和客户程序之间的数据传递，程序的大部分功能在这一层完成。在 Web 应用中这一层由一些 Web 服务器端的脚本程序组成。在在线考试系统中，逻辑层主要由 Web 服务程序组成，这些 Web 服务程序由 Web 服务器调用，以响应客户（考生、管理员、教学者和监考员）的请求。

（3）数据层

数据层，负责数据的永久存储，这一层由数据库管理系统组成。在在线考试系统中，数据层主要包括试题库、系统用户信息库、成绩信息等，它们都存放在数据库中。

（三）系统模式比较

1. 维护工作量比较

在 C/S 的系统中每一个客户端都必须安装和配置软件,系统升级时,每台客户端都要重新安装和配置。而在 B/S 的系统中客户端不必安装和维护软件,软件升级后,系统维护员只要将服务器的软件升级到最新版本就行了。其他客户端,只要重新登录系统,使用的就已经是最新版本的软件了。

在 B/S 的系统中,用户可以通过浏览器向分布在网络上的服务器发出请求,服务器对浏览器的请求进行处理,将用户所需信息返回到浏览器。B/S 模式简化了客户机的工作,客户机上只需配置 Web 浏览器即可。服务器将担负更多的工作,对数据库的访问和应用程序的执行都将在服务器上完成。浏览器发出请求,而其余如数据请求、加工、结果返回以及动态网页生成等工作全部由 Web 服务器来完成。

2. 总体成本比较

C/S 模式的系统软件一般是采用两层结构的。两层结构中,客户端接受用户的请求,客户端向数据库服务器提出请求,数据库服务器将数据提交给客户端,客户端对数据进行计算(可能涉及到运算、汇总、统计等)并将结果呈现给用户。

B/S 模式的系统软件则采用三层结构,在三层结构中,客户端接受用户的请求,客户端向应用服务器提出请求,应用服务器从数据库服务器中获得数据,应用服务器对数据进行计算并将结果提交给客户端,客户端将结果呈现给用户。

C/S 与 B/S 两种模式的软件结构的不同点是:两层结构中客户端参与运算,而三层结构中客户端不参与运算,只是简单地接收用户的请求,显示最后的结果。由于三层结构中的客户端不需要参与计算,所以对客户端计算机的配置要求是比较低的,也就是说总体成本较低。

3. 数据安全性比较

由于 C/S 模式的系统软件结构的分布特性,客户端所发生的火灾、盗抢、地震、病毒、黑客等都成了可怕的数据杀手。如此一来,每个数据点上的数据安全都影响到整个应用系统的数据安全。而对于 B/S 模式的系统中软件来讲,由于其数据集中存放于数据库服务器,客户端不保存任何业务数据和数据库连接信息,也无需进行什么数据同步,所以 C/S 模式的系统存在的软件安全问题也就不存在。

通过以上分析可以得出以下几个基本结论:

(1) C/S 模式客户端与服务器直接相连,没有中间环节,因此响应速度快。同时 C/S 模式操作界面友好且具有较强的事务处理能力,能实现复杂的业务流程。但是它要求在客户端有一套完整的应用程序,需要专门的客户端安装程序,分布功能弱,对于点多面广的用户群体,不能够实现快速部署安装和配置。兼容性差,若采用不同工具,需要重新改写程序。

(2) B/S 模式最大的优点就是可以在任何地方进行操作而不用安装任何专门的软件,一切的安装、维护工作都只在服务器端进行。考生(即客户端)的操作,只需要登录 Web 服务器提出申请,系统会自动下载相关信息。客户端采用简单易用的浏览器(如 IE),主要完成与服务器的交互,不需要进行特别的维护。真正的数据全部放在后台的 Web 服务器和应用服务器上进行处理。考试结束后,系统会自动将考生成绩提交给 Web 服务器。只要有一台能上网的电脑,由系统管理员分配一个用户名和密码,就能登录系统。客户端零维护,系统的扩展非常容易。

(3) 一般采用 C/S 模式的在线考试系统,考生在进行考试的时候需要与后台的考试服务器、题库服务器频繁交换数据，且数据量较大，当大量考生同时参加考试的时候，易造成网络阻塞。虽然采用负载均衡技术可以使系统阻塞有一定程度的改善，但在试卷分发、答案回收和自动评卷这三个环节由于集中访问服务器，仍然会存在严重阻塞的情况，很容易造成考生不能及时收到试卷按时开考，或试卷答案不能及时上传服务器造成该考生考试无效，这将严重阻碍在线考试系统的推广使用。

基于以上分析，B/S 模式的在线考试系统必定成为主要的发展趋势。

二、在线考试系统的设计

在线考试系统的主要使用人员是教师和考生，他们一般都不是专业的计算机人员，因此在线考试系统的使用应具有操作简单、易懂易用的特点。而且，在线考试系统的使用人员在地理位置上可能比较分散，使用的人数众多，因此系统的访问方式应当方便快捷，并保证系统能有较快的响应速度，且能稳定运行，能有效处理数据的并发访问，以满足考生在线考试并发程度比较高的要求。

此外，系统的设计还应比较容易配置和扩展，新模块的添加不影响原有模块的运行。在线考试系统的开发在保证体系结构、开发平台科学、合理、先进的前提下，更应突出在线考试系统的优势，因此，在线考试系统的设计应遵循以下原则：

（一）系统的操作要有简单性

在线考试系统的操作要有简单性，要大大降低对使用者的技术要求，系统要体现简单易用的特点。在线考试系统的使用者只要通过网络，在图形用户界面的引导下，即可轻松操作，无需进行其他复杂的配置、安装和管理。友好的界面可确保考生考试的顺利进行。

（二）系统的功能要有完整性

在线考试系统应集试题管理、成绩管理、考生信息管理于一体，具有建立试题库、多种组卷功能、考试信息发布、试卷发送功能、自动评分、成绩统计分析功能和考生信息管理等一系列基本功能，系统的功能要有完整性，应能覆盖整个考试工作。

（三）系统的数据要有合理性

在线考试系统中应具有最基本的试题库、试卷库、考试信息库、考生成绩库。数据表之间的结构设计要合理，字段属性要准确、完整，字段长度要满足实际需要，并在一定程度上要考虑今后升级的需要。

（四）试题要有规范性

在线考试系统提供的试题要有规范性。建立试题库之前必须确定考试内容的知识点结构，试题的组织与编写必须以知识点结构为依据。试题数量要足够多，每题应具有难度系数、区分度系数和知识点类型，以便于满足组卷的要求。试题库数据结构应当设计合理，需要记录试题的内容、题型、分值、所属知识点、难度系数等信息。

（五）组卷要有科学性

在线考试系统提供的试卷其组卷要有科学性。科学的组卷方法是指在试题库的基础上，利用一定的选题参数和规则，从试题库中选取一组试题，使得它们所有的属性满足用户既定的性能指标。

（六）系统要有可扩展性

在线考试系统不但要可靠运行，易于管理和维护，而且还要有良好的可扩展性。系统的可扩展性是系统可持续增长和满足用户业务发展和业务复杂性要求的保证，因为考试内容和项目是在发展的，需要随考试的要求和技术的发展不断改进，所以可扩展性显得十分重要。

（七）系统机制要有安全性

系统安全性设计是在线考试系统一个非常重要的部分。考试是一件非常严肃的事情，为了保证考试的公平性，决不允许发生试题泄露等事件。因此在服务器端存放的试题除了利用数据库本身的安全机制进行保护以外，还必须再增加各种加密防范措施。因此系统应具有身份检验、权限认证、防止非法用户的攻击和窃取等功能。

三、在线考试系统的功能

一个完备的在线考试系统要能够充分利用网络优势，提供适合网络教学的考试模式和考试环境，有效管理和使用网络资源，为此系统要为管理员提供方便导入和创建考生人员信息的管理机制，要为教学者提供方便的建立题库、创建试卷、批阅试卷、试题分析等教学和考试过程必要的功能步骤，要为监控人员提供实时控制机制，要为考生提供一种对所学课程进行自我评价的手段，从而帮助考生把握重点、找到差距，进行更有效的学习，形成一套完整的考试体系和教学质量评价体系。要实现这些要求，在线考试系统必须包含如图 5-4 所示的功能模块，典型的在线考试系统软件的主界面如图 5-5 所示。

（一）用户管理

用户管理主要用来管理使用在线考试系统用户的相关注册信息。典型的用户管理界面如图 5-6、图 5-7 所示。具体的管理内容包含：

（1）人员注册信息、岗位部门信息和组织结构信息的录入、修改、查询、删除、禁用/激活、调动部门及密码修改等操作。

（2）人员批量导入，支持 Excel 格式文件的批量导入。

（3）人员信息调整，支持 Excel 格式文件的信息调整，并可以编码或身份证确认。

（4）部门批量导入，支持 Excel 格式文件的批量导入。

（5）部门调整，支持 Excel 格式文件的信息调整。

（6）特征码表设置，可自定义码表标注用户特征，以便更精确查询选择用户。

（7）可建立无限层级的组织结构树，使用户查看部门和员工信息十分方便。

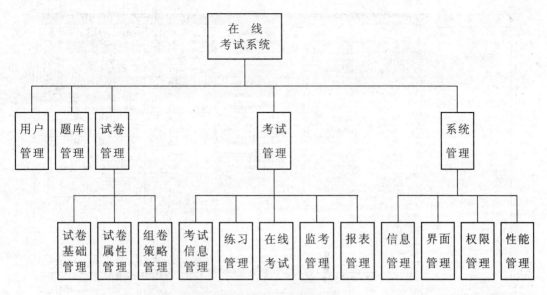

图5-4　在线考试系统功能模块图

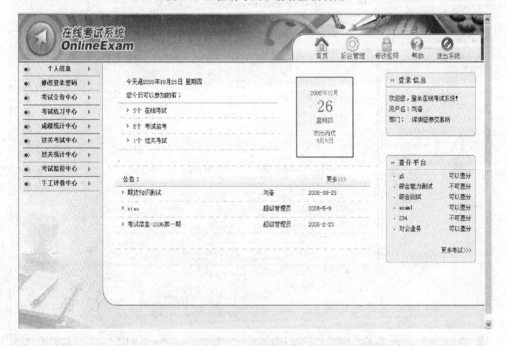

图5-5　在线考试系统典型的主界面

（8）可对注册用户的资格进行单个或批量审批,特别适用于临时增加考试用户,通过后系统将动态添加审批用户进入考试名单。

（9）支持授权用户通过账户和密码登录。

（10）支持用户自注册功能和提供系统使用帮助。

(二)题库管理

题库管理是在线考试系统的关键核心模块,也是系统比较复杂的一部分,典型的题库

图 5-6　在线考试系统典型的用户管理界面

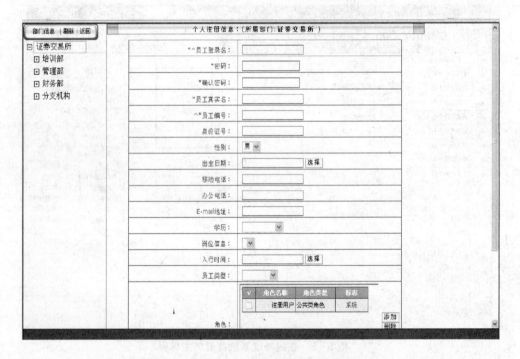

图 5-7　在线考试系统典型的用户管理界面

管理界面如图 5-8、图 5-9 所示。基本的题库管理功能有:实现试题添加、删除、修改、查询等操作。整个在线考试系统不仅能支持客观考试题目,满足常见的客观考试题目的要求,同时也能支持主观考试题目,能囊括组卷时所要求的试题类型。

随着在线考试平台重要性的提升,考试科学化、规范化、标准化要求的提高,目前在线考试的题型种类设计是非常丰富的,题型能很好适应理论和实践层面的表现要求,已从传统的单项、多项选择题、填空题、问答题、是非判断题拓展到了阅读理解题、拖曳匹配题、排

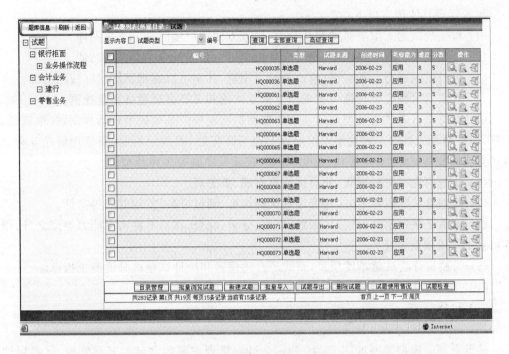

图 5-8 典型的题库管理界面

序题、听力题、视频题、图文动画互动操作题等形式丰富的多媒体题型,能真正发挥考生分析问题、解决问题的能力以及创造能力,满足各种考核的需求。

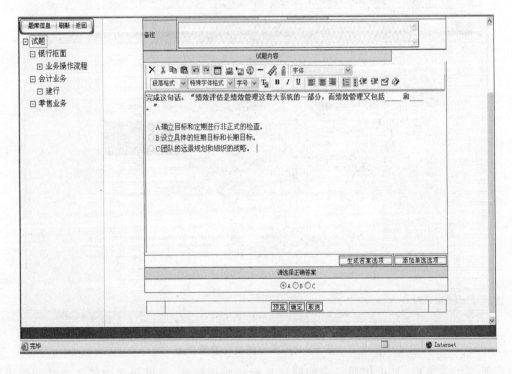

图 5-9 典型的题库管理——试题内容界面

题库管理具体包含以下功能：

（1）可实现试题无限层级的树状分类，极大方便用户随时细分管理题库。

（2）可实现单个或批量试题的建立、导入、导出、删除及分类调整等功能。

（3）可对试题进行各种查询、修改和批量浏览，甚至可以查询试题实际使用情况。

（4）方便的试题检查功能可实现内容重复试题和无答案试题的智能检测。

（5）支持丰富的试题类型包括基础题型和扩展题型。基础题型包括判断题、单选题、多选题、填空题及简答题 5 种题型。扩展题型包括匹配题、案例分析题、阅读理解题 3 种。同时还支持多媒体试题，实现公式、图片、音频、视频及动画等多种题型。

（6）试题内容可进行排版，使得试题更直观、更美观。

（7）除创建试题内容之外，还可设置试题难度、测试分数、答题时间等指标。

（8）除系统缺省定义的记忆、理解、应用、分析、综合、评价 6 种考察能力类型之外，用户还可自定义或重新定义。

（9）为精确分析试题难度质量，系统还自动设置和统计试题区分度衡量指标。

（10）配合专门的出题器软件，可建立出题工作组，快速构建大量题库。

（三）试卷管理

试卷管理的典型界面如图 5-10 所示。试卷管理主要包含试卷基础管理、试卷属性管理和组卷策略管理三个部分。其中组卷策略管理最为重要。

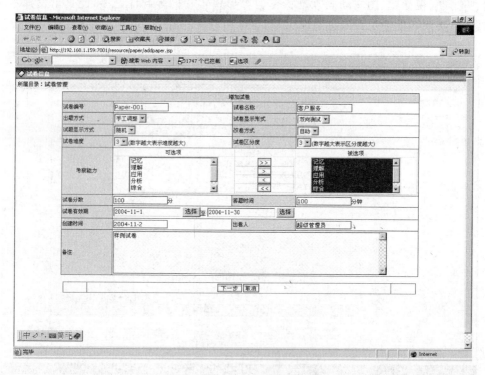

图 5-10　典型的试卷管理界面

所谓组卷策略，是指按照一定的测评目标和测评标准，将试题库中的各类试题组成测试试卷的规则。有了这个规则，计算机就可以依据要求智能化地随时组成试卷，供考试使用。组卷策略的实质是将对人比较直观的组卷参数变换成计算机能够直接操作的试题属性项,然后计算机根据这些属性项,在试题库中自动抽取试题组成试卷。

在设置组卷参数时,应选择一些容易理解、操作,又能很好体现教学意图的参数。设置组卷参数的主要依据是一套完整的试卷属性,例如试卷科目、考察的知识点、难度、认知分类等。基于组卷策略组卷时,连接试卷模型和试题模型的纽带主要有两部分:一是人工提供的组卷参数和策略参数;二是基于给定参数的抽题算法。参数设置部分主要实现对试卷模型中基本信息的设置、策略信息的设置等;抽题算法则根据设定的参数将试卷模型中的策略信息转化为具体的试题序列,在抽题和转化过程中,主要依据试题模型中的各种属性进行。

试卷管理具体包含以下功能:

1. 试卷基础管理

试卷基础管理有以下内容:

(1)可实现试卷无限层级的树状分类,很方便地对试卷进行分类管理。

(2)可方便地查看、新建、修改、删除和查询试卷。

(3)自动保存试卷草稿,方便用户随时出卷。

(4)可将生成的试卷输出成页面大小为 A3 或 A4 的 Word 格式的试卷或 HTML 页面试卷。

2. 试卷属性管理

试卷属性管理有以下内容:

(1)试卷显示方式可支持双向测试和单向测试两种模式。

(2)试题显示方式可支持随机和固定两种模式,避免抄袭。

(3)改卷方式可支持自动和手工两种模式。

(4)支持考试有效时间安排、重考次数、考试倒计时等参数设定。

(5)支持考试分数、答题时间、答题得分、试题数量等参数设定。

(6)支持全部答题和规定答题数量两种答题得分规则。

(7)支持最高得分、最后一次得分和平均得分三种统计计分方式。

3. 出题策略管理

典型的出题策略管理界面如图 5-11 所示。出题策略管理有以下内容:

(1)支持随机、固定、手工调整及混合出题四种模式。组卷方式的多种选择,目的是给出卷者更大的自由选择机会,能够直接参与组卷设定,控制试卷生成的各项指标,而且也能够快速地响应复杂组卷条件的要求由系统自动生成试卷。

(2)可实现客观题由系统自动评分,主观题由指定人员手动评分。

(3)支持试题答案固定和答案随机模式。保证数据的安全性,防止题目失密,要求试卷题目顺序不同,防止考生作弊。

(4)可支持试卷难度、试卷区分度和考察能力衡量指标。

(5)可支持按题库、题型、难度、区分度、知识点分组出题等。

(6)支持将题库分数自动换算成 100 分或按题型指定分数两种分数模型。

(7)对试卷及答案可进行 Word 模式显示和在线模式显示。

(8)对已完成的试卷可根据需要再添加、删除试题。

（9）可以复制已有出卷策略快速建立新试卷。

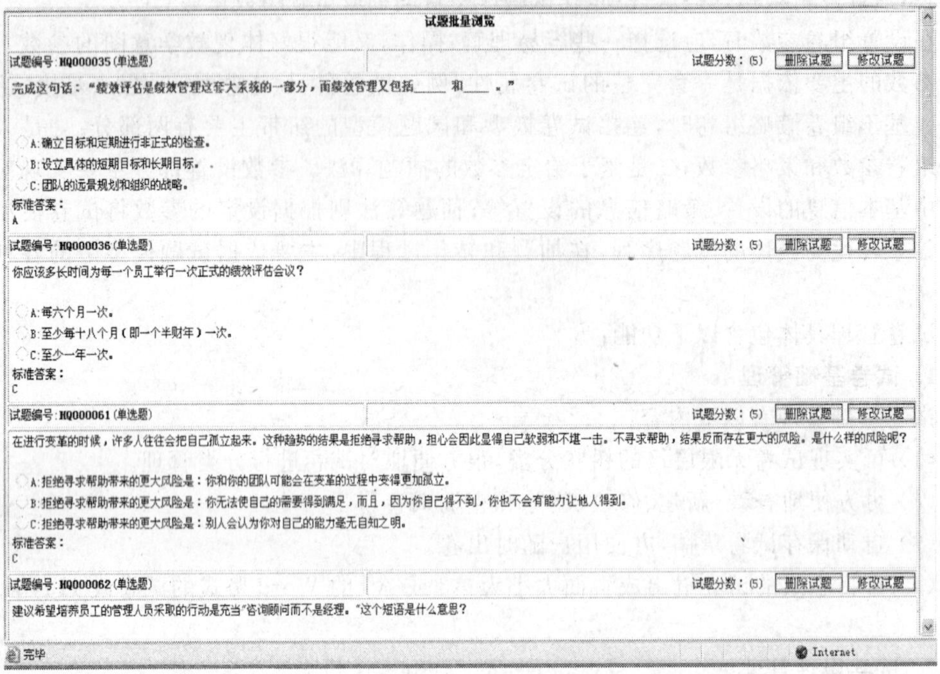

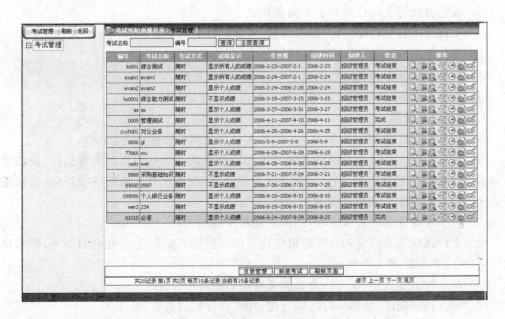

图 5-11　典型的出题策略管理界面

（四）考试管理

图 5-12　典型的考试管理界面

考试管理模块主要包含考试信息管理、练习管理、在线考试、监考管理和报表管理五个部分，其典型界面如图 5-12 所示。

1. 考试信息管理

考试信息管理有以下内容：

(1) 可实现试卷无限层级的树状分类，能很方便地对考试进行分类管理。

(2) 新建考试可以支持随时和固定两种考试方式，并可设定是否需要监考、是否显示成绩。还可设置考试有效期、考试时间、考试地址、添加考试管理人员、添加和删除试卷、是否显示答案、调整具体考试时间以及选择管理考生。

(3) 可指定随机选卷考试方式，并且指定必答试卷和自主选择试卷方式。

(4) 对已建考试可查看、修改、删除、调整、结束考试等操作。

(5) 可按岗位、学历、员工类型、入司时间、部门等筛选参考人员。

(6) 对已有考试可管理考试信息，包括查看考试人员总成绩、考试人员名单、未考人员名单、人员考试情况等。

(7) 可支持动态增加考生、查看缺考名单、延长考试时间。可删除考生答卷，让考生重新参加考试(仅限超级管理员)。

(8) 支持手工阅卷功能，可设定为一人对应一题阅卷或一人对应一张试卷阅卷，提升工作效率；也可设定为只有指定人员才有手工阅卷权限；支持将考生答卷分配给不同的阅卷人员。

(9) 提供主观题正确答案和考生答案的自动对照。

(10) 评卷结束后自动统计分析成绩。

(11) 支持对已阅卷的考生答卷进行复评并修改评卷结果。

(12) 临时修改了客观题标准答案情况下，提供校对考试分数功能和统计试卷分数功能。

(13) 对补考可根据实际情况重新设定考试策略，轻松筛选出补考人员名单。

(14) 在相同时间内可同时进行多场不同设置的考试。

(15) 可以对已经建立的考试进行目录调整。

(16) 可批量修改参加某场考试的考生登录密码。

(17) 可设置考生完成答卷后是否能查看答案。

2. 练习管理

练习管理有以下内容：

(1) 可实现练习卷无限层级的树状分类，可方便地对练习进行分类管理。

(2) 新建练习可以支持随时考试，并可设定是否需要监考、是否显示成绩。还可设置考试有效期、考试时间、考试地址、添加考试管理人员、添加和删除试卷、是否显示答案、调整具体考试时间以及选择管理考生。

(3) 指定随机选卷练习方式，并能指定必答卷和自主选卷方式。

(4) 对已建练习可查看、修改、删除、调整、结束练习等操作。

(5) 可按岗位、学历、员工类型、入司时间、部门等筛选参加练习的人员。

(6) 对已有练习可管理练习信息，包括查看练习人员总成绩、练习人员名单、未练习人员名单、人员练习情况等。

(7) 可支持动态增加练习、查看缺席名单、延长练习时间。

(8) 支持自主手工阅卷功能，可提供主观题正确答案和考生答案的自动对照。支持对已阅卷的考生答卷进行复评并修改评卷结果。

（9）在临时修改了客观题标准答案情况下，提供校对练习分数功能和统计试卷分数功能。

（10）在相同时间内可同时进行多场不同设置的练习。

（11）可以对已经建立的练习进行目录调整。

（12）可批量修改参加某场练习的考生登录密码。

3. 在线考试

在线考试有以下功能：

（1）点击参加考试后，系统自动推送准备界面 30 秒，并提供相关考试信息和系统使用提示信息，以便用户进行准备，随后自动进入考试状态。

（2）支持考试自动倒计时，到时自动交卷。

（3）用户可按顺序答题也支持点击跳跃答题，并对试题可标记当前试题、已答、未确定、未答、必答题五种状态信息，以便用户区分。

（4）支持对不同类型试题按答题状态进行自动排序、还原或查看答题情况。

（5）为方便用户检查试卷，系统支持整张试卷显示，并同时显示考生作答情况。

（6）提交试卷后，系统自动提示未答试题统计，交卷后，根据要求显示或不显示成绩。

4. 监考管理

监考管理有以下内容：

（1）可随时查看正在进行考试的考生的进入时间、在线状态、答题情况以及历史记录等。

（2）支持全部锁定、全部开锁、群发消息及全部延时功能。

（3）支持单个 IP 锁定、单个开锁、单发消息及强行收卷等功能。

（4）支持防切屏及切屏次数等防作弊参数设定。

（5）自动禁止拷屏、复制/粘贴操作，防止试题外泄。

（6）支持即时查看所有考生的总体排名和单个考生的历史成绩以及每道答题的正误情况。

5. 报表管理

典型的报表管理界面如图 5-13 所示。报表管理有以下内容：

（1）考生成绩分析。能形成考生成绩统计分析报表。

（2）试题分析。能生成试题数量统计报表、考试使用情况报表、试题掌握情况报表。

（3）试卷分析。能生成用户答题情况详细报表、用户对知识点掌握情况报表、各部门对知识点掌握情况报表、部门人员统计报表、过关考试计分报表。

（4）每类报告均可进行任意维度查询、统计和分析。

（5）查询和统计结果既可在线显示，也支持导出到 Excel 报表中进行打印和分析。

（五）系统管理

典型的系统管理界面如图 5-14 所示。系统管理模块主要包含信息管理、界面管理、权限管理和性能管理四个部分。

1. 信息管理

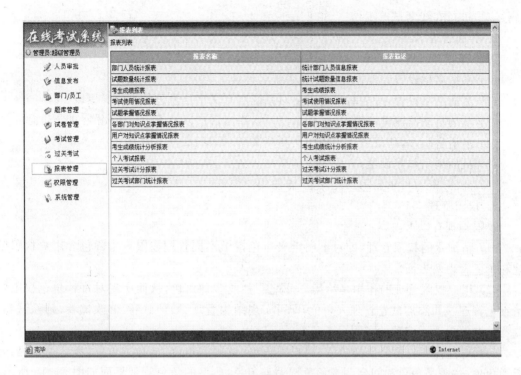

图 5-13　典型的报表管理界面

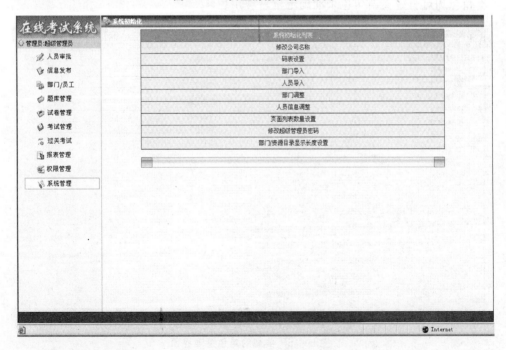

图 5-14　典型的系统管理界面

信息管理有以下内容：

（1）可进行考试类信息发布和公共类信息发布，使用户及时了解有关考试的各种安排。

（2）系统自动推送考试信息、监考信息、过关考试信息、公告信息及日历信息等，用户可直接点击进行在线考试等工作。

2. 界面管理

界面管理有以下内容：

（1）系统名称设置。根据需求定制系统名称。

（2）页面文字设置，可随时根据需要对系统所有文字信息进行自定义更改。

（3）系统自动监测浏览器、Javascript 脚本、弹出窗口以及 Flash 播放器，并自动提示。

（4）多语言版本，建议系统支持中文和英文。

（5）页面列表数量设置，方便用户浏览。

（6）部门/资源目录显示长度设置，方便用户浏览。

3. 权限管理

权限管理有以下内容：

（1）精细化的权限管理，即对不同定义角色授予不同管理权限。主要包含用户权限管理和角色管理两方面。

（2）用户权限管理的作用是给用户分配一种或多种角色，从而实现对每种角色权限的精细化管理。如添加试卷管理人角色，即可实现结构管理、增加试卷、修改试卷、删除试卷、浏览试卷等单项或多项的权限分配。

（3）角色管理包含公告类角色、用户类角色、试题类角色、试卷类角色、考试类角色、分析类角色、过关类角色和问卷调查角色八大类角色，典型的角色管理界面如图 5-15 所示。每一类角色均可自定义新角色来准确定位管理角色。

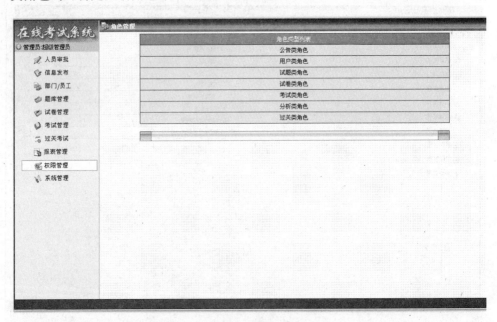

图 5-15 典型的角色管理界面

4. 性能管理

性能管理有以下内容：

（1）系统要能满足规模考生同时进行考试的要求。

（2）在线用户，可即时显示正在使用人员的 IP 地址和登录时间。

（3）同时在线人数设置，可对同时在线人数进行限制，以保障系统性能。

（4）在线考试，可即时显示正在进行的考试和参考人员列表。

（5）系统日志，可详细查看用户对系统的操作使用情况，以便排除故障。

（6）E-mail 设置，支持以邮件形式发送考试信息或公共信息，支持考生自主找回密码。

第三节 在线考试系统的整合与选择

在日趋激烈的竞争中，对于企业而言，最核心的竞争还是人才竞争，而人才的学习能力和应用能力更是关键。e-learning 作为一个企业学习的重要手段，在企业学习成长中的作用日渐重要，实施 e-learning 项目被很多企业看成是一项战略措施。一方面，在线考试系统是提供一种面向 3A(Anytime、Anywhere、Anybody，任何时间、任何地方、任何人)的教育教学模式，是 e-learning 的一大亮点。另一方面，e-learning 的蓬勃发展为在线考试的实现和应用提供了肥沃的土壤，促进了在线考试系统的技术成熟和广泛普及。

同时，在线考试系统是一种较为专业的软件，在挑选和使用的时候需要有专门的知识。不少企业在引进考试系统的时候，面临着系统选型的实际问题，为此本书简要给出选择考试系统时必须考虑的一些问题，供读者参考。

一、在线考试系统的整合

e-learning 最主要的是提供了新的教学和培训方式，越来越受到企业培训部门的重视。测评是教学和培训过程中的一个重要环节，也是教育培训质量保证体系中的一个最主要手段。作为教学测量和评价的重要工具——考试，其特有的评定、检测、诊断、反馈和激励五大功能，直接关系到教学测评的准确性和客观性，也影响到教学质量的好坏。因此，在线考试系统与 e-learning 等系统的整合与集成在企业里有重要的应用。

（一）在 e-learning 中的整合

在线考试系统是网络和教育两者的有力结合，是 e-learning 的重要组成部分之一，或者说是 e-learning 的重要表现形式之一。从某种意义上来说，也可看作是 e-learning 的重要子系统。

考试系统能检测学习和培训的效果。e-learning 最主要的目的就是提供一种任何地方、任何时间(Anywhere、Anytime)的学习方式。作为检验 e-learning 学习效果的最主要手段，在线考试突破了传统考试的时间与地域上的限制，可以灵活、方便地安排学习时间和考试时间，在需要进行正规和正式考试时，也可以像传统考试那样，限制考生在规定的时间内参加网上考试。大大提高了考试的信息处理能力，节省了时间与考试资源，有效降低了成本规模，是一种最典型的 e-learning 应用。

在线考试功能是 e-learning 的一个核心功能模块。不论是内嵌于 LMS 学习管理系统，还是专业的在线考试系统，或者是两者集成结合在一起的管理平台，考试管理功能是十分重要的。在线考试以其有效利用网络的方便与快捷,准确及时反应等特点成为考核知识掌握程度的一种重要手段。

以考促学,以练代培是考试系统与 e-learning 结合形成的新的应用模式。利用在线考试系统,可以实现电子出题、智能考务、自动评分、实时统计、异地考试、远程监控,更优化了考试的运行模式。通过它能够加强教与学之间的交流,及时地反馈考生的学习效果。使得培训过程得以检测,从"教"到"学",由"学"到"测",由"测"到"评",由"评"到"教"这样一个循环过程,"以考促学,以练代培"正是在这样的背景下快速发展起来,它可以看做是 e-learning 的一种新应用模式。

"以考促学",即通过要求进行规定期限的正规考试反过来促进人员学习的主动积极性;"以练代培"即对于具有时效性的短期学习或基于知识点的制度法规类培训,都可直接通过在线反复练习评估,从而快速掌握知识要点。这样既节省了人力物力和时间,也可以达到培训目标。

在线考试系统可以实现"学考并举,学考分离",实现教学资源充分共享,降低考试成本和解除繁重的考务工作。比如对于一些较为系统的学习,可以先进行预评估,全面了解学员对知识的掌握程度,在进行针对性的学习后再进行测评,充分掌握学员进步的程度;对于一些内容更新快、时效性强或培训难以组织的知识点考核,就可以直接通过在线考试系统进行自我练习,自我评估知识的掌握情况。

(二) 在线考试系统与其他系统的整合

在线考试系统可与其他应用系统进行界面风格和数据整合。例如,可以与办公系统 (OA)、人力资源系统(HRMS)、企业资源管理系统(ERP)、知识管理系统(KMS)和企业门户系统(EP)等整合。如果用户需要与企业已有人力资源管理系统、培训管理系统进行数据共享或同步、办公系统集成登录,一般在线考试系统提供商可提供与相关系统的数据交换或同步程序开发工作。

在线考试系统也提供方便快捷的部门、人员、题库的批量导入功能,使用系统提供的灵活易用的数据接口,可快速将用户已有的员工资料、题库等资源导入,利用考试系统的数据整合能力与全面的管理功能,迅速开始各种类型的考试。

与 LMS 一样,考试系统也支持单点登录服务(可集成 AD、Domino 及其他单点登录机制)、数据同步服务、电子邮件、手机短信息通知服务及与第三方系统的数据交换。

在线考试系统一般支持国际标准的 Web Service 接口,可以进行二次开发,系统支持系统名称和系统提示信息自定义,更加人性化,便于使用操作。用户可以自行开发部分数据接口,在线考试系统一般也提供 IMS API 数据接口,并指导用户开发人员解读数据。

二、在线考试系统的选择

在线考试系统提供技术先进、功能完善、灵活性更强的考试手段和考试管理工具,改革现有考试方式和运行机制,全面提升考试组织、管理工作的效率,提高考试工作的管理水平。与 LMS(学习管理系统)相比,在线考试系统相对来说投入较小,更加专业和专注,能解决企业急需的考试问题,所以有些企业将考试系统作为整体实施 e-learning 之前的一个准备阶段。一个合适的考试系统的选择,不仅关系到企业的现时投入问题,也关系到给学员一个很好的网上学习和训练的体验问题,让 e-learning 的推行变得较为容易。

(一)平台规模及硬件配置

由于不同考试系统厂商在线考试的性能表现差异很大,对 IT 环境的要求也各有不同。下面以国内流行的在线考试系统为例,给出参考的环境配置:

1. 服务器配置

表 5-1 给出了一个简要的服务器硬件配置方案,适用于单台服务器,最少支持同时在线 4 000 人。

表 5-1 服务器配置

服务器数量	CPU	内 存	硬 盘	说 明
1台	Intel 至强处理器 4×3.0G	8G ECC DDR2 内存	36G(×2) 10 000 转 SCSI 硬盘	考试系统、数据库、中间件软件可安装在同一台服务器

服务器参考机型:DELL PowerEdge 6850 (Xeon 3.16G),服务器具体配置也可参见下面网络带宽中给出的建议。

2. 操作系统

Windows 2003 Server 中文版

Linux 操作系统

3. 数据库软件

SQL Server 2000/2005 中文版数据库

Oracle 9i/Oracle 10g 中文版数据库

IBM DB2 中文版数据库

4. 中间件软件

Jboss(推荐)、WebLogic 或 IBM Websphere

5. 终端配置

CPU:PIV 及以上,操作系统:Win2000、Windows XP、Windows Vista,装有 IE5.0 以上版本浏览器。

(二)网络带宽要求

1. 客户端

客户端的网络带宽要求详见表 5-2 所示。

表 5-2 客户端带宽要求

每客户端平均占用带宽(KB)	每客户端最高峰值带宽(KB)
3~5	20~30

2. 服务器

服务器的网络带宽要求详见表 5-3 所示。

表 5-3 服务器带宽要求

并发人数	所需带宽(最大值)	服务器配置建议
300 人	2Mb	1× Intel Xeon 3.0+GHz/1G RAM/36G
500 人	5Mb	2× Intel Xeon 3.0+GHz/2G RAM/36G
1 000 人	8Mb	2× Intel Xeon 3.0+GHz/2G RAM/36G
1 500 人	15Mb	2× Intel Xeon 3.0+GHz/4G RAM/36G
2 000 人	18Mb	4× Intel Xeon 3.0+GHz/4G RAM/36G

（三）系统选购策略

在线考试系统中基于 Web 方式的考试系统具有自动组卷、自动阅卷、自动评分、成绩查询和统计汇总等功能,同时系统的维护和升级非常方便,客户端无须安装任何应用软件,只要安装了浏览器,能访问互联网即可参加考试,已经成为目前国内外最受推崇的首选考试模式。

选购在线考试系统无疑需要考虑系统的功能完备性与操作性等因素,具体的考试系统的功能评估可参考本章考试系统的功能介绍部分。除此之外,采购在线考试系统还要考虑以下因素:

1. 基本因素

（1）高效稳定

性能指标体现了在线考试系统的可用性能,也体现了企业用户使用在线考试系统产品的代价。由于在线考试系统的使用都是群体并发应用,如果在线考试系统无法保证系统性能满足要求,不但影响考试工作的正常开展,还会给用户造成较大的损失。

（2）功能灵活与配置方便

在线考试系统能够有效地控制角色和权限,能够为不同级别、不同需求的用户提供不同的控制策略。控制策略的有效性、多样性、级别目标清晰性以及制定难易程度都直接反映在线考试系统控制策略的质量。

安装部署在线考试应快速、方便,能与企业内部已有的 HR 系统、OA 系统或者 ERP 系统中用户信息无缝集成,并可以实现单点登录,方便内部用户访问和使用,从而降低考试系统的应用难度。

（3）可扩展和可升级

用户的需求是随着系统应用在不断变化的。系统应具有很好的支持国际标准的 Web Service 接口,可以很方便地进行二次开发,让客户方便地与其他应用系统进行功能数据整合,从而使考试系统发挥更大的作用。

（4）总拥有成本经济性

使系统有效运行不仅要考虑软件成本,而且还要特别考虑达到目标性能的硬件服务器的配置成本以及相关维护成本等。考虑总拥有成本是在整个企业范围内长期考虑企业整个成本的一种全局性评量,从而使得考试工作开展具备更好的延续性。

2. 安全性因素

对于以考促学,以练代培的 e-learning 应用新模式在线考试系统来说,安全、可靠、客观、公正地保证考试顺利进行是首要前提。所谓在线考试系统的安全性,是指通过必要的组织环节和技术手段,保障考试过程的流畅性,保证考试成绩的客观性和公正性。在线考试系统所涉及的安全性主要包括以下方面:

(1)开发架构和代码设计

主要有 J2EE 架构或微软.net 架构,通常 J2EE 架构比.net 架构更为稳定、高效和灵活;支持网页脚本过滤功能,防止木马;题库有防拷贝防截屏功能。

(2)身份认证与权限控制

支持内外网指定 IP 登录控制、支持 SSL 安全登录、考生密码强弱度检测功能、多维度精细化权限控制功能。

(3)组卷策略和防止作弊

系统应该能支持多种出题组卷模式,支持随机出题、随机显示。

支持对用户的常见误操作进行有效的预先屏蔽、考试时禁止刷新浏览器、屏蔽剪切/粘贴操作、屏蔽鼠标右键操作、可禁止或限制切换屏幕次数、禁用 Print 键截屏、限制 Alt＋Tab 键切换等功能。

(4)考试控制及异常处理

支持监考端可以看到考生详细答题状态、监考端可以锁定考生 IP 地址、监考端可以强行收卷、监考端可以给考生发警告消息、时间截止后自动收卷等功能。

系统可自动恢复由于误操作、系统重启、网络故障、断电等原因引起的异常,保障试卷结果正常。

(5)数据信息加密

支持题库加密、密码传输加密功能、密码不可逆向解密功能等。

思考与展望

1. 在线考试系统的关键技术是什么?

2. 在线考试系统主要有哪些功能? 如何实现?

3. 如何根据考试者的应试水平自动调整考试难度?

4. 如何进一步加强考试系统的安全性设计? 比如,利用指纹识别、人脸识别等技术加强对考试人员的身份验证?

5. 如何利用视频监控结合在线考试系统加强对考试过程的管理?

6. 除了在线考试这种形式,人们还有没有其他方式来检验学习的成效? 并能利用科技手段进行控制和管理?

第六章　电子课件制作

　　有了精心部署的、功能强大的各种 e-learning 系统之后，接下来就需要往平台上添加丰富的学习内容，主要表现形式为电子课件。本章主要介绍如何制作电子课件的方法。从电子课件的分类体系到制作分工、流程规划，再到常用的制作工具，给出了一个清晰的电子课件制作路线图。

本章重点
- 电子课件的教学设计思想。
- 电子课件的制作流程与分工。

第一节　电子课件概述

一、电子课件的概念

　　根据我国学者北京师范大学教授师书恩的定义，电子课件是为进行教学活动，采用计算机语言、写作系统或其他写作工具所产生的计算机软件以及相应的文档资料，包括用于控制和进行教育活动的计算机程序，帮助开发维护程序的文档资料以及与软件配合使用的课本和练习册等。

（一）电子课件的类型

1. 电子教材和电子教案

　　一般来说电子教材和电子教案是为了解决某一学科的教学重点与教学难点而开发的，它注重对学习者的启发、提示，反映了解决学科重点和难点的全过程，主要用于课堂教学。这类课件是将课件表达的教学内容在课堂讲课时作演示，并与教学者的讲授或其他教学媒体相配合。这种类型的课件一般与学习者之间无直接的交互作用。

2. 流媒体课件

　　流媒体课件是一种包含教师视频、音频和电子教案的多媒体课件。它能全面记录课堂教学的各种信息,营造教学情景与氛围。通常是在主播教室(或专门的演播室)中对教学过程进行实时制作,并将制作好的多媒体流式文件通过 Internet 或其他途径传送到远程多媒体课程点播系统,通过课件的点播,能够再现完整的教学过程,包括教学者的形象视频、语音、在计算机上的操作过程(包括鼠标的运动)、电子讲稿和多媒体演示,以及在电子白板上的手写板书过程等,达到再现教学情景和传播教学内容的目的。流媒体课件通常有纯视频课件(录像)和三分屏课件两类,由于制作简单,本类课件是企业 e-learning 中常用的一种类型,较多用于对员工的知识培训。

3. 多媒体课件

多媒体课件是指在一定的学习理论指导下,根据教学目标设计的、反映某种教学策略和教学内容的计算机软件。这类课件的基本模式有练习型、指导型、咨询型、模拟型、游戏型、问题求解型、发现学习型等。无论哪种类型的课件,都是教学内容与教学处理策略两大类信息的有机整合。具体来说,多媒体课件包括:

(1) 向学习者提示的各种教学信息。

(2) 用于对学习过程进行诊断、评价、处分和学习引导的各种信息和信息处理。

(3) 为了提高学习积极性,创造学习氛围,用于强化学习刺激的学习评价信息。

(4) 用于更新学习数据、实现学习过程控制的教学策略和学习过程的控制方法。

(二)电子课件的分类方法

根据不同的分类标准,电子课件有多种形式的分类方法。常见的分类方法包括:按技术呈现的形式分类、按学习模式分类、按课程内容分类、按产业标准分类等,详细内容见表 6-1 的描述。

表 6-1 电子课件的分类方法

分类方法	分类名称	课程类型介绍
按技术呈现形式	HTML 多媒体类	基于 Web 浏览器学习的超文本形式课件,课件由以 HTML/XML 为标记语言的多种类型素材构成,如文本、图片、声音、动画等。
	音、视频类	以适合网络传输的音、视频为课件主要表现形式。音、视频课件是将传统课堂、讲座等内容移植到网络上的最简单和有效的方式。
	三分屏类	三分屏课件指视频窗口、PPT 白板和章节导航同时出现在屏幕之中的课件形式。三分屏课件较音、视频课件表现内容更为丰富,是主流的课件模式之一。
	Flash 动画类	以 Flash 技术为表现形式的多媒体课件,内容呈现上多以动画形式为主。Flash 课件具有表现形式好、占用带宽小等特点,但开发成本较高。

续表

分类方法	分类名称	课程类型介绍
	3D仿真模拟类	3D仿真模拟类课件主要用于讲解、展示复杂结构以及仿真模拟各种操作类的培训,例如,机械构造、建筑构造讲解,汽车、飞机的模拟驾驶等。
	游戏类	以单机或网络游戏的形式表现学习的内容,特点是寓教于乐,可大大提高学习者的学习兴趣,游戏化学习是在线学习领域发展趋势之一。
按学习模式	被动式	被动式电子课件指以音、视频讲解为主的课程。学习者无需过多操作,以在电脑前"听课"为主。
	主动式	主动式电子课件指互动形式的电子课件,学习者在各种条件下需要不断选择才能进行学习,学习该类课程又称为点击学习或探索学习。
按课程内容	通用管理类	以提升管理技能为主的通用管理类电子课件。如沟通、授权、协作等主题的课程。
	IT技能类	以提升IT操作技能为主的电子课件。如:Office使用技巧、网页制作等课程。
	语言学习类	指外语学习类的电子课件。如商务英语、办公室英语以及其他国家各类语言课程。
	行业专业类	以提升行业专业知识为主的电子课件。如:财会领域、金融保险、生产制作等各行业专业课程。
按产业标准	标准课程	符合行业标准的电子课件,如:课件符合 SCORM、IMS、AICC 等产业标准。
	非标准课程	不符合上述通用学习标准的电子课件。

(三)定制课件和现成课件

1. 定制课件(Custom Courseware)

定制课件是指根据企业内部的资料和实际需求委托专业课件制作公司开发的课程。发布这一需求的过程也可以叫课件外包。对企业来说,定制课件是将企业关键问题的学习解决方案或企业自身积累的宝贵知识进行固化,因此对企业的商业价值极高。定制的内容包括管理知识和技能培训、新员工培训、技术知识培训、新产品推介、销售队伍的培训、各渠道和客户的培训、新系统或商业过程的培训等。

2. 现成课件(Off the Shelf)

现成课程是指那些已经开发完成可以随时上线学习的课程。包括通用管理、商业运营、个人发展等。现成课程一般由专业课程供应商提供,有买断和按时间、人数进行收费(ASP)两种方式。

现成课件供应商

1. 美国 SkillSoft 公司及其子公司 NETg

美国 SkillSoft 公司成立于 1989 年,是目前全球最大的 e-learning 行业上市公司,年营业额折合人民币超过 20 亿。SkillSoft 公司目前拥有超过 2 000 门、近 6 000 个学时的在线学习课程,并以每年 200 多门的速度添加,形成当今世界上数量最大、内容最完备最成熟、应用最广泛、使用人数最多的技能课程库,并成为全球最大的 e-learning 课程和服务提供商。

NETg 公司专注于基于计算机教育的培训解决方案,为全球第二大 e-learning 课程提供商。其课程内容涉及 IT 技术、日常办公、商务管理以及职业技能等诸多领域,其客户涵盖《财富》500 强的各大公司,覆盖全球 60 多个国家,后被 SkillSoft 公司收购。

2. 英国 Video Arts 公司的视频课件

Video Arts 公司由一群电视专业工作者于 1972 年创立,其中包括当时英国最著名的喜剧明星约翰(Mr. John Cleese)。从那以后该公司逐渐成为世界上首屈一指的培训产品制作公司。Video Arts 公司的系列培训录像产品蕴含了高水准的制作技术和成效卓著的培训效果,不但能够给人以启发和教诲,还能寓教于乐,具有很强的观赏性。

目前,全世界大约有 10 万家公司、机构经常在使用由 Video Arts 公司出品的 200 多种视频培训课件,中国也已经有了专业的代理机构。Video Arts 公司的视频培训课件主旨在于帮助学习者改善人生态度、拓展思维模式以及消除固有成见,培训内容十分注重结合实际,所有内容都来源于特定领域的专业人士实际经验的总结,并由专业行为学家指导摄制。

国内制作现成课件的公司还处在起步阶段,但也出现了一些专门针对某些特定行业的课件,例如,易知公司的金融系列课程等。

二、电子课件的建设和规范

(一) 电子课件的建设

企业电子课件的建设通常采用如表 6-2 所示的几种方式。

表6-2 企业电子课件的建设方式

建设方式	说　　明
直接采购	即直接向课程内容提供商采购电子课件。采购的课程类型主要是成熟的通用类课程。电子课件属于知识型产品,课程内容提供商通常按课程使用的时间和人数定价销售,企业可以根据自身的情况选择租用或买断。一个企业通常直接采购的电子课件以不超过企业电子课件总量的30%为宜。
自主开发	即企业自行开发的电子课件。企业中大量的内部专业知识均可通过简单快速的课件制作工具开发成电子课件。自主开发电子课件适合选取制作容易、课程生命周期短、成本低的课程。自主开发电子课件是实现知识沉淀的重要手段,在企业课程资源库中应占有最大的比例。
委托开发	对于一些课程生命周期长、使用频率高、重点规划的专业知识课程则适合采用委托开发的形式。由企业内部的内容专家,外部聘请的教学设计师、多媒体设计师和技术工程师共同组建课程开发小组来完成电子课件的开发。委托开发的电子课件是e-learning课程体系中的精品和亮点。
免费资源	e-learning 课程管理者可充分利用网址超链接的特征,在课程体系中适量加入来自互联网的免费课程资源。例如:通用管理技能类的"12manage 管理学习社区",微软公司提供的 IT 操作类的"微软产品在线学习中心"。在行业专业类课程方面,中国开放教育资源协会网站(http://www.core.org.cn)搜集整理了大量的开放专业电子课件资源。

(二)电子课件的规范

电子课件的规范包括技术标准、内容质量与开发流程三个层面。具体内容详见表6-3中的描述。

表6-3 电子课件的规范

类　型	名　称	标准与规范的描述
技术标准	SCORM 标准	SCORM 由美国国防部下属的 ADL 组织制订颁布,SCORM 整合各个现有的学习标准,其目的是让电子课件开发者能依照共通的格式开发课程,目的是使开发的电子课件,能在符合 SCORM 标准的学习管理系统上交换及使用,SCORM 是行业重要的 e-learning 标准。
	AICC 标准	AICC 即航空工业计算机辅助训练委员会,该组织为航空工业建立了计算机辅助培训规范,应用于计算机辅助培训及相关技术的建立、发布和评估。AICC 规范有 CMI001AICC/CMI 交互规范指南。目前,AICC 的发展落后于 ADL 的 SCORM 标准,并有进一步被 SCORM 取代的趋势。

续表

类　型	名　称	标准与规范的描述
课程质量	IMS 标准	IMS 全球学习联盟是目前对 e-learning 规范投入研究最早、最权威的机构。IMS 与 ADL 积极合作,旗下推出的 Meta-Data、Content Packaging 等规范被 SCORM 标准所采用。因此,用户在标准的应用上可更多关注 SCORM 标准。
	ASTD ECC 规范	ASTD 在 2000 年设立了 e-learning 课程认证中心,提出了 e-learning 课程评估标准 ECC(e-learning Courseware Certification)。ASTD 是最早提出 e-learning 课程质量规范的机构,ASTD 的 ECC 评估规范是从接口标准、兼容性标准、制作质量标准和教学设计标准四方面对 e-learning 课程进行评估,共有 18 项重点评估指标。
	台湾 ELQCC 规范	ELQCC(e-learning Quality Certification Center),即台湾 e-learning 课程质量认证中心。主要从学习者、教学者、发展者与管理者的观点对教材作评鉴,从课程内容、学习导引、教学设计和教学媒体四个方面对 e-learning 课程进行评估。
开发流程	项目运作流程规范	当企业对电子课件进行系统化、规范化管理时,需要从项目管理角度制订电子课件开发项目的流程规范,该流程性规范并没有统一的标准可以遵循,企业可参照项目管理的方法,根据组织自身特点制订管理规范。大致内容包括:需求分析、立项标准、相关职责、验收办法等。
	课程设计流程规范	课程设计流程规范指具体一门课程的开发流程规范,用户可根据企业特点,参考 ADDIE 等系统化教学设计规范,制订适合本企业的课程设计流程规范。

三、电子课件的应用与评估

(一)电子课件的应用

在企业培训中,哪些项目或内容适合用电子化手段来培训呢? 从理论上讲,电子课件可用于所有类型的学习内容和培训。表 6-4 列出了针对不同培训内容所需要的电子课件的教学方式。

表 6-4　不同培训内容采用的电子课件教学方式

一级分类	二级分类	E 化形式	教学方式
认知成分	概念或事实	动画讲授课件 测试课件 资料呈现课件	讲授型 讨论型

续表

一级分类	二级分类	E化形式	教学方式
认知成分	命题网络 (有组织的知识)	动画讲授课件 测试课件 资料呈现课件	讲授型 讨论型
	规则、原理	流媒体讲授课件 动画讲授课件 过程模拟课件	示范模拟 协作型
	认知策略	流媒体讲授课件 对话课件 游戏课件 过程模拟课件	强化型 协作型
技能、操作成分	程序性知识 (操作流程)	流媒体讲授课件 操作练习课件 物理模拟课件	演示型 示范—模仿型 协作型
	行为	操作练习课件 角色扮演课件	示范—模仿型 协作型
问题解决成分	命题网络 (背景知识)	动画讲授课件 游戏课件 对话课件 情境模拟课件	讨论型,角色扮演型,游戏型, 案例型,探索型,协作型
	解决策略 (方法)	游戏课件 对话课件 过程模拟课件 情境模拟课件	游戏型 讨论型 角色扮演 案例型
态度情感成分	知识	动画讲授课件	协作型
	行为倾向 (情感成分)	游戏课件 对话课件 角色扮演课件	角色扮演 协作型

从培训内容来看,电子课件主要运用在一些知识性、理论性项目的培训。还用在新产品、新员工等重复性较大、覆盖面较广、跨地域的培训。对于技能培训,可通过电子课件来提供基本概念、流程等知识性内容,通过虚拟环境进行演练,整合面授培训方能取得理想的效果。

从培训对象来看,电子课件比较适用于普通员工和中层以下的经理人的培训,很少用于对高层管理人员的培训。

从培训目标来看,电子课件主要适用于对知识性的内容进行培训。有些企业,对某些知识和基本理论需要加强认知和理解,需要进行不断的重复和强化,这时使用电子课件比较适合。

（二）电子课件的评估

电子课件的质量如何需要通过评估才能确定。电子课件的质量评估是从多方面开展的,评估项目主要有科学性、教学设计、交互性等,具体内容详见表6-5所示。

表6-5　电子课件质量评估项目

评价项目	评价内容
科学性	课程内容的权威性:课件开发所依赖的教材是否具有权威性。 课件内容的适用性:课程开发所依赖的教材内容是否适合需要。 描述概念的科学性:课程的取材是否适合,内容是否科学、正确、规范。 问题表述的准确性:课件中所有的表述内容是否准确无误。 引用资料的正确性:课件中引用的资料是否正确。 认知逻辑的合理性:课件的各个单元的组织和演示是否符合现代教育理念。
教学设计质量 （教育性和易学性）	直观性:课件内容的表现形式是否直观、形象,是否有利于学员理解知识。 趣味性:课程的设计方式是否有利于调动学员学习的积极性和主动性,增强其学习的愿望。 新颖性:课件的形式设计以及内容选择是否新颖,是否可调动学习者的学习热情。 启发性:课件所涉及的内容和问题是否具有启发性,是否能达到举一反三的效果。 针对性:课件的内容选择是否具有针对性,其包括的内容是否完整,对于企业来说,这些内容是否与员工的工作相关,其实用性如何。 创新性:能否支持合作学习、自主学习或探究式学习模式。 模块性:考虑预期的学习者每次参与学习可能的学习时长,对每个模块来说学习时间是否足够。对于成人学习者,由于他们的学习时间不固定,因此建议每个模块的学习时间要控制在30分钟以内,建议15～20分钟为好。中断学习会影响学习的效果。 导航性:有无明确的模块划分以及对各个模块之间的关系描述。
测试和评价 的效果	测试的形式:课程内测试是否开发了多种形式的测试形式和题型。 测试的有效性:开发的测试是否能够准确表达课程的目标,是否能够反映学习者对该模块的学习水平。 测试结果的及时报告:学员参加完测试后的测试成绩是否能及时反馈给学员自己以及教学平台。
交互性	交互性:课件是否具有较高的交互性,是否可以引导学员融入课程。
易操作性	易操作性:课程是否拥有简捷的导航系统,操作是否简便、快捷,是否简单易用。
动机激发效果	是否有较多的交互、练习以及游戏。 是否设置了可以促进学习者知识迁移的问题情境,是否能吸引学员融入情境。

评价项目	评价内容
媒体和技术的标准化	标准化和平台化:课程是否符合 SCORM、AICC 标准,是否可以跟企业的平台无缝整合,是否能跟踪学员详细的学习状态。 基于 Web:课件是否能够在网络上运行,其跟踪等模式是否是针对网络开发的。 多媒体效果:课件的制作和使用是否恰当运用了多媒体效果。 稳定性:课件在调试、运行等的过程中是否稳定,不会经常出现故障。 可移植性:移植是否方便,能否在不同配置的机器上正常运行,对学员的机器配置要求如何。 合理性:课件是否恰当地选择了软件的类型,这种类型的软件是否适用于企业的平台。 实用性:课件是否适用于学习者的日常自学需要。 方便性:学员学习该课件是否需要在学员端机器安装插件。
艺术性	画面艺术:画面制作是否具有较高的艺术性,整体标准是否统一。 语言文字:课件所展示的语言文字是否规范、简洁、明了。 声音效果:声音是否清晰,是否有杂音,对课件是否有充实作用。

第二节　电子课件开发

在企业的 e-learning 体系中,课件是培训内容的承载工具,课件质量直接决定着培训目标的达成度。那么,如何确保 e-learning 课件的开发质量和效率呢? 这就需要科学的流程和机制,来确保开发出来的 e-learning 课程目标明确、系统化,能解决某个或某些培训问题。

近年来,随着信息技术的发展和 e-learning 的普及,e-leaning 内容(课件)的数量、质量和应用水平已经成为企业 e-learning 水平的重要指标,与 e-learning 平台的一次性建设不同,e-learning 课件的建设是长期的、持久的。

一、电子课件的设计原则

大多数企业在评估一门课程是否可以用 e-learning 时,都会问自己这样的一个问题:这样的培训会有人参加吗? 与课堂教学不同,e-learning 不是将学员"拴"在教室里,学员只需轻轻点击鼠标便可退出学习。有效的教学设计是吸引目标学员的关键。下面讨论成人培训电子课件的三个设计原则:

(1) 有效的成人学习。

(2) 柯勒(Keller)的动机激发(ARCS)激励模式。

(3) "做中学"的方法。

（一）抓住成人学习的特点

由于企业培训面向的是成人学习，所以必须遵循成人的学习规律与要求。一般来说，成人具有如下的学习特点。

1. 拥有实践经验

成人学员一般有着丰富的生活阅历和工作经验，因此，e-learning 的课程设计必须与学员的经验进行整合。

2. 带有提高工作效率的欲望

成人学员参加学习的主要目的是解决他们在工作中遇到的问题，提高他们的工作效率。因此，电子课件的设计必须针对他们的需求来设计培训方案，而不能制定过于宽泛的主题。应用案例教学、情景教学和练习等方式，可以帮助学员将所学的技能和知识更好地应用于工作实践，并解决他们的实际问题。菜单的应用可以允许学员选择与自己相关的内容开展学习。

3. 渴望不受时空限制

成人的学习过程会有许多障碍，如工作压力、无固定地点等。因此，只有采用非同步的 e-learning 方案和富有弹性的培训计划才有助于他们的学习和工作。基于网络的培训正是一种可以满足此类学员需要的有效方法，可以让他们随时随地的进行学习。

4. 喜欢多样化的学习方式

成人学员不喜欢一定之规，他们更希望以不同的方式进行学习。有些人喜欢阅读，有些人喜爱动画，有些人喜欢参加在线讨论。因此设计供成人使用的电子课件时应该使用不同的工具和媒体手段，为用户终端提供多样化的学习方式。

5. 希望学以致用

成人学员是带着问题来学习的，他们希望所学知识能解决实际问题。因此在设计电子课件时，要根据现实问题、实际情景来设计练习和示例。在线学习方案可以将培训课程与专家意见、数据库信息以及实际应用软件完美地整合在一起，能很好地满足成人学员学以致用的希望。

6. 希望自己安排学习

成人学员的自主性非常强，他们更喜欢自己决定学习目标和学习内容，并制定评估标准。相比于传统的课堂培训，在线 e-learning 学习更易于满足学员的这一需要，以使他们可以自主编排培训内容、选择学习模式，以及评估学习效果。

（二）遵循动机激发的激励模式

世界动机理论创始人约翰·柯勒(John M Keller)博士提出了四个可以激发学员学习热情的条件，即注意力、实用性、自信心和满意度(ARCS)。表 6-6 提供了一些激发学员学习热情的相关策略以及吸引学员积极参加在线学习的示例。

表6-6　激发学员学习热情的策略和示例

条　件	策　略	示　例
注意力	吸引和支持好奇心和兴趣的策略	多媒体内容 交互式游戏
实用性	紧密整合学员需要、兴趣和目的的策略	个性化的学习路径 模拟的工作情境 与工作相关的案例分析
自信心	帮助增强学员成功信念的策略	做中学 掌握程度测试 进度报告
满意度	努力为学员提供内在与外在强化的策略	完成某项绩效目标 完成认证考试 获得学分

在进行 e-learning 方案和课程设计时,需要充分考虑目标学员的动机因素,并将这些因素加入设计方案,以提升方案的实施效果。

(三)利用"做中学"的方法

"做中学"的方法包括模拟真实情景的学习环境的开发以及激励学员探索、尝试。关于主动学习已有许多研究成果。表6-7是一些研究结果的数据。

表6-7　主动学习的研究成果

培训结束三天后存留的记忆		各种教学活动的记忆比率	
学习方式	存留的记忆(%)	教学活动方式	存留的记忆(%)
阅读的	10	讲课	5
听到的	20	阅读	10
看到的	30	视听	20
看到和听到的	50	示范	30
所说的	70	讨论组	50
所说和所做的	90	实际操作	75
		教其他人	90

成人可以通过阅读、听、看和模拟操作进行学习,如果他们在学习过程中更为活跃则可大幅提高学习效果。"做中学"一般通过模拟练习来实现。在公司的员工培训中常见的模拟练习有以下几种:

(1)软件模拟:IT/应用软件培训。

(2)商务模拟:教授商务管理技能、公司的模拟运作、会计实务等。

(3)情景模拟:人与人交流的技巧,演示技巧等软技能。

（4）技术模拟：模拟物理环境或开发程序环境。

（5）流程模拟：各类工作流程，应用仿真的技巧进行设计。

（6）虚拟世界：通过 3D 营造虚拟世界，进行与实际工作相关的各项业务模拟。

二、电子课件的制作流程

在实际的电子课件的设计开发过程中，可以参考很多现存的教学系统化设计模型。不过，几乎所有的模型都包括分析、设计、开发、执行和评估这几个基本要素或步骤，由此产生了作为覆盖各种教学系统化设计模型的 ADDIE 模型。

ADDIE 模型是一个瀑布模型，如图 6-1 所示。该模型包括分析（Analysis）、设计（Design）、开发（Development）、实施（Implementation）与评估（Evaluation）五个阶段，每一阶段的输出是下一阶段的输入，通过环环相扣的开发环节和在开发过程中持续不断的修正和反馈，以保证电子课件的开发质量。

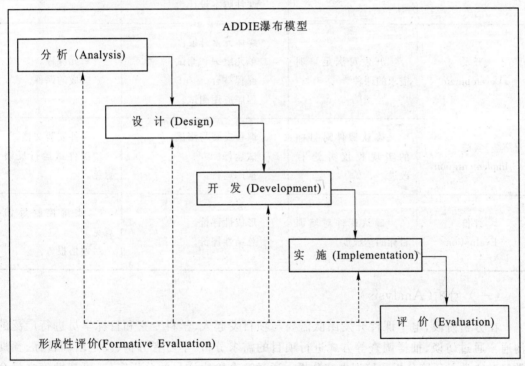

图 6-1 ADDIE 模型

表 6-8 列出了在 ADDIE 各个阶段的主要目标、任务和产出。

表 6-8　ADDIE 阶段分析

ADDIE 阶段	目　标	关键任务	产　出
分析 Analysis	确定 e-learning 项目的实施目标和限制条件。	培训需求分析。 学习对象分析。 学习目标设定。 学习环境分析。 培训内容分析。 项目计划。	需求分析报告。
设计 Design	确定课程的内容、风格、界面和学习者控制。	课程大纲、内容和教学策略设计。 界面设计。 原型/模板设计。 课件脚本设计。	课件设计方案。 原型(样课)。 课程开发模板。 课程脚本。
开发 Development	开发可满足培训需求的课件。	媒体元素开发。 单元组织和测试。 课程整合。 程序应用测试。	单元课程。 完成的课件。
实施 Implementation	确认课件对目标的实现程度并进行改进。	课程安装与测试。 试运行。 推广运行。	课件安装文档。 课件试运行反馈意见。
评价 Evaluation	确认课件对培训目标的达成度。	形成性评价。 总结性评价。	质量控制反馈意见。 评估报告。

(一) 分析(Analysis)

在分析阶段,电子课件开发团队需要与项目发起人、学科专家和目标学员进行广泛的沟通。通过访谈、抽样调查等方式进行项目的需求分析、学习者分析、设定培训目标、预期学习者的学习环境分析和培训内容分析。通过这个阶段详尽的分析定位,可帮助确立最合适的教学方案。这个阶段的主要任务、描述和成果详见表 6-9 所示。

表 6-9　分析阶段的主要任务

任　务	说　明	成　果
培训需求分析	分析的第一步是要确定项目发起人的项目目的,项目要解决的问题,针对的对象和期望达到的培训效果。	项目背景和核心问题描述。

续表

任　务	说　明	成　果
学习对象分析	对学习对象进行分析。分析的内容如下： （1）分析学员的人数规模和心理特征。 （2）分析学员的学习动机。 （3）分析学员参加基于网络培训的经历。 （4）分析学员的知识水平和经验。	目标学员及其需求理解描述。
学习目标设定	根据项目目标和学员的现状分析数据，阐明学习目标和要达到的教学效果。	学习目标描述。
学习环境分析	研究为学习对象提供的技术环境。研究内容有： （1）了解网络环境和带宽。 （2）了解客户工作站的规格。 （3）了解学员端的技术条件。	技术环境描述。
培训内容分析	根据培训目标，进行培训内容的选择和评估。 具体工作如下： （1）进行培训内容大纲设计。 （2）分析内容的准备度，确定内容来源。 （3）确定补充内容要求及搜集策略。	课程大纲。 课程内容准备度描述。

项目背景及其需求理解、目标学员及其需求理解、学习目标、技术环境要求、课程大纲和课程内容准备度描述共同构成了需求分析报告的主要内容。另外，需求分析文档是否提交将视项目的大小而定，一般来说，小型项目的需求分析文档将会合并出现在方案设计文档中。学习目标必须是具体的，可测量的。

（二）设计（Design）

分析阶段完成后接下来就进入到第二个阶段——设计阶段。在这个阶段，需要根据需求分析的结果，设计教学大纲，并与学科专家一起选择和确定培训内容，然后整合培训目标和培训内容，进行教学策略设计和界面设计，形成 e-learning 课件方案。在与项目主办方就课件方案进行讨论、定稿后，即可选择其中一个代表性的章节，按照确认的课件方案进行原型（样课）设计和开发。通过样课，开发团队可以就课程的风格、表现方案、界面设计、导航系统和功能菜单等与项目主办方达成一致意见。在把这些因素确定下来后，开发团队就可开始课件其他部分教学脚本的设计了，脚本设计的结束视为设计阶段的结束。设计阶段的主要任务、描述和成果详见表 6-10 所示。

表 6-10　设计阶段的主要任务

任　务	说　明	成　果
课程大纲,内容和教学策略设计	为项目开发提供课程大纲和项目计划,应该实现掌握主要的设计问题、项目组织、质量保证流程以及技术要求。具体工作有: (1) 开发课程大纲。 (2) 选择课件的传播方式。 (3) 开发设计标准和指导,例如,表现风格、写作风格、图片以及动画。 (4) 确定内容检查和 QA(Quality Assurance,即质量保证)流程。 (5) 确定评估项目成功的标准和指标。 (6) 执行 ROI(Return on Investment,即投资回报率)分析。 (7) 完成项目计划。	课件设计方案,包括:课程大纲、设计和制作标准、QA 流程、评估标准、ROI 分析、项目开发计划。
界面设计	整合培训需求,遵循人机交互界面设计原则进行课件界面设计,包括: (1) 屏幕布局设计。 (2) 色彩的应用设计。 (3) 文字规格设计。 (4) 应用对象设计,如图标、标语,按钮等等。	表现设计方案,包括:首页、目录、单元标题页、内容展示页、帮助、导航设计等。
原型/模板设计	典型单元的原型是开发电子课件的基础。它会促进项目团队成员的交流、调整最终产品真实的预期值、试验开发流程以及为后续的开发提供样本(模板)。具体工作有: (1) 了解典型单元的原型。 (2) 编写脚本。 (3) 美工设计。 (4) 开发模板。 (5) 完成原型。 (6) 检查并完善原型。	根据既定的设计标准制定原型。 经过测试的开发流程。
课件脚本设计	课件脚本需要在制作每个单元以前完成。它们作为理解和确认信息的文档,以及平面设计师、程序员、音频处理人员和拍摄组的详细规范。具体工作有: (1) 在脚本中设计单元流程。 (2) 为声音、字幕和屏幕布局开发详细的脚本。 (3) 指定所有的动画、图片、照片和特殊效果。 (4) 指定或开发视频元素的详细脚本。	详细的课件脚本。

企业 e-learning 培训课件考虑因素

在企业的培训领域，进行 e-learning 培训项目的设计，通常需要考虑以下的一些方面：

1. 成人学习理论支持：应用成人学习理论各项成果，以设计最恰当的课程方案。

2. 模块化设计：将所要培训的内容根据学科自身的规律分为多个相对独立的知识点模块，以实现培训模块的复用要求。

3. 多种教学形式的应用：形式是为内容服务的，内容需要通过恰当的方式表达出来才能够被接受。

4. 吸引学员注意力策略的应用：在进行脚本设计时，要形成隐形的视觉流来确保学员的注意力。这就是说，在课程设计时必须有一条主线，且能够将主线中的各个关键点根据人们视觉特性，恰当地展示出来。

（三）开发（Development）

在脚本设计完成并在内容上经过学科专家的确认后，就进入了 ADDIE 的开发阶段。在这个阶段，开发团队需要根据脚本进行媒体元素的开发，然后将其组合为各个不同的章节，进行单元测试，单元测试通过后，再进行课程整合。在本阶段主要有下面的四类工作：媒体元素开发、单元整合和测试、课程整合、程序应用测试。这个阶段的主要任务、描述和成果详见表 6 - 11 所示。

表 6 - 11　开发阶段的主要任务

任　　务	说　　明	成 果 提 交
媒 体 元 素 开发	脚本设计，开发各媒体元素。具体工作有： (1) 制作图片元素、Web 页、动画等。 (2) 制作视频、声音剪辑等。 (3) 为课件配音。	图片、Web 页、动画、视频、声音文件等。
单元整合和测试	按照脚本设计，将媒体元素与程序逻辑进行整合，形成单元模块提交测试。具体工作有： (1) 整合单元模块的媒体元素和教学文字。 (2) 开发必要的程序逻辑。 (3) 在整合后对每个单元进行测试。测试项目如下： 　1) 执行编辑测试（文字/图片测试）。 　2) 执行标准测试以保证可以达到单元学习目标（确保与脚本的一致性）。 　3) 进行程序功能测试。	

任　务	说　明	成　果　提　交
	4）进行必要的修改。 5）单元模块结束。 　　每个单元都将根据 QA 流程经过指定人员的测试，以便确定可以达到单元目标，并保证单元的质量。测试人将包括培训专家、用户代表、学科专家等。单元模块会在进行了必要的修改、再测试并被通过后结束。	单元整合和测试结束。
课程整合	为实现在目标平台的传输，将先前开发的单元打包并整合。具体工作有： （1）将单元模块打包。 （2）添加外部连接和框架。 （3）制定不同版本的实施方案。	为实现在目标平台的传输，将先前开发的单元模块打包并整合。
程序应用测试	整合测试的项目如下： （1）进行程序功能测试。 （2）进行必要的修改。 （3）进行平台导入和跟踪测试。	基本成型的课件。

　　开发阶段是 ADDIE 中花费时间最长、耗费人工最多的阶段之一，约占整个开发工作量的 50% 以上。因此，本阶段中间产品的质量和开发进度将是整个课件开发项目最终质量和总进度的关键。在本阶段，要严格关注下列各产品的质量：

（1）媒体元素的质量。

（2）整合的单元。

（3）整合的课程。

（四）实施（Implementation）

　　在 ADDIE 的实施阶段，课程开发团队需要将整合的课程移送到实际应用环境中，进行课程的安装、调试和试运行，在目标学员中进行试用，收集反馈信息，进行修改调整。通常来说，课件的使用首先应该选择试点进行小范围应用，获得关于课件内容、课件形式以及技术环境等方面的反馈，对其进行调整。然后再进行大面积推广应用。实施阶段的主要任务、描述和成果详见表 6-12 所示。

表 6 - 12　实施阶段的主要任务

任　务	说　明	成　果　提　交
用户验收测试	准备测试,包括全面测试计划和必要的测试。 　　为用户验收测试 UAT(User Acceptance Test,用户验收测试)制定计划。具体工作有: 　　(1) 准备必要的 UAT 环境。 　　(2) 根据计划执行 UAT;根据计划解决所有的错误报告。 　　(3) 进行 UAT。 　　(4) 记录并解决测试中出现的问题。 　　(5) 获得 UAT 确认。	UAT 计划。 UAT 环境。 课件经过全面的测试。
试运行	用户代表参加试运行,收集整理意见和反馈,并执行最后的改进。具体工作如下: 　　(1) 计划试运行。 　　(2) 准备培训传输平台。 　　(3) 建立技术支持小组和流程。 　　(4) 进行必要的培训。 　　(5) 执行必要的改进。	成型的课件。
推广运行	产品成型后,应做好完整的培训计划,并通知和培训所有的目标用户。具体工作有: 　　(1) 准备详尽的首次运行计划。 　　(2) 为成品准备传输平台和技术支持。 　　(3) 面向目标用户,进行必要的培训。	完备的课件。 首次运行计划。

(五) 评价(Evaluation)

　　在课件开发的过程中和课程被应用后,需要对培训课程进行评价,这就是 ADDIE 的评价阶段。这一阶段的评价包括两个方面:对教学课程的评价和对学习者学习效果的评价。其中对学习者学习效果的评价结果是对课程进行评价的主要依据之一。对学习者学习效果进行评价的主要方法是:首先根据课程的培训目标开发恰当的测试题目,在学习者学完对应的课程后,要求其参加测试,根据学习者参加测验的成绩,获得学习者对培训内容的掌握情况和培训目标的达成度,同时还要整合课程调查问卷等手段形成对课件的评价。评价阶段的主要任务、描述和成果详见表 6 - 13 所示。

表 6 - 13 评价阶段的主要任务

任 务	说 明	成 果 提 交
形成性评价	该工作贯穿于课件开发过程中的各个环节,用以控制各个环节的中间产品的质量。具体工作有: (1) 课程方案的确认和修改。 (2) 原型(样课)的确认。 (3) 表现方案确认。 (4) 脚本确认。 (5) 单元测试和集成测试。 (6) 验收测试。	反馈意见表。
总结性评价	该工作的目标在于对最终完成的课件进行评估和改进。具体工作如下: (1) 课程知识测试。 (2) 课程问卷调查。 (3) 改进和巩固结果。	评估报告。

三、电子课件项目管理

所谓项目管理,就是项目的管理者,在有限的资源约束下,运用系统的观点、方法和理论,对项目涉及的全部工作进行有效的管理。即从项目的投资决策开始到项目结束的全过程进行计划、组织、指挥、协调、控制和评价,以实现项目的目标。

进行 e-learning 课件项目的管理与其他项目的管理一样,项目经理不仅是项目执行者,需要参与项目的需求分析、项目方案设计、制订计划直至收尾的全过程,而且还要在时间、成本、质量、风险、合同、采购、人力资源等各个方面对项目进行全方位的管理。

优秀的项目管理包括两个必不可少的因素:

(1) 项目经理的经验、技能和才干。

(2) 行之有效的方法和措施。

项目经理丰富的管理经验和技能能够帮助项目开发团队认识到 e-learning 项目的问题和成功的关键,通过对关键环节的控制对项目的成功施展积极影响。最重要的是,项目经理必须以客户的需求为导向,很好地领导项目小组,并与客户方的项目负责人、学科专家、以及项目开发团队的教学设计人员及制作人员实现默契的配合,提高工作的效率。具有多年培训尤其是远程培训项目设计和开发经验的项目管理者是 e-learning 课程开发项目经理的理想人选。

除此之外,行之有效的项目管理方法是项目成功的重要保证。e-learning 项目管理的关键任务有以下六项。

(一) 项目团队的组建

通常来说,e-learning 课件开发团队需要两方面的人员参与,即:需求方相关人员和供应方相关人员。表 6-14 列出了一个典型的 e-learning 项目团队所需的人员角色。

表 6-14 e-learning 课件开发团队的人员组成

项目需求方相关人员	项目供应方相关人员
项目总监	项目总监
项目经理	项目经理
学科专家	项目协调
用户	教学设计人员
信息技术人员	媒体开发人员
	课程整合人员
	QA(质量控制)人员
	技术实施人员

(二) 项目计划的编制

当项目的目标、范围和交付产品确定后,项目经理将着手用 Microsoft Project 来编写具体任务的主项目计划。该计划将明确规定任务期、任务依存关系、计划的开始/完成日期、阶段、资源需求和任务分配。同时对关键部分进行分析,以便确认潜在的瓶颈和项目风险。作为主要的进度文件,项目计划是用来控制项目进程的,为了防止项目延期和预算超支,制订好的项目计划必须与实际情况进行对比、核实,以便了解项目进度是否存在潜在的延期因素,判断预算是否会超支,一旦发现问题可以及早采取补救措施,避免项目延迟或预算超支情况的出现。

(三) 项目资源的分配

表 6-15 列出了 ADDIE 各阶段资源的需求。

表 6-15 ADDIE 各阶段资源需求

ADDIE 阶段	关 键 任 务	需求方资源	供应方资源
分析 Analysis	培训需求分析 学习对象分析 学习目标设定 学习环境分析 培训内容分析 项目计划	项目总监 项目经理 学科专家 用户 信息技术人员	项目总监 项目经理 首席教学设计师 美术总监 技术专家
设计 Design	课程大纲,内容和教学策略设计 界面设计 原型/模板设计 课件脚本设计	项目经理 学科专家	项目经理 教学设计组 美术总监 原型(样课)开发组

续表

ADDIE 阶段	关 键 任 务	需求方资源	供应方资源
开发 Development	媒体元素开发 单元组织和测试 课程整合 程序应用测试	项目经理	项目经理 教学设计人员 媒体开发人员 课程整合人员 QA（质量控制）人员 技术实施人员
实施 Implementation	课程安装与测试 试运行 推广运行	项目总监 项目经理 学科专家 用户 信息技术人员	项目总监 项目协调 项目经理 技术专家
评价 Evaluation	形成性评价 总结性评价	项目总监 项目经理 学科专家 用户 信息技术人员	项目总监 项目协调 项目经理 首席教学设计师 QA（质量控制）人员 技术专家

（四）项目沟通

在项目开发过程中经常会举行一些定期或不定期的项目会议，以及谈话、审核、用户验收测试和其他与用户有关的工作。因此，在项目一开始，就需要制定项目沟通计划，以确定项目利益相关各方以及项目团队内部的沟通频率、沟通渠道和沟通的主要内容。电话、传真、电子邮件和面对面的沟通会议等是 e-learning 项目沟通的主要方式。

（五）进度汇报

项目经理需要定期准备进度报告以便更新项目计划。进度报告应突出前一阶段完成的工作，计划下一阶段要执行的任务并提出需要讨论和解决的重点问题。

（六）中间产品验收

电子课程的分析、设计和测试必须进行记录以便各方的沟通、审核和通过。一些重要的文件和中间阶段产品，如课程大纲、设计原型、情节摘要和脚本等，必须经过正式的签字验收方可进入下一个阶段。

四、电子课件的质量控制

质量是产品的生命。课件制作启动以后要对基本设计的结构进行修改将会造成很大的经济损失,因此,持续的 QA 质量保证流程是非常重要的。各阶段的产品一定要通过质量检测。特别是在开发阶段要对设计文档(例如,课程计划、情节摘要、脚本)、原型和课件单元进行严格审核,只有这样,项目中的质量问题才可能被及早发现,有效地减少返工和避免临时更改,从而保证项目在规定的时间和预算内完成。持续的质量控制可以保证课件内容的严格准确,保证课件风格的统一,以确保教学目标的实现。

e-learning 课程开发项目中的质量控制环节、控制应关注的关键内容、控制人员和对应的签收人如表 6-16 所示。

表 6-16　ADDIE 各阶段质量控制内容

质量的关键控制点	质量监控的内容	主要的控制人员	签收人
需求分析文档	培训项目目标理解是否准确? 目标学员的理解是否准确? 课件实施环境的技术要求理解是否准确?	双方项目经理	利益相关者 双方项目总监
开发计划	项目计划是否体现了项目开发的方法论? 项目范围的界定是否准确? 项目开发预算是否可接受? 项目开发周期是否满足时间要求?	双方项目经理	双方项目经理
课件设计方案	对项目需求的理解准确吗? 培训内容的选择合理吗? 培训策略可以确保达到培训的效果吗? 培训评估方案能够反映培训目标的达成度吗?	双方项目经理 学科专家	双方项目经理
界面设计	界面设计符合需求方的企业风格吗? 界面设计包含企业特色元素吗? 界面设计符合所要培训的主题的特点吗? 界面设计中的导航和帮助元素是否清晰,易于使用?	需求方:项目经理、学科专家、市场/宣传相关人员 供应方:项目经理、美术总监	需求方项目经理
教学脚本	课件知识点划分正确吗? 课件的内容讲述、练习、案例分析准确吗? 课件中应用的学习方式能够达成培训目标吗? 课件的语言符合学科特色吗?	双方项目经理 学科专家 教学设计师	需求方项目经理和学科专家
美工图片	图片的应用正确吗? 图片、动画和排版的设计是否层次分明,主题突出吗? 画面里的元素显示清晰吗? 设计风格一致吗?	双方项目经理 学科专家 美术设计师	需求方项目经理

质量的关键控制点	质量监控的内容	主要的控制人员	签收人
单元课件	单元内的元素整合与脚本要求一致吗？ 能够达到单元学习目标吗？ 有错别字和不符合要求的其他编辑问题吗？ 程序功能、跳转等有错误吗？	供应方项目经理 教学设计师 质量控制人员	供应方质量控制
成型的课件	课件内的单元组织与脚本一致吗？ 课件有错别字和不符合要求的其他编辑问题吗？ 能够达到课件学习目标吗？ 课件符合指定的技术标准吗？	双方项目经理 学科专家 教学设计师 供应方质量控制人员 供应方信息技术人员	需求方项目经理 学科专家
课程安装和集成测试	课件能够顺利导入 LMS 平台吗？ 课件中的测试成绩可以跟踪和保存吗？ 课件的学习进度跟踪正常吗？	双方项目经理 双方信息技术人员	需求方项目经理 需求方信息技术人员
课程试运行	课件能达成教学目标吗？	双方项目经理	双方项目经理

第三节　电子课件的制作团队

一个精心制作的电子课件离不开一个分工合作的严密制作团队。制作团队的专业化的分工加上合理的沟通，能保证课件的高品质。下面就从电子课件制作团队的组成、分工、能力要求等方面来分析如何进行制作团队的建设。

一、制作团队组成和结构

电子课件制作团队的组成和结构如图 6 - 2 所示。制作团队由项目指导委员会来领导，一般应有客户方项目总监参与。具体又分为供应方项目组成人员和客户方项目组成人员。供应方项目成员一般包括教学设计、媒体开发、课程整合、质量控制、技术实施等各个部分，客户方项目成员一般包括学科专家、信息技术、最终用户等部分。每个部分的详细人员组成和分析将在下面的制作团队分工里面阐述。

二、制作团队分工

高质量的电子课件需要供应方和客户方的通力合作，所以在课件制作的团队分工中，需要有供应方和客户方两方面的人员参与。

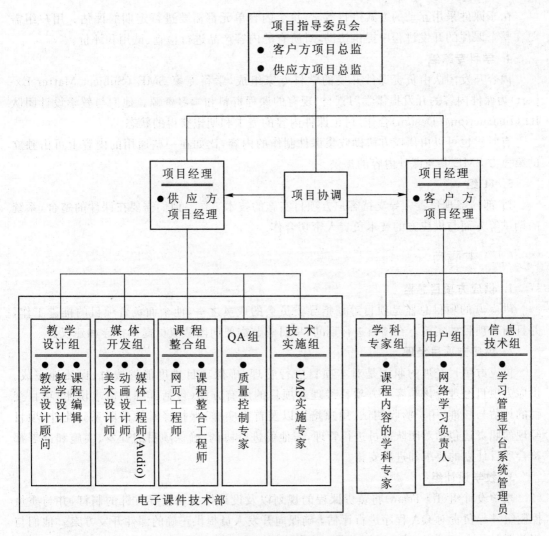

图6-2　电子课件制作团队的组成和结构

（一）客户方

1. 客户方项目总监

首先需要建立一个项目筹划指导委员会。项目筹划指导委员会对项目提供全面的指导意见,由来自客户方的项目总监和供应方的项目总监组成。项目经理和各组室负责人应该定期向项目筹划指导委员会递交报告,在他们认为合适的问题上征求委员会的建议。在项目中的每一个里程碑或者叫关键点阶段,客户方项目总监负责交付工作的签发和批准。

2. 客户方项目经理

客户方项目经理是客户方的一位主要联络人。职责是对所有与项目相关的问题进行协调。他与来自供应方的项目经理密切合作,并协调和客户方其他部门的关系,确保项目的顺利实施。客户方项目经理负责的领域包括整合需求、课件开发、项目交付前的评估和核准、用户验收测试、用户培训以及部署等。

3. 用户组

由于课件采用互动的方式进行教学,每个内容单元都需要进行定期的评估。用户组需要在整个课件的开发过程中提供协助,对所有的内容产品进行检查、试用和评价。

4. 学科专家组

内容开发团队由负责课件开发的学科专家组成,学科专家 SME (Subject Matter Expert)为课件内容的开发提供学习素材、现有的课程资料和学习资源。他们与教学设计团队 ID (Instructional Design)合作,讨论课件内容的需求和期望获得的状态。

有时候也可以由供应方协助收集课件制作的内容,比如在一些通用的内容上可由独立的第三方 SME 参与课件内容的提供。

5. IT 组

IT 部门经理负责领导支持客户方项目实施的技术工作。他们需要在课件的整合,系统的调试等方面与供应方的技术负责人密切合作。

(二) 供应方

1. 供应方项目总监

供应方的项目总监是项目筹划指导委员会的成员之一,他全面负责项目的推进工作,并且指导项目的实施。在项目进行期间,项目总监需要向团队成员提供指导和建议。

2. 供应方项目经理

供应方项目经理的职责是对本项目进行管理,确保项目进度能够按时、保质地完成。供应方项目经理应该与客户方项目经理就项目的所有方面(包括详细的需求说明、项目交付的评估与核准、用户验收测试、用户培训以及首次实施)保持经常性的联系。此外,项目经理的职责还包括对团队成员进行管理,与他们进行协调,确保项目的开发、实施和部署都符合项目计划的要求和进度安排。

3. 教学设计组

教学设计组(ID Team)将负责课程的规划以及设计标准和指导方针的制订,并与质量控制组一起负责对 QA 程序进行评估,确保向开发人员提供正确的课件开发方案。他们与相关课题的专家进行商议,制订出课程中各个单元的大纲以及整个课程的导航流程图。在课件的整个开发过程中,教学设计顾问对项目的设计和文档工作进行安排,并与项目团队的成员进行讨论以确保整个项目的质量。一旦发现情况或问题,他们将立即通知项目开发团队,并提出调整或矫正的建议。教学设计师应该与相关主题的专家密切合作,了解他们提出的要求,设计整个课程的情节,撰写和翻译整个课件的脚本。

4. 美术设计组

美术设计师将与客户方用户组、学科专家密切合作,了解对待开发的电子课件整体风格的需求,并开发课件中所需的所有媒体元素,包括平面排版、动画元素开发、视频、声音元素的剪接等。

5. 课程整合组

网页工程师与课程整合工程师负责学习模块的开发,在课程的内容中合成动画、图表以及声音,并且最终完成整个电子课件学习项目的打包工作。

6. QA 组

QA 组将负责课程的规划以及设计标准和指导方针的制订,并与教学设计组共同负责对 QA 程序进行评估,确保向开发人员提供正确的课件开发方案。他们与相关课题的专家进行商议,确保课程的质量。

7. 技术部门经理

技术部门经理负责确保制作完成后的课件与客户方的平台实现正确的整合。他们重点研究和测试客户方的学习管理平台,对它的设计和结构进行仔细地研究,并向己方的开发团队提供指导意见。除此以外,他们还会与平台的提供商进行密切合作,了解系统的容量需求,确保该系统可以支持课件的发布。

三、制作团队的能力要求

前面已经讨论了一个典型的专业电子课件制作团队的组成与结构以及在项目中的职责。一个产能强大的电子课件制作供应方都有一个经验丰富的课件制作开发团队,那么这个团队需要具有什么样的知识、技能的人来组成呢?下面从供应方的角度对团队中的重要角色提出知识和能力的要求。

(一)项目总监

1. 知识和技能要求

(1)了解客户需求分析、人力绩效咨询的知识和技能。
(2)掌握培训策略、技术和培训分析的方法、技能。
(3)了解人力资源、培训的最新理念。
(4)掌握项目管理的知识和技能。
(5)掌握客户关系管理的知识和技能。
(6)对国内外课件发展有深入研究并时刻追踪课件发展前沿。

2. 经验和能力要求

(1)对 e-learning 有深刻的理解,对 e-learning 的系统开发和市场运营具有一定的经验。
(2)全部或部分熟悉 e-learning 的系统开发、课程市场营销、课件设计、拍摄制作等各环节工作。
(3)多年相关工作经验与课件开发团队管理经验。
(4)卓越领导能力和项目管理能力。
(5)良好的沟通、协调、组织能力。

(二)项目经理

1. 知识和技能要求

(1)具备项目管理知识和技能。
(2)具备项目评估、评估数据分析的知识和技能。
(3)具备项目财务管理的知识和技能。
(4)熟悉多媒体课件开发的流程。

2. 经验和能力要求

（1）具有多媒体课件开发经验。

（2）要有卓越的项目管理能力。

（3）要有良好的沟通、协调、组织能力。

（4）要有良好的文档撰写能力。

（三）教学设计师

1．知识和技能要求

（1）具备人力绩效咨询的知识和技能。

（2）具有人力资源、培训的最新理念。

（3）掌握成人学习理论。

（4）熟悉教学设计原理及方法。

（5）具备教学策略的知识。

（6）具有扎实的认知心理学的知识和运用能力。

（7）具有媒体传播理论与实践经验。

（8）具有基于网络/计算机的多媒体应用能力。

（9）掌握多媒体课件开发的流程。

（10）对国内外课件发展有深入研究，了解课件发展前沿。

2．经验和能力要求

（1）具有教学设计相关专业本科以上学历。

（2）具有丰富的教学设计经验。

（3）对企业培训体系有深刻的理解。

（4）具备出色的组织能力及团队精神。

（5）具有良好的客户服务意识，对客户需求有敏锐的洞察力。

（6）具备脚本设计能力。

（7）持续性的学习和解决实际问题的能力。

（四）课程编辑

1．知识和技能要求

（1）具有新闻传播学、计算机及网络技术基础知识和技能。

（2）懂得成人学习理论。

（3）具备学科基础知识。

（4）具有知识产权要求和保护的知识。

（5）具有多媒体及多媒体开发工具的相关知识。

2．经验和能力要求

（1）具有中文、新闻传播、教育学或心理学相关专业本科毕业学历。

（2）具有较强的学习能力和创新意识。

（3）具有较强的时间观念和质量意识。

（4）具有良好的沟通能力和团队合作能力。

（五）美术设计师

1. 知识和技能要求

（1）掌握视觉艺术设计的理论基础。

（2）接受过视觉艺术设计或动画设计的专业训练。

（3）熟练平面设计软件和工具。

（4）熟悉多媒体课件制作行业。

2. 经验和能力要求

（1）具有丰富的平面设计经验。

（2）具有一定的美术创意与设计理念，有丰富的想象力及准确的画面表达能力。

（3）具有较强的整体风格设计和对用户视觉感受的整体把握能力。

（4）具备手绘能力。

（5）有良好的团队合作意识，有强烈的责任心和积极主动的工作态度。

（六）媒体工程师

（1）具有新闻、传播学、广告学、广播电视编导、艺术设计、影视动画和节目包装等相关专业的学历。

（2）对网络视频和流媒体技术有较深的了解。

（3）熟悉视频采集、编辑、相关技术标准和工具。

（4）熟悉音频采集、编辑、相关技术标准和工具。

（5）有良好的团队合作意识，有强烈的责任心和积极主动的工作态度。

（七）Flash 工程师

（1）对客户的需求有灵活的艺术表现力。

（2）精通 Flash、Dreamweaver、Photoshop 等流行设计软件的使用。

（3）掌握 Flash 互动动画制作技术，能根据自己对脚本的理解制作分镜头 Flash 动画。

（4）熟练应用 ActionScript、JavaScript 实现较丰富的交互体验，涉及数据处理、Flash 流媒体控制。

（5）熟悉跨浏览器技术、带宽优化问题及一般多媒体知识。

（6）掌握编程原理，熟练掌握 HTML、XML、流媒体技术等相关技术。

（7）具有良好的沟通、协调、组织和团队合作能力。

（八）课程开发工程师

（1）熟练应用 Office、Photoshop、Dreamweaver 等相关软件。

（2）熟悉 Html、Javascript、Php、Jsp 等常用基础语言，具备网页设计师的设计能力。

（3）精通 JavaScript，能通过独立编写脚本实现要求的功能。

（4）熟练掌握 HTML、CSS、XML 等页面技术，掌握编程原理。

（5）了解 AICC、SCORM、IMS 等课件制作国际标准。

（6）性格开朗、乐于沟通、对工作有激情、注重细节。

(7) 有良好的团队合作意识,有强烈的责任心和积极主动的工作态度。

(九) QA 人员

(1) 具有质量控制的方法和技术。

(2) 具有沟通能力。

(3) 具有信心和人际关系处理能力。

(4) 具有耐心和很强的记忆力。

(5) 具有怀疑精神和洞察力。

(6) 具有适度的好奇心。

(7) 具有反向思维和发散思维能力。

(8) 具有良好的团队合作意识,有强烈的责任心和积极主动的工作态度。

(十) 技术实施人员

(1) 精通 JAVA、JSP、J2EE 等平台技术。

(2) 能熟练操作 ORACLE 和 SQLSERVER 数据库。

(3) 熟练掌握学习管理系统(LMS)相关的网络运营、硬件和软件维护技能等。

(4) 掌握 LMS 信息化系统的架构、技术参数及维护技能等。

(5) 对企业培训管理有深入理解。

(6) 对平台标准有深入研究。

(7) 对课件技术标准有深入研究。

(8) 具有良好的组织协调能力和沟通能力。

(9) 有良好的团队合作意识,有强烈的责任心和积极主动的工作态度。

第四节　电子课件制作工具

"工欲善其事,必先利其器",进行 e-learning 课件的开发,也离不开各种多媒体开发工具的支持。根据不同的培训目标和学科特点、不同的内容,充分利用声、画、视频等多媒体手段创设情境,化不可见为可见,化静为动,化抽象为形象,最大限度地调动学员的积极性,激发学习兴趣。

本节简要介绍 e-learning 课件设计和开发阶段常用的工具软件,如表 6-17 所示。

表 6-17　课件设计开发常用工具软件

开发阶段	关键任务	常用工具软件
媒体元素设计和开发	界面设计	Adobe Photoshop,Illustrator,Adobe Flash,Adobe Flex,InDesign,Adobe After Effects, coreldraw, Fireworks
	图片制作	
	平面动画设计和开发	
	卡通动画设计和开发	
	三维动画设计和开发	AutoCAD, 3DMax
	声音录制和剪辑	CoolEdit, Audition, wavestudio
	视频录制和剪辑	Adobe Premiere,Camtasia Studio，超级解霸 5.5、animator studio
课件制作	网页开发	Adobe Dreamweaver,FrontPage
	虚拟场景开发	Director
	仿真模拟开发	Adobe Captivate,IBM Simulation Producer
课程整合和打包	单元集成和课件整合	Authorware,Content Producer,Toolbook,方正奥思、Director、Action,课件大师,
	AICC/SCORM 打包工具	Reload Editor

一、Photoshop

电子课件制作中,许多时候需要用到图像处理软件,尤其是在美工处理这个环节。在众多图像处理软件中,Adobe 公司推出的专门用于图形、图像处理的软件 Photoshop 以其功能强大、集成度高、适用面广和操作简便而著称于世。它不仅提供强大的绘图工具,可以直接绘制艺术图形,还能直接从扫描仪、数码相机等设备采集图像,并能对它们进行修改、修复,调整图像的色彩、亮度、改变图像的大小等操作,而且还能对多幅图像进行合并处理,以产生特殊效果,创造出现实生活中很难遇见的逼真景象。Photoshop 还能改变图像的颜色模式,并能在图像中制作艺术文字等,其常见界面如图 6-3 所示。

从功能上看,Photoshop 可分为图像编辑、图像合成、校色调色和特效制作等部分。Photoshop 的专长在于图像处理,而不是图形创作。图像处理和图形创作是两个不同的概念。图像处理是指对已有的位图图像进行编辑加工和添加特殊效果,其重点在于对图像本身的处理和加工。图形创作则是指按照作者的构思创意,使用矢量图形软件来设计图形。常见的图形创作软件主要有 Adobe 公司的 Illustrator 和 Macromedia 公司的 Freehand 等。

图像编辑是图像处理的基础,Photoshop 可以对图像做各种变换,如放大、缩小、旋转、倾斜、镜像、透视等。也可进行复制、去除斑点、修补、修饰图像的残损等。这在婚纱摄影、人像处理制作中有非常大的用处。利用 Photoshop 还可去除图像上不满意的部分,或对其进行美化加工,得到让人非常满意的效果。

利用 Photoshop 还能做图像合成的处理。所谓图像合成则是将几幅图像通过图层操

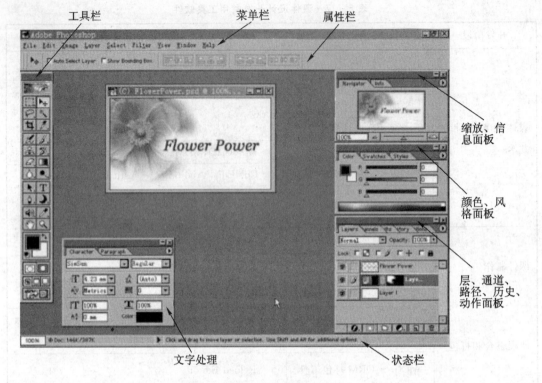

图 6 - 3　Photoshop 的界面介绍

作和相关工具的应用合成一幅完整的、传达明确意义的图像。图像合成是美术设计的常用方法。Photoshop 提供的绘图工具能让外来图像与作者创意很好地融合,使图像天衣无缝地合成成为可能。

校色、调色是 Photoshop 强大功能之一,可方便快捷地对图像的颜色进行明暗、色偏的调整和校正,也可对不同颜色进行切换以满足图像在不同领域如网页设计、印刷、多媒体等方面的应用。

综合利用 Photoshop 中的滤镜、通道及工具可完成对图像的特效制作,包括图像的特效创意和特效文字的制作,如油画、浮雕、石膏画、素描等常用的传统美术技巧都可由 Photoshop 特效完成。而各种特效文字的制作更是很多美术设计师热衷于 Photoshop 研究的原因。

二、Fireworks

许多电子课件采用网页浏览形式,Fireworks 是 Macromedia 公司三套网页制作利器之一,它是用来画图的工具,相当于整合了 Photoshop(点阵图处理)和 CorelDraw(绘制向量图)的功能。网页上很流行的阴影、立体按钮等效果,只需用鼠标点一下就能达到,不必再靠什么 KPT 之类的外挂滤镜。而且 Fireworks 很完整地支持网页 16 进制的色彩模式,提供安全色盘的使用和转换。切割图形、做影像对应(Image Map)、背景透明,使图又小又漂亮,用 Fireworks 来做是非常方便的,修改图形也很容易,不需要再同时打开 Photoshop 和 CorelDraw 等各类软件,并在它们之间频繁切换。

Fireworks 的运行界面如图 6 - 4 所示。Fireworks 是第一个完全为网页制作者设计的

图 6 - 4　Fireworks 的运行界面

软件。作为一个图像处理软件,Fireworks 能够自由地导入各种图像(如 Macintosh 的 PICT、FreeHand, Illustrator, CorelDraw8 的矢量文件、Photoshop 文件、GIF、JPEGBMP、 TIFF),甚至是 ASCII 的文本文件,而且 Fireworks 可以辨认矢量文件中的绝大部分标记以 及 Photoshop 文件的层。而作为一款为网络设计而开发的图像处理软件,Fireworks 能够 自动切图、生成鼠标动态感应的 Javascript 等,而且 Fireworks 具有十分强大的动画功能和 一个几乎完美的网络图像生成器(Export 功能)。

三、Flash

Flash 是电子课件制作中最常用的软件。其本身是一种交互式矢量多媒体技术,前身 是 Futureplash,早期网上流行的矢量动画插件。后来由于 Macromedia 公司收购了 Future Splash 以后便将其改名为 Flash2,目前,网上已经有成千上万个 Flash 站点,著名的如 Mac- romedia 的 ShockRave 站点,全部采用了 Shockwave Flash 和 Director。可以说 Flash 已经 渐渐成为交互式矢量的标准,是未来网页的一大主流。

现以 Flash3 为例来介绍 Flash 的功能。Flash 运行界面如图 6 - 5 所示。

归纳起来 Flash 有如下特点:

(1) 灵巧的绘图工具。Flash 本身具有极其灵巧的图形绘制功能,更重要的是能导入专 业级绘图工具,如 Macromedia FreeHand、Adobe Illustrator 等绘制的图形,能产生翻转、拉 伸、擦除、倾斜等效果,还可以将图形打碎分成许多单一的元素进行编辑,并可改变图形的 颜色和亮度。由于 Flash 提供具有保真技术的绘图工具,使图形边缘在经过一系列加工后 仍能保持平滑。

图 6-5　Flash 的运行界面

（2）图形透明效果的应用。Flash3 可以创建透明的图形，并能任意改变层次间透明的不同效果，如透明度、倾斜度及透明的颜色等属性。

（3）具有动画效果的按钮和菜单。Flash 采用精灵动画的方式，在 Flash3 中可以随意创建按钮、多级弹出式菜单、复选框，以及复杂的交互式字谜游戏。

（4）具有物体变形和形状的渐变功能。在 Flash3 中物体的变形和形状的渐变非常容易，变形和形状的渐变完全由 Flash 自动生成，无须人为地在两个对象间插入关键帧。

（5）增强对图像的支持。Flash3 不但可以对导入的图像（jpg、gif）产生翻转、拉伸、擦除、倾斜、改变颜色、亮度等效果，还能利用新的套索工具或魔术棒在图像中选择颜色相同的区域并创建遮罩（Mask）；将图像打碎成许多单一的元素进行编辑，设置图像的属性，如产生平滑效果和质量损失压缩等。

（6）具有声音插入功能。Flash3 支持同步 WAV（Windows）和 AIFF（Macintosh）格式的声音文件和声音的连接，可以用同一个主声道中的一部分来产生丰富的声音效果，而无须改变文件量的大小。

（7）具有自定义字体功能。Flash 可以处理自定义的字体及其颜色、大小、字间距、行间距、缩进等多种格式。在 Flash 创建的网页中，可以加入眼花缭乱的标题和动态的文本，而数据量非常小，比位图的下载速度快得多。当然为了防止客户端字体短缺，也可以将特殊字体转换为位图图形。

（8）模拟传输。Flash3 提供了一幅设置动画播放方式的图表，可以在此设置目标 Modem 速度，如 28.8Kb/s，然后进行模拟传输，检验其播放是否流畅，在参照图表中找出发生间断的位置,并进行优化。最终确保动画在客户端播放流畅。

(9) 独立性。Flash3 可以将制作的影片生成独立的可执行文件(EXE 文件),在不具备 Flash 播放器的平台上,仍可运行该影片。因此,除制作网页外还可以将其应用于商业演示及电子贺卡等。

四、Cool Edit

电子课件制作中需要用到录音功能。Cool Edit 2000 是一个功能强大的音乐编辑软件,可以运行于 Windows 95/NT 下,能高质量地完成录音、编辑、合成等多种任务,只要拥有它和一台配备了声卡的电脑,也就等于同时拥有了一台多轨数码录音机、一台音乐编辑机和一台专业合成器。Cool Edit 的运行界面如图 6 - 6 所示。

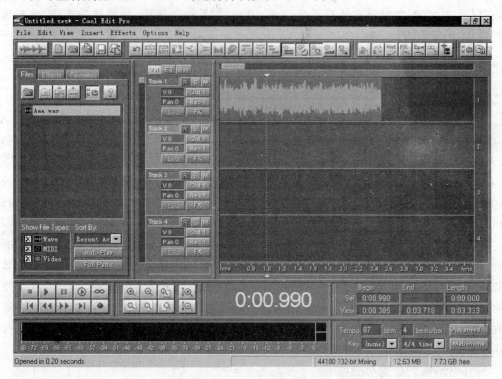

图 6 - 6　Cool Edit 的运行界面

Cool Edit 2000 能记录的音源包括 CD、卡座、话筒等多种,并能对它们进行降噪、扩音、剪接等处理,还可以给它们添加立体环绕、淡入淡出、3D 回响等奇妙音效,制成的音频文件,除了可以保存为常见的. wav、. snd 和. voc 等格式外,也可以直接压缩为 MP3 或 Cool Edit 2000(. rm)文件,放到互联网上或 E-mail 给朋友,供大家共同欣赏,当然,如果需要还可以刻录到光盘上。甚至,借助于 Cool Edit 2000 对采样频率为 96kHz、分辨率为 24 位录音的支持,还可以制作更高品质的 DVD 音频文件。

Cool Edit 2000 与现在最流行的专业作曲软件 Cakewalk Pro Audio 能很好整合。只要 Cakewalk Pro Audio 是 5. 0b 及以上版本的,那么,安装 Cool Edit 2000 后,就可以在 Cakewalk Pro Audio 的工具(Tools)菜单下找到"Cool Edit 2000"项,之后,在 Cakewalk Pro

Audio 中完成作曲后,就可以直接启用 Cool Edit 2000 进行编辑。强强整合,给音乐制作带来更大的便利。Cool Edit 2000 能够自动保存意外中断的工作。花很长时间编辑的音乐可能因突然停电或其他原因死机,如果文件尚未保存,心血将付之东流。不过,使用 Cool Edit 2000 却不然,可以重新启动 Cool Edit 2000,重新恢复到上次的工作状态,甚至包括剪贴板中的内容也不会丢失。

Cool Edit 2000 不仅适合于专业人员,也适合那些只是偶尔发一回"烧",或者想圆一下早年音乐梦的人。为此,Cool Edit 2000 提供了一些"傻瓜"功能,例如,在音效处理方面,行家固然可以熟练地细调各项设置以求最佳,而新手则可以抛开这些,直接选择一种预置(Presets)模式,同样能生成令人吃惊的特殊效果。至于 Cool Edit 2000 的常规编辑功能,如剪切、粘贴、移动等,跟在字处理器中编辑文本一样简单,而且这里有六个剪贴板可用,使编辑工作更加轻松方便。Cool Edit 2000 对文件的操作是非损伤性的,对文件进行的各种编辑,在保存之前,不会对原文件有丝毫改变,因此,如果你是新手,尽可放开手脚,大胆尝试各种操作,不满意的话,可以多次取消(Undo),还原重来。

五、Authorware

Authorware 最初是由 Michael Allen 于 1987 年创建的公司,而 Multimedia 正是 Authorware 公司的产品。Authorware 是一种解释型、基于流程的图形编程语言。Authorware 用于创建互动的程序,其中整合了声音、文本、图形、简单动画,以及数字电影。

Authorware 程序开始时,新建一个"流程图",通过直观的流程图来表示用户程序的结构,其运行时的界面如图 6-7 所示。用户可以增加并管理文本、图形、动画、声音以及视频,还可以开发各种交互,以及起导航作用的各种网址、按钮、菜单。

在 Windows 环境下有专业版(Authorware Professional)与学习版(Authorware Star)两种版本。Authorware 是一种图标导向式的多媒体制作工具,使非专业人员快速开发多媒体软件成为现实,其强大的功能令人惊叹不已。它无需传统的计算机语言编程,只需要通过对图标的调用来编辑一些控制程序走向的活动流程图,将文字、图形、声音、动画、视频等各种多媒体项目数据汇在一起,达到多媒体软件制作的目的。Authorware 这种通过图标的调用来编辑流程图用以替代传统的计算机语言编程的设计思想,是它的主要特点。

Authorware 的主要功能如下:

(1)编制的软件具有强大的交互功能,可任意控制程序流程。

(2)在人机对话中,它提供了按键、按鼠标、限时等多种应答方式。

(3)它还提供了许多系统变量和函数以根据用户响应的情况,执行特定功能。

(4)编制的软件除了能在其集成环境下运行外,还可以编译成扩展名为.EXE 的文件,在 Windows 系统下脱离 Authorware 制作环境运行。

六、Dreamweaver

Dreamweaver 是美国 Macromedia 公司开发的集网页制作和管理网站于一身的所见即所得网页编辑器,它是第一套针对专业网页设计师特别开发的视觉化网页开发工具,利用

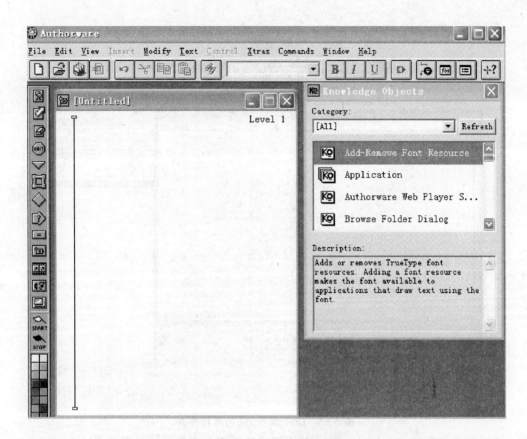

图 6 - 7　Authorware 的运行界面

它可以轻而易举地制作出跨越平台限制和跨越浏览器限制的充满动感的网页。

　　Dreamweaver、Flash 以及在 Dreamweaver 之后推出的针对专业网页图像设计的 Fireworks，三者被 Macromedia 公司称为 Dreamteam(梦之队)，足见市场的反响和 Macromedia 公司对它们的自信。提到 Dreamweaver 应该了解一下网页编辑器的发展过程。随着互联网的家喻户晓，HTML 技术的不断发展和完善，随之而产生了众多网页编辑器。根据网页编辑器的基本性质可以把网页编辑器分为所见即所得网页编辑器和非所见即所得网页编辑器(即原始代码编辑器)两类，两者各有千秋。所见即所得网页编辑器的优点就是直观性，使用方便，容易上手，你在所见即所得网页编辑器中进行网页制作和在 Word 中进行文本编辑不会感到有什么区别。

　　Dreamweaver CS4 中应用程序有所增强，其运行界面如图 6 - 8 所示。从图中可以看到，屏幕的右上方是和数据相关的面板，包括数据库面板、数据绑定面板和行为面板。右下方则是文件与资源相关的面板，包括文件面板、相关资源面板、代码收集器等。左边则是与设计相关的面板，包括插入面板、CSS 样式表面板、AP 元素面板(用来为浮动层定位)。应该说这是一个万金油布局，几乎适用所有的开发者，同时，它也把大部分菜单展示在用户面前，其他的七种布局可以说只是在这个基础上进行一些排列和隐藏。

　　在下方的文档面板上，Dreamweaver 新增加了一个实时预览功能——Live View。它的作用是在 Dreamweaver 窗口中实时查看代码的效果，包括 Javascript 特效。

　　Dreamweaver CS4 更新修复了 Dreamweaver 8.0 中的错误。所有 Dreamweaver 8.0

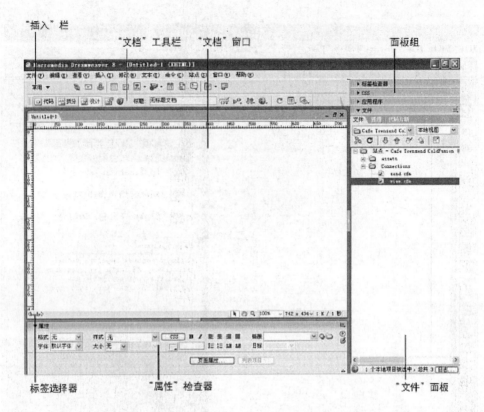

图 6 - 8 Dreamweaver 的运行界面

用户应改用更新后的 Dreamweave CS4，更新后的版本与操作系统没有关系。

七、Premiere

Premiere 出自 Adobe 公司，是一种基于非线性编辑设备的视音频编辑软件，可以在各种平台下和硬件配合使用，被广泛应用于电视台、广告制作、电影剪辑等领域，成为 PC 和 MAC 平台上应用最为广泛的视频编辑软件。它是一款相当专业的 DV(Desktop Video)编辑软件，专业人员整合专业的系统设备可以制作出广播级的视频作品。在普通的微机上，配以比较廉价的压缩卡或输出卡也可制作出专业级的视频作品和 MPEG 压缩影视作品。

Premiere 的运行界面如图 6 - 9 所示。在 Premiere6.0 之前，Adobe 公司相继推出过 4.0、4.2、5.0、5.1 和 5.5 等版本。其中，5.0 以后的版本都同时支持 Windows95/98、WindowsNT 及其升级版本 Windows 2000。Premiere6.0 为视频节目的创建和编辑提供了更加强大的支持，在进行视频编辑、节目预览、视频捕获以及节目输出等操作时，可以在兼顾效果和播放速度的同时，实现更佳的影音效果。另外在 Premiere 6.0 中，首次加入关键帧的概念，用户可以在轨道中添加、移动、删除和编辑关键帧，对于控制高级的二维动画游刃有余。Premiere6.0 提供了兼容于 QuickTime 系统和其他系统的第三方插件，使用这些插件可以实现视频(滤镜)效果和过渡效果。由于提供了光盘刻录插件，可以轻松地制作出适合光驱播放的影片。

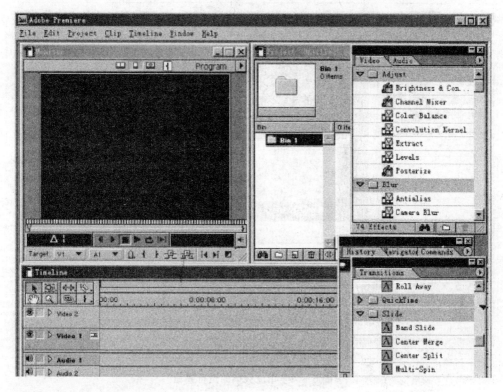

图 6 - 9　Premiere 的运行界面

八、串流大师

台湾讯连科技的"串流大师"是一套先进易用的制作工具软件,是针对企业训练需求而推出的影音教材制作工具软件,其运行界面如图 6 - 10 所示。它以一目了然的四大项目模式引导操作,无论是专家级或是普通用户,均可轻轻松松整合影片、声音、图片、HTML、PowerPoint、Word、Excel、Flash 等多媒体素材,然后提取和组合成多媒体演示文稿,迅速制作出具有多重面貌的各式影音教材,并在互联网或企业内部网上发布。

"串流大师"提供的多种工具,可以自定义多媒体销售演示文稿或产品演示等,轻松应用在企业实况录像、演讲录制、产品简报、职场训练等各种领域,将企业智能资产制作成数字内容,无论知识保存、知识传递、知识分享皆能快速又有效,高效率低成本地对企业员工展开培训,大幅提升企业竞争力。使用"串流大师"灵活的发布选项,可以随时在各种媒体上发布这些文件。"串流大师"可让非专业用户轻松使用。不需要额外编码即可创建多媒体培训内容。

九、Articulate Presenter

Articulate Presenter 是目前世界快速电子学习解决方案(Rapid e-learning Solution)中的领先者,其运行界面如图 6 - 11 所示。它可以使非技术人员在 PowerPoint 中加入旁白、动画、练习等互动效果来创建电子课件。只要稍做设置就可以将 PPT 转换成多媒体、互

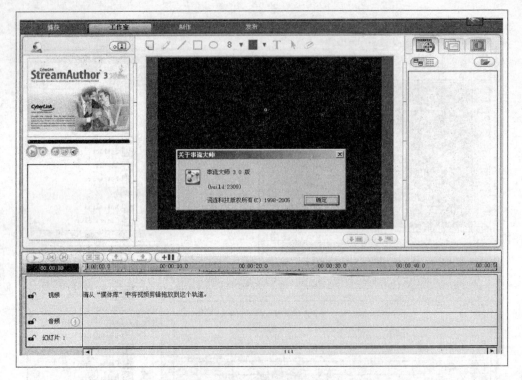

图 6-10　串流大师的运行界面

动、精美的 Flash 格式电子课件,再无需耗费大量时间和精力开发复杂而昂贵的 Flash 动画演示作品或课件。Articulate 工具包整合了三种强大的课件制作软件为一体,它包含了从 PowerPoint 文件转换成电子课件以及设计在线测试题(学习评估和在线调查)所需要的一切功能,是一套能够在 PowerPoint 的基础上快速创建出 e-learning 课件和开发出引人入胜的交互内容、试题和调查问卷的一套集成工具。

Articulate 功能强大,可以快速将 PPT 转成 Flash 课件,可录制并同步语音,可快速制作三分屏,可定制的、功能丰富的播放器,可添加多媒体和互动内容,可制作复杂的分支学习路径,可添加专业的标注,多级导航,使用最新的 PowerPoint 功能,在注释中加入样式,多语言支持,发布到学习管理平台,强大的试题建立和发布功能,20 个问题类型,可制作随机题库,可将题库插入到课件的任何地方,并控制学习路径,10 种常用的交互模板可以毫不费力地建立漂亮的交互内容,所有的制作均无需任何编程技术、制作非常简单。

多年以来 Articulate 在各个第三方 e-learning 评估机构里多次获得金奖,是目前世界上最流行最易用的 e-learning 课件开发工具。典型的客户包括 Dell、Microsoft、P&G、HP、SAP 等跨国大企业。

使用 Articulate Presenter 可以做以下工作:

(1) 快速地创建和发布电子课件。

(2) 由于它通过 PPT 来制作课件,所以可以使公司中所有的培训内容专家都参与课件的制作。

(3) 通过 Flash 的形式发布课件,使得所有的人都可以浏览。

(4) 更有信心地发布课件。使用 Articulate Presenter,课件内容可通过 Flash 的形式发

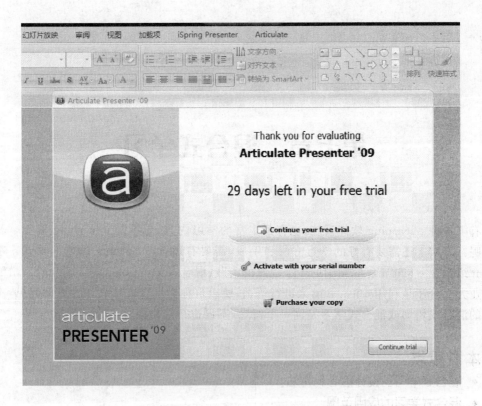

图 6 - 11　Articulate 的运行界面

布,而在目前大多数网页浏览器中已经安装了 Flash。同时它又会压缩 PPT 文件的大小,加快课件下载的速度。

（5）在任何地方发布 Articulate Presenter,发布的课件符合 SCORM 或 AICC 标准,可以在任何 LMS 或内部服务器或互联网上运行。

思考与展望

1. 电子课件制作主要包含哪些步骤和流程?

2. 电子课件制作中如何利用项目管理方式? 如何进行分工合作?

3. 制作优秀电子课件应如何控制质量? 有哪些关键点?

4. 哪些内容适宜应用电子课件形式表现?

5. 如何评价电子课件? 精美的电子课件应包含哪些要素?

6. 如何快速开发 e-learning 课件? 可以像工厂生产那样批量生产课件吗?

7. 是否可以设计一种制作软件使电子课件制作更加标准化、流程化,以达到规模化、快速化地开发和定制?

第七章　混合式学习

有了各种 e-learning 软件系统,也有了丰富的学习内容,是不是 e-learning 就能顺利实施了呢? 事实上还需要有好的学习方法和手段,需要有适合 e-learning 的培训模式。本章主要介绍企业 e-learning 应用中的一个很好的实践:混合式学习(Blend Learning)。由于目前企业大部分还是利用 e-learning 来进行培训,所以也称作混合式培训。为方便起见,本章所指的混合式培训或混合式学习是同一个概念,不再进行严格区分。

本章重点
- 混合式学习的设计理念和方法。
- 混合式学习的应用范围。

第一节　混合式学习的背景

面对知识急剧膨胀和知识折旧速度的加快,应对持续的变革、创新、全球整合等带来的挑战,企业需要建立一支高适应性的人才团队。许多知名企业的成功经验,都是把提高员工的综合素质,提升全员学习力作为企业的核心竞争力。研究表明,如果企业希望在未来获得较好的商业表现和竞争优势,员工的能力和技术将会变得极为重要。企业学习,特别是员工的培训对于企业的未来发展至关重要。而企业培训要取得良好的效果,就要从企业所处的客观环境、员工的层次结构、知识技能的差异、学习习惯等各方面来考虑制定针对性的培训策略。

然而,企业学习和培训的效果在很大程度上取决于方法的选择。当前,企业培训的方法有很多种,从传统的"黑板＋粉笔"的课堂讲授、轮岗、实习、研讨会到应用各种技术手段的多媒体教学、案例研究、角色扮演和自定步调的电子化网络学习(e-learning)。不同的培训方法具有不同的特点,其自身也是各有优劣。

一、企业常用的学习和培训方法

如何使企业能够持续发展,永远是所有企业领导者最优先考虑的战略重心。一个企业要发展,就必须有知识;一个企业要持续发展,就必须不断更新自己的知识。如果企业没有全新的知识,没有站在世界前沿的知识阵地,企业的持续发展也将会是一句空话。企业的知识来源于掌握知识的人。所谓知识更新,实际上就是掌握知识的人的头脑的更新,在企业主要就是靠培训来进行。

下面对企业培训领域常用的培训教学方法及其优缺点进行比较。

(一)课堂讲授

培训教师在课堂上通过语言表达,系统地向受训者传授知识,期望这些受训者能记住其中的重要观念与特定知识,属于传统模式的培训方式。其优缺点如表7-1所示。

表7-1 课堂讲授培训方式的优缺点

课堂讲授培训方式		
优　　点	缺　　点	资源和实施要求
运用方便,可以同时对许多人进行培训,经济高效,有利于学员系统地接受新知识,容易掌握和控制学习的进度,有利于加深理解难度大的内容。	学习效果易受培训教师讲授的水平影响。由于主要是单向性的信息传递,缺乏教学者和学员间必要的交流和反馈,学过的知识不易巩固,故常被运用于一些理念性知识的培训。	培训教师应具有丰富的知识和经验。讲授要有系统性、条理性,重点、难点要突出。讲授时语言要清晰、生动准确。必要时可运用板书。应尽量配备必要的多媒体设备,以加强培训的效果。讲授完应保留适当的时间让培训教师与学员进行沟通,用问答方式获取学员对讲授内容的反馈。

(二)轮岗

让受训者在预定的时期内变换工作岗位,使其获得不同岗位的工作经验。轮岗主要用于对新进员工的培训。现在很多企业采用工作轮换的方法来培养新进入企业的年轻管理人员或有管理潜力的未来的管理人员。这是一种在职培训的方法。轮岗培训方式的优缺点如表7-2所示。

表7-2 轮岗培训方式的优缺点

轮岗培训方式		
优　　点	缺　　点	资源和实施要求
工作轮换能丰富培训对象的工作经历,能识别培训对象的长处和短处。企业能通过工作轮换了解培训对象的专长和兴趣爱好,从而更好地开发员工的所长。工作轮换能增进培训对象对各部门管理工作的了解,扩展员工的知识面,对受训对象以后完成跨部门、合作性的任务打下基础。	如果员工在每个轮换的工作岗位上停留时间太短,则所学的知识不精。轮岗适用于"通才化"培训,适用于一般直线管理人员的培训,不适用于职能管理人员的培训。	在为员工安排工作轮换时,要考虑培训对象的个人能力以及他们的需要、兴趣、态度和职业偏爱,从而选择与其合适的工作;工作轮换时间长短取决于培训对象的学习能力和学习效果,而不是机械地规定时间。

（三）实习

实习这种培训方式是由一位有经验的技术能手或直接主管人员在工作岗位上对受训者进行培训。如果是一对一的现场个别培训，就是企业常用的师傅带徒弟的培训。实习培训中负责指导的人称为教练。教练的任务是教给受训者如何做，提出如何做好的建议，并对受训者进行鼓励。实习培训并不一定要有详细、完整的教学计划，但应有培训的要点。培训要点的内容大致有以下三点：第一，关键工作环节的要求；第二，做好工作的原则和技巧；第三，须避免、防止的问题和错误。实习培训方式广泛应用于对基层生产工人的培训。

实习培训方式的优缺点如表 7-3 所示。

表 7-3　实习培训方式的优缺点

实习培训方式		
优　　点	缺　　点	资源和实施要求
通常能在培训者与培训对象之间形成良好的关系，有助于工作的开展。一旦师傅调动、提升、退休、辞职时，企业能有训练有素的员工顶上。	不容易挑选到合格的教练或师傅。有些师傅担心"带会徒弟饿死师傅"，不愿意倾尽全力培训徒弟。要挑选具有较强沟通能力、监督和指导能力以及宽广胸怀的教练难度大。	培训前要准备好所有的用具，搁置整齐，让每个受训者都能看清示范物。教练一边示范操作一边讲解动作或操作要领。示范完毕，让每个受训者反复模仿实习。对每个受训者的试做给予立即的反馈。

（四）研讨会

按照费用与操作的复杂程度又可分成一般研讨会与小组研讨会两种方式。一般研讨会多以专题演讲为主，中途或会后允许学员与演讲者进行交流沟通，一般费用较高。而小组研讨会则费用较低。研讨会培训方式的目的是为了提高能力、培养意识、交流信息、产生新知。比较适宜于管理人员的训练或用于解决某些有一定难度的管理问题。研讨会培训方式的优缺点如表 7-4 所示。

表 7-4　研讨会培训方式的优缺点

研讨会培训方式		
优　　点	缺　　点	资源和实施要求
强调学员的积极参与，鼓励学员积极思考，主动提出问题，表达个人的感受，有助于激发学习兴趣。讨论过程中，教学者与学员间、学员与学员间的信息可以多向传递，知识和经验可以相互交流、启发、取长补短，有利于学员发现自己的不足，开阔思路，加深对知识的理解，促进能力的提高。据研究，这种方法对提高受训者的责任感或改变工作态度特别有效。	运用时对研讨会的组织者（负责培训和指导教学的人）要求较高。研讨会课题选择得好坏直接影响培训效果。受训人员自身的水平也会影响培训效果。不利于受训人员系统地掌握知识和技能。	每次研讨要建立明确的目标，并让每一位参与者了解这些目标。要使受训人员对研讨的问题发生内在的兴趣，并启发他们积极思考。

(五) 多媒体

多媒体培训方式就是利用现代视听技术,如投影仪、录像、电视、电影、电脑等工具对员工进行培训。多媒体培训方式的优缺点如表7-5所示。

表7-5　多媒体培训方式的优缺点

多媒体培训方式		
优　　点	缺　　点	资源和实施要求
由于多媒体是运用视觉和听觉的感知方式进行培训,具有直观形象的优点,能比讲授或研讨给人更深的印象。教材生动形象具有真实感,比较容易引起受训人员的注意和兴趣。多媒体视听教材可反复使用,能更好地适应受训人员的个别差异和不同水平的要求。	视听设备和教材的成本较高,内容易过时。选择合适的视听教材不太容易。学员处于消极的地位,反馈和实践较差,一般可用作培训的辅助手段。	要清楚地说明培训的目的,依据讲课的主题选择合适的视听教材。以播映的内容来发表各人的感想或以"如何应用在工作上"展开讨论,最好能边看边讨论,以增加理解。讨论后培训教师必须做重点总结或将如何应用在工作上的具体方法告诉受训人员。

(六) 案例研究

这是一种向参加培训的学员提供员工或组织如何处理棘手问题的案例,让学员分析和评价案例,提出解决问题的建议和方案的培训方法。案例研究法由美国哈佛大学管理学院推出,目前广泛应用于企业管理人员(特别是中层管理人员)的培训。目的是训练他们具有良好的决策能力,帮助他们学习如何在紧急状况下处理各类事件。案例研究培训方式的优缺点如表7-6所示。

表7-6　案例研究培训方式的优缺点

案例研究培训方式		
优　　点	缺　　点	资源和实施要求
学员参与性强,变学员被动接受为主动参与。将学员解决问题能力的提高融入到知识的传授中,有利于学员参与企业实际问题的解决。教学方式生动具体,直观易学。容易使学员养成积极参与和向他人学习的习惯。	案例的准备需时较长,且对培训师和学员的要求都比较高;案例的来源往往不能满足培训的需要。	案例研究法通常是向培训对象提供一则描述完整的经营问题或组织问题的案例,案例应具有真实性,不能随意编造。案例要和培训内容一致,培训对象则组成小组来完成对案例的分析,做出判断,提出解决问题的方法。随后,在集体讨论中发表自己小组的看法,同时听取别人的意见。讨论结束后,公布讨论结果,并由教员再对培训对象进行引导分析,直至达成共识。

(七) 角色扮演

角色扮演是指在一个模拟的工作环境中,指定参加者扮演某种角色,借助角色的演练来理解角色的内容,模拟性地处理工作事务,从而提高处理各种问题的能力。这种培训方法比较适用于训练态度仪容和言谈举止等人际关系技能,比如询问、电话应对、销售技术、业务会谈等基本技能的学习和提高。适用于新员工、岗位轮换和职位晋升的员工,主要目的是为了尽快适应新岗位和新环境。角色扮演培训方式的优缺点如表 7 - 7 所示。

表 7 - 7 角色扮演培训方式的优缺点

角色扮演培训方式		
优　　点	缺　　点	资源和实施要求
学员参与性强,学员与教员之间的互动交流充分,可以提高学员培训的积极性。特定的模拟环境和主题有利于增强培训的效果。通过扮演角色和观察其他学员的扮演行为,可以学习各种交流技能。通过扮演后教学者的指导,可以及时认识自身存在的问题并进行改正。	角色扮演培训方式的效果好坏主要取决于教学者的水平。扮演中的问题分析限于个人,不具有普遍性。容易影响学员的态度而不易影响其行为。	教学者要为角色扮演者准备好材料以及一些必要的场景道具,确保每一扮演过程的行为与培训计划中所教导的行为一致。为了激励训练者的士气,在演出开始之前及结束之后,全体学员应鼓掌表示感谢。演出结束,教员针对各演示者存在的问题进行分析和评论。角色扮演法应和授课法、讨论法结合使用,才能产生更好的效果。

（八） e-learning

e-learning 培训方式是指企业通过内部网络,将文字、图片及影音文件等培训资料上传到网上资料馆,并组建网上课堂供员工进行课程的学习。e-learning 培训方式具有信息传送量大、新知识、新观念传递速度快等优点,更适合对成人的培训。e-learning 培训方式的优缺点如表 7 - 8 所示。

表 7 - 8 e-learning 培训方式的优缺点

e-learning 培训方式		
优　　点	缺　　点	资源和实施要求
使用灵活,符合分散式学习的新趋势,学员可灵活选择学习进度,灵活选择学习的时间和地点,灵活选择学习内容,节省了学员集中培训的时间与费用。在网上培训方式下,网络上的内容易修改,且修改培训内容时,不须重新准备教材或其他教学工具,费用低。可及时、低成本地更新培训内容。网上培训可充分利用网络上大量的声音、图片和影音文件等资源,增强课堂教学的趣味性,从而提高学员的学习效率。	网上培训要求企业建立良好的网络培训系统,这需要大量的培训资金。e-learning 培训方式主要适合知识方面的培训,一些如人际交流的技能就不适合用 e-learning 的网上培训方式。	优秀的教学设计、优质的网络环境和终端设备及企业学习文化是影响此类培训效果的关键因素。

二、企业学习和培训的类型

一般来说,企业的培训有常规培训和应急培训之分,常规培训其主要内容是企业过去的经验和既定的战略及其相关知识。应急培训主要是响应企业紧急的商业需求。使用e-learning进行培训时,需要根据培训内容和形式等特点来选择合适的 e-learning 培训策略和方式,将常规培训与应急培训分开实施。e-learning 按照时间性、重要性等可分为以下几类。

1. 常规培训(Traditional)

常规培训的内容着重在知识和技能,通常是年度学习培训中的一部份,希望解决企业对于知识和技能上的需求。用 e-learning 进行企业的常规培训,需要依据企业的年度培训计划和预算情况来决定外购还是自制。一般可以通过需求分析的结果来决定,也可以依据企业专业的认证发展计划的需要来决定。

2. 战略培训(Strategic)

战略培训是依据组织发展或变革策略的需求开展的。这类培训所需要的课程开发时间常常超过 3 个月甚至 1 年。除了需要人力资源或培训部门的人参与外,还要员工、SME(内容提供专家)的参与。战略培训的学习模式大多采用混合式学习,通常采用在线学习和面授教师引导式学习相结合的方法以取得较好的培训效果。

3. 快速培训(Rapid)

使用 e-learning 的企业往往都是知识更新迅速的企业,包括新的产品推出,新的营销手段的传播等等。这要求员工能够在最短时间内快速掌握新知识。如果用传统 e-learning 来开展这类培训势必会造成信息滞后的情况,对企业造成损失。为了应对企业培训的紧急需求,快速 e-learning(rapid e-learning)这种新的 e-learning 形式出现并快速发展起来。快速 e-learning 的课件内容使用周期往往比较短,这样的课件通常由内容提供专家 SME(Subject Matter Expert)使用 PPT 或是简单快速的 e-learning 软件编辑开发而成的。

延伸阅读

Rapid e-learning

大部分的快速 e-learning(Rapid e-learning)有这样三个特性:

(1) 课件开发时间短于三周。SME 是主要的课件开发人员。课件通常运用相当简易的工具或样板来开发。

(2) 课件会设计简单的评价、回馈及追踪功能。内容会包含一些简易的媒体元素,一般不采用高技术的媒体。

(3) 课件中的学习单元通常不超过 1 小时的长度,采用同步或异步方式传递。

可以看到"开发时间短"和"开发容易"是快速 e-learning 的重要特色。

依传递内容的深浅,企业培训所要传递的内容大致可分成四类:信息传递类、知识转换类、新技能训练类、认证绩效类。当培训主题及目标明确后,必须确定此次培训传递的内容属于哪一类。如果是信息传递类和知识转换类,采用 Rapid e-learning 是合适的。如果传递的是新技能训练类或认证绩效类的,应该使用更完整的实体训练、在线训练或混合式培训会更好。

三、企业学习和培训面临的挑战

企业培训作为人力资源管理的一个重要组成部分,其基本职能是通过培训人、训练人来提高员工、组织的工作绩效。企业培训的目的是要让员工掌握所培训的知识、技能和态度,并且将它们应用到日常工作中去。企业培训,不同于学校教育,它直接服务于企业的目标。总的来讲,企业培训的功能和意义包括以下四个方面:

(1) 导入和定向:引导新员工加入企业,了解、熟悉工作职责、工作环境和工作标准。

(2) 改进绩效:通过新方法、新技术、新思维、新规则的传播达到提高工作绩效和行为表现的目的。

(3) 扩展员工价值:通过培训扩展员工的知识和技能,提高员工的适应性,为其进一步发展和担负更大的责任创造条件。

(4) 提高领导素质:通过培训提高各层次管理人员的思想素质和管理水平,使其更新观念,改善知识结构,适应组织变革和发展的需要。

(一) 传统面授培训模式的弊端

知识经济的发展,企业人才已成为企业所有财富中最宝贵、最有决定意义的资源。因此,企业员工整体培训的地位和作用日益凸现。"练好内功"将是企业应对全球经济危机的重要策略之一。然而,传统培训方式往往面临着工学矛盾、师资短缺、成本过高等难题,无法为员工提供快速、即时的学习,更别说要求更高的"随需"的学习。

从培训组织上来讲,传统的面授培训受到了企业与员工、员工与工作、员工与培训等各方面的制约:

(1) 正式培训课程需要花费时间精心设计开发,这个过程的复杂性与企业要求员工学习的紧迫性存在冲突。传统的培训占用太多的工作时间,而企业管理者希望员工能够连续地工作而不是频繁地参加培训。

(2) 培训内容与实际工作情境存在断层,被培训者常常不知道怎样运用已经"知道"的知识。

(3) 员工常常认为正式培训课程的学习内容落后于时代与企业的发展,不是面向未来的。很多培训者缺乏专业教学技能,培训常常是一种低效强化。员工把培训看作是弥补缺陷,而不是挖掘潜力,发挥优势。

(4) 从培训效果上来说,传统的面授由于是采取集体学习的形式,学习氛围较强,容易进行分组活动,进行角色扮演等练习,学员可以在参与角色扮演、观察他人进行角色扮演、相互点评和听取教师点评的一系列活动中提高自己的能力,这些都是面授教学的优点。而其缺点在于,单一以面授形式进行的培训课程由于教学内容多、时间有限、学员人数众多,参与练习的机会相对较少,因此很难保证每一位学员都能获得非常好的学习效果。

(二) e-learning 应用中的挑战和困惑

运用快速升级、日益进步的技术,企业学习已经大大超越了传统的课堂式教学。通过 e-learning 的方式,企业可以快速接收和传递商业信息,迅速传达商业理念,应对快速变化的市场环境,实现企业运营的高速和高效,e-learning 在一定程度上成为支持企业实现商业目标的重要手段。e-learning 在企业培训中的应用在一定程度上弥补了传统面授的不足，其主要的优势体现在以下方面：

（1）扩大了培训覆盖面，使每个员工都能得到培训机会。

（2）所有培训内容始终在线，培训范围最大限度地获得延伸。

（3）员工可以随时随地学习，可以按照工作日程有效安排学习时间。

（4）综合利用 IT 技术，增强了学习的互动性。

（5）节省大量教学者、场地、差旅等培训费用。

（6）使最高决策层的意图更好地传达到全企业范围并得到理解，加快企业行动速度，缩短新业务部署时间，同时可以促进员工掌握信息化工具的使用。

（7）消除或大大降低因员工离岗培训在工作上造成的机会成本。

（8）电子化学习课件在设计中可以通过文字、音频和动画的形式突出学习重点，而且提供多种互动练习和即时反馈，促进学员对知识点的记忆。

（9）可以供员工在方便的时候选择相关内容重复学习。

然而，国内企业在 e-learning 实施过程中，却发现这样一个现象：花了大价钱买的学习平台和课件，使用率却比预想的低得多。主要的表现和原因有：

（1）认识不够。对 e-learning 给企业培训及企业的发展带来的影响缺乏系统的考虑，如 e-learning 对企业绩效的提升有何帮助，e-learning 对企业学习型组织的形成有何作用，e-learning 与企业的战略发展有何关系等。

（2）重技术轻培训效果。认为 e-learning 技术越先进、功能越强大，培训效果也就越好，却忽视了企业进行 e-learning 培训的最终目的是运用有效手段加快培训的速度，运用系统化的培训提高企业培训的绩效。

（3）缺乏学习资源。很多企业只是把传统的培训进行电子化，缺乏针对在线资源的系统规划，资源往往只是文字教材或教案的电子化，交互型课程很少，课程内容呈现的形式比较单一，辅助的学习资源缺乏多样性。

（4）缺乏引导和激励。e-learning 的在线学习方式，由于没有眼神接触及肢体语言的展现，所以学习主要依靠学员个人完成，客观上没有学习氛围，非常依赖于学员的学习主动性。而且，大多数企业在培训中，不仅对员工的需求重视不够，同时对员工的激励也不够。激励机制的缺失，使员工在培训中很难产生创意，把培训成果运用到实际工作中去的动力不足。

（5）缺乏推广经验。e-learning 作为一种新的培训方式，其学习体验与传统培训存在较大差异，而改变学习习惯又是困难的，所以学习者的学习动机和学习兴趣显得尤为重要，这需要通过宣传和推广发挥作用，缺乏有效的推广，再好的体系和平台，都可能导致 e-learning 项目的失败。

如何最大限度地发挥 e-learning 的价值，弥补传统培训存在的不足，调动员工学习的积极性和主动性，使其最终服务于企业战略，是摆在企业 e-learning 应用道路上的最大障碍。

第二节 混合式学习概述

企业培训经理现在有无数的教学方法、策略、媒介和实施方法，可以用于创造最终的学习体验。实现培训目标的最好方法是什么？是课堂教学，还是一系列可以自定步调的电子化培训课件？是案例分析，还是情景模拟？是视频展示，还是图文解释？是研讨会，还是实时的虚拟课堂？选择如此之多，以至于有些让人无所适从，于是混合式学习应运而生。

一、混合式学习理论的基础

许多学者对混合式学习进行了探讨。卡曼（Carmen）在 2002 年提出，混合式学习并不是以某个特定学习理论为基础的，而应该是"学习理论的混合"。埃里森·罗斯特（Allison Rossett）则认为，学习理论并非宗教信仰，选择了这个就不能选择另一个。艾略特·梅西（Elliot Masie）指出学习者本身也是一个混合式的学习者，所以一般认为混合式学习应该是多种学习理论的混合。

本书认为指导混合式学习的理论应该是多元化的，而不应该是一元化的，即应该是多种学习理论的混合。从总体上说，混合式学习理论应该包括建构主义学习理论、人本主义思想、教育传播理论以及活动理论，其中又以建构主义最为重要。

（一）建构主义理论

建构主义（Constructivism）学习理论是以建构主义理论为指导思想的学习理论（参见本书第一章）。建构主义最早由瑞士心理学家皮亚杰（Piaget）通过研究儿童的认知规律提出来的。他提倡在教学者的指导下以学习者为中心的学习，强调学习者对知识的主动探索、主动发现和对所学知识的意义建构，教学者不再是知识的传授者和灌输者，而是意义建构的帮助者、促进者。换句话说，建构主义认为，知识不是通过教学者的直接传授得到的，而是学习者在一定的情境中，借助于教学者和其他学习者的帮助，通过意义建构而主动获得的。"情境"、"协作"、"会话"和"意义建构"是建构主义学习环境中的四大要素。

建构主义学习理论强调以学习者为中心，认为学习者是认知的主体，是知识意义的主动建构者；教学者只对学习者的意义建构起帮助和促进作用，并不要求教学者直接向学习者传授和灌输知识。在建构主义学习环境下，教学者和学习者的地位、作用和传统教学相比已发生很大的变化。近年来，教育技术领域的专家们进行了大量的研究与探索，力图建立一套能与建构主义学习理论以及建构主义学习环境相适应的全新的教学设计理论与方法体系。尽管这种理论体系的建立是一项艰巨的任务，并非短期内能够完成，但是其基本思想及主要原则已日渐明朗，并已开始实际应用于指导基于多媒体和互联网的建构主义学习环境的教学设计。建构主义使用的教学设计原则如下：

1. 以学习者为中心

明确"以学习者为中心"，这一点对于教学设计有至关重要的指导意义，因为从"以学习者为中心"出发还是从"以教学者为中心"出发将得出两种全然不同的设计结果。至于如何

体现以学习者为中心,建构主义认为可以从三个方面努力:

(1) 要在学习过程中充分发挥学习者的主动性,要能体现出学习者的首创精神。

(2) 要让学习者有多种机会在不同的情境下去应用他们所学的知识(将知识"外化")。

(3) 要让学习者能根据自身行动的反馈信息来形成对客观事物的认识和解决实际问题的方案(实现自我反馈)。

以上三点,即发挥首创精神、将知识外化和实现自我反馈可以说是体现以学习者为中心的三个要素。

2. "情境"对意义建构的重要作用

建构主义认为,学习总是与一定的社会文化背景即"情境"相联系的。在实际情境下进行学习,可以使学习者能利用自己原有认知结构中的有关经验去同化和索引当前学习到的新知识,从而赋予新知识以某种意义。如果原有经验不能同化新知识,则要引起"顺应"过程,即对原有认知结构进行改造与重组。总之,通过"同化"与"顺应"才能达到对新知识意义的建构。在传统的课堂讲授中,由于不能提供实际情境所具有的生动性、丰富性,因而将使学习者对知识的意义建构发生困难。

3. "协作学习"对意义建构的关键作用

建构主义认为,学习者与周围环境的交互作用,对于学习内容的理解(即对知识意义的建构)起着关键性的作用。这是建构主义的核心概念之一。学习者在教学者的组织和引导下一起讨论和交流,共同建立起学习群体并成为其中的一员。在这样的群体中,共同批判地考察各种理论、观点、信仰和假说,进行协商和辩论,先内部协商(即和自身争辩到底哪一种观点正确),然后再相互协商(即对当前问题摆出各自的看法、论据及有关材料并对别人的观点作出分析和评论)。通过这样的协作学习环境,学习者群体(包括教学者和每位学习者)的思维与智慧就可以被整个群体所共享,即整个学习群体共同完成对所学知识的意义建构,而不是其中的某一位或某几位学习者完成意义建构。

4. 针对学习环境而非教学环境设计

建构主义认为,学习环境是学习者可以在其中进行自由探索和自主学习的场所。在此环境中学习者可以利用各种工具和信息资源(如文字材料、书籍、音像资料、CAI与多媒体课件以及互联网上的信息等)来达到自己的学习目标。在这一过程中学习者不仅能得到教学者的帮助与支持,而且学习者之间也可以相互协作和支持。学习应当被促进和支持而不应受到严格的控制与支配。学习环境则是一个支持和促进学习的场所。在建构主义学习理论指导下的教学设计应是针对学习环境的设计而非教学环境的设计。因为,教学意味着更多的控制与支配,而学习则意味着更多的主动与自由。

5. 利用各种资源支持"学"而非支持"教"

为了支持学习者的主动探索和完成意义建构,在学习过程中要为学习者提供各种信息资源(包括各种类型的教学媒体和教学资料)。这里利用这些媒体和资料并非用于辅助教学者的讲解和演示,而是用于支持学习者的自主学习和协作式探索。对于信息资源应如何获取、从哪里获取,以及如何有效地加以利用等问题,是主动探索过程中迫切需要教学者提供帮助的内容。

6. 学习目的是完成意义建构而非完成教学目标

在建构主义学习环境中,强调学习者是认知主体、是意义的主动建构者,所以是把学习者对知识的意义建构作为整个学习过程的最终目的。教学设计通常不是从分析教学目标开始,而是从如何创设有利于学习者意义建构的情境开始,整个教学设计过程紧紧围绕"意义建构"这个中心而展开,不论是学习者的独立探索、协作学习还是教学者辅导。总之,学习过程中的一切活动都要从属于这一中心,都要有利于完成和深化对所学知识的意义建构。

混合式学习认为学习者获得知识的多少取决于学习者在教学者帮助下,根据自身经验去建构有关知识的意义的能力,而不是学习者重现教学者思维过程的能力。

(二)教育传播理论

教育传播理论是教育技术学的基本理论,也是混合式学习的重要理论基础之一。它包括教育传播信息、符号、媒体、效果理论。其中教育传播媒体作为教育信息、符号的载体,它的选择对教育传播效果有着直接决定作用。而混合式学习的关键问题之一就是教育传播媒体的选择与组合应用。因此,对教育传播媒体理论的研究有利于混合式学习的顺利开展。以下从两个方面探讨教育传播媒体理论对混合式学习设计与应用的影响。

1. 媒体是人体的延伸

1964 年,加拿大学者马歇尔·麦克卢汉(Marshall Mcluhan)在《媒介通论:人体的延伸》一书中,论证人类在进入电子时代的同时,对媒体的性质、特点、作用和分类,提出了许多新的概念,其中一个重要的观点是:媒体是人体的延伸。媒体是人体的延伸这一性质,给教育带来了多方面的影响:

(1)媒体的延伸,扩大和提高了人的感觉和思维能力。

(2)媒体的延伸,打破了感官平衡,可使某一感觉器官凌驾于其他感觉器官之上。

(3)媒体的延伸,因各种媒体的延伸方向有所不同,意味着媒体功能具有互补性,但很少能够互相替代。因此,世界上不存在万能的媒体。

(4)媒体的延伸,也促使媒体自身向深度广度发展。

从媒体是人体的延伸理论可以看出,在教学中,媒体起到了重要的作用,但没有"万能"媒体。在混合式学习中,要根据各种不同的媒体的特性和实际情况进行媒体的选择,优化组合,才能更好地促进媒体为教育教学服务。

2. 媒体选择定律

混合式学习的核心思想是根据不同问题、要求,采用不同的方式解决问题,而且这种解决问题的方式要求付出最小代价,取得最大效益。这就要求在设计混合式学习时应充分考虑教学媒体的选择,以最合适的媒体传递最恰当的信息。美国大众传播学家施拉姆(Wibur Schramm)针对媒体的选择,提出了媒体选择定律,施拉姆的媒体选择定律可用公式表示为:

$$媒体选择概率(P) = \frac{媒体产生的功效(V)}{需付出的代价(C)}$$

从公式中可以看出,媒体选择的概率应该与媒体产生的功效成正比,与需要付出的代价成反比。即媒体的选择和使用,应以提高功效与代价之间的比值为目标,混合式学习就是期待以付出最小的代价,得到最大的回报。

因此,由施拉姆的媒体选择原则可以认为:媒体产生的功效,对教学者而言是教学目标的实现情况,对学习者而言是学习的效果如何。付出的代价,对教学者而言是使用媒体设备和制作媒体资料所投入的费用、精力及所花的时间等,对学习者而言是进行学习所必需的条件(如计算机设备、上网费用)和适应性等。施拉姆的媒体选择定律提示,在设计混合式学习方案时可以采用如下的途径:

(1) 教学效能不变,尽量降低成本。

(2) 保持成本不变,尽量提高效能。

(3) 尽量降低成本,努力提高效能。

(4) 成本略有提高,更大提高效能。

(5) 效能略为下降,但大幅度降低成本。

同时,贝森(Beisin)及其合作者提出一个媒体选择指南,它可以帮助使用者根据给定的问题选择恰当的媒体类型,如表7-9所示。

表7-9　媒体选择指南

媒体类型	教学价值	可测性	开发时间	开发成本	配置成本	评估能力	可跟踪性
CBT	高	低	3～6周	中	高	中	低
WBT	高	高	4～20周	高	低	高	高
CD-ROM	高	高	6～20周	高	低	高	低
电话会议	低	中	0～2周	低	低	无	无
网络研讨会	低	低	3～6周	低	中	低	低
模拟	很高	中	8～20周	高	中	高	高
实验室模拟	很高	低	3～6周	高	高	中	中
工作助手	低	高	0～3周	高	低	无	无
网页	低	高	1～8周	低	低	无	无
网站	低	高	1～8周	低	低	无	无
社区	中	低	2～3周	高	高	低	低
导师	中	很低	4～6周	中	中	无	低
视频	高	中	8～20周	高	高	无	低
电子绩效	中	中	8～20周	中	中	无	中

从以上学者和专家的分析得出,混合式学习中非常重要的一点就是信息传递媒体的优化组合,根据对媒体特性、开发成本、现状条件及绩效特性等来选择组合媒体,从而为学习者创造良好的学习环境,促进学习者深度学习能力及高级思维能力的发展。

(三) 其他学习理论

1. 人本主义思想

人本主义思想的杰出代表罗杰斯(Rogers)认为,个人以自己独特的方式去感知世界,这些知觉就构成了每个人自己的现象场。罗杰斯根据现象学的理论指出,要求自我实现的力量存在于每个人之中,但个人的自我观念都有其独特性、个性,存在于每个人之中的自我观念是有差别的。每个人都在其生活经验中发展出自己一套独特的价值系统,其核心就是他对自己的估价、态度,也就是他的自我观念。

人本主义思想在创设媒体观时充分考虑处于教学主导地位的教学者的经验、情感与自我实现创新的愿望,这对改变建立在行为主义心理学上而忽视了人的社会性与复杂心理过程的技术作用观是一大进步。

人本主义思想是以"学"为中心的学习模式的重要理论支持。罗杰斯认为:"教学方法就是促进学习者学习的方法。""教学者要教好学习者,必须有适当的教学方法"。适当方法是指:第一,好教材。目的是使教学的内容适合于学习者已有的知识水平、学习兴趣和特长,便于学习者自学。第二,要善于辅导。他认为,教学者不应该一味地讲解,而是应为学习者提供有效的咨询和辅导。第三,提供必要的学习材料,包括书籍、参考资料、实验工具、教具等。第四,要创造一切条件让学习者自己学习。

人本主义的自我实现以及为学习者提供适当学习方法的观念,为混合式学习提供了理论支持。混合式学习在强调把技术作用于学习者时,也强调了教学者和学习者的经验,通过对教学者、学习者及教学媒体的分析,将有助于技术对教学支持作用的顺利实现。

2. 活动理论

活动理论的基本思想是:人类的行为活动是人与形成社会和物理环境的事物以及社会和物理环境所造就的事物之间的双向交互的过程。人的意识与行为是辩证的统一体。也就是说,人的心理发展与人的外部行为活动是辩证统一的。具体来说,活动理论的内容主要包括:

(1)基本的分析单位——活动及活动系统

活动理论中分析的基本单位是活动。活动系统包含有三个核心成分(主体、团体和对象)和三个次要成分(工具、规则和劳动分工)。次要成分又构成了核心成分之间的联系。活动理论认为人类的任何行为活动都是指向对象的,并且人类的行为活动是通过工具作为媒介来完成的。

(2)活动具有层次结构

活动理论认为,活动(Activity)受动机支配,它由一系列动作(Action)组成。每个动作都受目标(Goal)控制。动作是有意识的,并且不同的动作可能会达到相同的目标。动作是通过具体操作(Operation)来完成的。操作本身并没有自己的目标,它只是被用来调整活动以适应环境。操作受环境条件的限制。

(3)活动的内化和外化

活动的内化和外化体现了行为活动发展与心理发展的辩证统一。活动理论区分内部行为活动(即心理操作)和外部行为活动。它强调如果将内部行为与外部行为隔离开来进行分析是不可能被理解的,因为内部行为和外部行为是相互转化的。

(4)活动是发展变化的

人类的行为活动不是固定不变的,行为活动的构成会随着环境的变化而变化。同时,人类的行为活动又影响着环境的变化。

以"学习活动"作为基本设计单位的优点是在设计理论上可以做到全面关注学习者的个体差异和性格培养。以学习活动为中心的教学设计理论其核心理念强调教学皆可活动化。混合式学习强调根据学习者的个体差异设计适合学习者学习的活动,从而达到发展学习者心理机制的目的。

二、混合式学习的界定

国外的混合学习最先是用来改进企业电子化学习(e-learning)和培训的,其着眼点在于引进传统的面对面课堂学习方式来对电子化学习进行改进。关于混合式学习目前没有统一定义,国内外学者从不同的角度对它进行了界定。

(一)国外学者的观点

1. Harvi Singh 和 Chris Reed 的观点

美国著名学者哈维·辛格(Harvi Singh)和克里斯·雷德(Chris Reed)在 2001 年发表的观点是:"混合式学习可描述为应用多种传递方法的学习计划,其目的是使学习成果和学习计划传递的成本实现最优化。"他们将混合式学习定义为:混合式学习注重应用"恰当的"教学技术与"恰当的"个人学习风格相匹配,以便在"恰当的"时间将"恰当的"技能传递给"恰当的"人。

这个定义中包含的原则是:

(1) 运用混合式学习时应该首先考虑学习目标,而不是传递方法。

(2) 为了满足广大受众的需要,应当支持多种不同的个人学习风格。

(3) 每个人都将不同的知识带入学习体验中。

(4) 在许多情况下,最有效的学习策略就是:即时,即需。

2. Margaret Driscoll 的观点

学者玛格利特·德里斯科(Margaret Driscoll)在 2002 年发表的观点认为混合式学习指的是四个不同的概念:

(1) 结合(Combine)或混合(Mix)多种网络化技术(如,实时虚拟教室、自定步调学习、协作学习、流式视频、音频和文本)实现教育目标。

(2) 结合多种教学方法(如,建构主义、行为主义、认知主义),利用或不利用教学技术产生最佳的学习成果。

(3) 将任一种教学技术(如录像带、CD-ROM、网络化培训、电影)与面对面的教学者指导的培训(ILT)相结合。

(4) 将教学技术与实际工作任务相混合或结合,以使学习和工作协调一致。

3. Michael Orey 的观点

学者迈克尔·奥雷(Michael Orey)认为应该从学习者、教学者或教学设计者以及教学管理者三者的角度进行定义。从学习者角度来看,混合式学习是一种能力,指从所有可以得到的并与自己以前的知识和学习风格相匹配的设备、工具、技术、媒体和教材中进行选择,帮助自己达到学习目标;从教学者或教学设计者角度来看,是组织和分配所有可以得到的设备、工具、技术、媒体和教材,以达到教学目标,即使有些事情有可能交叉重叠;从教学管理者角度来看,是尽可能经济地组织和分配一切有价值的设备、工具、技术、媒体和教材,以达到学习目标。Orey 还指出这些设备、工具、技术、媒体和教材包括书籍、计算机、学习小组、教学者、教室、虚拟教室、非传统教室、教学指南等。

4. 印度 NIIT 公司的观点

印度 NIIT 公司 2002 年发表在美国培训与发展协会(ASTD)网站上的《Blended Learning 白皮书》中,教学设计专家们对混合式学习的观点是:"混合式学习应被定义为一种学习方式,这种学习方式包括面对面、实时的 e-learning 和自定步调的学习。大多数时候,混合式学习也被用来描述多种传输媒体、智能学习导师(ILT)和多种技术的混合应用。这些技术有e-learning、电子绩效支持(EPSS)以及知识管理实践等。"

5. The Traning Place 的观点

美国培训所(the Traning Place)对混合式学习的定义为:混合式学习是关于学习者如何掌握并且提高个人学习工作绩效的学习方法,是以下几个方面的统一协调:

(1)商业与绩效目标。

(2)小组学习者共同学习最优化的学习方法。

(3)学习内容最好的个性化展示以及学习的各种方法。

(4)支持学习、培训、商业以及社会活动的各种资源。

(5)最大化地提高与人接触、交流及处理社会关系能力的方法。

(二)国内学者的观点

北京师范大学何克抗教授认为混合式学习是个"旧瓶装新酒"的概念。Blending 一词的意义是混合或结合,混合式学习(或 Blended Learning)的原有含义就是混合式学习或结合式学习,即各种学习方式的结合。如运用视听媒体(幻灯投影、录音录像)的学习方式与运用粉笔黑板的传统学习方式相结合;计算机辅助学习方式与传统学习方式相结合;自主学习方式与协作学习方式相结合等等。

华东师范大学的祝智庭教授将 Blended Learning 译为"混合学习"。上海师范大学黎加厚教授把它译为"融合性学习",认为"融合性学习"是指对所有的教学要素进行优化选择和组合,以达到教学目的,同时指教学者和学习者在教学活动中,将各种教学方法、模式、策略、媒体、技术等按照教学的需要娴熟地运用。

华南师范大学的李克东教授认为,混合式学习(Blended Learning)是人们对网络学习(e-learning)进行反思后,出现在教育领域,尤其是教育技术领域较为流行的一个术语,其主要思想是把面对面(Face-to-Face)教学和在线(Online)学习两种学习模式的整合,以达到降低成本,提高效益的一种教学方式。

进入 21 世纪后,随着互联网的普及和 e-learning 的发展,国际教育技术界在总结近十年网络教育实践经验的基础上,利用混合式学习(Blended Learning)原有的基本内涵赋予它一种全新的含义:混合式学习是要把传统学习方式的优势和 e-learning 的优势结合起来,也就是说,既要发挥教学者引导、启发、监控教学过程的主导作用,又要充分体现学习者作为学习过程主体的主动性、积极性与创造性。目前国际教育技术界的共识是"只有将这两者结合起来,使两者优势互补,才能获得最佳的学习效果"。

(三)本书观点

综合国内外学者观点,结合企业学习和培训的特点,本书对混合式学习的界定如下:

混合式学习是以教学目标为导向,在多种学习理论指导下,根据培训内容、培训对象、培训资源等自身条件,混合面对面教学(课堂讲授、案例研究、角色扮演、研讨会)、电子化网络学习(虚拟团队协作学习、虚拟学习、异步互动课程学习、工作助手)、实践(轮岗、实习、在岗实践)多种方式中的两种或多种方式来实施教学的一种策略。

对以上定义进行如下说明：

(1) 混合式学习的教学目标,不是单纯的知识传播,更重要的是技能的提升。

(2) 多种学习理论,如行为主义学习理论,人本主义学习理论等等。各种理论都有其优缺点,有各自适用的领域与范围,混合式学习要综合各种理论指导,发挥出各自的优势。

(3) 混合式学习中不同的学习资源、学习环境、学习方式等都是可以混合使用的,但这里需考虑成本效益的问题,即以最低的成本产生最大的培训效益。

三、混合式学习的优势和应用

由于学习不是一蹴而就的行为,它是一个持续的过程,采用混合式培训比采用单一培训方式能带来以下三方面的优势：

首先,混合式培训带来的学习成效是显而易见的。国外较早开展这种学习方式的诸多大学和公司进行了大量的实践,对这些实践的调查表明,混合式培训不但能使培训更有效率,而且能使培训更有效果。混合式培训比仅仅采用传统的课堂面授或单独利用电子化培训更加有效。斯坦福大学为学有余力的学习者提供自学课程已经有十年的历史,他们发现仅有一半多一点的学习者完成了这些课程,问题在于他们提供的学习方式和学习者们的需求尚有差距,学习者希望增强互动与反馈,成立各种交流社区。网络学习方式的整合满足了这些需求,结果课程完成率提升到 94％。西门子公司在进行全球会计系统的更新时,面临全球近 1 万名财务人员的培训,一种以模拟训练为主结合在线培训的混合式培训模式成为最佳解决方案。全球各大公司也都纷纷采用这种模式应对培训工作的挑战,详情如表7-10所示。

表 7-10　全球各大公司使用混合式培训的情况

公司名称	培训目标	行　业	参加人数	合作伙伴	培训方式组合
西门子	公司转型	制造业	10 000	埃森哲	模拟训练,在线培训
罗氏	推行 ERP	制药	1 800	RWD	在线培训,讲师指导下的培训(ILT)
英国电信	销售培训	电信	260	埃森哲	在线培训,ILT
皇家太阳保险	销售培训	保险	1 500	Saba	在线培训,ILT
Kinkos 超市	销售培训	零售	20 000	Saba	在线培训
EMC	销售培训	制造业	1 000	KnowledgeNet	在线培训,ILT
Cisco	销售培训	制造业	860 000	KnowledgeNet	在线培训,电话会议
NCR	销售培训	服务业	370	NETg	在线培训
贝尔(加拿大)	降低培训费用	电信	42 000	NETg	在线培训,ILT
Peoplesoft	员工培训	软件	5 500	NETg	在线培训,讨论会
Novell	经销渠道培训	制造业	5 600	Macromedia	Powerpoint 和视频

注：资料来自 Bersin & Associates.

其次,混合式培训模式能优化培训开发和实施的时间和成本。不同的培训模式有各自不同的优点和缺点,不能相互完全替代。比如整合网络学习的方式,可以适当节约时间和节省场地、差旅等费用。单以数字化的学习方式来说,不同的电子学习课件开发成本、时间和实施的时间也不同,如果一味注重课件的媒体表现,从费用和时间等综合考虑并不一定合适,而适当地辅以网页、PowerPoint、网络讲座(Web Lecture)等较低成本、较快开发的培训形式会更有效率和效果。不同培训手段的比较如表 7-11 所示。

表 7-11 不同培训手段的比较

培训方式	指导学习的价值	规模效益	开发周期	开发成本	实施成本	可评估性	可跟踪性
计算机辅助培训	高	低	3~8 周	中	高	中	低
在线培训	高	高	4~20 周	高	低	高	高
CD-ROM	高	高	6~20 周	高	中	高	低
电话会议	低	中	0~2 周	低	低	无	无
网络研讨会	中	中	3~6 周	低	中	低	低
模拟训练	很高	中	8~20 周	高	中	高	高
实验室模拟	很高	低	3~6 周	高	高	中	中
工作支持	低	高	0~3 周	低	低	无	无
网页	低	高	1~8 周	低	低	无	无
社区	中	低	2~3 周	高	高	低	低
导师	中	低到中	4~6 周	中	中	无	低
视频	高	中	6~20 周	高	高	无	低
EPSS	中	中	8~20 周	中	中	无	中

最后,混合式培训模式扩大了学习的覆盖面,使更多的人员参加培训。某种单一的培训方式到达的目标群体有一定的局限性,比如同步网络培训(虚拟教室)扩大了学员学习的地域范围,异步网络培训主要扩大培训时间和地点的选择。混合式学习的应用领域如表 7-12所示。

表 7-12 混合式学习的应用领域

应用领域	说　明
从学习目标来看	学习目标以达成应用、分析、评价层面的课程适合采用混合式学习模式。
从培训对象来看	多数面向中层、基层人员的专业与管理技能提升类课程可采用混合式学习模式。
从实施效果来看	实践证明,在一些面授培训前期中加入预习性在线学习、后期加入阶段性在线反馈,即可取得初步效果。这类面授课程可以首先考虑采用混合式学习模式。

第三节　混合式学习的设计

一、混合式学习的设计方法

混合式学习是"在'适当的'时间，通过应用'适当的'学习技术与'适当的'学习风格相契合，对'适当的'学习者传递'适当的'能力，从而取得最优化的学习效果的学习方式"。在混合式学习设计中，上述这五个"适当"的重要性已众所周知。但混合式学习课程设计实践中如何确保实现这五个"适当"呢？

这里主要还是参考建构主义来看如何进行混合式学习设计。在建构主义的教学模式下，目前已开发出的、比较成熟的教学方法主要有以下几种：

（一）支架式教学（Scaffolding Instruction）

支架式教学被定义为："支架式教学应当为学习者建构对知识的理解提供一种概念框架（Conceptual Framework）。这种框架中的概念是为发展学习者对问题的进一步理解所需要的，为此，事先要把复杂的学习任务加以分解，以便于把学习者的理解逐步引向深入。"

支架式教学由以下几个环节组成：

（1）搭脚手架：围绕当前学习主题，按"最邻近发展区"的要求建立概念框架。

（2）进入情境：将学习者引入一定的问题情境。

（3）独立探索：让学习者独立探索。探索内容包括：确定与给定概念有关的各种属性，并将各种属性按其重要性大小顺序排列。探索开始时要先由教学者启发引导，然后让学习者自己去分析；探索过程中教学者要适时提示，帮助学习者沿概念框架逐步攀升。

（4）协作学习：进行小组协商、讨论。讨论的结果有可能使原来确定的、与当前所学概念有关的属性增加或减少，各种属性的排列次序也可能有所调整，并使原来多种意见相互矛盾、且态度纷呈的复杂局面逐渐变得明朗、一致起来。在共享集体思维成果的基础上达到对当前所学概念比较全面、正确的理解，即最终完成对所学知识的意义建构。

（5）效果评价：对学习效果的评价包括学习者个人的自我评价和学习小组对个人的学习评价，评价内容包括：①自主学习能力；②对小组协作学习所作出的贡献；③是否完成对所学知识的意义建构。

（二）抛锚式教学（Anchored Instruction）

这种教学要求建立在有感染力的真实事件或真实问题的基础上。确定这类真实事件或问题被形象地比喻为"抛锚"，因为一旦这类事件或问题被确定了，整个教学内容和教学进程也就被确定了（就像轮船被锚固定一样）。建构主义认为，学习者要想完成对所学知识的意义建构，即达到对该知识所反映的事物的性质、规律以及该事物与其他事物之间联系的深刻理解，最好的办法是让学习者到现实世界的真实环境中去感受、去体验（即通过获取直接经验来学习），而不是仅仅聆听别人（例如教学者）关于这种经验的介绍和讲解。由于抛锚式教学要以真实事例或问题为基础(作为"锚"),所以有时也被称为"实例式教学"或"基于问题的教学"或"情境性教学"。

抛锚式教学由这样几个环节组成:

(1)创设情境:使学习能在和现实情况基本一致或相类似的情境中发生。

(2)确定问题:在上述情境下,选择出与当前学习主题密切相关的真实性事件或问题作为学习的中心内容。选出的事件或问题就是"锚",这一环节的作用就是"抛锚"。

(3)自主学习:不是由教学者直接告诉学习者应当如何去解决面临的问题,而是由教学者向学习者提供解决该问题的有关线索,并特别注意发展学习者的"自主学习"能力。

(4)协作学习:讨论、交流,通过不同观点的交锋,补充、修正、加深每个学习者对当前问题的理解。

(5)效果评价:由于抛锚式教学的学习过程就是解决问题的过程,由该过程可以直接反映出学习者的学习效果。因此对这种教学效果的评价不需要进行独立于教学过程的专门测验,只需在学习过程中随时观察并记录学习者的表现即可。

(三)随机进入教学(Random Access Instruction)

由于事物的复杂性和问题的多面性,要做到对事物内在性质和事物之间相互联系的全面了解和掌握,即真正达到对所学知识的全面而深刻的意义建构是很困难的。往往从不同的角度考虑可以得出不同的理解。为克服这方面的弊病,在教学中就要注意对同一教学内容,要在不同的时间、不同的情境下、为不同的教学目的、用不同的方式加以呈现。换句话说,学习者可以随意通过不同途径、不同方式进入同样教学内容的学习,从而获得对同一事物或同一问题的多方面的认识与理解,这就是所谓"随机进入教学"。显然,学习者通过多次"进入"同一教学内容将能达到对该知识内容比较全面而深入的掌握。这种多次进入,绝不是像传统教学中那样,只是为巩固一般的知识、技能而实施的简单重复。这里的每次进入都有不同的学习目的,都有不同的问题侧重点。因此多次进入的结果,绝不仅仅是对同一知识内容的简单重复和巩固,而是使学习者获得对事物全貌的理解与认识上的飞跃。

随机进入教学主要包括以下几个环节:

(1)呈现基本情境:向学习者呈现与当前学习主题的基本内容相关的情境。

(2)随机进入学习:取决于学习者"随机进入"学习所选择的内容,而呈现与当前学习主题的不同侧面特性相关联的情境。在此过程中教学者应注意发展学习者的自主学习能力,使学习者逐步学会自己学习。

(3)思维发展训练:由于随机进入学习的内容通常比较复杂,所研究的问题往往涉及许多方面,因此在这类学习中,教学者还应特别注意发展学习者的思维能力。

(4)小组协作学习:围绕呈现不同侧面的情境所获得的认识展开小组讨论。在讨论中,每个学习者的观点在和其他学习者以及教学者一起建立的社会协商环境中受到考察、评论,同时每个学习者也对别人的观点、看法进行思考并作出反映。

(5)学习效果评价:包括自我评价与小组评价,评价内容包括:①自主学习能力;②对小组协作学习所作出的贡献;③是否完成对所学知识的意义建构。

二、混合式学习的设计组合

教学设计者在将电子化学习整合到学习方案中时发现,最好的在线学习方式是尽可能地将人类学习的各个特点整合到学习的过程之中,如制造各种感官的刺激、创立学习社区、提供在线辅导、建立学习文化,使得学习成为终身的通过各种互动方式实施的过程。为了满足各个学习层面的需求,设计杰出的电子化学习方案要求对方法进行明确慎重的选择。正确组合各种方法和媒介,创造出具有吸引力的有效学习体验是成功关键。

表7-13提供了设计混合式学习方案的组合。该表的第一列阐述学习目的或者目标。后三列列出设计达到目标的例子。

表7-13 混合式学习的设计组合

学习目标	教学实施方式		
	面对面学习	自主电子化学习	实时学习
获取知识	课堂呈现。	自学指导。 自主电子化学习模块。 白皮书和文件。 录制的实施电子化学习课程。	虚拟学习课程。
实践	应用实践研习班。 在岗培训。 教练和指导。	情境模拟。 游戏。 网上案例学习。 互动电子化学习模块。	虚拟学习课程加应用实践。 在线教练和指导。
知识和技巧,获取评估	行为观察。 活动和实践反馈。 书面测试。	在线评估。	在虚拟学习课程中依靠反馈进行评估。
合作	包含同仁关系建立、构建行动计划和讨论的课堂教学。	电子邮件。 电子公告牌。 讨论邮件清单。 网上实践社区。	虚拟学习研讨会。 聊天,短消息。
支持和强化	教练和指导。	网上专家和帮助系统。 工作辅助和决策支持工具。 在线知识管理系统。	网上教练和指导。

三、混合式学习的设计流程

基于以上对混合式学习相关理论和现实的认识,本书提出混合式学习课程的设计流程,如图7-1所示。供混合式学习课程设计人员参考,以改善课程设计。按照这个框架,混合式学习课程设计工作大体可以分为前端分析、活动与资源设计和教学评价设计三个阶段。

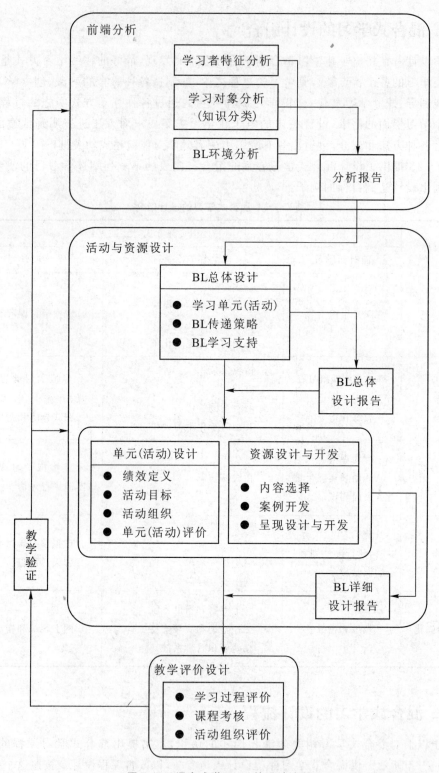

图 7-1 混合式学习 BL 的设计流程

（一）前端分析

在对课程资源和活动等进行具体的设计之前，必须先对课程教学的基本情况进行分析观测，即前端分析，以便确定该课程是否适合开展混合式学习。前端分析阶段包括三个方面的工作：

（1）学习者特征分析。通过评定学习者的预备知识、学习风格、学习偏好等掌握学习者的相关特征。

（2）基于知识分类的学习目标分析。即根据教学内容的实际情况确定学习应当达到的目标。

（3）混合式学习的环境分析。把握课程教学所具备的外部环境条件。

前端分析的目的是根据学习者的熟练程度确定学习目标，从而为后续工作提供依据，其结果表现为一份综合上述基本教学情况和教学起点的分析报告。

（二）活动与资源设计

这个阶段的工作由混合式学习总体设计、单元（活动）设计和资源设计与开发三个环节组成。在总体设计环节，课程设计人员应当在明确课程整体学习目标的基础上，对相应学习活动的顺序做出安排，确定学习过程中信息沟通的策略，并充分考虑为学习过程提供哪些支持。总体设计实际上已经为其他两个环节的设计工作确定了基调，而且总体设计的结果也正是一份详尽的设计报告，将课程设计的主要思路和设想充分地表述出来，使单元（活动）设计环节和资源设计与开发环节不必再为这些基本问题存在疑问，可以专心完成具体的技术工作。总体设计报告是混合式学习课程设计的基础文档，其中对课程目标和学习过程的构想同时也为课程评价提供了基本依据。总体设计环节必须不断追问的问题是，究竟哪些活动和资源适合于让学习者自学，还有哪些适合于典型的教室情境。

（三）教学评价设计

教学评价设计是课程设计的第三个阶段，主要通过学习过程的评价（如使用电子文档）、课程知识的考试（如在线考试）和学习活动的组织情况评定等方式对教学效果进行评价。前面两个阶段所确定的学习活动目标、混合式学习的环境等是进行评价设计的重要依据。

混合式学习规划的关键步骤如表 7-14 所示。

表 7-14　混合式学习规划的步骤

关键步骤	说　　明
体系规划	混合式学习的整体规划。包括建立分类体系、切分培训体系中的各个部分、制定启动和阶段性发展策略等。
学习资源库建设	混合式学习将应用到各种学习资源，建立标准的学习资源库可提高混合式学习实施效率。

关键步骤	说　明
学习活动规范化	建立规范化的学习活动指南，包括每类学习活动的实施方式、适合的人群、适合的内容等。方便设计人员实施教学设计。
模板设计	设计不同类型的混合式学习模板可大幅度提高混合式学习课程设计效率。例如，可设计"中层管理技能提升课程"模板、"销售导向课程"模板等。
实施与执行	混合式学习实施过程需学习管理系统的统一管理。管理范围既包括在线学习方式也包括面授等传统学习方式。
评估与优化	建立混合式学习评估与反馈机制，优化学习资源、学习活动以及模板。

第四节　混合式学习应用模式及要求

混合式学习强调的是在恰当的时间应用合适的学习技术达到最好的学习目标，要把传统学习方式的优势和 e-learning 的优势结合起来。也就是说，既发挥教师引导、启发、监控培训过程的主导作用，又充分体现学员作为学习过程主体的主动性、积极性与创造性。在企业培训中已经出现了混合式学习方式的许多应用，应用的混合层次如表 7-15 所示。典型的混合式学习方式可以分为网络学习（e-learning）部分、课堂面授部分和在岗实践部分。

表 7-15　混合的层次

混合层次	说　明
线上与线下的混合	线上与线下的混合，即"E（e-learning）＋C（Classroom）"的混合模式。混合式学习概念的提出最早就是指线上与线下的混合，但从广义来看，混合式学习还包括更多内容和层次。
基于学习目标的混合	基于学习目标的混合式学习，不再单一考虑线上与线下的因素，在"混合"策略的设计上以"达成学习目标"为最终目标，混合的学习内容和方式更为广泛。基于目标的混合式学习既可能都是传统方式的，又可能都是在线方式的混合。因此，该层次的混合式学习又被称为"整合式学习"或"组合式学习"。
学习与工作的混合	"学"与"习"的混合，或"学习"与"工作"的混合是混合式学习的最高层次。通过实践将学习的内容应用到实践中去，这是混合式学习的真正内涵。
……	……

一、混合式学习应用模式

以下是一些混合式学习解决方案的实例,包括学习目标和推荐的一些学习方式。

(一)模式一

第一种混合式学习模式为第一代混合式学习的方式,如表7-16所示。

表7-16　混合式学习模式一

阶　　段	提供方式	学习目标	学习方法
第一阶段	自主电子化学习	知识的习得与评估	文章阅读。 自主电子化学习模块。 在线学习评估。
第二阶段	面对面教学	实践与合作	参与角色扮演,提供反馈信息,参加小组讨论。
第三阶段	自主电子化学习	绩效支持	下载工具辅助和决策辅导工具。 阅读额外的参考资料。 参与讨论版的讨论。

这类方案的例子有德勤公司的"新经理"培训项目。德勤公司的"新经理"培训项目课程的对象是升为经理的高级顾问。该项目的目标是让学员参与团队组建,培养他们的团队领导技能,帮助他们利用反馈的方式对员工实施绩效教练和咨询,并让他们有机会和公司的高级合伙人及领导进行合作。"新经理"培训项目也应用了所谓的"电子文档"的设计,即包含网上的课前知识获取、课后的知识应用支持,而面对面课堂教学则强调技能的发展、有利于公司文化建设的活动、同仁关系建设、项目体验分享和晋升庆祝活动等等。

(二)模式二

第二种混合式学习模式提供了一种全新的管理及领导力发展方式,如表7-17所示。

表7-17　混合式学习模式二

阶　　段	提供方式	学习目标	学习方法
第一阶段	自主电子化学习	绩效支持。	网上自学指导。 观看录像。 自主电子化学习。
第二阶段	自主电子化学习	自主实践,进行知识、技能方面的评估。	互动式自主电子化学习、情境模拟和游戏。 进行在线评估。

续表

阶　段	提供方式	学习目标	学　习　方　法
第三阶段	虚拟学习	合作。	通过虚拟对话与专家或同事进行讨论。
第四阶段	面对面教学	实践。	参与课堂教学活动,如角色扮演、案例分析、小组讨论、同事交流和信息反馈等。

例如,新上任的经理首次做预算的时候,可以利用自学指导来了解公司的需求并查看有关预算的范例。在第二阶段,新上任的经理必须完成互动学习,情景模拟及游戏,这些活动涉及多种管理和领导技能,如教练、指导和团队领导。

在完成一个模块或一次情境模拟后,学员就可以在线进行自我评估,衡量知识及技能的习得情况。在第三阶段,学员可以通过虚拟课堂这一极佳的平台与专家及同事进行探讨和交流。最后,学员要在课堂上进行案例分析、角色扮演和小组讨论。

这一学习方式与 IBM 公司所举办的"纯蓝新管理者"(Basic Blue)学习项目有相似之处。

延伸阅读

IBM 公司的 Basic Blue 混合式学习方案

IBM 公司的 Basic Blue 是一套结合了网络学习模块、模拟、在线协作、面对面小组讨论以及在线导师的混合式学习解决方案。它使得培训成为一个不断进行的过程,而不是一个一次性的事件。

1. 解决方案——混合在线学习和传统课堂学习

1999 年,IBM 公司采用了 Basic Blue 作为其初级经理人培训计划,主要借助 e-learning 技术以及学习管理系统。IBM 公司在设计 Basic Blue 项目时充分利用了自身的技术和专业特长。Basic Blue 使用四层次混合式学习体系。

第一层次:从信息中学习。

第二层次:从人与计算机互动中学习。

第三层次:从人与人的协作中学习。

第四层次:从人与人的互动中学习。

2. e-learning 策略

小组讨论扩展了学习,增强了实践社区。在第一阶段从信息中学习完成后,学习伙伴到纽约聚集,进行为期一周的小组讨论会议。这时,经理们已经了解了培训的相关内容,他们可以相互分享自己先前相关的经历或经验、他们所关注的东西以及面临的挑战,以及就将来如何处理类似问题的可能的解决方案进行头脑风暴。

同伴间的协作促进人际关系的培养。将所有初级经理人分成 20～24 人一组的学习小组,每一小组成员可以在虚拟的、异步的课堂以及通过电子邮件、电话、即时消息、在线白板或面对面的形式进行交流、合作。当经理学完自定步调的学习材料后,公司支持他们与其他学员进行互动、交流。当初级经理人进入第二阶段的讨论小组时,他们已经通过在线协作了解了他们自己小组内的其他成员了。学习管理系统的部分功能就是让学员在在线的学习环境中联系在一起。事实上,经理们更喜欢向自己的同伴求助而不是向在线导师求助。

在小组学习之前完成网络学习模块提高了面对面的效率。Basic Blue 的第二阶段让所有学员聚集在一起,参加为期5天的小组讨论或学习实验,深入学习、讨论从网络学习模块获得的知识与信息。由于学员通过 e-learning 学习实现了基本的信息迁移以及技能实践,因此在参加面对面小组讨论的时候,他们能够进行有效的沟通,提高了面对面讨论的效率。

网络学习模块涵盖了所有基础信息,允许自定步调。Basic Blue 的第一阶段包括26周通过学习管理系统传递的自定步调的网络学习模块。每年有4 000名初级经理人会接受第一阶段的培训。虽然将所有初级经理人分成20~24人的学习小组,但是他们每一个人都可以自定步调地学习,平均每周需要2个小时的时间进行培训。这一网络学习模块包括7个在线内容模块,涵盖了管理相关的所有主题,并使用不同的学习模式提高学员的学习兴趣。

模拟实现了互动和边做边学。在完成基础的网络学习模块后,14个在线互动的模拟活动立即呈现给学员典型的、真实的、强调人力资源问题的商业场景。这些模拟场景由其他同事或客户提供,以动画的形式呈现出来。引导学员思考如何应对这样的场景。接着,学员可以播放另一动画,呈现一项可能的应对,并回答这一应对是否恰当的问题。学员思考他们自己的方案是否可行,并列出了学员所做选择的利弊。

有在线导师。尽管学员们都自定步调地学习,但他们并不孤单。每个学习小组都有一名导师在整个项目过程中为他们提供帮助。IBM 公司的学习管理平台让公司有经验的、通过培训师培训的经理人为学员提供支持、反馈及帮助。

能在线自我评估和提供反馈。在在线培训阶段,进度条让每一位学员都清楚自己的学习进度,学习管理系统也提供了广泛的追踪能力,记录了每一位学员的学习进展。这些功能能够查看每位学员的学习情况并提供反馈。而且,定期评估也保证了每一位学员确实在使用学习材料。如果学员对某一学习模块或某一测试题有疑问,通过学习平台培训部门可以调整更新内容。仅在第一年,IBM 公司培训部就对培训内容和界面等做了300多项修改。

3. 成果与经验

Basic Blue 这一混合式学习方案丰富了学员的学习体验。学习管理系统让学员通过在线模拟建立和练习实践技能,通过与同伴协作互相学习。最后,他们通过在面对面阶段进行角色扮演来深化所学知识和技能。

IBM 公司的 Basic Blue 项目现在已成为所有初级经理人的标准培训项目。该项目使学员获得了比传统面对面课堂多5倍的信息。在实施 e-learning 的过程中,有以下经验教训可以参照。

学员对 e-learning 的接受程度不能靠学习偏好决定。学习者在真正体验学习之前，往往难以进行自我评估并确定他们的学习偏好。这并不像培训师或教学设计师所想象的那么简单。IBM 公司培训部经理认为所做的关于学习偏好的猜测有些是不准确的。

宣传 e-learning 的相对优势，告诉参与 e-learning 的学员及其他人员，e-learning 比现存学习方案要好。e-learning 与现存工具、导航及使用的适用性对学员来说是很重要的。例如，在 IBM 公司，任何 e-learning 项目必须与他们的 Lotus 系统及其他桌面应用程序兼容。

保持简单。如果 e-learning 的使用日益增加，那说明设计得比较简单。如果 e-learning 的使用日益减少，那说明设计得过于复杂了。让学员尝试一些新的功能，发给他们不记录学习表现的网页，这样他们就能快速使用而不需要花很多精力。为了让经理们对 e-learning 感兴趣，IBM 公司开发了一些工作辅助工具，例如面对某一商业场景时应采取的行动的动画，这样经理们在正式应用之前可以从中得到指导。

（三）模式三

下面是一种可用于销售培训的混合式学习模式，如表 7-18 所示。在第一阶段，学员主要采取自主学习的方式，了解公司的产品和服务。在学习前和学习后，都要对学员所掌握的知识进行评估。在进入到第二阶段以前，要确保顺利完成第一阶段的任务。在第二阶段，学员要在销售经理或更高级别的销售代表的陪同下，观察并实践销售技能。在完成第二阶段的学习后，学员就进入到了课堂学习阶段。

表 7-18　混合式学习模式三

阶段	提供方式	学习目标	学习方法
1	自主电子化学习	知识的习得与评估。	摸底测试。 自主电子化学习。 学习后测试。
2	在岗实践（观摩）	实践。	以学徒身份进行在职培训。
3	面对面教学	实践、合作，对技能的评估。	参与课堂教学活动，如小组讨论，实际应用实践。测试。
4	面对面教学（演练）	实践。	在职培训：完成任务，主管或教员根据学员表现提供反馈意见和指导。
5	自主电子化学习	知识及技能的评估。	在线测试。

在课堂上，学员可以实践推销技能、进行模拟推销或小组讨论。在成功地完成书面或在线评估后，学员可以在销售经理的指导下开始新技能的实践。在完成两周的训练并通过最终的考核后，学员将得到一份全职的销售工作。美国百得公司就进行了类似的培训项目，他们将自主电子化学习、实践、课堂培训以及管理者反馈有效地结合到一起。

延伸阅读

汇思公司"零售银行销售能力提升"项目

汇思公司的"零售银行销售能力提升"项目的目标是在银行中对员工进行零售银行产品的营销知识和技巧的培训，以若干学员为一班，总培训时间为62天，分为三个时间阶段来完成。

第一阶段：电子学习，期限为30天，课程时长为16.5小时，线上培训时间根据学员学习进度情况，可在15到30天内浮动。由线上教师带领学习。电子课件知识量大，表达形式多样，互动性和趣味性较强。能够解决知识性内容占用员工脱产学习时间过多的问题，至少可以节省两天半的面授时间，还可以降低对教师讲课水平的依赖程度，解决教师资源匮乏的问题。

第二阶段：课堂面授，时间为2天，学员进行销售流程的案例演练，由教师带领进行。主要采用本行的产品设计的销售场景让学员分组进行演练，而教师辅之指导和点评，以保证知识向行为转化的实现。

第三阶段：训后巩固，期限为30天。巩固线上课程重点，工作中知识和技能应用，在线提交学习应用心得，由线上教师带领进行。学员在30天内将自己在工作中对核心技能的使用情况在线提交一份学习和实践的心得，用一个成功或失败的案例来分析自己在本次培训中得到的提升和收获。

该模式下的混合式学习与传统学习的对比如表7-19所示。

表7-19　汇思公司混合式学习方式与传统学习方式的对比

项　　　目	传统面授学习方案	混合式学习方案
培训方式	大都面授为主。	电子学习与面授演练相结合。
知识讲解方式	课堂进行知识传授。	电子课程进行知识传授。
知识讲解评估	无法评估每个人掌握了多少知识。	详细跟踪记录每个人知识的掌握情况，强项、弱项一目了然。
培训时间	比较长。	大大节省了培训时间。
面授演练	课堂以知识讲解为主，很难有充分演练。	课堂内容大部分为互动演练而非讲解。
行为转变	很少关注到学员的行为转变。	演练促进学员行为的转变，适合技能类培训。
遗忘速度	老师讲课后就离开了，学员很难将瞬时记忆转化为长久记忆，遗忘速度快。	电子课程让学员遗忘时可随时回顾复习，听看做多种方式结合，符合有效学习理论，有助于将瞬时记忆转化为长久记忆。

续表

项　目	传统面授学习方案	混合式学习方案
培训针对性	上大课方式,很难有个体针对性,大都是仅对个别悟性较好的学员有帮助。	电子课程可跟踪到每个人的学习情况。 面授时每个人都要进行演练,通过演练促进每个人的行为转变。 关注大部分人的技能提升。
系统化	由于培训时间限制,很难进行系统化培训。	能够深入进行各类技能的系统化培训。

(四) 模式四

下面表示的是一种以网络为导向的混合式学习模式,如表 7-20 所示。在培训期间,学员将了解该培训项目的目标,认识其他学员,参与自我评估,完成每天布置的任务,将自己的新发现公布在网络上供同事、教员讨论和评价。在第二阶段,所有学员都要参与课堂学习,巩固知识,分析案例,听取他人的自我评估,确定并实施一项团队计划。

表 7-20　混合式学习模式四

阶段	提供方式	学习目标	学习方法
1	虚拟学习＋自主电子化学习＋在线合作	习得知识、与同事及教学者合作。	参与虚拟学习,将个人建议发布到网上。完成布置的作业,将结果公布到网上,完成自我评估。
2	面对面教学＋在线合作	习得知识以及实践技能。	案例分析。 谈话与讨论。 指导与合作。 实施团队计划。
3	虚拟学习＋在线辅导	运用知识与技能。	参与虚拟学习,有专家为伴。
4	虚拟学习＋在线合作	实践与合作。	在网上组成虚拟团队,完成项目。
5	面对面教学＋在线合作	知识的习得与评估、合作。	呈现团队项目,从专家的反馈意见中总结经验教训。

在该模式的第三和第四阶段,学员通过实践电子化研讨会,在专家的指导下学习。另外,学员可以一对一地与教员进行沟通,在执行任务时可与其他人组成虚拟的网络团队,将所学的知识用于问题的解决。最后,在第五阶段,学员要将项目的成果汇报给公司领导,以获取上级的反馈和拨款,让项目继续开展下去。

(五) 模式五

模式五介绍一种新员工入职培训 NEO(New Employee Orientation)混合式学习设计。NEO 是一名新员工在公司参加的第一次正式培训。其目的是向新员工传播公司文化,同时请人力资源各部门的经理向新员工介绍各项方针政策以及碰到相关问题如何求助等。新员工刚进入新的工作环境,心里可能会有或多或少的忧虑,比如怀疑自己的选择是否正确,质疑自己能否适应公司的文化并成功生存下来。

混合式学习的最终目标是提高学习工作绩效,可以混合在线的、离线的各种要素。原先的 NEO 是上午排三门课,下午排三门课。每门课都由该部分的经理讲授。一门上完接着上下一门,此外,没有其他活动。本书对 NEO 混合式学习的设计如图 7-2 所示。考虑到各门课程教学者平日工作已经很忙,所以新添加的混合式成分由公司的培训协调员负责组织完成。下面将具体介绍新添加的各混合成分。

(1)欢迎和破冰游戏:在 NEO 培训开始前,培训协调员要代表公司欢迎新员工加入,并且介绍今天 NEO 培训的日程安排和各位老师,然后组织学习者完成一两个破冰游戏以活跃课堂气氛,通过放松的游戏消除新员工的拘束。这一部分大概 15 分钟。

(2)播放公司录像:在下午培训之前的 10~15 分钟,播放公司上一季度的季度会议录像、领导人讲话或者公司各类广告宣传视频等。利用这些录像帮助学习者了解公司,同时可以吸引学习者早些进入培训室参与培训。

(3)课间操:由于下午的培训学习者很容易走神,而且考虑到公司的员工需要经常活动手脚以保持健康,因此在这里设计了课间放松操。由培训协调员带领大家做一些放松手脚关节的基本动作,大概 10 分钟。

(4)讨论:在 NEO 培训的最后 10 分钟,培训协调员要组织大家讨论自己的培训心得,并收集大家对 NEO 培训内容、教学者、形式等方面的反馈。

(5)拍集体照:经过一整天的培训,学员不仅获得了知识和体验而且都认识了很多新朋友。因此,在 NEO 培训的最后,培训协调员帮忙给所有学员集体合照。该照片上传到 NEO 电子化材料下载网站供学员下载收藏。

(6)绩效支持:主要分为在线和非在线两种。在线的包括 E-mail、BBS、博客、电话会议、NEO 电子化教材下载网站、公司内部的专门为新员工设计的网站、公司数字图书馆、公司百科词典等其他在线资源。非在线的包括印刷材料、将 NEO 培训与实际工作相联系的"新员工工作辅助卡"、新员工的导师等。

图 7-2 NEO 混合式学习的设计

二、混合式学习的要求

混合式方法是将学习战略、方法、媒介和传送方式相混和的方案,能够用来实现学习目标,并且使得学习效率最大化。学员能够在任何时间、地点,用任何方式进行学习,从而使学习媒介的潜能得以充分发挥，与单一的课堂教学相比，混合式学习方案在帮助学习者掌握所学内容方面起到真正的作用。

实际上，人们学习的本质并没有发生任何的变化，混合式学习给学习者提供一个更加丰富的学习体验，能够让学习者自己掌握学习进度和方式，将注意力集中在自己所需的方面和专题之上，并且可以自行安排所需时间长度和使用次数，最终使学习者掌握概念和技巧，发展潜在的能力。混合式学习的要求有：

（1）混合型学习模式应最大限度地利用所有资源，为学员带来最大的利益。

（2）必须了解目标学员的需求及背景。

（3）教学设计是关键。

（4）避免在自主电子化学习和实时电子化课程中使用讲座式材料。

（5）在组合性学习解决方案中，课堂学习与电子化学习不是平均分摊时间，在某些情况下，两者的比例应该是 20％比 80％。

（6）注重质量可以保证项目的首次顺利实施，避免人们对电子化学习项目产生抵触情绪。

（7）不要低估时间及资源等因素，它们是确立、设计、开发、实施和维护有效电子化学习和混合型学习的必要条件。

（8）在设计的早期就要为学习解决方案设计实施策略，因为这对项目的设计和开发都有影响。

学习的提供方式具有多样性，但是对于企业来说，将混合式学习作为学习的策略是毫无疑问的选择，问题只在于从何时开始。特别是在以某个商业战略目标为重点，对全公司进行快节奏的教育时。

混合型学习将来发展的重点在于：

（1）内容专家将越来越得到重用，他们不仅要负责学习内容的开发，还要负责学习的传送。

（2）有了先前的经验，企业能够找出隐性费用，从而使预算更清晰化、透明化。

（3）由于员工将学习所得都运用到实际工作中，所以电子化学习将会为企业带来越来越多的战略贡献。

（4）将多种设计和提供方式结合起来可以使学习的目标人数最大化，并拓宽学习的跨度，学习不再是几个人的事。

（5）随着混合型学习模式的流行，学习管理系统将让位于整体解决方案，因为后者涵盖了人力资源管理、学习管理和学习内容管理系统，管理对象包括内部人员和外部供应商及用户，因而更有效。

教学设计者应当对课程设置以及学习方法进行严格审查，并且要深思熟虑地利用混合型学习模式的各个优势去创造学习环境。在设计混合型学习解决方案时，本书中的很多实例都可以借鉴。最终的目标就是在确保在线学习生动有趣、强调面对面的互动极其重要的情况下，对课堂内容进行重新设计，并将其转化为有实际价值的电子化内容，从而满足学习者的要求。

思考与展望

1. 混合式学习的由来是什么？为了解决什么问题？

2. 混合式学习有哪些设计方法？

3. 混合式学习各环节如何混成一体，让教者学者都能自然而然地参与？

4. 混合式学习中如何应用最新技术？

5. 如何评估一项混合式学习的效果？

6. e-learning 应用的下一个模式和方法可能是什么？可能会发生在学习内容、学习方式的哪个环节？

第八章 企业 e-learning 的实施

了解 e-learning 的基本知识之后,我们接下来看看一个企业组织在导入和实施 e-learning 的时候,需要在哪些方面做好准备,e-learning 的实施又可以分为哪些阶段等,并对企业 e-learning 的导入和实施做一些战略思考,剖析其中的主要影响因素。

本章重点

- e-learning 的导入和实施的时机判断。
- e-learning 实施中的关键因素。

第一节　e-learning 实施基础

在 e-learning 实施规划过程中,导入前的准备是一个非常重要的部分。许多企业由于缺乏对实施 e-learning 的实证性分析研究,或是单方面听信供应商的宣传,或是直观感觉自己的企业基础不错,在没有很好衡量自身情况下,认为早实施就会早见效,匆匆忙忙上线,上线后,对实施的困难估计不足,又急于见到效果,最终导致实施 e-learning 成效不理想。企业对 e-learning 的导入时机和准备的认识存在着如下问题:

(1) 思想认识不清,存在严重的技术化思维

许多企业没能准确把握 e-learning 的实质,没有认识到 e-learning 是一种新的培训管理思想,是企业保持核心竞争力的长期发展战略。他们普遍将 e-learning 等同于与 ERP、EHR 等相类似的软件,在选择时没有考虑 e-learning 的特点,也没有考虑是否与自己的发展战略相匹配。

(2) 盲目跟随潮流,不考虑企业现实情况

大多数实施不好的企业不清楚需要 e-learning 实现什么功能,往往忽视现实的信息技术基础水平,也不考虑企业文化和组织架构是否会对 e-learning 的导入产生抵制。

(3) 缺乏对导入时机选择的系统分析

一些准备实施 e-learning 的企业,虽然重视导入前的准备,但是却缺乏判别导入时机的方法。他们不了解什么因素会影响导入,也不清楚采用什么样的方法能确定最佳的导入时

间。一些供应商往往为了追求利益而无视企业的现状,不管企业是否做好了导入准备,抱有只要找我就帮你上线的思想。

下面将从企业的技术基础、制度基础、文化基础等几个方面来探讨企业 e-learning 导入时的准备情况。

一、企业信息化水平与技术基础

企业为实施 e-learning 需要的技术基础既包括网络环境、足够的带宽及服务器、电脑等硬件环境,也包括各种 IT 系统等硬件设施。简要地说,导入 e-learning 的技术基础可以归结为企业信息化的水平。

企业信息化是指企业利用计算机技术、网络技术等一系列现代信息技术,引进现代管理理念,对不适应市场经济要求的经营方式、组织结构、管理流程等进行全面而深刻的变革,通过企业生产、财务、管理和服务的信息化,达到提高效益、降低成本的目的。企业信息化内容主要包括:计算机辅助设计(CAD)、计算机辅助工艺设计(CAPP)、计算机集成制造系统(CIMS)、企业资源计划(ERP)、客户关系管理(CRM)、柔性制造技术、敏捷制造等。

为了便于更好理解企业 e-learning 导入的大环境,先大概了解一下我国企业的信息化现状。

(一)大型企业的信息化

《2008 年度中国企业信息化 500 强调查报告》显示,近年来大型企业的信息化与工业化融合正得到进一步加强,信息化水平最高的企业成为最具盈利能力和竞争力的企业。信息化 500 强企业 2008 年销售收入 9.036 万亿元,在国民经济中的地位不断提高。信息化开始融入国民经济主战场,从外围的企业信息化建设向聚焦企业核心价值的信息化企业建设转变,正在成为下一代经济中先进企业的选择。500 强企业信息化有如下几个特点:

第一,信息化使企业领导力与管理水平大幅提升,500 强企业中 34.5% 达到或接近国际中等发达国家信息化水平,已完成基础设施建设。

第二,信息化使 500 强企业信息化能力成长明显,与企业实际需求基本匹配。

第三,信息化使企业的商业价值开始体现,信息化建设进入投资回报期。

第四,信息化开始向高级应用阶段发展。500 强大部分企业建立了丰富的知识管理系统。

第五,信息安全、风险管理、决策支持成为企业信息化建设新的需求点。企业信息化开始由重技术应用向重企业能力、重商业价值的方向发展。

第六,部分先进企业开始呈现信息化企业特征。出现了一批具有"信息化企业"特征的世界一流企业。

由此可以看出,大型企业实施 e-learning 的信息化基础是比较牢固的,这也是目前 e-learning 实施较广泛较深入的实例大部分在大型企业的一个主要原因。

(二)中小企业的信息化

我国中小企业的数量众多,作为国民经济的基本单元,中小企业的信息化是国家信息化建设的基础和关键。中小企业信息化的水平也代表了中国企业信息化的一个重要方面。目前中小企业的信息化有如下几个特点：

1. 意识与投入比例上升

近年来中国中小企业信息化的意识有了很大的提高,在信息化上的投入持续上升。据调查,目前我国企业中台式电脑、打印机的拥有率几乎为 100%,一台电脑都没有的企业几乎没有,就连服务器的拥有率也超过了 50%,并且预购率仍然很高。

2. 近半数企业拥有局域网

目前已有近一半的中小企业拥有局域网,对于暂时没有局域网的企业,表示未来三年内会建立自己局域网的超过 4 成。在外部网建设方面,贸易企业的外部网拥有率较高为 35.1%,其次是石油、电子企业。在企业的新网站调查中,33.8% 拥有自己的网站和独立域名。

3. 网络应用水平参差不齐

我国中小企业信息化地区差异明显,沿海地区企业信息化进程快,企业对信息化的认知度、基础设施建设、参与电子商务的程度等等都明显好于其他地区,成长中的民营中小企业正带动着各个地方企业信息化进程不断深入。众多的行业用户中,汽车行业、电子行业、贸易行业信息化建设水平遥遥领先。

事实表明,那些有良好的信息系统实施经验、信息化水平较高的中小企业相比起来更具有竞争力,也更有条件进行 e-learning 的实施。

(三) 主要行业的信息化

1. 金融业

在金融业日益显现对社会资源高效配置的强大支撑能力之时,信息化已经成为现代金融服务的命脉。金融服务业属于数字密集型行业,它所提供的服务本身不涉及物流,只涉及数字符号的储存、处理和传送,因此金融业务非常适合转换成二进制代码进行计算机处理。同时,由于利率、汇率和股价的频繁变动,有关金融产品,特别是证券的信息与交易具有很强的时效性,因此,金融服务的内容有极高的"时间价值"。计算机和网络的数据高速处理、传输和安全存储能力非常适合金融业务的开展。

据统计,2000 年我国银行系统就已拥有大中型计算机 700 多台(套)、小型机 6 000 多台(套)、PC 及服务器 50 多万台。到了 2009 年,自动柜员机(ATM)已发展到 20 万台、销售点终端(POS)227 万台。证券行业建立了高效、可靠的交易通信网络,上海、深圳证券交易所的双向 VSAT 卫星网、高速单向卫星数据广播网、地面通信专网连接全国各家证券营业部,为证券公司提供委托、行情、咨询等信息的传输通道,并基本实现了卫星网和地面网的互备。全国性金融机构一般都建立了两个互为备份的高速内部网络系统,并可以通过网络,在银行之间,银行与证券机构之间,银行与海关、税务、财政之间进行信息交换以及部分系统之间的互联互通。

金融业信息化水平普遍较高,加上资金和人才上的优势,能较早应用新的系统和解决方案。作为企业 e-learning 的应用"尝鲜者",中国的金融业特别是银行业,是最早和最多实施 e-learning 的行业之一。例如,工商银行、中国银行早在 2002、2003 年就开始了 e-learning 的实施工作。

2. 电信业

电信企业由于本身行业的特点和优势,内部信息化覆盖范围是非常广泛的。信息系统对企业的支撑可以分为运营支撑和管理支撑。在电信企业的财务管理、人力资源管理、企业形象管理、效率管理、供应链管理、资源配置管理以及服务保障上均有相应的系统对其进行 IT 支撑。在人力资源管理、财务管理、采购管理、物流管理、日常办公等关键的管理环节均实现了 IT 的固化和优化。

电信业作为提供基础信息服务的企业,拥有很多的先天资源,特别是拥有 e-learning 所需要的信息环境基础,例如大容量的带宽和服务器等,相对其他行业的企业来说,如果实施 e-learning 的话,在硬件投入上的成本相对要低很多。所以在早期的 e-learning 市场,电信业的应用是比较广泛的。有些领军企业,例如,中国电信已经开始了更多的探索,他们利用自身的网络优势和实施经验,不仅在本企业内部进行 e-learning 的部署和学习,而且为其他企业提供共同的基础 e-learning 平台,开创了新的商业模式。

3. 零售业

从总体上来看,中国连锁零售业的信息化建设与国外相比处于初级阶段。小型的、孤立的系统比较多,大型的、完整的系统比较少。虽然各种系统的应用数量比较多,但是高水平的应用比较少。第三代 POS 机最为普及,商业 ERP、商业智能(BI)、供应链管理(SCM)与客户关系管理(CRM)等高端产品不断被推向零售企业,大大地扩展了企业的信息化管理范围,使大批量、多品类的统一采购和分散销售得以实现,并代替了传统零售业的大量手工制单和纸质化的交易结算方式。

零售业开始对 e-learning 的探索在于将自身产品和服务的快速分发。在中国,一些跨国企业的独资或合资企业,开始利用全球总部或者亚太总部的资源,给员工搭建学习平台。但由于零售业的行业特性,没有大型的垄断企业,在产业链条上分布的则是大量的中小企业,竞争异常激烈。零售业中的企业要想获得优势,需要不断更新自己的信息化系统,也包括引进和实施 e-learning。多样屋公司就是一个例子,他们用 e-learning 来培训连锁加盟店取得了很好的效果。详细内容请阅本书第十一章。

经过以上的介绍,企业对自身所处的信息化外部环境会有大致的了解。企业可以对自身信息化状况进行评估,再结合具体的 e-learning 系统实施要求,来改进和完善企业现有的信息化基础设施。

二、企业文化基础

企业文化是企业的物质文明、精神文明、政治文明或者说是管理文明的全部,是企业生产方式、生活方式以及经营管理方式的整体构建,也可以说是企业所有的物质、制度、精神、行为的总和。通常表现为企业的使命、愿景、价值观、行为准则、道德规范和沿袭的传统习惯等等。企业文化既包括清晰可见的企业的规定、行为,又包括隐藏在行为背后的思维方式、价值观念。恰如人的思想决定人的行为,企业文化影响企业的决策、行动,进而影响着企业的前途和命运。

现代社会是学习化的社会,企业不仅是进行各类资源整合、追求利润最大化的经济组织,更重要的还是进行人性激励、鼓励创新的学习型组织。在这个"快鱼吃慢鱼"的时代,随着市场的国际化、人才的国际化、资本的国际化，企业已从传统的产品竞争、人才竞争、资源竞争走向文化竞争。谁拥有能高效快速学习的文化优势，谁就拥有竞争优势、效益优势和发展优势。以致有人说："文化力是 21 世纪企业成功的入场券。"

企业是否奉行终身学习理念？相对于由教师主导学习的课堂学习，学员是否有愿望自己学习？企业培训人员是否把 e-learning 课程作为辅助课堂培训的工具？企业员工是否接受过"如何学习的方法"的培训？企业领导支持企业不断地教育和培训吗？鼓励员工制定学习目标和个人学习计划吗？这些问题都涉及到企业的文化基础。在导入 e-learning 的时候，良好的企业文化能减轻导入阻力，保证实施质量。也只有在企业文化中形成学习氛围，e-learning 的导入和实施才能比较成功。企业文化脱离不了企业运营所在地的文化（对跨国公司来说，就是企业所在的东道国文化）。企业文化是整体民族文化的一部分。下面我们先来了解各种不同的文化对 e-learning 这种学习方式的影响。

（一）e-learning 与文化维度

吉尔·霍夫施泰德（Geert Hofstede）通过研究得出了文化的四个维度，这四个维度与文化适应的问题有着重要的联系。利用这四个不同的文化维度，可以解释 e-learning 中的文化适应的问题。图 8-1 是霍夫施泰德提出的文化维度，这些维度对 e-learning 项目的设计与开发产生重大的影响。

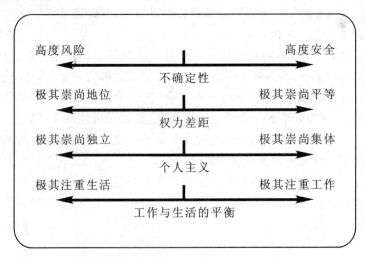

注：摘自霍夫施泰德的《大脑程序设计》

图 8-1 文化的维度

文化的四个维度以及它们对 e-learning 的利用程度具有的潜在影响如下：

1. 不确定性：高度风险与高度安全

当人们处于挑战性的环境中时是否感到舒适？对不确定性的忍耐程度有多少？高度安全型文化倾向于遵守各项规定。在一个崇尚高风险的国家，e-learning 学习项目会被看成是有趣和有挑战性的。但是在崇尚高度安全的国家，它会被看成是危险和需要承担风险的。

亚洲文化大部分属于安全型文化，在中国实施 e-learning，要考虑到人们不愿承担风险的文化倾向。一个即使是很好的 e-learning 学习项目,也有可能因首次使用而导致人们不敢去尝试。所以在导入和实施 e-learning 的时候,需要对此预先做出安排,利用循序渐进的方式让人们接受。

2. 权力差距:地位与平等

主管与下属之间的什么样的不平等程度是可以接受的?极其崇尚地位的国家比极其崇尚平等的国家更能容忍较大的差异。在极其崇尚平等的国家,主管和下属之间是平等的关系,容易进行信息共享。网络连接和电子化学习为学员提供了平等的获得知识的机会。而在极其崇尚地位的国家,如果人们的地位不同,那么就需要有一个智者似的人物站到讲台上教导其他人。

在中国,等级制度和威权观念毫无疑问仍占优势,实施 e-learning 的时候,来自高层的推动力是决定性的。员工往往会被动地接受企业管理者给他们安排的任务,包括学习项目,指望由下而上的自发式学习是十分困难的。

3. 个人主义:个人主义与集体主义

人的思维方式是"我"思维,还是"我们"思维?在个人主义的环境中,人与人之间的关系很松散;在集体主义的环境中,每个人都是集体的一部分。在极其崇尚独立的国家,职业和工作是个人的选择。电子化学习也是一个独立的过程,因此在崇尚独立的国家,选择电子化学习的人会比较多。而在极其崇尚集体的国家,集体的成功被认为是最高目标。因此电子化学习项目中设计的小组学习以及意见统一等活动会受到欢迎。

东亚地区都是崇尚集体主义的文化,中国也是如此。人们不愿意突出个体,倾向于集体行动。在设计和实施 e-learning 的时候,需要调动整体的积极性,形成一定的集体学习氛围,这样才能获得不错的效果。

但同时从社交的角度看,亚洲文化将更欢迎 e-learning 学习方式。中国和日本的学生在传统的教室里比较拘谨和害羞,需要更多的交流,使用技术在教室进行交流比站起来程式化地表达来得更为舒服一些。用虚拟教室作为实际教室的补充也能够为学生塑造合作文化的氛围,而这一点通常在学校里很难做到。

4. 工作与生活的平衡:工作与生活

更看重成就,还是更注重生活质量,更关心他人?该维度还被称为工作场所中的女性化和男性化维度。人们是为了工作而生活,还是为了生活而工作?注重工作的人都非常渴望获得认可,得到成就感。而注重生活的人会把与工作有关的事项,如学习,都放在工作时间内完成。

中国经济正处在飞速发展阶段,人们越来越感到工作和生活的双重压力。就这个维度而言,与欧洲等发达国家相比,中国文化还是偏重工作,还没有到享受生活的时候。所以 e-learning 的学习既可以在工作时间完成,也可以在业余时间完成。但实际上大部分的情况是:企业领导担心员工占用工作时间学习,加上工作中的任务压力很大,员工的 e-learning 学习都是在工作之余完成的。

5. 中美 e-learning 学习文化对比图

为了更好看清楚文化维度在 e-learning 中的影响作用,我们来看看 e-learning 发展最好的美国和正在起步的中国之间学习文化对比图。

在美国,随时可以对 e-learning 学习项目进行修改。美国的 e-learning 学习文化图较为理想,这也是为什么美国公司的学习者如此容易适应 e-learning 项目的原因,美国的 e-learning 学习文化图如图 8-2 所示。

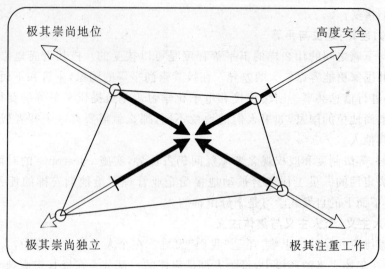

图 8-2　美国的 e-learning 学习文化图

而在中国,实施 e-learning 项目后,就需要按照既定的方式去执行,想要进行调整和修改是非常困难的。部分原因是中国文化中作出决策需要集体参与和讨论的情况很多,也有部分原因是多一事不如少一事的处世习惯,大家都不愿意去承担改变的风险。中国的 e-learning 学习文化图如图 8-3 所示。

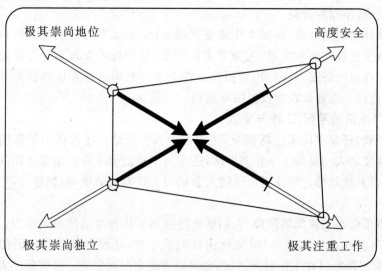

图 8-3　中国的 e-learning 学习文化图

美国人能够很快适应 e-learning 学习项目,这是因为 e-learning 学习的很多特点都与美国文化相符。比如自主、个性化、随需选用、专业和平等。而在中国,推行 e-learning 之所以比较困难,与中国文化中的保守、集体主义倾向,以及个体不愿意改变,不愿意承担风险有很大的关系。

（二）我国企业的文化现状

了解了文化的四个维度之后,接下来讨论企业中的文化渗透。一种文化在整体上的表现和在某个企业个体上的表现可能会有差距。文化在企业中生根发展之后就形成了企业独特的企业文化,而企业文化与企业的 e-learning 行为又有更直接的关系。下面简要讨论我国的企业文化现状和问题。对照前述的几个文化维度,读者可以方便地检视本企业的组织文化,以便更好地进行 e-learning 的导入和实施。

归纳起来,我国企业的文化现状表现如下:

(1) 企业文化发展不平衡。总体上讲,东部和沿海企业好,西部和民营企业差;说得多,做得少;物质的多,精神的少;外显的多,深层的少;共性的多,个性的少。企业文化建设的重要性仍然没有引起广大企业经营管理者足够的重视,需要进一步宣传和引导、强化和推动。

(2) 对企业文化的认识和重视力度不够。大多数中小企业没有认清企业文化的本质,只是从口号上来理解企业文化。大型企业的企业文化工作做得比较好,大部分已经把企业文化建设作为企业工作的重要内容积极推进。许多大企业集团设立了企业文化部、公共关系部、企划部或信息传播等专门机构,旨在协调和加强企业文化建设的管理,有的企业已将企业文化列入了企业发展规划。

(3) 缺乏核心价值观和经营理念。核心价值观念和经营理念是企业的灵魂,决定了企业的发展战略和未来的发展方向,对整个企业的经营管理活动产生重大的影响。

(4) 模仿色彩浓厚,缺乏创新。我国中小企业绝大多数诞生于改革开放初期,当时特殊的市场环境与历史条件注定了中小企业具有很大的同一性和重复性。这导致了很多中小企业的企业文化建设也以模仿其他企业为主,很少整合自己的特色进行创新,缺乏个性。

(5) 企业文化建设滞后于企业的发展。随着市场经济的进一步完善和发展以及现代企业制度的建立,大部分中小企业的机制已经转换,如部分国有中小企业已经成功地转变为产权明晰、责任明确、管理科学的现代企业,成为自负盈亏、自我约束、自我发展的股份公司或有限公司。但是,相应的文化建设远远没有跟上来,仍然拘泥于原有的模式,根本不考虑组织结构的变动和企业性质的问题,致使企业文化不能发挥对企业的推动作用。

(6) 重短期利益,轻长远考虑,缺乏战略意识。家族式管理的企业文化制约了企业竞争机制的建立,忽视国外管理模式与我国传统文化的相容性。体现在人才培养和员工培训工作中,就是每每在亟需关键人才和关键的业务执行能力的时候,总是临时抱佛脚式地加急培训,希望能一次性解决问题,没有认识到人才培养工作的长期性。

总体说来,我国的企业文化还处在较初级的阶段,远没有形成重视企业学习、重视员工持续成长的学习型文化,这对于 e-learning 的实施来说是一种挑战和困难。但也正是由于这个原因,希望进行企业文化转变和建设的组织可以抓住 e-learning 实施的契机,对原来的企业文化做一次整体的梳理和转型。

（三）打造学习型文化

学习型组织文化是企业文化的重要组成部分和根植的有效途径,是企业提升全员素质进而增强竞争能力的有效武器。在 e-learning 导入和实施的企业文化基础中,企业向学习型组织的转变是一个基础条件,也是不可避免的趋势。

所谓学习型组织,是指通过培养整个组织的学习气氛、充分发挥员工的创造性思维能力而建立起来的一种有机的、高度柔性的、扁平的、符合人性的、能持续发展的组织。这种组织具有持续学习的能力,具有高于个人绩效总和的综合绩效。

美国麻省理工学院著名管理学者彼得·圣吉(Peter M. Senge)在《第五项修炼》中提出的建立学习型组织的关键,即汇聚五项修炼或技能,如图8-4所示。

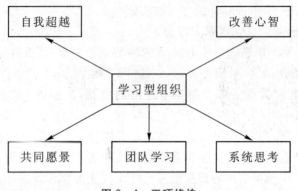

图8-4　五项修炼

1. 自我超越(Personal Mastery)

自我超越是指能突破极限的自我实现或技巧的精熟。自我超越以磨练个人才能为基础,却又超乎此项目标;以精神的成长为发展方向,却又超乎精神层面。自我超越的意义在于以创造来面对自己的生活与生命,并在此创造的基础上,将自己融入整个世界。个人学习是组织学习的基础,员工的创造力是组织生命力的不竭之源,自我超越的精要在于学习如何在生命中产生和延续创造力。通过建立个人"愿景"(Vision)、保持创造力、诚实地面对真相和运用潜意识,便可实现自我超越。自我超越是五项修炼的基础。

2. 改善心智模式(Improving Mental Models)

心智模式是指存在于个人和群体中的描述、分析和处理问题的观点、方法和进行决策的依据和准则。它不仅决定着人们如何认知周边世界,而且影响人们如何采取行动。不良的心智模式会妨碍组织学习,而健全的心智模式则会帮助组织学习。心智模式不易察觉,也就难以检视,因此它不一定总能反映事情的真相。另外,心智模式是在一定的事实基础上形成的,它具有不定期的稳定性。而事物是不断变化的,这导致了心智模式与事实常常不一致。改善心智模式就是要发掘人们内心的图像,使这些图像浮上表面,并严加审视,及时修正,使其能反映事物的真相。改善心智模式的结果是,使企业组织形成一个不断被检视、能反映客观现实的集体的心智模式。

3. 建立共同愿景(Building Shared Vision)

共同愿景是指组织成员与组织拥有共同的目标。共同愿景为组织学习提供了焦点和能量。在缺少愿景的情况下,组织充其量只会产生适应性学习,只有当人们致力实现他们深深关切的事情时,才会产生创造性学习。根据科林斯(Collins)等人的研究,组织的愿景是由指导哲学和可触知的景象(Tangible Image)组成。建立共同愿景的修炼就是建立一个为组织成员衷心拥护、全力追求的愿望景象,产生一个具有强大凝聚力和驱动力的伟大"梦想"。

4. 团队学习(Team Learning)

团队学习是建立学习型组织的关键。彼得·圣吉认为,未能整体搭配的团队,其成员个人的力量会被抵消浪费掉。在这些团队中,个人可能格外努力,但是他们的努力未能有效转化为团队的力量。当一个团队能够整体搭配时,就会汇聚出共同的方向,调和个别力量,使力量的抵消或浪费减至最小。整个团队就像凝聚成的激光束,形成强大的合力。当然,强调团队的整体搭配,并不是指个人要为团队愿景牺牲自己的利益,而是将共同愿景变成个人愿景的延伸。事实上,要不断激发个人的能量,促进团队成员的学习和个人发展,首先必须做到整体搭配。在团队中,如果个人能量不断增强,而整体搭配情形不良,就会造成混乱并使团队缺乏共同目标和实现目标的力量。

5. 系统思考(Systems Thinking)

系统思考是一种分析综合系统内外反馈信息、非线性特征和时滞影响的整体动态思考方法。它可以帮助组织以整体的、动态的而不是局部的、静止的观点看问题,因而为建立学习型组织提供了指导思想、原则和技巧。系统思考将前四项修炼熔合为一个理论与实践的统一体。

五项修炼是一个有机的整体,其中个人的自我超越是整个学习型组织的基础,它为学习型组织提供了最宝贵的人力资源。团队学习的许多工作最后都依赖于个人的努力,比如改善心智模式、建立共同愿景、系统思考等等。团队学习是一种组织内部的学习,它不仅在规模上超越了个人学习,而且在内容上完全不同于个体学习。团队学习既是团队的活动内容,同时又是检视心智模式、建立共同愿景的载体和手段。检视心智模式和建立共同愿景,从时间上看前者针对已形成的"组织记忆",是组织从记忆中学习的体现;后者则是对未来生动的描述,它对组织的成长起到牵动作用。系统思考是学习型组织的灵魂,它提供了一个健全的大脑,一种完善的思维方式,个人学习、团队学习、检视心智、建立愿景,都因为有了系统思考的存在而连成一体,共同达到组织目标。

只有建立一个真正的向学习型组织转变的环境,建立起企业自身的学习文化,才能很好地帮助 e-learning 导入和实施。导入 e-learning 是为了更好地打造学习型组织,而学习型组织的建设过程又会推动 e-learning 的进程,两者相辅相成,互为促进。

三、企业的管理基础

要想顺利导入 e-learning,企业需要有一定的制度基础和管理程序。例如,公司是否有专门的高层(例如学习总监 CLO)负责 e-learning 项目,并对项目的实施和管理进行监控?公司领导、经理和员工是否已经在日常工作中熟练使用 IT 办公工具?与导入和实施 e-learning 关系密切的企业基础管理工作包括企业基础管理体系、员工素质建设、企业培训体系等。

(一)基础管理体系

企业的基础管理工作包括规章制度、管理流程、内控体系、标准体系等,形成以规章制度体系为基础平台的相互支持配合的基础管理体系。将这几个方面有机融合在一起,制度的内容才能得到有效贯彻,流程的执行才能得到有效保障,企业的风险才能得到有效控制。

其中最重要的是企业的管理制度。

企业的管理制度是指企业在生产运作、财务会计、人力资源等各方面进行规范管理的规章准则。管理制度是企业进行基础管理不可替代的工具。制定管理制度的目的,是为了规范员工的行为,使企业内各项活动行之有效地进行,从而提高企业的经济效益。随着社会环境的日新月异以及企业发展壮大,过于陈旧的"硬"制度已经不能适应现代企业的管理需求,越来越多的制度应逐渐"软"化,符合企业的变革与创新。

企业管理制度大体上可以分为规章制度和责任。规章制度侧重于工作内容、范围和工作程序、方式,如管理细则、行政管理制度、生产经营管理制度。责任制度侧重于规范责任、职权和利益的界限及其关系。传统的制度建设一般包括如下内容:

(1) 质量方针和管理目标。

(2) 有关部门、人员的岗位质量责任制。

(3) 质量否决制度。

(4) 采购管理制度。

(5) 质量检验(验收)管理制度。

(6) 仓库保管、养护出库复核制度。

(7) 销售管理制度。

(8) 质量跟踪管理制度。

(9) 不合格品的管理、退货商品管理制度。

(10) 售后服务管理制度。

我国企业正处在规章制度建设的重要时期,尤其是规模较大的企业或者企业集团,加强规章制度建设尤为迫切。无论是国有企业,还是民营企业,都处在一个情况更为复杂、变化更加快速的外部环境之中,都面临内部进行体制改革或机制转换的挑战,都需要提高企业可持续发展和抵御经营风险的能力,这些因素都对企业规章制度建设提出了更高的要求。

企业可以借 e-learning 导入和实施的契机,进行企业管理制度的梳理和整肃,在企业管理制度中加入有关企业学习和企业文化建设的内容。企业基本管理制度是 e-learning 导入和实施的必要条件,只有一个具备了基础管理的企业才能谈到导入 e-learning,只有搭建好强大的企业管理基础,才能更好地推动 e-learning 的深入实施。

(二) 员工素质建设

员工的素质决定着企业的生存和发展。员工的素质高,企业的工作标准就高,工作的效率就高,完成任务的能力强,企业的效益就高,发展的空间就大,反之就会束缚企业的发展,造成企业竞争力下降甚至不能生存。所以越来越多的优秀企业不再把企业发展目标定为"创造更多的需求",而是通过培养员工的素质,提高员工的素质来满足现有客户的需求。

同时,在企业内部,高素质的员工能对新鲜事物有较高的领悟力和接受力,能顺利地完成工作方式的转变,迅速掌握最新的工具,从而进行高效的工作。所以,对于需要导入和实施 e-learning 的企业来说;员工的个体素质起着关键性的作用。

我国企业员工素质现状大体是:大部分外企员工比较年轻,拥有一批受过现代化高等教育的员工,企业领导比较重视员工素质的提升,员工素质状况较好。而尚有部分国企员工年龄偏高,受过高等教育的人员相对较少,部分领导者不注重对员工的素质培养,裙带关系比较严重,员工素质整体水平偏低。民营及私营企业中以上两种状况兼而有之。一方面,领导者比较重视员工素质的提高,但另一方面,由于国内的民营企业较多为家族化经营,难免出现任人唯亲的状况,这样就导致了员工素质的参差不齐。

不同的岗位需要不同的知识、技能和个性特征,只有建立起适合不同岗位的素质模型,才能真正实现人力资源开发与管理的科学化,建立以能力为中心的人力资源开发与管理新机制。如果企业有一个很好的员工素质模型,那么在实施 e-learning 的时候,可以整合员工素质模型分发学习内容,进行培训管理等等。实际上一些知名的 e-learning 系统软件中都镶嵌有员工技能模块供企业使用,一些人力资源管理先进的企业,绝大部分是外资500强企业,也有自己的技能模型去整合 e-learning 的导入和实施。

延伸阅读

素质冰山模型

在既有情况下,如何提高员工素质,夯实实施 e-learning 的基础呢？这里简要介绍一下进行员工素质建设著名的素质冰山模型。

如果把一个员工的全部才能看作一座冰山,浮在水面上的是他所拥有的资质、知识、行为和技能,这些就是员工的显性素质。显性素质可以通过各种学历证书、职业证书来证明,或者通过专业考试来验证。而潜在水面之下的东西,包括职业道德、职业意识和职业态度,这些称之为隐性素质。显性素质和隐性素质的总和就构成了一个员工所具备的全部素质。

人员素质的"水上部分"包括基本知识、基本技能,是显性的,即处在水面以上,随时可以调用,是人力资源管理中人们一般比较重视的方面,它们相对来说比较容易改变和发展,培训起来也比较容易见成效,但很难从根本上解决人员综合素质问题。人员素质的"水下部分"包括职业意识、职业道德、职业态度,是隐性的,即处在水面以下,如果不加以激发,它只能潜意识地起作用,这方面处于冰山的最下层,是人力资源管理中经常被忽视的,也经常被企业领导所忽视。然而,如果人员的隐性素质能够得到足够的培训,那么对综合素质的提升将是非常巨大的。

（三）人力资源和培训

企业的人力资源管理从最初的薪酬、福利、招聘、培训慢慢发展到战略人力资源管理,进入到企业的战略决策层面,管理的重点和手段不断发生变化。一些最新的管理理念和科技方法也相应在人力资源系统中得到应用。比如,EHR\e-learning 等。

近年来人力资源管理的重点发生了很大变化,以往企业中的绩效管理、职业发展、培训管理、招聘管理、薪酬福利管理等都是相互分开的,随着人力资源信息化管理手段的不断完善以及企业对人才发展的重视,这些独立分开的系统开始整合,企业需要一套以提升人的能力为核心的高效率的综合人才发展与管理系统。在这个大趋势下,企业培训职能也开始向围绕员工学习与发展的角色转变。e-learning 与绩效管理、职业发展更为紧密地整合在一起，成为人才管理系统中不可分割的一个重要组成部分。企业学习管理系统（LMS）与人力资源系统整合，构成了以解决企业人才发展为核心目的的完整的人才管理系统，从学习管理到人才管理是 e-learning 的一个重要变化趋势。

企业培训体系基于人力资源管理系统，与招聘、考核等功能模块对应，是实现人力资源管理的一个子系统。培训管理体系把原本相对独立的培训课程体系、培训教师管理制度、培训效果评估融入到企业管理体系中，和晋升体系、薪酬体系相配合，包括培训机构、培训内容、培训方式、培训对象和培训管理方式等。培训管理包括培训计划、培训执行和培训评估等三个方面。完善的培训体系的一个任务就是能够自动自发持续完善培训管理流程，即自适应性。e-learning 的导入恰恰符合这种自适应性的要求，因此是企业进行培训管理的强大工具。

企业培训方式有职内培训（On－the－job Training）和职外培训（Off－the－job Training）之分。职内培训指工作教导、工作轮调、工作见习和工作指派等方式。培训手段有书本自学、教师面授、导师制等等，e-learning 提供了全新的职内培训方式和手段，并大大丰富和改进了培训的内容。

人力资源和培训体系是 e-learning 导入的先决条件之一，拥有完善的人力资源管理体系和企业培训体系对 e-learning 的导入和实施有非常重要的基础作用，将大大减少实施的阻力，实现高效自然的对接。如果没有一个完善的人力资源和培训体系，e-learning 将无所适从。

在传统培训体制都还不完善的情况下，e-learning 的优点甚至可能成为缺点。比如说 e-learning 节省培训成本，那是建立在 e-learning 的培训效果和传统培训一样的前提之下。如果企业员工对 e-learning 接受度很低的话，那么 e-learning 不但没有节省培训成本，反而是白白浪费了培训经费。另外，如果企业没有建立完善的考核监督措施，过分信任员工自我培训的自觉性，或者学习内容安排不足、不合理甚至是只有形式没有实质的 e-learnin，这些都会造成 e-learning 的失败。

第二节　e-learning 的进程与阶段

具备了 e-learning 导入的基础条件后，是不是所有企业都能很好地推进和发展 e-learning 呢？e-learning 在具体的使用和实施过程中，又会有哪些困难和问题？下面，结合国际国内的宝贵经验，来看看 e-learning 进程中的一些具体阶段以及表现，明晰一下自己企业在 e-learning 实施中的坐标，尽量做到未雨绸缪。

一、国外经验和观点

国外的一份研究报告把企业实施 e-learning 分为如下几个阶段。虽然有国情的不同，但大部分的经验和做法都是值得借鉴和参考的。

（一）起步阶段

企业在 e-learning 起步阶段刚接触在线学习。企业内很多员工过去由于没有时间或缺乏资金不能参加培训，现在都可以通过 e-learning 进行学习。这个阶段企业使用 e-learning 的主要目的是节省培训经费，减少差旅费用，降低传统课堂教学设施和师资力量的成本。在起步阶段，企业要认真改善各种学习产品，让员工和顾客接触到更广泛的学习项目。由于这些项目很难用传统的以教学者为主导的模式来进行培训，而且需要大量资金，现在可以使用 e-learning 方式便可经济、高效地解决。

大多数公司 e-learning 都是逐步开始的，始于 IT 培训，采用现成产品目录，在企业特定的行业环境中增加内容。从单一项目或单一主题开始购买 e-learning 课程，并作为试验推广。虽然节省费用是多数企业投资的原因，但很多公司也已经认识到节省成本并不是最终目的。e-learning 不但可以取代可变成本（教员和旅费）与固定成本（内容，技术，基础设施等），还可以提高企业学习的速度和扩大学习规模。

这个时期企业往往也开始意识到需要购买学习管理平台 LMS 作为实施 e-learning 的一部分，但管理层还没下定决心，开始尝试购买捆绑式解决方案与内容，采用成本低、易于实施托管的 LMS 套件，例如 ASP 方式租用 LMS 或课件。

延伸阅读

e-learning 起步阶段的重要挑战

首先，争取经费，制定一个实际的项目使企业开始进行 e-learning。

其次，选择合适的基础设施和内容。公司在这一阶段对 e-learning 产业市场不了解，因此在市场上众多的平台厂商、内容供应商和工具面前，他们非常困惑。这个时期最好的办法是和一个战略内容供应商进行合作，他们可以提供一套完整的解决方案并快速部署。

第三，进行文化适应和改变。e-learning 对处于第一阶段的企业来说是一个全新的事物，有时企业会发现，自己的员工或客户都担心没有进行在线学习的条件。如果最初的 e-learning 项目难以开展和利用，许多学习者都不会再来，因此企业 e-learning 项目的初步印象十分重要。

小型和中型企业第一次接触 e-learning 的可能都在第一阶段。对他们而言现在采用 e-learning 会容易很多。市场上存在着各种各样低成本且整合目录的集成解决方案，许多经验丰富的顾问建立并部署 e-learning 计划。但怎么知道自己的企业是不是处于第一阶段呢？可以参照如下的标准：

（1）企业处于 e-learning 计划的前两年，侧重于推出和采用现成的目录内容。

（2）企业在 e-learning 项目中总是强调如何节省差旅费用和教师的授课时间。

（3）没有企业级的 LMS，也没有自己的 LMS 商业案例，没有太大的内容库。

（4）企业需要处理企业文化和 e-learning 的适用问题，但不清楚怎样才能使学习者使用 e-learning。

（二）扩展阶段

在扩展阶段,企业开始熟悉 e-learning 的优缺点。这时会发现如下问题:

(1) 难以获取内容:在企业中并非每个人都可以接入电脑或网络,所以有些学习者无法获取内容。

(2) 推广支持:碰到如何推广 e-learning 更大规模地使用的难题。

(3) 平台集成:企业会碰到 LMS 与其他平台的集成问题。

(4) 混合学习:企业认识到,网上自我学习课件并不适合所有的问题。企业已经走入混合的学习计划中。

(5) 定制项目:企业可能建立小型的内部开发团队或找到一个外包合作伙伴来建设在线课程。

(6) 如何衡量学习成效:企业认识到所有部署的学习项目中建立评估和报告远比企业想象的要难。这迫使企业创建自定义的报告,来鉴定哪些学习者很活跃,哪些已经落后了,需要专人专门去处理这些报告和分析。

在第二阶段中,企业开始重视使用量的增长,进行混合学习,降低费用。

(1) 使用量增长:e-learning 的使用量增长通常是第二阶段的重点。在第一阶段中企业往往提供范围广泛的产品目录课程:IT 培训、桌面应用软件培训、通用软件使用技能培训、合规项目。这些项目虽然很重要且有很高的价值,但对公司目前的业务问题而言,不一定具有战略意义。一旦企业发布大型内容,他们会发现不少内容处于闲置状态,许多团队也没有使用这些内容。这是为什么呢? 因为在第一阶段获得和落实的一些内容不具有战略性。

第二阶段企业最重要的过渡是从提供大型内容到提供战略性产品。这是一个很自然的转型,进一步使 e-learning 策略与具体的业务需求整合起来。

(2) 减少费用:初步的 e-learning 商业案例通常是为减少成本而设计的,后来公司认识到,在技术和内容上的资本投资也可以很高。在第二阶段,他们开始寻找较便宜的方式,增加 e-learning 活动的规模。其中的一个方法是外包一部分关键培训职能。e-learning 内容外包的投资在快速增长。研究发现,大多数外包可节省 20％至 40％的内容开发成本。

(3) 在线书籍和参考资料:本阶段中 e-learning 的一个关键转折是:企业认识到传统的课件不适用所有问题。事实上业务绩效问题可以通过绩效支持来解决,而不是传统的在线培训。网上学习内容的购买者中有 40％使用在线书籍及参考资料。如在许多公司中,学习者通过 Google 和内部 e-learning 系统寻求问题的答案。当一个程序员、工程师或经理人想要一个答案时,他们不希望上课,也不想找到一个参考,阅读后再回去工作。在线搜索这种方式允许他们以人性化的方式使用互联网。同时在线书籍及参考文献爆炸式增长也在支持这方面的需求。

在第二阶段中,大多数企业采用网上书籍和参考资料,从 IT 图书馆开始,然后迅速演变到业务技能和专门领域。会计师事务所在网上购买会计参考资料,律师事务所在网上购买法律书籍和参考文献等。

企业是否处在第二个阶段的判断方法：

（1）企业成功地推出了许多现成的目录内容，企业有一个网上图书馆，许多学员都已经完成了课程。企业有某种类型的学习管理系统（LMS）平台，虽然它可能没有在企业全部范围内部署。

（2）企业并没有完全采纳 e-learning。一些人或者很多人没有使用 e-learning，他们犹豫或拒绝参加课程。

（3）企业多次要求定制内容，而且企业已开始建设（或外包）定制内容。

（4）企业已经度过了最初节省金钱的阶段，企业的 e-learning 计划，现在已经是一个固定费用，而且必须加以管理。企业正在寻找各种方法来降低内容和内容开发的成本。

（5）企业正在经历混合学习方式。企业和教师或培训者合作，以确保他们对这些新的方法很满意。

（6）企业正在探索快速 e-learning，并为一部分内容开发需求使用这个办法。

（7）企业已经建成或正在开始建立一套完整的内容开发标准。

大多数公司都处于这个生长和进化阶段。在这一阶段的发展中，企业会慢慢发现 e-learning 并不适合所有的公司。企业在 e-learning 上的投资，远远超过了最初节约成本的设想。

（三）整合阶段

具有 3～5 年电子培训的经验之后（有些公司可能有更快的速度），企业达到这样一个阶段——"电子"开始褪色。在这一阶段，企业认识到在线学习方法只是众多方法之一。e-learning 并不是企业的目标——这只是一个技术或交付选项，适合各种各样的培训和知识管理的解决方案。e-learning 成长阶段中这时出现的一个重要的转型是企业认识到 e-learning 项目不是孤立的，e-learning 不再是一个独立的解决方案。e-learning 的转型导致培训部门和 HR 部门把重点放在整合上。

"整合"有两层含义。首先是指 e-learning 系统的技术集成与整合，以及它们如何汇集成一个灵活的解决方案满足多个不同业务单位的需求。第二是指将 e-learning 整合到业务流程、经理和员工日常生活的进程中。

1. 技术整合：数据和系统

当 e-learning 方法被运用在更多的关键业务上时，将电子平台整合到一系列的 IT 系统中非常重要。和企业制度整合、LMS-HRIS 整合、LMS—客户关系管理或销售系统整合、LMS 和金融系统整合、帮助系统整合、绩效支持系统整合、客户支持系统整合等。

在本阶段，企业将会发现这些整合将成为高度优先的项目，企业要扩大 e-learning 投资的价值。IT 占有 e-learning 平台一部分的所有权——这也是势在必行的。除非 IT 部门参与到 e-learning 中，否则就无法实施上述类型的整合。

2. 业务整合：业务结果驱动

除了整合系统和数据，企业还必须认识到，e-learning 和培训过程必须整合进其他业务流程中，保证所有的培训计划都适应特殊的企业范围和业务部门的紧急需求和重点。此时 e-learning 已不再是一个项目，而应该和关键的业务需求整合在一起。特别重要的是 e-learning 和 HR 整合，包括人力资源计划、人才管理、人才管理措施、胜任力模型等。

如果企业是侧重于整合、绩效管理、技能和胜任力、内容的发展战略的话,企业处在第三阶段。企业在第三阶段的一个重要转变是意识到实现 e-learning 本身已经不再是一个目标。在这一点上,企业应该考虑将 e-learning 作为绩效增强工具,用来研究并应用在各种各样的途径上。企业应该对多种形式的在线培训和信息分布有足够的经验和专业知识。

(四) 按需学习

按需学习(Learning On Demand),意味着所有的数字学习资产(课程、参考资料、档案、文件、演示)可以被按需获取,只要有人需要就可以获取,融合了培训的课程驱动方式和网上绩效支持。当企业达到这一阶段的时候,他们有数不清的课程、参考资料、常见问题解答等数据库。企业认识到应该使所有这方面的资料比较容易找到和使用,根据需要将内容分类。现在实施按需学习的技术已经存在,e-learning 已经从技术倡议成为企业学习和业务流程的一个组成部分。e-learning 由此创造了新方法,新商务模式以及新技术需求。

表 8 - 1　e-learning 阶段判断图表

阶　　段	特　　征
起步阶段	节省金钱。 实施目录内容和 LMS。 推广培训。
扩展阶段	发展混合项目。 快速 e-learning。 扩展 LMS 的使用。 参考资料。
整合阶段	整合/业务系统。 绩效管理;技能和胜任力管理。 内容发展策略。
按需学习阶段	数字学习资产按需获取。 数字资料全部在线。

二、中国企业 e-learning 的发展阶段

国内企业的 e-learning 应用还处在"独立"的时期,这种独立体现在 e-learning 方式还仅仅作为传统的培训方式的补充而存在,与绩效和商业目标的关联程度还很低,与国外企业的成熟应用相比还处于相对的低级阶段。

由于 e-learning 与企业的培训发展有密切的关系,尤其是现在阶段的 e-learning 主要还是应用在企业的培训上,想了解 e-learning 的发展阶段,先要了解企业培训的发展状况。

(一) 中国企业培训的阶段

在中国,由于市场经济发展较晚,企业管理基础薄弱,企业培训也兴起不久,当前中国

企业的培训基本上分为四个阶段。

1. 培训起步阶段——第一阶段

处于这个阶段的企业已经意识到企业发展需要一支能征善战的队伍，也关注到企业队伍的建设需要通过培训来解决。但是企业不知道应该怎样实施培训，经常送学员去参加外面的公开课，或者聘请专业教师来企业做内训。

2. 培训认知阶段——第二阶段

企业已经意识到企业培训需要有针对性，但限于企业能力，无法建立起完整的培训课程体系以及培训体系，无法有针对性地解决企业问题，培训效果不明显。

3. 培训发展阶段——第三阶段

企业能够建立起自己的岗位绩效考核体系，有的甚至可以建立自己企业的岗位能力素质模型，并基于此模型建立了培训课程体系，有良好的内外部教师资源配备。员工根据岗位要求，可以主动测评个人能力差距，针对性地选择必修课和选修课。通过较好的培训体系，促进员工的岗位能力的提升。

4. 培训完备阶段——第四阶段

企业不仅具备上述第三阶段培训优秀员工所具备的能力，而且已经构建起了学习型组织的结构，员工不仅能得到良好的培训，而且通过企业知识管理系统得到非正式学习帮助。

（二）企业 e-learning 成熟度模型

国内多年来长期关注企业 e-learning 发展的在线教育资讯（Online-edu）发布了 e-learning 企业应用成熟度模型，该模型将 e-learning 企业应用从初级到高级依次划分为五个阶段。如图 8-5 所示。

通过一些重要指标的评估就会发现，每个企业实际的 e-learning 应用均处在某个阶段中，e-learning 成熟度模型的意义在于可以清晰描述 e-learning 阶段性框架和发展方向，企业可以根据自己的实际环境选择适合的 e-learning 应用策略，从而避免 e-learning 项目的失败。

1. 第一阶段：电化培训应用阶段

e-learning 成熟度模型的第一阶段是电化培训阶段，e-learning 应用方式是利用电视录像、VCD/DVD 光盘、网络视频等。缓解培训压力、降低培训成本是该阶段 e-learning 应用的直接驱动力。该阶段中 e-learning 课程多为从传统培训或讲座转换的视频课件。该阶段一般没有培训评估也没有专门的学习或培训管理平台，同步教学系统或虚拟教室实时传输的 e-learning 方式也属于该阶段，是一种粗放式的 e-learning 应用阶段。第一阶段 e-learning 应用主要由培训部门主导，大型企业通常由电化教育中心负责推广实施，而中小型企业通常由培训专员兼职负责。第一阶段中入门、发展和成熟期的关键特征如表 8-2 所示。

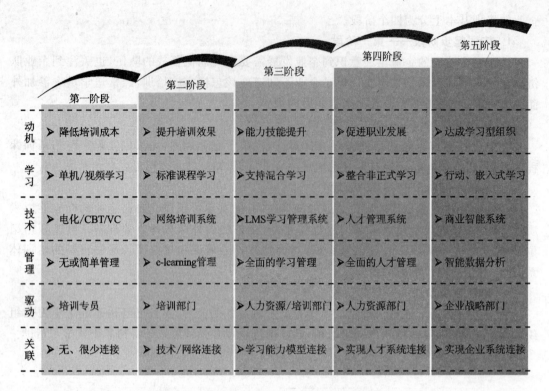

图 8-5　秦宇的 e-learning 企业应用成熟度模型

表 8-2　电化培训应用阶段各期特征

入门期特征	发展期特征	成熟期特征
1. 计算机辅助培训手段（CBT）成熟应用。 2. 利用广播电视、卫星等传统电子化培训方式。 3. 应用光盘课件学习。 4. 应用电子书、PDF 等方式辅助培训。	1. 利用电子邮件、OA 或企业网站学习。 2. 企业开始为部门员工购买网上学习服务（购买 ASP 服务）。 3. 广泛应用视频、三分屏课件。 4. 企业开始使用互联网、电子邮件等信息化手段。	1. 开始采购或开发课程管理平台，并对课件资源进行系统化管理。 2. 可自行开发网络课程。 3. 应用网络视频会议、虚拟教室、视频点播等系统进行培训。

　　第一阶段 e-learning 模式操作简单、成本低、效率高，适合短时间大量企业员工的培训，课程内容上更适合认知、记忆层面的课程。

　　该阶段中也有部分厂商提供融技术、内容为一体的 ASP 服务，即企业无需采购平台和课件，以租用的方式体验和实施 e-learning。

　　2. 第二阶段：网络培训应用阶段

　　当以电子化辅助培训为主的第一阶段应用成熟后，培训部门开始考虑 e-learning 如何更好地提升培训效果，这时就已经开始进入 e-learning 成熟度模型的第二阶段——网络培训应用阶段。强化 e-learning 的功能、提升学习效果是该阶段 e-learning 应用的直接驱动力。这一阶段企业开始实施真正的 e-learning 平台,并开始购置和开发符合 AICC 或 SCORM1.2 标准的课件,课件的表现形式从简单的视频发展为形式更为丰富的网络多媒体形式。该阶段企业通常采购专业的 e-learning 公司提供的平台产品,能够实现学习跟踪、在线考试、培训流程管理等功能。企业员工已经广泛接受 e-learning 学习模式,部分培训内容以 e-learning 方式固化下来,e-learning 已经不是一种辅助手段,而成为培训体系中不可缺少的部分。第二阶段 e-learning 推动和应用仍然由培训部门主导,部分企业在培训部门中开始设置全职的 e-learning 专员,负责 e-learning 应用和推广工作。第二阶段中入门、发展和成熟期的关键特征如表8-3所示。

表8-3 网络培训应用阶段各期特征

入门期特征	发展期特征	成熟期特征
1. 采购、实施 e-learning 平台。 2. 可以满足更多独立分支机构培训需求。 3. 有专职管理 e-learning 人员。 4. 在线考试开始应用。 5. 员工广泛接受 e-learning 学习模式。	1. 广泛应用 e-learning 平台。 2. 平台支持国际标准,开始使用 AICC 或 SCORM1.2 标准的课件。 3. 形成基本运营制度,有基本的课程开发的流程、制度。 4. 知识、信息型课程完全 e 化。	1. 部分培训流程进入信息化管理阶段。 2. 能够开发 AICC 或 SCORM1.2 标准的课件。 3. 开始规划员工能力模型。 4. 企业开始重视人才评估。 5. 有成熟的绩效考核办法。

e-learning 成熟度模型的第二阶段是当前国内企业 e-learning 应用的主流阶段,特别在入职培训、合规性培训等方面发挥积极作用。但值得注意的是,在该阶段中,企业往往对 e-learning 的期望值过高,结果导致实际效果与期望结果差距很大。

3. 第三阶段:学习管理系统应用阶段

进入第三阶段的标志是基于能力模型的学习开始代替基于内容的培训。在这一阶段中,LMS(学习管理系统)开始广泛应用,LMS 最早只是指 e-learning 平台,发展到这个阶段后,其功能和管理覆盖范围更大,不仅仅是 e-learning,它还管理着包含传统面授在内的各种学习方式。这一阶段 LMS 的成熟终于使学习与基于能力模型的绩效提升开始关联起来,这种关联是通过灵活、有效的在线评估方式实现的,平衡计分卡、360°评估等绩效管理方式均可通过 LMS 与学习相连接。LMS 是否有能力模型管理模块,以及是否能够与匹配的学习资源相连接是评估是否进入该阶段的一个重要标志。在第三阶段,有效支持能力提升的学习方式中正规培训所占比例大幅度下降,开始更多采用更为有效的混合式学习模式。在该阶段中,培训部门以整体管理和通用性学习资源建设为主,学习的实施,甚至课程的开发更多是由业务部门来主导完成。在第三阶段学习管理系统推动和应用虽然仍是培训部门,但不能缺少人力资源部以及业务部门的参与。第三阶段中入门、发展和成熟期的关键特征如表8-4所示。

表 8-4 学习管理系统应用阶段各期特征

入门期特征	发展期特征	成熟期特征
1. 开始采用 LMS 系统。 2. 支持全面的培训流程和培训资源管理。 3. 能力模型管理进入系统化。 4. 支持绩效考核管理。 5. 年度培训体系规划基于能力模型而设计。	1. 开始使用 LMS 系统。 2. 系统支持技能模型评估。 3. 系统支持可定义的 360° 评估。 4. 混合式学习得到广泛应用。 5. LCMS 开始应用。 6. 业务部门开发课程并熟练使用系统。	1. 熟练应用使用 LMS 系统。 2. 岗位技能评估与学习相连接。 3. 培训部门开始向学习与发展部门转变。 4. 灵活定制学习和绩效报告。 5. 开始应用 SCORM2004 标准课件。

4. 第四阶段：人才管理系统应用阶段

当基于能力模型的学习管理系统得到成熟应用后，学习管理系统开始进入与其他人力资源相关系统的整合，形成以人的管理为核心的综合管理系统。这标志着 e-learning 成熟度开始进入第四个阶段，即人才管理系统应用阶段

企业中的传统培训，包括 e-learning 已经完全融入到人才管理架构中的学习与发展部分，学习通过中间的"能力管理"实现促进企业人才发展的各个环节的运转。

5. 第五阶段：商业智能应用阶段

学习管理已经延伸到各业务系统中，工作与学习高度集成，学习被"嵌入"到工作之中，基于工作经验的学习能够被有效管理。学习者能够根据工作中的需要，快速找到最合适的学习资源，并能够运用最恰当的学习方法和策略，快速完成学习过程。人尽其才，组织与个人和谐发展，组织已经发展成为高效率的学习型组织。

e-learning 企业应用成熟度模型中的第三阶段，即学习管理系统应用阶段是国内企业需求重点，这个阶段也是真正能够发挥 e-learning 优势的阶段。

从第三个阶段开始企业培训职能开始发生转变，企业组织中名称与职务的变化：从培训部到学习与发展部；从培训总监（经理）到 CLO 首席学习官；从培训专员到学习与发展专员；"培训"越来越被淡化，而"学习"则越来越被强化，LMS（学习管理系统）充当了培训部门变革的引擎。学习与能力之间的"关联性"是这个阶段的核心所在。美国培训与发展协会（ASTD）在每年一次的"年度最佳企业学习奖"评选活动中，特别加入"关联性"衡量指标，所谓"关联性"就是指衡量培训项目是否建立战略目标与胜任力、学习之间的关联，并且将学习资源映射到岗位、胜任力、个人发展计划及企业目标之中。

第三节　e-learning 实施的影响因素

在 e-learning 的具体实施中，有许多的影响因素值得每个管理者和参与者关注。下面简要从行业特点、企业规模、生命周期等外部宏观方面，以及企业领导、员工素质等内部微观方面讨论各个因素。

一、企业外部的影响因素

（一）行业竞争与行业垄断

1. 行业竞争

e-learning 的实施可以看做是企业主动应对行业竞争的一个重要战略。一个行业越是竞争激烈，企业越需要不断地学习和进步，e-learning 这种先进的有创新的学习方式和理念就越有更多的内在要求。

一个企业的盈利水平与其所处的行业具有一定的关系，对这种关系进行科学解释和提供分析工具的人是美国哈佛商学院的企业经济学教授迈克·波特（Michael Porter）。他运用经济学的理论和方法分析行业竞争强度与企业盈利水平之间的关系，提出了行业竞争结构分析的五种力量的模型。这个模型所反映的基本内容是：

（1）一个企业的盈利潜力取决于它所处的行业的盈利潜力；一个行业的盈利水平又取决于这个行业的竞争强度；一个行业的竞争强度是其行业竞争结构的表现。因此，行业选择对一个企业能否获得高于平均水平的投资收益具有非常重要的影响。正如有的人说，行业选得好，不努力都可以获得高利润，行业选得不好，苦死累死也赚不到钱。

（2）影响企业盈利水平和行业竞争强度的结构性因素很多，但是大致可以归纳为五个类型或者被称为五种力量：

第一种力量：潜在进入者的威胁。

第二种力量：供应商讨价还价的权力。

第三种力量：顾客讨价还价的权力。

第四种力量：替代产品的威胁。

第五种力量：行业内部竞争的特点。

如果这五种力量都大，那么，这个行业盈利潜力就低。相反，如果这五种力量都小，那么，这个行业盈利的潜力就大。

（3）竞争不仅发生于行业内部，而且也发生于不同行业之间。潜在的竞争者、替代产品、供应商和顾客都可能成为企业的竞争者。最大威胁往往不是来自行业内部，而是来自行业之外，例如，我国的邮政行业。行业竞争的内涵被大大地扩大了。

（4）行业竞争结构的形成和变化与政府政策和行业的供需特点有关，但是也与行业内部企业的战略行为有关。

波特认为在影响行业竞争强度的五种力量中，行业内部竞争特点是最关键的。如果行业内部的企业恶性竞争，那么，其他四种力量都必然向恶化的方向变化。同样，如果行业内部企业的竞争是良性的，那么，其他四种力量也都会向良性或者有利的方向变化。因此在分析了行业竞争结构之后，企业不能只是被动地适应行业竞争结构，而应该通过主动的战略行为优化行业竞争结构。实践中发现，那些处在激烈竞争行业中的企业，有着更强烈的e-learning实施要求，实施 e-learning 是企业应对行业竞争的重要的战略行为。

2. 行业垄断

e-learning 本身是一个学习项目，只有那些迫切要求发展自身竞争力的企业才有巨大的动力进行学习战略。但是在垄断行业中，许多企业已经形成利益集团，普遍都享受垄断利润所带来的高工资和高福利，安于现状，无危机感。相对来说，实施 e-learning 的动力就不强。可以这样推断：实施 e-learning 的内在动力随着行业垄断性质的增加而减弱。下面从市场结构角度具体分析垄断与竞争，企业可对照自身情况查看本企业实施 e-learning 的动力源头。

市场结构是指市场的垄断与竞争程度。各个市场的竞争与垄断程度不同形成了不同的市场结构。依据行业的市场集中程度、行业的进入限制、产品差别等三个标准，市场可分为完全竞争，垄断竞争，寡头和垄断四种。

（1）完全竞争是一种竞争不受任何阻碍和干扰的市场结构。形成这种市场的条件是企业数量多，而且每家企业规模都小。价格由整个市场的供求决定，每家企业都不能通过改变自己的产量来影响市场价格。

（2）垄断竞争是既有垄断又有竞争，是垄断与竞争相整合的市场。这种市场与完全竞争的相同之处是市场集中率低，而且无进入限制。但关键差别是完全竞争产品无差别，而垄断竞争产品有差别。企业规模小和进入无限制也保证了这个市场上竞争的存在。

（3）寡头是只有几家大企业的市场，形成这种市场的关键是规模经济。在这种市场上，大企业集中程度高，对市场控制力强，可以通过变动产量影响价格。而且，由于每家企业规模大，其他企业就难以进入。由于不是一家垄断，所以在几家寡头之间仍存在激烈竞争。

（4）垄断是只有一家企业控制整个市场的供给。形成垄断的关键条件是进入限制，这种限制可以来自自然原因，也可以来自立法。此外，垄断的另一个条件是没有相近的替代品，如果有替代品，则有替代品与之竞争。

一般所谓的"垄断行业"，可分为稀缺战略资源类（如石油）、网络型自然垄断类（铁路、电力、电信）、国家战略行业类（如民航、军工）和经济命脉类（如金融）。

在我国，石油、电力、军工、民航等无疑是垄断程度很高的企业，e-learning 的实施动力严格说来不强。但由于这些行业企业规模巨大机构众多，具有 e-learning 实施影响因素中的另外推动因素，例如需要用 e-learning 来做内部合规培训等，所以目前也有一些企业进行了实施，但是效果如何尚待观察。

值得一提的是我国金融业近年来已经放开，似乎不再归于原来意义上的垄断行业或者说没有原来的强垄断性质，加之业务地域分散、服务客户众多、特别是产品更新（如理财产品）快速等特点，e-learning 应用得较多，成效也较为明显，如交通银行、平安保险集团等。

延伸阅读

快速 e-learning（Rapid e-learning）：竞争激烈行业中 e-learning 快速解决方案

在 e-learning 的导入和实施中，产品和服务更新速度越快的企业，越需要 e-learning 来进行学习和培训，快速将公司新研发的产品和服务发布到各个分支机构和员工手中，并保持一致性。除了一些重化工业和一些连续型生产企业产品周期较长变化较慢之外，现代企业竞争越来越激烈，要求产品和服务推出的时间越来越快，更新换代的步伐日新月异。在 e-learning 导入和实施过程中，内容建设中一些制度流程和企业文化等课程，可能对时间的要求不急迫，但其他的一些内容项目根本不能等数个月，需要一个快速的 e-learning 解决方案。为满足激烈竞争行业中的企业要求,业内提出了一个概念:Rapid e-learning。

早期的快速 e-learning 利用虚拟教室以 PowerPoint 辅助真人现场同步讲解,并把过程记录下来,供日后参考。又有些把现成的 PowerPoint 转成为 Flash 动画,再配以旁白去制成一个有声有画的 e-learning 课程。但这些设计只是把课堂的素材原原本本地转化过来,没有考虑到 e-learning 的特性重新设计有关课程。这些所谓的会说话的录像或者逐版逐页的说教模式(即业界所指的 Page Turning Content)一般都较为沉闷,由于内容单向,缺乏互动原素,课程的成效一般比较低。因此,这些形式的快速 e-learning 只能用于一些较短和着重讯息发放的内容。随着一些先进的内容设计和开发工具的面世,快速 e-learning 已经开拓了 Power-Point 以外的领域。这些工具有各式各样的模板,把一些常用于 e-learning 的教学模式系统化,既方便设计人员又可以省却一些开发的时间和工序。这些工具将把快速 e-learning 的概念提升到更广泛的应用层面,成为一个 e-learning 内容发展的主流。

(二)企业规模与分支机构

一般来说,企业规模越大,分支机构越多,e-learning 越是有用武之地。比如,上面提到的银行业。而且,分支机构在地域上的分布越广,越需要使用 e-learning。地域上的分布程度比起企业规模来说更具有 e-learning 的实施动力。一个只有几百人,但可能在全国甚至世界各地都有办公机构的企业,相比起一家拥有几万人的工厂,但也许都部署在同一个地方,或者只有几个分部的制造企业来说,更需要 e-learning。

1. e-learning 与大型企业

大型企业往往具有企业规模庞大,地域分散的特点,因此,在建设企业文化、构筑全员管理培训体系的过程中很难集合培训资源,同时也存在在特定时间、地点将员工集中起来的困难,所以在建设科学的企业培训体系和巩固传承企业文化方面存在较大的障碍。e-learning 为企业实现学习经常化、学习科学化提供了有效的解决途径,其优势可以弥补大型企业的这些问题,特别适合大型企业地域、人员分散的特点。同时,通过整合行业课程,设计定制课程的内容资源安排,可以彻底解决大型企业传统培训体制的困难。

大型企业可以按内容集中发布、系统多点安装的技术思路配置 e-learning 系统,既保证对于培训计划的整体调控,也确保多点学习的顺利实施。大型企业拥有许多的下属单位和部门,每个单位或部门拥有自己的局域网资源。这就需要企业网络培训系统具有分布式的应用特点,而 e-learning 系统的分布式结构满足了大型集团企业的实际需求。各单位或部门可以在自己的局域网上建立部门级的网络教学服务器,并能够同企业的主教学服务器保持同步。这样一方面避免了网络带宽的限制,提高了骨干网的数据传输效率;另一方面又使各部门能独立开展自己的网络培训,提高了用户访问课程的速度。

大型企业用户由于资源力量较雄厚,除课件和工具运用方面,可以把侧重点放在整体内容体系建设、各岗位职能的在职模拟训练、通过学习管理平台与绩效考核挂钩等更深入的层面。

2. e-learning 与中小企业

e-learning 的建立需要庞大的技术、资金、资料和人员的支持，作为中小型企业来说，建立这个体系有一定的压力。另一方面，e-learning 主要是基于由多媒体网络学习资源、网上学习社区及网络技术平台构成的网络学习环境，在这个环境中汇集了大量数据、档案资料、程序、教学软件、兴趣讨论组、新闻组等学习资源，形成一个高度综合集成的资源库，这些学习资源对所有人开放，适合中小企业使用。

中小企业在培训经费有限的情况下，应该选择适合企业发展态势和人员现状的课程，购买专业现成的 e-learning 解决方案对中小企业开展 e-learning 是比较划算的。一般来说，可以通过以下四种有效的渠道来实现 e-learning。

（1）对于常见的基础技能型课程和一些通用类的课程，中小企业不必建设自己的 e-learning 系统，可以考虑依托综合服务商提供的服务。这种方式在国外已经很成熟，员工直接在线学习服务商提供的在线课程。有些行业协会也提供一些培训项目，建立了自己行业内的有针对性的 e-learning 系统，这类课程针对性强，而且半福利性质，价格较为便宜，可以参考学习。

（2）对于企业内部特有的个性化的培训内容，例如，企业行为文化，以及特有的企业操作流程，中小企业可以采用服务商提供的 ASP 模式，租用平台服务，这样可以大大降低成本，而课程则可自行或外包开发。

（3）从最主要的功能组逐渐完善起来。现在普遍认同的比较完整的 e-learning 系统，基础组群包括培训需求确认群组、培训计划群组、个性化培训群组、在线培训与学习群组、交流沟通群组、在线考试群组、统计与整体评估群组等 7 个组别，中小企业可以根据自己的实际情况，最初选择对自己适用的组别，逐渐发展和完善起来。值得注意的是，一些 e-learning 系统功能组别在一些企业内部 HR、OA 等系统上有一些体现，可以依附在这个基础上逐渐完善。

（三）企业生命周期

企业生命周期是指企业从出生开始，到成长、成熟、衰退直至死亡的过程。处于生命周期不同阶段的企业，面临不同的环境和条件，要求实施与企业成长特征相适应的不同管理行为，这样才能确保管理的有效性。e-learning 的实施作为企业一个重要的管理策略，无疑需要考虑到企业的生命发展周期因素。

在企业的生命进程中，特别是在企业生命周期各阶段转变过程中，往往都面临着不同的重大管理问题，企业的一系列管理行为或使企业沿着正常发展的轨迹健康成长，或使企业走向衰亡。要保证企业按正确的成长轨迹健康发展，就要理性地、超前地根据企业生命历程环境、条件的变化及成长特征，明确对企业生命周期各阶段管理的要求。

1. 初生期

企业处于生命周期不同的阶段，其资产配置状态不同，表现出不同的成长特征。初生期的企业，其资产配置是以有形资产为核心，资产配置单一、结构不合理。在这一时期，企业生产经营上的任何差错，都可能直接威胁企业的生存，使企业直接进入衰退期。这个时期导入 e-learning，对企业学习文化的养成和企业行为风格有很大的帮助，但是风险在于：各种管理制度和业务流程的不确定，不一定能有很好的使用效果，并且这个时期企业要面临很多的事务，无法在财力、人力上保证 e-learning 的实施。

2. 成长期

随着企业资产(主要是无形资产)的快速增加,形成了一定的生产销售能力,标志着企业初生期的结束,成长期的开始。进入成长期后,企业的有形资产已具有一定规模,但同时企业技术、工艺、品牌、商誉等无形资产急剧增加,其增加的速度远远大于有形资产在这一时期的增速。这个时期导入 e-learning 能配合企业在无形资产和有形资产上的增长,能形成与企业自身管理密切相关的 e-learning 实施制度,打下坚实的基础。

成长性企业也可以指目前尚处在创业阶段,但由于自身的某些优势(如行业领先、技术垄断和管理高效等)而可能在将来较长的时期内(如 3 年以上)具有持续挖掘未利用资源能力,具有可持续发展能力、能不同程度地呈现整体扩张态势,未来得到高投资回报的创业企业。但由于成长性企业在管理基础、业务流程、人员结构等方面存在很多的变化因素,e-learning在导入的时候需要很好地配合和规划,制定弹性的符合企业特性的实施方案。

3. 成熟期

在成熟期时,企业资产达到一定规模后保持相对稳定,各种无形资产在资产配置中占有相当的份额,其数值也趋于稳定,资产结构趋于科学合理。经过初生期、成长期的发展历程,企业积累了比较丰富的管理经验,管理者更多地凭经验按条条办事,更注重保持企业的业绩,忽视学习和创新,容易出现生产和管理"老化"。这个时期如果还没有导入和实施e-learning,本身说明企业没有跟上管理发展步伐,需要认真仔细地导入 e-learning,使之成为企业向学习型组织转变的契机,增加企业新的活力,延长企业的生命周期。

二、企业内部的影响因素

除了上述几个比较宏观的外部影响因素外,e-learning 实施中有很多的细节来自内部,需要仔细考虑内部的关键影响因素。

(一) 组织层面

1. 高层积极参与

企业的高层要了解 e-learning 的意义和 e-learning 与其他部门信息化的关系和作用,并且能够把 e-learning 融入到整个企业的发展战略中去,用 e-learning 中提供的工具来提高企业的竞争力,这是实施 e-learning 方案的前提条件。企业高层的态度决定了以后 e-learning 实施的发展方向和实际效果。

在 e-learning 的实施工作中,应该由高层领导领衔组成专门的项目组。项目组的构成应该是由企业的一把手或主管副总亲自挂帅,其他重要项目组成员应该包括:人力资源部门的负责人、业务部门的负责人、IT 部门的负责人和培训部门的负责人。因为学习流程的梳理、学习行为的转化、制度的保证和监督、资源的协调需要各部门的支持和承诺。

同时,e-learning 成功实施需要一个良好的舆论环境,企业高层领导要带头进行宣传推动,在前期做好内部的沟通宣导工作,为实施奠定良好的基础。这些也可以借助专业的咨询公司与供应商的经验。高层参与比较成功的经验有平安集团等(参见本书第十一章)。

2. 基础设施的保障

如果计算机和网络这两个重要的工具不能保证稳定,那么会给学习者造成直接的学习困难,同时会降低学习者的积极性,尤其是在刚开始实施的阶段,往往会增加学习者的抵触情绪。

3. 测评和跟踪

无论采用什么样的学习培训手段和措施,最为重要的就是要在学习培训之后使员工的知识技能有所提高,可以把培训中得到的知识应用到实际的工作当中去,所以在 e-learning 的实施过程中,在学习之后对员工的考核和反馈显得尤其重要。

e-learning 的学习方式一个最重要的特点就是可以方便地对学习者进行学习跟踪和评价。这个步骤需要线上线下共同进行,在实施过程中要定期地对学习培训情况做出综合的评估,并且最好请一些专家或者专业的咨询人员参与,发现和改进在实施过程中出现的问题,在评估时最好采用一些量化的标准,这样评估才能更为全面准确,评估的主要内容包括员工的学习效果,员工在学习中遇到的问题和困难,实施培训的目标完成情况等等。

4. 组织层面容易出现的问题

组织层面上主要考虑 e-learning 运行的周边环境,即组织内部关于学习的组织文化以及对学习的支持与评价方式。组织层面容易出现的问题有:

(1) 组织内部对于课程内容和教学推广宣传不足。

(2) 缺少清晰的盈利结构。

(3) 不能提供高质量的学习设备和环境。

(4) 不能提供管理的回馈和对学习的支持。

(5) 不能拨出专门的在岗培训时间。

(6) 组织内部不能积极营建学习文化。

(7) 将 e-learning 作为唯一手段,排除其他学习方式。

无论是传统教学还是 e-learning 方式的教学都有优势和缺陷,所以最好在实施 e-learning 时采用混合式的教学方式,这样可以扬长避短,充分发挥计算机和网络的优势,同时还可以减少初次使用计算机和网络进行学习的学习者的学习阻力。这就要求 e-learning 系统要对线上和线下培训都具备管理功能。重视培训过程中的人际交流和协作,在 e-learning 学习中给学员创造一种"社区气氛",学员在向其他的伙伴介绍自己、提问或分享以前的学习经验过程中,学习兴趣可以得到加强。

(二)员工层面

e-learning 的实施需要考虑员工层面或者称为学习者自身的"内部环境"的问题,即学习者内心和思想中发生的变化。内部环境包括学习者动机水平、进行 e-learning 必备的学习技巧。

学习者层面容易出现的问题有:

(1) 缺少时间和兴趣。

(2) 缺少学习动机。

(3) 缺乏自主学习技巧。

(4) 缺乏时间管理技巧。

(5) 缺少必要的网络应用技巧(下载文件、订阅邮件列表等)。

(6) 个人生活问题的干扰(婚姻、岗位变动、父母职责等)。

（7）由于失去面授学习的乐趣产生逆反心理（社交网络、旅行、聚餐）。

学习是一件艰巨的事情。即使已经开发出完美的 e-learning 系统和内容，仍然必须紧盯着那些未完成学业的成人学习者。中国学习者大多数人都是在一个强迫性的依赖专家的教育体制中学会学习的，相对来说学习独立性比较差，许多人的学习动机不是为了达到某种成就而是为了避免惩罚，例如评分或者被点名的尴尬。e-learning 学习中搬掉了进行学习评价的老师和成绩册，许多成人学习者自然会荒废学业。在学习者层面上需要作出某些主动的积极的调节举措，以提高 e-learning 的参与和完成率。

可以找出一些学习带头者来给 e-learning 学习作出示范。那些过去曾经使用光盘、书本、录像带或者其他通信方式独立学习并取得成功的学习者是进行 e-learning 示范的最佳人选。这些人已经学会了如何独立学习，他们已经掌握了一套学习的关键技巧并不受课程内容的传播方式的影响。

那些对新鲜事物有浓厚兴趣并且乐于尝试的人也是适宜采用 e-learning 的人选，但他们不一定是技术人员。他们在每个团队中都有，无论是销售还是客户服务的队伍中。企业可以找出这些人并且让他们成为 e-learning 的榜样，榜样的力量总是比行政命令更有说服力。人们总是对新鲜事物持怀疑态度，这其中就包含 e-learning。打破这种疑虑的最佳途径就是给他们看现实生活中的例子。

（三）内容建设层面

课程层面的问题经常发生在两个方面：内容或者指导。这里说的指导指的是技术方面，例如 LMS 学习管理平台。内容指的是教学内容，例如从供应商处采购的电子课件。这个层面容易出现的问题在于糟糕的课程设计、不恰当的技术平台，常常表现为：

（1）内容设计呆板：大块的理论和知识，缺少现实应用和拓展性内容。

（2）界面设计糟糕：不直观的导航系统、问题频出的聊天室、难看的界面。

（3）技术表现问题：音频质量差、视频不流畅、数据下载中断、经常出错的留言板。

（4）交流管理很差：对课程内的社群互动交流缺乏有效管理，缺乏专业的有经验的在线管理员。

根据心理学的研究结果，学员阅读一份内容复杂的书面培训资料时可理解 70% 的内容，但当员工从计算机屏幕阅读同样的一份资料时，仅能理解 25%。这便要求 e-learning 课程的设计者要结合网络的特点展开丰富的想象，创造性地设计课程，使之看起来引人入胜，同时，课程的设计尽量采用图像或多媒体的方式以便于学员学习记忆。

第四节　e-learning 战略制定

什么样的企业比较适合实施 e-learning？企业到底需要什么样的 e-learning？什么样的深度和层次才是合适的？是仅仅在总部部署平台，还是让所有的员工都参与电子化学习？e-learning 的应用是不是有一个规模和适度的问题？这些都涉及到 e-learning 的导入和实施战略。

一、e-learning 实施的规模和层次

目前中国企业中,更多是大型企业在实施 e-learning。但不论大企业还是小企业,学习型组织的建立是每个企业发展的需要,而 e-learning 则是打造学习型企业最好的工具和手段。不同规模的企业严格说来都可以实施 e-learning,只是实施的规模和层次、导入的深度不一样而已。可以说,需要学习和培训的企业都可以考虑 e-learning。

e-learning 在企业中的应用级别可分为企业与部门两级。企业级主要指 e-learning 已经成为企业发展的重要战略措施,它已经成为企业知识管理和人力资本发展的一个重要手段;部门级主要是指 e-learning 只是作为企业培训的一项措施,主要功能是帮助企业培训部门来完成培训任务和目标。从发展的角度来看,e-learning 应该首先从满足培训业务的部门级应用发展到满足企业战略发展要求的企业级应用。

小型企业实施 e-learning 的侧重点可以放在经理人自我学习和教练团队方面,大中型企业实施 e-learning 的侧重点应该放在 e-learning 和在职辅导与训练(OJT,On Job Training)整合方面。由于时空条件的限制,传统培训解决了企业培训"点""线"的问题,而 e-learning 和 OJT 的有机整合,可以实现随时、随地培训,因而解决了组织培训"面"的问题,是大中型企业或组织培训的基础。在企业中 OJT 培训是最为有效也是将培训转化为行动力的最好的方式。

e-learning 的特点是使用方便,受众广。在现阶段,比较适合 e-learning 的是中型以上的、分支机构众多的企业,学习和培训主体是以大量人群为对象的机构。

与企业 e-learning 的应用层次相对应的是学习模式。按照学习方式的不同,学习模式大致可以分为正式学习和非正式学习两种。正式学习指的是学习者们在固定的时间、地点、以事先预定的目标为要求进行学习,而非正式学习的范围更加宽泛,一般不会有时间、地点、甚至方式的限制。在一般情况下,非正式学习对应于企业级的 e-learning,而正式学习对应的是部门级的 e-learning。

二、e-learning 战略制订过程

成功的 e-learning 实施与应用首先来源于成功的 e-learning 战略规划。所谓战略规划就是将 e-learning 作为实现组织最高目标的战略手段之一,根据组织自身情况,规划出科学合理的 e-learning 阶段性目标,并为每个阶段制订出发展策略,使 e-learning 在组织人才发展的每个阶段中都能发挥出它的价值。e-learning 战略规划除了包含要满足实现组织内网络化学习目标之外,更重要的意义在于如何将 e-learning 应用与组织人才发展战略、组织绩效目标、知识管理战略以及学习型组织建设相结合,从而使 e-learning 发挥更大的战略价值。

(一)现状评估

e-learning 现状评估,即通过访谈和调研明确组织中与 e-learning 应用相关领域的情况和 e-learning 应用现状。在 e-learning 应用各阶段中,通过若干指标的量化,每个阶段又可

详细划分为入门期、发展期和成熟期三个子阶段,现状评估可以分析出组织 e-learning 应用属于某个阶段的某个时期,更有利于制订精确、详细的 e-learning 战略规划。e-learning 现状评估可分为外部环境现状评估和当前使用现状评估两个部分。外部环境现状评估指从组织层面梳理和分析影响 e-learning 应用的各种因素,包括组织架构、文化、人才管理现状和特点、信息化应用现状以及教育培训现状等。外部环境现状评估对 e-learning 中、长期规划具有重要意义。当前使用评估指分析组织中技术对学习或教育培训的影响程度的现状。无论组织是否系统化实施推广过 e-learning,在网络科技高速发展的今天,组织都在或多或少地使用 e-learning。例如,通过网络搜索、电子邮件、内部 OA 网络等方式实现的学习行为。当前使用现状评估对于 e-learning 项目需求分析和短期目标规划具有重要意义。

(二) 引进定位

企业在引进 e-learning 系统时,需要对 e-learning 系统做一个定位,确定它在企业发展中的地位,换句话说,就是企业需要引进 e-learning 帮助完成哪些工作。

一般有两种情况:一种是引进 e-learning 只是为满足企业课件学习的点播、课程存储和简单的统计功能。处在 e-learning 发展的初期阶段的企业可能会出现这种情况。另一种情况是将引进 e-learning 作为企业实现学习型组织建设和企业培训能力建设的有效载体,将 e-learning 的价值放在企业的核心价值链中。如果企业引进 e-learning 的定位是前者,那么引进工作就比较简单,市场上的 e-learning 系统基本上都能够满足该需求,同时在实施中也不需要高层领导的重视和参与,因为作为工具引进不会对企业战略和业务产生促动和变化。如果企业引进 e-learning 的定位是后者,那么企业引进就需要做好前期的科学、系统的规划和评估。

企业对将要引进的 e-learning 系统评估的重点是:系统是否能够与学习、培训管理技术相契合,是否能够实现学习流程的闭环管理;系统平台是否能够灵活设置;系统提供方是否拥有专业的企业培训经验,系统平台是否拥有良好的可扩展能力。

(三) 目标规划

通过 e-learning 现状评估,组织可以找到切合实际的 e-learning 应用起点,接下来就是制定合理的 e-learning 目标规划。虽然不同组织对 e-learning 应用的需求不尽相同,但从达成组织目标及长远规划来看,长远的 e-learning 目标规划在不同组织中具有一定的共通性。秦宇提出的 e-learning 成熟度模型(参见本章第二节)为组织制订 e-learning 战略发展目标提供了很好的参考。例如,国内绝大多数考虑实施 e-learning 的组织均可将 e-learning 成熟度模型的第一、二阶段作为 e-learning 规划的近期发展目标;将第三、四阶段作为 e-learning 规划的远期发展目标;第五阶段则最好作为 e-learning 组织应用的愿景或者使命。

(四) 发展策略

有了起点和目标,结合本章第二节提到的 e-learning 发展阶段,才能进行科学合理的 e-learning发展策略制订。e-learning 发展策略的核心包含两个方面,其一,如何在每个阶段中发挥出 e-learning 的最大价值;其二,如何做好准备,顺利进入下一个应用阶段。制订 e-learning发展策略还要考虑到 e-learning 在组织内部不同领域的应用。e-learning 在组织内部主要有四个不同领域的应用，可以简单归纳为全局型应用、项目型应用、部门型应用和外延型应用。因组织类型的差异，每个阶段在不同领域的应用重点会有不同。

第一阶段：重点推广全局型和项目型应用；充分利用现有技术推广在线学习，尝试在培训项目中应用 e-learning 手段。

第二阶段：重点推广项目型和外延型应用，培训部门不断完善项目型应用，并沉淀 e-learning 使用方式、方法、技巧、管理制度，同时大力推动 e-learning 在组织的上下游合作伙伴中的应用。

第三阶段：重点推广部门型和全局型应用，培训部门在 e-learning 应用中的角色逐渐从直接应用转向管理支持，大力推动各个部门内部的 e-learning 应用，在组织内实现基于能力提升的学习管理体系，实现 e-learning 的全局型应用。

第四阶段：重点推广全局型应用，建立以人才发展为核心的学习管理体系，通过系统实现组织目标、职业发展、绩效与学习的内在连接。

三、避免常见误区

e-learning 的实施效果不可能是立竿见影的，要避免急于求成。目前 e-learning 的应用大部分还是在企业培训领域，但培训的效果至今仍经常受到一定程度的质疑。拿美国来说，据一项专业调查显示，即使是在培训非常发达的保险业也只有 10% 的培训费用真正发挥了作用，并且有 95% 的学员不会将所学运用到工作当中。同时，调查表明，培训如果只是以讲座的形式进行，学员只能记住 5% 的内容；如果有人示范，有效率会达到 30%；如果有全体的讨论互动，可以有 50% 的效果；如果在培训中安排了实践活动，则可以保留 75% 的内容。

实际上，培训核心价值的产生要遵循一定的流程：获得知识→行为改变→养成习惯→绩效改善。尽管培训能够传授知识，但是一个人习惯的养成却很难，需要很长的时间，并会受到各种因素的影响。一个学员从想做（培训需求提出）→会做（培训中）→能做（培训之后的运用）→乐做（养成习惯）是一个环环相扣的过程。很多培训效果不尽如人意，是因为培训的环节没有进行无缝对接，所以培训成果一点点流失了。用 e-learning 来进行培训，如果不是对 e-learning 和培训都有很深入的认识再加上专业的技巧，一样很难获得满意的效果。

安迪·施奈德（Andy Snider，e-learning 领域专家，VIS 公司总裁）指出：许多公司迫不及待地推出了一些所谓"完全"e-learning 解决方案或"完全适合"e-learning 解决方案，试图在短期内取得巨大成效，但许多所谓的 e-learning 从根本上说只能是一些毫不考虑后果、根本无视学习过程的牛头不对马嘴的材料。e-learning 应该以"学习体验"为核心，而不是以"内容"为核心。企业所面临的挑战是如何利用技术造就行之有效的学习体验，而不是如何将内容上传到网上。不同的人对于学习体验的要求也有所不同。或许企业认为自己的课程所具备的某些价值并不是该课程真正具备的价值。并不是所有 e-learning 项目都是成功和有帮助的。要保障 e-learning 项目的成功实施，需要避免以下几个常见的认识误区：

（一）误区一：e-learning 就是课程电子化

e-learning 并非简单地将课程电子化。e-learning 课件不是简单地把学习和培训内容变为电子版,学习管理平台也不只是简单地安装系统和发布课程。无论是课件还是平台,都必须以用户为导向,以结果为导向。用户有什么样的需要,就要充分运用各种手段去满足。要确保用户学有所获、学有所用、学有所果。

因此,e-learning 中,主要应考虑如何把握网络教育特点和成人教育特点,让学员更感兴趣,达到更好的学习效果;如何对课件内容进行教学设计,以达到预期学习和培训目标;如何在用户现有的设施和条件下,规划实施高效低成本的 e-learning 项目;如何充分调动各种技术手段和资源,在最大程度上满足用户的个性化需求。

(二)误区二:只有大型用户才适合上 e-learning

虽然一开始大多是金融、石化、电信等大型用户在实施 e-learning,但是在知识与网络经济时代中,快速学习和成长是每个组织发展的必然选择和必然需要。不论大用户还是小用户,通过现代 e-learning 技术和手段,都将对组织的学习成长和沟通推广起到积极促进作用。只不过不同规模的用户实施 e-learning 可以有不同的侧重点。

并非只有大型用户才适合上 e-learning,对于中小企业用户,可以着重通过 e-learning 课件和工具,实现全员全年的持续学习成长,实现对内对外的快速沟通推广。这样可以省时省力,大大降低成本,提高效率,也弥补了小用户资源力量不足的弱点。

(三)误区三:e-learning 就是替代现有培训

e-learning 的采用并非要取代面授培训,实际上 e-learning 也不可能完全替代面授。e-learning 与面授各有所长,e-learning 可以与面授有机整合,通过混合式学习,更有效地达到学习效果。同时,在混合式学习的基础上,辅以电子杂志、视频会议、邮件、活动等多样非正式学习形式,可以将培训学习层次上升到组织文化建设、知识管理等更高战略层次。

(四)误区四:e-learning 导入和实施主导权异位

很多企业的 e-learning 导入和实施不是由需求部门如培训或人力资源部门来主导,而是由 IT 或信息技术部门来主导,导致了将 e-learning 等同于 ERP 等生产运营一样的系统,在规划和实施过程中一味强调技术指标,例如,网络带宽、服务器压力、系统安全性能等,而不是考虑实际使用效果。也有技术部门为了省事和方便,强行将 e-learning 系统与其他系统如 EHR 等一起实施,在选择和使用供应商时没有进行更细致的考察和筛选。

e-learning 是一个学习平台,也是一个学习体系,更是一种学习方式,决不能简单地等同于弄一个系统上线就可以解决问题,需要调动各方的资源,需要有专业的需求和使用部门来主导。诸多经验证明,那些由技术部门实施和主导的 e-learning,往往在实际使用过程中都很难成功,因为他们不清楚 e-learning 的真正使用目的。那些 e-learning 推动和实施效果明显,无一例外都是由使用部门即人力资源和培训部门来进行主导的。

思考与展望

1. 什么样的企业适合 e-learning？企业什么时候适合导入 e-learning？

2. e-learning 的实施与企业自身的哪些关键因素有关？

3. 如何判断企业实施 e-learning 所处的阶段？

4. 能否有一个通用的标准和简便易行的方法，来进行导入 e-learning 时机的评判？

5. 如何制定合适的 e-learning 导入战略？

6. 相对学习者本身来说，本章我们的讨论绝大部分是 e-learning 实施和发展的外部影响因素，如何从人（学习者）的角度，如个性心理、组织气候等来探索更好的实施方案？

第九章　e-learning 的推广和评估

在搭建好了学习平台,制定了完善的基于 e-learning 的学习和培训计划后,还需要坚持不懈地宣传推广才能取得较好的效果。一方面人们固有的学习习惯一时难以改变,需要大力引导,另一方面酒香也怕巷子深,e-learning 同样需要频繁地推动。同时,为获得持续的推广和使用动力,需要对 e-learning 项目进行评估,让管理层看到 e-learning 的现实效果和利益。

本章将从管理层的视觉、组织结构上的保证等角度,逐一介绍 e-learning 的推广策略和评估方法。

本章重点

- e-learning 推广的困难与阻力。
- 分层次评估方法、ROI 计算。

第一节　e-learning 推广的组织

e-learning 作为企业内使用的涉及全员的一种管理系统,必须建立从上而下的机制才能得以实施,需要进行强有力的组织动员。一个好的项目的成功离不开组织保证。确立了使用 e-learning 系统之后,下一步就是如何管理这个系统并使它为企业服务,需要考虑如何设置和变革相应的组织体系,各个部门之间如何协调等问题。

一、管理层与 e-learning 的推广

企业管理层对于 e-learning 的态度是决定公司是否能够顺利实施 e-learning 的一个关键性的因素。管理层根据企业自身的特点来考虑是否需要使用 e-learning,何时升级 e-learning 系统,e-learning 使用到什么样的程度等等。下面从管理层的视觉和观点出发,重点讨论 e-learning 与企业的核心竞争力的提升,e-learning 与企业商业目标结合、e-learning 与管理沟通等几个方面的问题。

（一）e-learning 与核心竞争力

企业管理层最关心的是一项投资会如何影响企业的核心竞争力。一般来说 e-learning 对于企业的核心竞争力影响主要在于员工可以随时随地利用网络进行学习或接受培训，将企业核心的知识和能力转化和固化为个人核心能力，继而提高企业的竞争力，在产品和服务更新迅速的行业中尤为明显。

1990 年美国学者普拉哈拉德（Prahalad）和哈默（HaMel）发表的《企业的核心竞争力》一文第一次明确提出了"核心竞争力"（Core Competence）这一概念。他们认为核心竞争力是企业中特别是关于如何协同不同生产技能及整合多种技术的集合知识，……它是沟通、包容以及对跨越组织边界工作的高度承诺。

此后，人们对这一概念有多方面的扩展、理解和界定。麦韦尔（Mever）和阿特贝克（Utterback）认为，企业核心竞争力是指企业的研究开发能力、生产制造能力和市场营销能力，是在产品创新的基础上，把产品推向市场的能力。雷纳德·巴顿（Lenard-Barton）则认为企业核心竞争力是使企业独具特色并为企业带来竞争优势的知识体系。

还有其他对核心竞争力的不同见解，总的来说可归结为：核心竞争力是企业竞争力中那些最基本的能使整个企业保持长期稳定的竞争优势、获得稳定超额利润的竞争力，是将技能资产和运作机制有机融合的企业自组织能力，是企业推行内部管理性战略和外部交易性战略的结果。

知识经济时代的企业核心竞争力，在于比竞争对手学习和应用得更快。知识经济时代，恰恰是知识和技能极度短缺的时代，因为它们的半衰期越来越短。也可以这样说，现在是信息泛滥，但知识缺乏的时代（参见本书第三章关于信息和知识的论述部分）。员工 50% 的知识和技能会在 3～5 年内过期。据统计，20 世纪 80 年代世界 500 强企业，已经有三分之一销声匿迹，国外大企业平均寿命为 40 年，而中国企业平均寿命为 5 年。究其根本，在于企业的学习力不够，企业变革速度赶不上外部变革的速度。福特汽车的首席技术主管刘易斯·罗斯（Lewis Rose）说：在职业生涯中，一个人拥有的知识就像"牛奶"，它有保质期。如果不及时更新，那么职业生涯会很快变味。对个人而言是如此，对企业也是同样的道理。

e-learning 的实施和执行得好坏成为企业核心竞争力的一个组成部分。企业学习策略（Corporate Learning Strategy）作为企业整体发展策略的重要组成部分，是贯穿企业学习与企业最终所要实现商业目标的中枢神经，而 e-learning 正是企业学习策略贯彻执行的一个重要手段和组成部分。企业只有经历了知识的创造、保留、传授以及最终在商业活动上的应用，才会获得长足的发展和进步。企业的学习活动正逐步成为企业保持在市场中持续竞争力的重要来源，成为推动企业增长和提升的关键因素。在瞬息万变的市场环境中，谁把握了学习的主动权谁就掌握了未来成功的走向。因此，如何更快、更有效地进行企业学习成为关键。

e-learning 为企业核心竞争力的提升提供了科学有效的方法。e-learning 通过给企业创造一个全新的学习环境，提供给企业"弹性、个人化、更新快、随时可得"的学习内容，从而成为员工工作时的重要帮手，让员工能即行即知，大大增加了企业专业知识经验分享的速度，让企业聚焦于自己的优势项目，从而提升企业核心竞争力。

e-learning 的实施给企业发展核心竞争力带来了新的机会。企业管理层意识到，

e-learning能大大改善和推进企业的学习活动,为企业快速高效、跨地域的传播知识提供机会,它使企业超越了培训,从培训走向学习,企业从而也走向学习型组织。所有这些让管理层意识到了发展企业核心竞争力的新的途径和机会,从而在 e-learning 使用和推广上充满了热情和向往。

(二) e-learning 与商业目标

企业目标是企业观念形态的文化,具有对企业的全部经营活动和各种文化行为的导向作用。每一个企业为了自己存在的目的和所要达到的任务,都会制定相应的目标,确定企业的使命与宗旨,激发员工动力,集中意志向目标前进。确定企业目标必须要从总体上体现企业经营发展战略,有一定的竞争性和超前性,注意解决好经济效益与社会效益的关系,企业的目标不是一成不变的,根据企业发展的不同阶段有各自不同的战略目标。

生存与发展是企业的基本问题,在市场经济中,只有盈利的企业才能生存下去并发展壮大,亏损的企业只能被市场无情地淘汰出局。成立企业,必然要追求利润,同时要创造企业价值,包括社会价值和经济价值两部分。

现代企业理论已经从过去纯粹把利润和股东利益最大化作为企业唯一的目标,转变到认为企业作为一个社会机体,其目标是多重的,包括社会责任、员工福祉、股东利益等等。但毫无疑问,企业如果不能很好地体现它存在的价值,不能创造效益,那它必然被市场抛弃,也就无暇谈及其他目标了,所以,企业管理层最关心的仍是其商业目标。

在企业中,培训工作往往会受到质疑,培训有没有为公司带来真正的利益,还是仅仅浪费了更多的钱? e-learning 目前阶段主要还是作为培训的一种重要手段,无疑会碰到同样的问题。管理层关心的是 e-learning 如何与企业的商业目标结合起来,具体而言,就是 e-learning是否给公司带来了经济成本的降低? 是否增加了公司的经济价值?

现在的企业不再单纯地为了培训而去培训,而是将培训的目标集中在提高绩效上。如果想要通过培训为企业创造更多的价值,就必须将培训和企业的商业问题、业务挑战紧密相连,同时管理层要能充分理解这种结合。在企业管理层眼中,只有那些对实现企业商业目标有价值的项目才会被考虑。因此,培训策略和商业策略的结合,可以加强培训部门在组织中的地位,并强化培训价值的概念,这是确保整个培训计划成功必不可少的环节,也是e-learning 的重要环节。

为了结合 e-learning 目标与商业目标,首先必须明确组织的商业目标是什么,比如,全球雇员、全球竞争、推出新品、节约成本、技术变化、规范服务、提高品质等。应该让管理层意识到,e-learning 可以帮助企业减轻上述目标带来的压力。如果能从企业商业目标出发给出一个有说服力的 e-learning 解决方案,就能很好地激发企业管理层来推动和实施 e-learning。

(三) e-learning 与管理沟通

企业管理有四种职能:计划、组织、领导、控制,而贯穿在其中的一条主线即为沟通。沟通是实现企业管理职能的主要方式、方法、手段和途径。著名组织管理学家巴纳德(Chester Barnard)认为:"沟通是把一个组织中的成员联系在一起,以实现共同目标的手段。"管理者通过沟通了解客户的需求,整合各种资源,创造出好的产品和服务来满足客户,从而为企业和社会创造价值和财富。企业是个有生命的有机体,而沟通则是机体内的血管,通过流动来给组织系统提供养分,实现机体的良性循环。

沟通不良几乎是每个企业都存在的老毛病,企业的机构越是复杂,其沟通越是困难。往往基层的许多建设性意见未能及时反馈到高层决策者,被层层扼杀,而高层决策的传达,常常也无法以原貌展现在所有人员面前。有关研究表明:中国经理人行政能力明显比欧美高,沟通能力却远远不如西方,企业管理中 70%的错误是由于不善于沟通造成的。

沟通管理是企业组织的生命线,是企业管理的核心内容和实质。管理的过程,也就是沟通的过程,管理沟通已引起企业界的高度重视,管理层持续关注如何改进沟通效果,构筑企业竞争新优势。

e-learning 具有很多优点,例如,比传统培训节省大量成本等,重要的是,e-learning 能大大改进企业的知识传递和组织学习方面的沟通状况,对企业内部沟通与变革管理起着非常重要的作用。多数的跨国公司在公司发生重大变革时,会及时采用 e-learning 和传统方式相结合的办法,使每个员工都了解为什么公司要进行调整,发展的战略目标是什么,会给每个员工带来什么影响。这是变革中一种很有效的沟通方式。大到公司政策,小到领导日常讲话和通知,e-learning 能出色地完成企业内部、企业合作伙伴间的沟通工作。

管理层一旦意识到 e-learning 的这种强大沟通功能,就会大力推动在工作中使用这种功能。e-learning 扮演了企业内部沟通的润滑剂角色,通过 e-learning 的作用充分调动管理、生产、开发等人员的积极性,使之快速达到一个统一的目标,企业就会在较短的时间内得到快速的发展。

二、组织结构与 e-learning 的推广

企业的组织结构体系在现代企业管理中是企业治理的重要体现,完善的企业组织结构能充分达到管理的目的和绩效的提高。企业的生存和发展在某种程度上来说,取决于企业组织结构的优化或提升。有了明晰的组织结构,企业中的各个管理职能才能有效发挥应有的作用。市场交易的内部化,客观上要求企业建立一个有效的、较为发达的层级组织,以防止由于行政协调机制无效而造成的资源配置不合理。

赫里格尔(Herrigel)根据外部环境和内部选择两方面因素,将传统的企业组织结构分为高度集权制、直线职能制、矩阵组织制、多分部制(又称事业部制)四种类型。但随着经济的不断发展以及经济全球化趋势的不断推进,传统组织结构遭遇了越来越多的挑战,这种挑战不仅来自于管理理论研究领域,也同样来自于管理的实践。

权变理论将企业看作是一个开放的系统,究竟应采用何种组织结构,应视企业具体情况而定,不可能有普遍适用的结构模式。企业管理没有什么普遍适用的、最好的管理理论和方法,而应该根据企业所处的内部条件和外部环境权宜应变,灵活掌握。这里也仅仅讨论一些关于 e-learning 组织设置的原则问题。

一般来说,实施 e-learning 的组织需要向着扁平化、网络化、虚拟化等现代企业组织形式转化,努力在组织体系上体现出学习型组织特征,这样才能从组织结构的角度充分发挥 e-learning 的优势。

（一）建立 CLO 制度

1. 什么是 CLO

正如首席财务官（Chief Finance Officer，CFO）对组织的财务资源负责、（Chief Information Officer，CIO）对组织的 IT 资源负责一样，（Chief Learning Officer，CLO）对组织的智力资源负责，负责最大化组织的智力资本产出。CLO 是站在组织战略的高度，综合管理各种智力资源，提供组织发展智力资源保证的高层管理人员。《财富》500 强中大约有 10% 的公司设立了 CLO，如：高露洁、Cigna、戴尔等。

高级领导的地位使 CLO 能进行战略性的思考，从全局角度出发，在全公司范围内系统地开展学习活动。CLO 的工作范围从与 CEO 讨论接班人培养问题，到在培训现场听取受训员工的反馈。CLO 的使命，不仅仅是运用自身"关联"企业全局的能力和领导力，通过"洗脑"式的全员学习应付企业的一次次变革，更重要的是建立持续改进的学习型文化。

2. CLO 与 CKO

为推进知识管理，企业开始设置了"首席知识官"（Chief Knowledge Officer，CKO）这一新的行政职位。CKO 一般要做如下的工作：结合企业的业务发展战略，率领企业找到知识管理的愿景和目标，正确定义企业的知识体系并进行系统表达，推动建立合适的 IT 系统工具以保障"知识之轮"的运转；将知识管理的流程与业务流程紧密融合为一体，建立合适的知识管理考核与激励机制，营造适合知识管理的信任、共享、创新的文化氛围。

而 CLO 与 CKO 的职责有什么不同呢？CLO 的主要职责是将组织学习的力量，转化为实际的营运成果，进而在公司内部建立学习型的文化，为员工能力做决策参考，增加市场竞争优势。CLO 最大的责任，就是要建立一个完善的学习环境，乐意分享的组织文化，并将企业创新活动的发生，从以往的"偶然"变成为未来的"必然"。

可以看出，CKO 重点管理企业最重要的无形资产——知识，更偏重于对其内容本身的分析。而 CLO 的工作重点是让学习与战略相结合，从而支持公司的变革，并最终提高组织的学习能力，建立学习型的文化，而这种学习能力将最终使企业在动荡和变化的环境中获得成功。

对于一个实施了 e-learning 系统，将学习视为企业的重要活动，并积极将学习活动结合到企业各项营运流程中的企业来说，CLO 不仅仅是简单管理和运营 e-learning 系统，更重要的是能帮助企业借助 e-learning 的实施，创建学习型组织。

3. CLO 的职责

CLO 的职责是负责组织内的各种智力资源的日常管理，为企业的发展做好智力资源的保障、规划、培训和制订发展战略，包括 e-learning 战略，建立培训与商业目标之间的联系，提升组织内员工的能力，帮助提升员工绩效，营造企业内部学习文化的氛围，展示学习培训对组织绩效的影响。

4. CLO 的素质要求

对于 CLO 来说，最重要的四项能力是：

（1）领导力

领导力包括：设立愿景，并进行良好的沟通，从而让组织接受愿景的能力。管理培训和 e-learning 项目实施的能力。构建、激励和管理团队和任务分配的能力。

（2）战略规划的能力

对组织长期的战略行为进行规划、实施和管理的能力。这方面的能力并不一定来源于对培训和 e-learning 项目的规划，往往更多地来源于 CLO 以前负责组织内其他战略规划的经历。

（3）培训与发展的专业知识

这项能力对那些原来不是这个专业的 CLO 尤为重要，他们需要掌握培训与发展方面的专业术语与知识，例如，用 Kirkpartick 模型评价培训的效果（详见本章第三节）；如何进行培训的需求分析、构建理解能力框架及其与组织目标之间的联系，等。

（4）展示培训和学习对企业绩效影响的能力

CLO 不仅需要深入理解组织的目标，建立与之相适应的学习战略，并引领培训部门实现这个战略，还需要熟悉组织应用的战略评价工具，如平衡计分卡、Dash Boards 等，这样才能引导培训项目的实施，展示培训和学习对企业绩效的影响。

延伸阅读

CLO 面临的挑战

根据最新的一项对 464 名 CLO 的问卷调查，CLO 面临的五项最大的挑战分别是：

1. 建立培训发展与组织战略的联系

参加调查的 CLO 都认为这是他们面临的最大挑战。尽管 CLO 也面临许多其他的挑战，但是那些都是实现这个目标的手段。如何理解企业的战略目标，并为之提供合适的培训解决方案，是 CLO 最重要的职责，这也是 CLO 和传统培训经理的最大区别。

2. 与工作相关的培训

CLO 面临一个重要挑战，那就是如何把培训项目和员工在工作中需要的"能力"联系起来。当然不是说不需要通用性培训，但是如果组织的培训不能够使员工获得提升工作绩效的知识、技能和态度，那么为什么要在上面投入资金和时间呢？许多 CLO 都认为员工的工作和与工作相关的技能就是他们面临的需求，如果不能保证培训在这个微观层面上满足组织的需求，就不可能保证培训在战略层面上满足组织的需求。

3. 培训效果的评估

由于能够设立 CLO 这个职位的组织，已经认可培训是组织的战略工具，所以对于 CLO 来说评估培训的效果不仅仅是投资回报率、成本的降低和向 CEO 证明培训预算的合理性，更重要的是展示培训对企业绩效的影响。如评估培训对员工离职率、员工态度、呼叫中心应答电话数、营运收入提升的影响等。

4. 领导力培训

CLO 认为领导力培训也是一个重要挑战，这主要是因为一方面现在的商业环境不断发生变化，组织需要及时发现可能的市场机遇，另一方面，很多组织都面临着组织领导的接班问题。所有这些都要求对组织未来的领导者提供领导力方面的培训,这种培训既包括正式的培训课程,也包括公司领导对未来组织领导者的指导(非正式的培训)。

5. 提供创新的培训方案

为了让培训对企业绩效产生更有效的影响,CLO 不断寻找那些应用科技来帮助组织的员工掌握必需的知识、技能和态度的创新培训项目,如工作中培训、导师指导、角色扮演、模拟培训和案例研讨等。

(二)建立专责运营团队

在企业内有效地推动 e-learning 离不开人,实施了 e-learning 的企业应该设立专门的 e-learning 负责人员,在组织中正式设立编制,赋予一定的职责和权限。有些公司选择由专人来维护 e-learning 的运行,有些是由培训部门或者人事部门进行管理。实际工作中 e-learning 部门的设置也各有特色。有的设在企业大学下面,或者叫网络学院,有的专门设有培训中心,下面再设立专门的 e-learning 部门,有的在人力资源部门下面的培训部中设立专门的职位。

除此之外,为了保证 e-learning 的顺利运营。企业高管、HR 经理、业务部门经理、企业 IT 技术人员和普通员工的参与和配合也是保证 e-learning 有效开展的重要因素,这需要专门负责 e-learning 运营的人员进行不断的沟通和协调。

1. e-learning 团队的主要职责和任务

一般在培训部门设立平台管理和课件管理两种职位。平台管理人员负责专门的学习管理系统和考试系统等平台运营维护;课件管理人员负责 e-learning 课件规划等内容建设。他们的具体工作如下:

(1) 制订并完善 e-learning 管理规范。

(2) 明确 e-learning 平台的系统开发需求和权限管理。

(3) 构建、完善和维护 e-learning 课程资源和考试资源。

(4) 组织相关部门开发或购买专业类 e-learning 课件。

(5) 组织员工进行 e-learning 学习和考试。

(6) 负责 e-learning 平台的建设与优化以及日常的运营维护。

(7) 接受学员的咨询与投诉。

(8) 与各 e-learning 供应商保持密切联系,管理并组织各个相关的 e-learning 供应活动。

2. e-learning 团队的虚拟性与现实性

e-learning 的平台搭建起来以后,改变了传统习惯,怎样让人们接受转变,这就需要内部的推广活动来促进 e-learning 的实施。很多人认为 e-learning 是人力资源部门或培训部门的事,跟其他业务部门并不是太有关系,但一个成功的 e-learning 不仅仅是一个部门的问题,而是整个公司的策略和发展问题。如果要想成功地在企业内部实施 e-learning,一定需要有来自不同部门的人参与,不同部门的人代表不同的利益和不同的需求,推广和实施 e-learning 的团队应该是包括公司各个部门各个层级的,有一定的虚拟性,同时又有很强的现实性,专责运营 e-learning 的部门主要起到协调和管理的作用,只有这样的架构才能很好地推广 e-learning。

研究表明,对实施 e-learning 系统来说,管理者关心的是工作绩效的改进,而系统的易用性对员工是否愿意采用系统有更大的影响。这正好说明了为何许多企业由管理者大力推行的 e-learning 系统,并没有在员工层面得到很好的响应的原因。因此需要从组织的不同部门和角色出发,探索他们各自的兴趣点,以期达成共识。

(三)组织部门间的协调

从职责的角度来说,企业内各组织部门在思考问题和落实工作方面都有自己的关注点。

企业高管的关注点:如何实现企业的战略发展目标?如何让企业的人力资源与企业发展目标相匹配?如何将员工培训与实现企业战略相结合?如何有效地控制企业的人力成本,包括培训成本?

HR 经理的关注点:如何体现培训部门在企业发展中的价值?如何有效及时地开展员工的培训?如何设计、实施和评估培训?如何协调好与业务部门的关系,有效地解决工学矛盾?如何根据企业发展的岗位要求建立系统的培训资源(课程体系、教师库、学习材料)?如何利用高效的信息系统和工具来方便地组织员工培训?

部门经理的关注点:如何实现企业的年度业绩考核要求?如何让部门的人力资源胜任业务成长目标?如何将员工培训有效地与业务发展相结合?如何将培训和绩效考核有效结合?如何让培训达到效果又不影响业务发展?

企业员工的关注点:如何通过培训提高自己在组织中的竞争力?如何获得系统的、有计划的培训?如何能用尽量少的时间参加培训、并获得高效的结果?如何有效地将培训所得的知识变为技能?

企业 IT 部门的关注点:如何体现信息化建设在企业发展中的价值?如何有一个高效的培训信息化系统帮助企业成长?如何有一个稳定的信息化系统,而不给自己添太多麻烦?

一般来说,企业高管更关注如何实现企业的战略发展目标;HR 经理更关注如何体现培训部门在企业发展中的价值;部门经理更关注如何实现企业的年度业绩考核要求;企业员工更关注如何提高自己在组织中的竞争力;企业 IT 部门更关注如何体现信息化建设在企业发展中的价值。

企业中执行某一工作,只有通过相关人员的共同推动,形成合力才能实现目标。实施 e-learning 同样如此。具体来说,在企业中要成功实施 e-learning 需要来自各个部门的动力,形成最大合力。

1. 高层管理者的策动

企业 e-learning 的实施过程一定要得到高层管理者的支持,并应使其成为推动 e-learning 实施的源动力。要做到这一点,就要让企业的高层管理者认识到,知识经济的出现使公司迫切需要不断更新员工的技能,以应对新的机遇、新的竞争对手和新的技术。为了满足市场上客户不断变化的需求,企业会要求所有层次的员工培养更广泛、更精湛和更熟练的技能。同时,企业将不断评估员工的当前技能,用不断变化的经营需要来衡量这些技能,并提供培训和学习的机会,缩小技能和需要的差距。

同时,企业作为一个系统,需要将企业中个人的思考集中起来,将经验积累起来,从过去的错误中学习,从过去的经验中领悟,形成规范,提高决策和解决问题的能力,以应对日益复杂的环境。企业希望达到的目标是:

学习速度＞发展速度＞危机发生速度

在这里,可以看到这样一个路线图:

简单的培训→知识管理→学习型组织构建

e-learning 带给高层管理者的价值在于:提高生产力,节约开支,提高员工忠诚度。

2. 培训部门的推动

如何体现培训部门在企业发展中的价值? 作为企业知识传递的关键部门,培训部最重要的工作任务就是:将企业的隐性知识显性化,然后进行组织传播,即建立与企业关键经营战略相关联的持续学习的课程体系。开发有利于工作的、能满足关键业务要求,并能改进工作绩效的学习活动方案,然后利用培训手段对同质岗位进行复制传播。将企业的关键技能从关键人身上剥离,使其成为组织的核心统一技能,全面提高企业的竞争力。作为企业的培训部门就要具备将企业的隐性知识显性化并组织传播这样的能力。信息技术的出现,使这一过程事半功倍。信息系统"以不变应万变",同时,不同的技能完全保留在了"系统记忆"中。基于信息技术的培训,更便捷、更统一,降低了学习成本。

e-learning 带给培训主管的价值在于能有效积累培训资源体系(课程体系、教师库、学习材料),及时地开展员工的培训需求调研、设计、实施和评估,有效地解决工作与学习的矛盾问题。

3. 业务部门的执行

对于企业的业务部门,最重要的是执行和完成企业整体战略目标中分解到部门的各项任务。因此对于业务部门而言,一支具备战斗力、执行力的团队非常重要。业务部门对人才培养的要求也更为迫切,而且团队中每个员工将企业的"显性知识内在化"的需求更为强烈。显性知识内在化,就是将企业经过梳理的知识经过综合学习和训练后转化为员工个体的内在能力,转化为员工的本能和习惯,最终实现知识的有效应用。同时,由于培训时员工常常远离自己的岗位,所以培训部门就要负责将他们组织起来并负责整个培训的组织过程。知识内化过程要求企业的培训更符合战略发展目标,并需要应用更多技术化的手段来辅助完成课程学习,需要员工将学习与岗位实践更紧密地结合。

e-learning 带给业务部门的价值在于有效地开展基于岗位的培训,提升员工岗位工作能力,为完成部门绩效做出贡献,有效地降低人员离岗培训的机会成本。

4. 企业员工的学习

e-learning 作为一种自主学习方式,考验着学习者的主动学习能力。同时 e-learning 也是一种分享学习的方式,考验着学习者的互动分享能力。在 e-learning 这种方式下,企业员工是最大的获益者,自主选择学习方式和学习内容,让学习变得可重复、有选择。时间上的宽裕性和时空上的自由度让学习变得更为有效。e-learning 带给企业员工的价值是:通过培训能更有效地胜任岗位工作,提升了个人的职业竞争力,随需而动的学习内容和学习方式,改变了学习习惯,可以更主动地学习,有效地降低了面授学习旅途劳顿的时间损失成本。

5. IT 部门的支持

没有 IT 部门的支持，要成功实施 e-learning 项目几乎不可能。在项目实施过程中，没有技术背景的培训部门，一定需要有信息化背景的技术部门对供应商提供的 e-learning 技术解决方案进行把关。

e-learning 带给 IT 部门的价值是：体现 IT 部门推动企业变革成长的力量，帮助员工提升岗位工作能力，为完成企业目标做出贡献，有效降低信息化部门工作负荷。在企业中实施 e-learning 不仅需要专门负责 e-learning 运营的人员，更重要的是需要获得各方的支持，只有引导各层级的人员能动地认知和领会 e-learning 项目的价值影响，才能有效激发多重合力，更好地在企业中实施 e-learning。

第二节　e-learning 的推广理论与策略

众多使用过 e-learning 的企业发现，e-learning 的推广和应用是比较麻烦的环节。因为在许多企业内部，e-learning 还是个新生事物，员工需要重新学习一种新的学习方法，有一个适应的过程，在这个过程中，员工往往对这种新模式有些抵触情绪。同时 e-learning 这种新的学习方法对员工的自发性的要求比以往传统培训的要求程度更高，员工需要自己安排时间按规定要求学习课程。企业成功推动 e-learning 必须做好企业内部的推广、宣传工作，并协调各方关系，才能确保新系统在各部门间运转顺畅一致。

一、信息技术接受理论与 e-learning 的推广

学员对 e-learning 的接受和采纳是组织最终能否真正应用 e-learning 的关键问题。e-learning 是一种较新的信息技术，在推广和使用中必须切合相关的教育理论和信息技术理论，对 e-learning 参与者的心理活动和行为意向进行研究。罗宾斯（Stephen. P. Robbins）在《组织行为学》中指出，任何一个决策都需要对信息进行解释和评估……因而决策者的知觉过程会对最终结果有巨大影响。在信息技术领域广泛应用的理论是技术接受理论，完全可以用来解释和预测学员对 e-learning 的接受和使用行为。

（一）技术接受模型

技术接受模型（Technology Acceptance Model，TAM）是美国学者戴维斯（Davis）运用理性行为理论研究用户对信息系统接受时所提出的一个模型，提出技术接受模型最初的目的是对计算机广泛接受的决定性因素做一个解释说明。该模型提出了用户接受技术的两个关键因素感知有用性和感知易用性。后来该模型被广泛地应用于信息系统的研究。范凯特施（Venkatesh）和戴维斯自己在 2000 年扩展了技术接受模型，添加了新的概念，如图 9-1 所示。扩展的模型中，影响感知有用性的因素分为认知因素和社会影响因素。四个认知因素为：工作相关性、产出质量、结果明确性和感知易用性。三个社会影响因素为：主观规范、形象、自愿性。

在 2003 年，Venkatesh & Davis 整合了 8 个技术接受模型，提出了技术接受和使用的

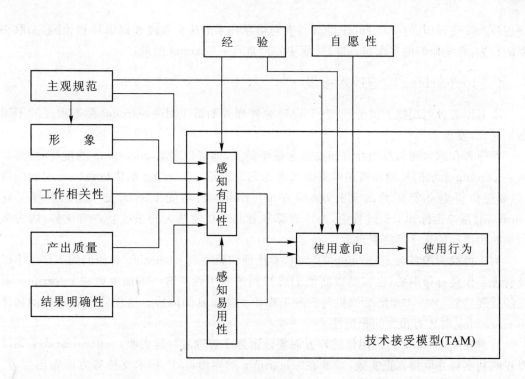

图 9-1　技术接受拓展模型(Venkatesh and Davis，2000)

整合理论(Unified Theory of Acceptance and Use of Technology，UTAUT)。UTAUT 有四个核心决定因素：绩效期望、努力期望、社会影响和促进因素，以及四个调节变量：性别、年龄、经验和自愿性，如图 9-2 所示。

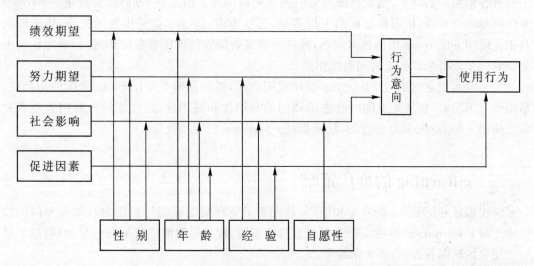

图 9-2　技术接受和使用的整合理论(UTAUT)

任何一个新技术的产生，必然会遭到外界的反对与压力。一方面这种压力来自人们对新技术的不了解，以至于产生疑虑及不信任，另一方面这种压力来自人本身固有的惰性，这种惰性的存在导致人们不愿意摈弃原有习惯的方式并不自觉地对新技术产生排斥心理，即使这种技术能为其带来极大的利益。因此，为了达到对 e-learning 管理和控制的目的，可以使用技术接受模型,对 e-learning 的参与者对信息技术的接受程度加以解释和预测,采取必要的行为,影响他们的观念与态度,从而更好地进行 e-learning 的推广。

(二) e-learning 中的技术接受

本书作者曾利用技术接受模型(TAM)对管理者和员工对 e-learning 接受程度的不同做了研究,发现:

管理者在感知到的有用性方面要远远强于员工,即管理者对 e-learning 的接受,主要是从 e-learning 系统的功能和效用等方面来考虑的。这给 e-learning 的供应商一个明确的启示,要想获得企业管理者的支持,必须在 e-learning 的功能上下工夫。这也解释了在 e-learning系统招标和采购过程中,为什么那些看起来功能强大的系统会占有优势,因为参与采购和招标的几乎都是管理者。

为了提高管理者对 e-learning 的使用,要让他们感觉到 e-learning 对他们的工作效率以及管理工作是有帮助的,也就是提高他们感知到的有用性。这一方面要改进 e-learning 系统的管理功能,另一方面需要提供与管理工作相关的丰富的内容。这样管理者在推动和使用 e-learning 时才有很大的积极性。

员工在 e-learning 的易用性感知方面要远远强于管理者。这表明,一个 e-learning 系统要想顺利实行并取得真正实效,需要在 e-learning 的界面设计、技术支持等方面做出努力。这也解释了为什么很多由管理者决策采购和推行的 e-learning 系统不一定得到员工的支持,因为很多的 e-learning 系统供应商仅仅是迎合了管理者的需要,在功能上下工夫,而没有考虑到员工的使用。

为了提高员工对 e-learning 的使用率,要让他们感觉到使用 e-learning 没有障碍,技术上没有特别繁杂的问题,也就是提高他们感知的易用性。因此,一方面需要改进 e-learning 系统的界面交互,提供亲切友好的人机界面,另一方面,需要尽量提供技术支持,快速解决员工在使用 e-learning 中的技术问题,或让一些复杂的插件程序等在后台运行,避免让员工去面对一个个繁杂的技术名词和操作。

为了提高企业组织的 e-learning 整体应用效果,需要同时在 e-learning 系统的功能性、易用性上下工夫,也就是要同时改进感知到的有用性和易用性,这样能同时影响管理者和员工使用 e-learning 的行为意图,从而提高 e-learning 的应用效果。

二、e-learning 的推广策略

要想做好 e-learning 的宣传和推广,首先要求管理层能够制订长期的政策和专门的推广来支持 e-learning 的发展。企业根据自身的不同,所采用的推广政策也不尽相同,以下是一些通常的原则和方法,供大家参考。

(一) 建立长期策略

1. 长期措施

(1) 在时间安排方面,制订 e-learning 计划不能一厢情愿,必须与各部门主管充分沟通。特别是针对行政安排的培训课程。因为每个部门的负责人基本能够掌握本部门的业

务特点和时间特性,要想 e-learning 学习计划不流于形式,需要得到他们的支持和协助。一般的公司,其财务部在每月的 10 日至 25 日之间工作相对轻松,而市场营销部、供应部每月业务人员出差的时间基本上也是有规律的,生产部门每年则有淡季和旺季之分等。制订 e-learning 学习计划还应留有余地,以适应突然发生的变化。

(2) 安排固定的学习培训时间。例如,每日可以安排一个小时进行网络自学。每周一至周五的下午 4:30 以后作为经理主管人员不定期的授课、专题讨论和研讨时间。不定期地安排人员外出学习,即外训、调查研究、出国考察。每个季度公司要求每个管理人员都要读书并撰写体会。

(3) 用制度保证学习和培训工作落实。为了做好学习培训工作,应专门制定学习和培训制度。结合企业考试来督促员工进行学习,并将个人晋升跟培训相结合,在企业上下形成一个以人为本,在学习中工作、在工作中学习的良好氛围。

(4) 多方位地宣传和推广。e-learning 学习模式与传统的学习方式有非常大的区别,许多人对此有观念的冲突。可以利用公司内部网络定期发送电子小报 eNewsletter,在宣传栏、办公桌、黑板报等有宣传载体的地方刊出宣传资料,进行 e-learning 意识渗透和心态培养。

(5) e-learning 的推广还可以采取多种不同的辅助措施,使之更加人性化,增强活力。例如,利用培训后动员会进行心态培训。刚培训后,员工激情高涨,情绪积极,这时,公司应不失时机地召开培训后动员会,让员工深入思考与沟通,并组成 e-learning 兴趣小组,参加讨论,对培训的效果起到很好的作用。又如,不失时机进行感情联络。培训结束后,人力资源部要不失时机地组成班委会、联络组等组织,为以后的活动安排奠定基础。同时颁发结业证书,对成绩好的学员进行奖励等。这样做不但可以提高归属感与向心力,同时增加了学员间的感情。

2. 保证资金和时间

专门为 e-learning 学习提供必要的设施和硬件,通过给员工配置电脑设备等手段确保员工有条件成功使用 e-learning。

专门为 e-learning 学习保留一定的时间。企业给出一些调整措施,留出专门的学习时间,将必须要在工作时间学习的课安排调休,让员工心理上不要觉得使用 e-learning 等于是加班超时工作,让他们有一种能参与 e-learning 学习的优越感。

专门为 e-learning 进行拨款,设立专项费用激励员工学习。许多大型企业每年都有固定的专项 e-learning 经费来保障 e-learning 的宣传和推广。

海尔首席执行官张瑞敏说:"在组织内不论是元老还是年轻人,真正对员工的关怀不是表现在小恩小惠上,而是让他们有竞争力。的确,让员工有竞争力,企业才能赚钱把利润回馈给员工。然而,如何让他们有竞争力呢? 我认为就是学习,因为学习是最好的投资。"

延伸阅读

惠普和福特员工的学习投入

美国惠普公司有几万名员工,每周至少要有 20 个小时用于学习业务知识。公司允许员工脱产攻读更高学位,学费 100% 报销,同时还主办时间管理、公众演讲等多种专业进修课程。

2000年初,美国福特汽车公司曾作出一项决定:公司将陆续为其全球36万名雇员配置家用电脑、彩色打印机,并每人每月增发5美元的无限制上网费。员工可以将设备搬回家中使用而不受公司任何监督和限制。3年后,所有硬件系统的产权即归员工个人所有。有人为福特公司的这一决定算了一笔账:如若福特公司在一年内为所有员工配齐家用电脑的话,即便不计上网费,单硬件系统,36万名雇员就要花去占其1999年全年利润72亿美元的6%。公司主席比尔·福特解释说:"所有想在下一世纪大显身手的公司或个人,无一例外都需掌握上网技术和相关技能,这就是出台该计划的缘故。"其实,福特公司真正的目的是为了培养人才、吸引人才、留住人才。正是该公司敏锐和前瞻性的观念,才使其在近一个世纪的激烈竞争中立于不败之地。

3. 结合专题推广

在企业全员性的活动中推广 e-learning。新员工入职、新产品发布、组织机构的变动等都是进行宣传推广的契机。由于要涉及全员的告知和传播,可以改变传统的会议传达、面授培训的形式,利用这些机会让大家了解和使用 e-learning。

结合整体实施规划进行专题推广。例如,e-learning 平台上线时候做一个专题的发布推广。可分为启动试点期、巩固深化期、全面推广期等。具体措施有:高层寄语、视频宣传、内部广告宣传、平台操作培训、内训师参与学习辅助等。

课题式培训。企业每年都会根据业务需要向员工布置课题,员工们必须进行学习,因此在完成课题的同时,员工也完成了一次业务进修。这种带着实际问题的学习方式,成为经济有效的 e-learning 推广方式。具体来说,对于某个重要课程的学习,利用辅助推广手段,分为学习前的宣传推广、学习过程中的线上线下综合、课程上线后的推广、开展学习竞赛活动等。例如某股份制银行借银行员工的合规教育,进行了 e-learning 推广,效果十分明显。

延伸阅读

专题推广案例:LMS平台上线专题平台发布会

发布会的主要作用在于将平台上线的信息向全公司各个阶层的关键员工进行发布,表达公司对员工发展的重视,对学习和培训的重视,对 e-learning 项目的重视以及对这个项目的期望。

参加人员:公司1名副总以上的高层领导、项目负责人、IT 部门和培训部门负责人等。

高层领导对整个项目做点评,强调 e-learning 平台建设的必要性和重要性,号召大家对项目给予更多的支持和帮助。

项目组负责人介绍项目背景,讲话内容应该把 e-learning 的平台发展与组织未来的战略规划相结合,阐述公司将通过 e-learning 学习平台向员工提供精美的课件、合理的培训方案、有效的培训途径,让大家获得最佳培训效果,并避免知识共享差、传播渠道窄、课程更新慢、费用发生大的传统培训弊端，搭建公司全新的一体化培训教育新模式。

　　IT 部门人员介绍现阶段平台建设进度和未来的上线计划，e-learning 学习中的常见技术问题及注意事项。

　　LMS 平台供应商详细介绍项目具体实施的节点、项目成员的实力以及通过案例分析得出在实施过程中必需的各种支持与保障，让大家对 e-learning 项目有更深的了解。

（二）形成全员学习氛围

　　要保证 e-learning 的顺利实施，除了需要企业政策的支持，另外还需要在企业内部创造一种全员参与的气氛。彼得·圣吉的《第五项修炼》让学习型组织的概念风靡一时。未来一个企业的成败，决定于企业体内每一个员工学习的能力、意愿与速度。组织学习的目的就是要建立学习型组织，通过学习使每个人学习的内容、速度、方法都能受到启发。在当今激烈的竞争环境中，所有竞争力的建构绝非一个人就可独立完成，所有的事情都需要团队来完成，只有通过团队工作，才能从学习中改变自己。因而 e-learning 的成功关键在于塑造网络化学习环境，让组织内的成员都养成一种日常学习的习惯，形成学习的态度，进而相互分享，达到组织学习的目的。

1. 全员参与

　　打破部门、阶层的局限，要使人感到学习的重要性，能学习且愿意主动学习，变成愿意改变的人，建立一起学习的习惯。其中企业高层的带头参与十分关键，对整个企业学习氛围的营造起到引导和规范的作用。

2. 讲究效率

　　能够让学习效率化，达到原先设定的目标，这是经营体系里关键的要素，所以设定一个清晰的 e-learning 目标可以让企业有明确的方向，并且了解自己在做什么。

3. 真诚分享

　　管理者自己要以身作则，并且应鼓励每个人乐于分享他的经验与意见，对于不同的看法给予尊重，形成讨论风气。

（三）培育 E 文化

　　文化是成功的基础，在企业内部形成学习气氛后，员工的学习积极性会得到提高，此外，E 文化的形成会使得员工适应 e-learning 的学习模式，对其他企业信息化工具的接受度也会提高，企业的信息传播和更新速度也随之大大提高，逐步形成网络式学习型组织。企业应营造一个良好的 e-learning 环境，掀起应用信息技术进行学习和工作的高潮，培育全新的 E 文化，以此推动 e-learning 在企业中的应用。

1. 建立知识共享

　　将 e-learning 的知识流程加以合并，有利于对知识进行更全面的分类。将知识获取的方式开放化，可以让员工尽快掌握新知识和新技能，并给他们提供充分利用 e-learning 资源的工具，鼓励员工进行创新和批判性思考。

2. 以学习者为中心

企业必须将 e-learning 纳入到员工的整体学习培训计划当中，以多元化、整体性的学习培训制度为中心，强调个性化和以学习者为中心的培训方法，从而能够使员工持续地学习，最终改善员工的工作表现。

3. 鼓励员工使用 e-learning

e-learning 不应被简单地视为一种技术手段，而应视为培训和发展的一部分。由于员工不了解变化，不了解引进新政策和新程序的优势，e-learning 在实施的开始阶段可能会遇到阻力。企业的管理人员应当运用他们的沟通技巧来鼓励员工使用 e-learning，投身于组织变革的一系列活动当中。

4. 营造知识社区

知识社区是教育员工、引导企业文化发展理想的场所。它通过网络空间，间接传达信息，使接受者更愿意去思考，认同与自己不同的观点，而避免员工之间由于直接否定对方而带来的负面效应。同时，知识社区创造了一个良好的学习环境，使新思想、新技术更容易在企业中推广，推动整个企业技术水平的提高，员工素质的优化。此外，通过与供应商、客户之间知识社区的部分共享，能更好地了解客户的需求，使企业更关注外界的变化，更快地开发出适销对路的产品，也达到了提高客户满意度、忠诚度的目标。

5. 建立互信

相互信任是协作的基础和核心，信任对知识共享起着重要的作用，特别是在虚拟情境下，信任的作用更加关键。信任只存在于相互不太陌生的人之间，如果以前没有在一起工作过或没有过面对面的接触，信任是较难建立的。这要求在 e-learning 的使用中，需要注意如何建立参与者之间的良好关系，消除彼此的不信任和恐惧，打破个人和组织的障碍。通过良好的关系，人们逐步形成信任感、身份认同和承诺，促进共享知识和创造知识。

（四）建全激励制度

e-learning 的推广除了需要管理层的政策支持和企业内部学习气氛的形成，对员工进行激励也是非常有效的手段，直接鼓励员工进行 e-learning 学习，效果也会十分明显。荣誉体系在各行各业中都有很好的实际应用效果，从国家主体，到传统企业都开展荣誉体系建设。如劳动模范、行业状元等称呼，都是国家荣誉或行业荣誉的体现。在网络游戏、网络社区等互联网应用环境下也都有各自不同的荣誉体系，如社区头衔、声望、权限、社区勋章等等，这些都是基于网络生存的荣誉体现。像在 QQ 中的太阳、月亮的等级显示，在 QQ 网络社区中也是一种荣誉的体现。而 QQ 的这种网络荣誉促使了很多人为了它而天天开着电脑让自己的 QQ 在线，可见荣誉的力量有多大。

1. 建立荣誉体系

荣誉体系是 e-learning 推广建设中极为重要的一个环节。强烈的荣誉追求和实力证明是人们一生的追求，是成长的价值导向标。为了能促使学员更为积极主动地学习，构建e-learning学习环境的荣誉体系是非常必要的。荣誉体系的建立与企业文化建设和员工素质拓展活动的开展相结合，鼓励员工积极向上，追求自身成长，引导员工进行主动学习，通过荣誉体系向员工灌输企业学习型文化和企业的价值观。

建立荣誉体系，使学员在一个信任和被信任的学习环境中成长，让学习更加有动力，有目标。员工需要和谐舒适的工作环境,需要个人发展的平台,需要较好的物质待遇,更需要受人尊重、自身价值得到肯定,因此作为管理者,必须考虑建立相应的 e-learning 学习激励机制,使员工获得持续不断的学习动力。对员工激励的方式很多,有目标激励、评比激励、奖罚激励、榜样激励、支持激励、参与激励、表扬激励等等,所有这些都是荣誉体系的一部分。

（1）学习活动荣誉

主要着重于学习情况方面。例如,学校学生获得的各项院系奖学金、三好学习者、优秀学生干部、优秀毕业生称号等。e-learning 学习中可设立优秀学员、学习尖兵等称号。

（2）行为荣誉

对积极参与,按时完成学习,经常参与互动和在线学习的学员进行统计,对在线学习的行为进行分析。选择适当时机予以公布,并和绩效考核挂钩等。

（3）设置多种评比的奖项

可以通过竞赛评比,也可以设立一定的标准,根据限定的名额进行评估,还可以通过考试进行认定等,所有这些办法都为了激发学习积极性。利用基于持续激励作用的评比奖励机制实现激励的持续性。例如,参加各级各类学术、科技、技能等活动取得的成绩,正式发表的学术论文,取得各项发明、专利等。评比的奖项分为不同的层级,建立起具有企业特色的学习荣誉体系。

荣誉体系内容可以从人员角色、部门职能等角度进行更为详细的规划。

2. 维护和操作荣誉体系

从荣誉体系实施细则到奖罚制度,在制度上保障该体系的实施,如各方面学习活动的综合成绩与晋升、奖金、评优等员工利益进行挂钩。建立荣誉档案,并在网上公布,进行舆论监督。成立荣誉体系管理机构,进行管理、评审等,制订严格的荣誉体系流程,从申请到审批等。结合荣誉体系对员工进行 e-learning 学习予以物质和精神奖励。每种培训都有考核和总结感悟,对考核成绩优秀或总结感悟写得优秀的员工给予实际的奖金,并且颁发荣誉证书,优秀的感悟文章通过公司的内部刊物和广播站、网站进行宣传。每被奖励一次或文章被播发一次,在年终的优秀员工评选中可加分。与出国研修、培训机会挂钩,与 MBA\EMBA 等学位进修挂钩等都是比较好的措施。

e-learning 学习也涉及到知识共享和知识管理问题。事实上,很多人不愿意免费奉送自己花费很大代价获得的知识,缺乏共享知识的驱动力。部门之间为追求各自业绩而常把知识占为己有,不愿意进行推广。企业除了支持员工和部门的e-learning学习和创新工作外,还应为员工和部门的主动知识共享进行奖励和回报。

建立具体可执行的奖励方式,遵循“奖励要及时”原则,对在 e-learning 学习中出现的积极现象和优秀员工及时、合理地进行奖励,是推动激励制度执行的关键。

3. e-learning 专项积分制度

设立 e-learning 专项积分制度,每个员工都有需要完成的 e-learning 积分。对超额完成规定积分的员工给予相应的奖励。e-learning 系统中基础功能模块都包括培训需求确认模块、培训计划模块、个性化培训模块、在线培训与学习模块、交流沟通模块、在线考试模块、统计与整体评估模块等 7 个组别。在操作过程中,有些组别的功能属于行政安排,但有的组别可以靠学员的积极参与来建设,激励措施就是鼓励学员积极参与这些模块建设。

对有些部门,比如,市场与物流部门,员工虽然有意愿参加学习培训,但由于工作繁忙而无法参加,导致培训积分不够,针对这种特殊情况,可制定利用休息时间进行 e-learning 学习,培训积分增加 1～2 分的奖励措施。比如,上一季度积分不够,那么就在下一季度补上,生产一线员工生产繁忙,则利用中午午休或晚上时间,进行 e-learning 学习。

延伸阅读

e-learning 积分示例

例如,规定副总裁年累计学习积分不得低于 50 学分;总经理、总监、部门经理每年不得低于 70 学分;处长、副处长、各部门负责人、主管、厂长、主任等每年不得低于 80 学分;一般行政员工则每年不得低于 60 学分。年度学习累计积分超过规定要求,每超一分,按 10 元/分进行奖励;年度学习培训累计积分低于规定要求,每少 1 分,按 20 元/分进行处罚。

在此基础上,结合 e-learning 功能模块的培训积分,再细分具体的功能,例如,在线培训与学习模块,在线课程学习一次积分 1～3 分、在线资料查询、书签管理、同步笔记、笔记导出、笔记管理、学习进度管理等 1 次积分 1～3 分;在交流沟通模块,在论坛、留言、短消息等"灌水" 1 次奖励积分 1～2 分,组织兴趣小组开展活动 1 次激励 2～5 分等。

第三节　e-learning 评估

企业要持续发展,必须时时评估企业绩效,在这些绩效指标中获得改进的方向。郝晓玲、孙强在 2005 年指出企业信息化绩效评价是指对照统一的标准,建立特定指标体系,运用数理统计、运筹学等方法,按照一定的程序,通过定量定性对比分析,对一定经营期间的信息化表现和信息化效果做出客观、公正和准确的综合评价。e-learning 作为企业信息化的一个重要组成部分,无疑需要进行绩效评估。

同时,由于 e-learning 是企业培训中使用的重要手段之一,企业培训效果的评估状况与 e-learning 评估密切相关。所以,一方面,e-learning 评估是一个信息化项目的实施评估,另一方面,e-learning 评估还包含了利用 e-learning 来进行培训的评估。为简化起见,本书 e-learning 评估主要涉及培训评估,着重利用对企业培训和培训评估的讨论来验证和借鉴关于 e-learning 的评估。

一、e-learning 评估的由来

(一)企业培训评估中的问题

培训效果评估在我国企业管理实践中的应用尚处于初浅层次,还有很大的发展与完善

的空间。

首先,企业高层和人力资源工作者普遍对培训评估的重视程度不够。一份针对企业领导和培训工作者的问卷调查表明,只有 10%～15% 的企业培训得到了评估,60% 的被调查者认为培训评估不重要。

其次,培训效果评估只停留在评估的初级层次。目前国内运用得最为广泛的企业培训效果评估方法是美国学者柯克帕特里克(Kirkpartick)的四层次培训评估模型,但大部分只进行"反应层、学习层"两阶段的评估。对于评估行为层次与结果层次,由于实施费时、费力、费钱,培训的成本效益量化难度大,因此在企业内用得相对比较少。

第三,对培训评估缺乏系统的管理。这主要表现为:

(1)缺乏对培训需求分析的评估。有调查表明,许多企业在培训评估之前很少做培训需求的分析,并且没有明确的评估目标。

(2)企业在培训进行中不做评估,而只在培训后作一个简单的测试,事后也不做跟踪调查。

(3)培训评估的原始记录和数据缺乏有效的管理。我国大多数企业没有建立培训评估数据库,每次培训评估使用的方法、测试的内容、学员完成情况、测试的结果等企业记录在案的很少,即使有培训内容的记录,大都也缺乏专业的管理。

第四,培训评估采用的工具和手段单一。目前绝大多数企业采用的评估工具是问卷调查和课后评估法。对于其他评估工具,如访谈法、技能练习、后期培训、行为观察、对比组法等采用得较少,这可能会导致评估工具不能有效反映培训项目的内容。

第五,培训评估缺乏量化指标。一个科学有效的评估应该是定量和定性相结合,以确保评估的科学准确性。而定量指标的缺乏是目前许多企业存在的普遍问题,主要原因除了培训评估体系本身不健全外,变量取数困难,周期长也是该项工作的难点,这使得培训评估失去了科学性。

(二)e-learning 评估的必要性

1987 年,诺贝尔奖获得者、美国经济学家罗伯特·索洛(Robert Solow)提出了著名的"生产力悖论":"你可以在世界任何角落和生活的各个领域看到计算机时代的影子,但是在经济统计年鉴上除外。""当今世界,你到处都可以看到电脑,但在生产率统计数据中却找不到它的影子。"Sulow 指出,有很多企业虽然经过长期和巨大的信息化投资,但是这些投资很难从企业的经营业绩中体现出来,或者如果实际上有贡献,也很难界定这些投资为企业到底做了哪些贡献。这就是所谓的"生产力悖论"。

服务于麦肯锡公司的经济学家巴瑞·波斯沃斯说:"毫无疑问,科技投资对经济领域,特别是 IT 部门自身发挥了重要作用,但是其他大部分经济领域的收获并不明显。"

e-learning 作为企业信息化一个重要组成部分,很多时候投资和耗费似乎与企业得到的业绩回报不成比例,对于 e-learning 投入与产出之间的关系仍存在较多疑问。企业投了大量的资金用于 e-learning,但到底实施效果如何? 即使是一些成功的 e-learning 项目,也往往只能用"提高企业效率和士气"、"提高管理水平"等空洞的词而不是实实在在的数据和报告对其价值加以评价。

e-learning 本身不能直接产出利润,需要与企业的业务过程紧密联系产生整体效益。

e-learning的效益很难量化,但它却是可以衡量的。由于 e-learning 作为企业管理体系重要的一部分,其绩效指标与企业的整体绩效紧密相关,企业评估 e-learning 实施绩效,一方面对那些已经实施了 e-learning 的企业做出科学的评价,对其深化和推广 e-learning 起到指导作用,另一方面,也可以让正准备导入 e-learning 的企业在做投资决定之前有事先参考。

二、e-learning 评估的主要方法

培训效果评估(Training Evaluation)是对一个培训项目在内容、设计、学员变化以及组织回报方面的失败或者成功的衡量。要衡量 e-learning 的绩效,需要建立很好的评估体系和综合运用好的评估方法。企业都高度关注财务指标,然而在很多情况下,还需要根据企业特定的情况确定不同的评估方法,对财务指标和非财务指标统一评估。

(一)学术界的研究

学者主要采用个人满意度和学习效果这两个指标来评估 e-learning 学习和培训效果。艾伦·B·曼德奈希(Ellen B. Mandinach)2005 年指出,学员应该是 e-learning 效果评估的中心,对于学员的评估应该考查 e-learning 对于学员认知过程、满意感、角色变化及其他非认知性变量,讨论了适合 e-learning 的一些不同于传统面授的评价方法,并指出这些评价方法对以后教学过程的影响。

格雷泽(Glazer)在 1991 年指出培训效果的评估可直接由定义或使用知识的人来测量,因为知识的价值主要取决于这些学习知识的人的主观认知。

周斯畏 1999 年认为,在网络学习的环境下,学习效果的评价指标,应不同于传统的面对面的学习环境。可分为:

(1)学习成果。

(2)学习满意度。

(3)群体学习环境。

(4)个别化学习模式。

所以对于学习效果的评价,应该多着重过程而非结果。

1985 年由舍贝克(Sheppeck)和科恩(Coben)提出了一个效用公式,公式如下:

$$效用 = YD \times NT \times PD \times V - NT \times C$$

式中:YD=培训对工作产生影响的年数

NT=接受培训的人数

PD=接受培训者和未接受培训者在工作上的差异

V=价值,对工作成绩的货币计算

C=为每一位成员提供培训所支出的费用

但是由于舍贝克和科恩的效用公式中 YD、PD、V 都是一些模糊的变量,很难在操作中准确地把握,因此这个公式还不能得到人们的普遍认同。

此外还有从企业信息化角度评估 e-learning 项目的实施绩效,其主要方法有层次分析法、模糊评价法等。

层次分析法(Analytic Hierarchy Process,AHP)由美国运筹学家塞蒂(T. L. Satty)教

授提出,是一种定性与定量相结合的多目标决策分析方法,使复杂的系统整体分解清晰,把多目标、多准则的决策化为多层次、单目标的两两对比,然后只要进行简单的数学运算即可。

模糊综合评价是对受多种因素影响的事物做出全面评价的一种十分有效的多因素决策方法,主要利用模糊集和隶属度函数等概念,其特点是评价结果不是绝对肯定或否定,而是以一个模糊集合来表示。

(二)平衡计分卡

如果要深入研究 e-learning 的成本、效果、绩效之间的相关性,使用平衡计分卡(Balanced Score Card,BSC)是较理想的工具。平衡计分卡源自美国哈佛大学教授罗伯特·卡普兰(Robert S. Kaplan)与诺朗顿研究院大卫诺顿(David P. Norton)1990 年从事的"未来组织绩效衡量方法"研究计划。他们在《平衡积分卡:良好的绩效评价体系》一文中提出了一种新的绩效评价体系,企图找出超越传统以财务会计量度为主的绩效衡量模式,以使组织的策略能够转变为具体的行动。简单来说,平衡计分卡就是将传统的财务评价与非财务方面的经营评价结合起来,从与企业经营成功关键因素相关联的方面建立绩效评价指标的一种综合管理控制系统和方法,能有效帮助企业解决两大问题:绩效评价和战略实施。

平衡计分卡将企业战略目标逐层分解转化为各种具体的相互平衡的绩效考核指标体系,并对这些指标的实现状况进行不同时段的考核,从而为战略目标的完成建立起可靠的基础绩效管理体系。平衡计分卡把对企业业绩的评价划分为四个部分:财务方面、客户、经营过程、学习与成长。这四个方面的关系如图 9-3 所示。

在平衡计分卡的实践中,其表现形式千差万别,但是构成要素还是基本相同的。一般来说无论属于公司哪个层次、哪个级别的平衡计分卡,都要包含以下几个方面的基本要素:

(1)维度。维度体现了公司战略的基本关注点。一般来说在进行公司战略的利益相关者分析时可以确认。卡普兰和诺顿最初创建平衡计分卡的时候,将平衡计分卡定义为财务、顾客、内部运营和学习发展四个维度。

(2)战略目标。这里的战略目标是从战略重点分解、细化出来的关键性战略目标。每一个战略重点都应当至少分解出一个战略目标。

(3)指标与指标值。指标是由预选设定的关键性战略目标推导出来的,一个战略目标有可能对应一个或一个以上的指标。指标值是指标具体的要求,也是评价指标实现与否的具体尺度。

(4)行动计划。行动计划是支持平衡计分卡每个指标的具体项目计划,它包含了若干个特定的行动,其目的主要是为了指标与指标值的实现。

平衡计分卡的上述各个要素都是一一对应相互支持的。目标反映了公司战略的重点与驱动因素,它明确了努力的方向,而指标与指标值则是战略目标的衡量方向和标准,是公司战略目标落地的重要载体。行动计划则是实现指标和指标值,从而最终保证战略目标实现的重要保证,它将引导公司全体员工在行为上与战略目标保持高度的一致性。

在选择考核指标时,首先要注重保持与企业战略规划的一致性和可行性,所提出的指标不但与企业中长期战略目标密切相关,还要与短期计划要求一致。

在选择考核指标时,要遵循 SMART 原则,即具体的(Specific)、可衡量的(Measura-

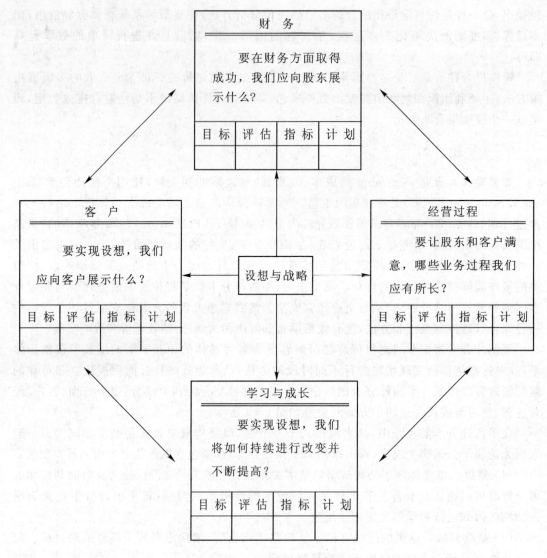

图 9-3　平衡计分卡示意图

ble)、可达到的(Attainable)、相关的(Relevant)和有时限的(Time-based)原则。其具体要求是:

(1) Specific——目标必须尽可能具体,以缩小范围。

(2) Measurable——目标达到与否尽可能有衡量标准和尺度。

(3) Attainable——目标设定必须是通过努力可达到的。

(4) Relevant——体现与客观实际与其他任务的关联性。

(5) Time-based——目标的完成要有时间表。

此外,在选择考核指标时,还要注意考核指标的可操作性和易理解性。

从成功企业的实践来看,设计平衡计分卡的指标体系时,一般设置 25～30 个左右的指标为宜,其中,财务维度包含 3～4 个指标;客户维度包括 5～8 个指标;内部流程包括 5～10 个指标;学习与成长维度包括 3～6 个指标。总之,平衡计分卡指标体系的设计,一定要突出重点,抓住关键,贵在具体而不空泛,量化而不模糊,精简而不庞杂,准确而不偏颇。这样才能确保平衡计分卡的四个维度充分体现企业发展战略的意图和总体要求。另外,在设计指标体系时,还应当认真处理好平衡计分卡与员工个人日常考核的关系。

(三) 分层次评估

分层次评估模式应用较广的主要有柯克帕特里克(Kirkpatrick)的四层次培训评估模型、考夫曼(Kaufman)的五层次评估模型等。

柯克帕特里克模型是迄今为止国内外运用最广泛的模型,由美国威斯康星大学教授唐纳德·柯克帕特里克(Donald L. Kirkpatrick)于 1976 年提出。柯氏按照评估的深度和难度递进的顺序将培训效果分为四个层次:反应层(Reaction)、学习层(Learning)、行为层(Behavior)和结果层(Results)。在该模型中,对于学习的评估是在培训期间进行的,包括态度方面的、认知方面的和学习方面的反应。行为是指工作绩效,因此是在培训后进行评估的。此外,培训的反应与学习相关,而学习与行为相关,行为又与结果相关。

1. 反应层

反应层即受训人员对培训项目的反应和评价,是企业培训效果评估中的最低层次。它包括对培训师、培训管理过程、测试过程、课程材料、课程结构的满意等。

2. 学习层

学习层的评估反映受训者对培训内容的掌握程度,主要测定学员对培训的知识、态度与技能方面的了解与吸收程度等。

3. 行为层

行为层是测量在培训项目中所学习的技能和知识的转化程度,学员的工作行为有没有得到改善。这方面的评估可以通过学员的上级、下属、同事和学员本人对接受培训前后的行为变化进行评价。

4. 结果层

结果层用来评估上述(反应、学习、行为)变化对组织发展带来的可见的和积极的作用。此阶段的评估上升到组织的高度,但评估需要的费用、时间、难度都是最大的,是企业培训效果评估的难点。

考夫曼(Kaufman)扩展了柯克帕特里克的四层次模型,他认为培训能否成功,培训前的各种资源的获得至关重要,因而应该在模型中加上这一层次的评估。他认为,培训所产生的效果不仅仅对本组织有益,它最终会作用于组织所处的环境,从而给组织带来效益。因而他加上了第五个层次,即评估社会和客户的反应。

(四) ROI 方法

菲力普斯(Jack J. Philips)于 1996 年提出五级投资回报率(Five-level ROI Evaluation Model)评估模型,该模型在柯克帕特里克的四层次模型上加入了第五个层次:投资回报率。这样形成了一个五级投资回报率评估模型,包括学员反映、学到的内容、工作上的应用、工作绩效和投资报酬。第五层次评估是培训结果的货币价值及其成本,往往用百分比表示,重点是将培训所带来的收益与其成本进行对比,来测算有关投资回报率指标。由于投资回报率是一个较为宽泛的概念,可以包含培训项目的任何效益,这里将投资回报率看作培训项目的成本和效益相比后得出的实际价值。

五级投资回报率评估模型是目前比较常用的一种评估方法。许多国外成功的 e-learning 案例都以投资报酬率来衡量,例如,宝洁(P&G)公司的"快速学习"(Rapid Learn)计划,其 e-learning 投资报酬率有 101.5%。而 IBM 公司宣称其"基础蓝色"(Basic Blue)经理人训练课程在导入 Mindspan 公司的 e-learning 解决方案之后,投资报酬率竟可高达 2284%,也是颇为著名的案例。另外,根据 Centra 公司统计其大型企业客户在导入 e-learning 系统之后的结果,传统训练成本平均降低了 59%,投资报酬率平均值为 1 100%,员工培训课程的进行量则增加了 73%。

不管投资报酬率的计算基础是否合宜,当亮出具体数据时,能让企业内的管理层感受到实施 e-learning 的实际效益,就更容易说服并争取高层领导对投资 e-learning 计划的支持。从财务观点看来,投资报酬率其实是非常简易的观念,不过重要的是,若采用不同的因数及计提方法,计算结果则可能会相差很远。重点即在于提供若干简易的公式,让负责 e-learning 业务者能够快速计算出 e-learning 的投资报酬率,以利相关评估工作的进行。

1. 什么是 ROI

ROI(Return Of Investment,投资回报)原本是会计学概念,早期用来判定投资工厂或购买铁路相关的成本是否合理,现被广泛使用在各个领域。ROI 的结果通常用百分比来表示,即投入产出比,简单来说就是企业投入资金的回报程度。ROI 计算公式为:

$$投资回报(ROI) = \frac{收益}{投资} \times 100\%$$

或:

$$投资回报(ROI) = \frac{成本降低 + 收入增长}{总成本} \times 100\%$$

通常 ROI 越大表示投资得到的回报越多,也就越赚钱。例如,ROI=0.8 表示每卖 1 元产品,得到 0.8 元回报,也就是亏 0.2 元。如果 ROI=1.2 表示每卖 1 元产品,得到 1.2 元回报,即赚 0.2 元。但是,这并不表示 ROI 小于 1 就是不好的,不成功的。

在做每一项涉及金额比较大的投资时,企业管理层毫无疑问都会从投资回报率(ROI)出发,仔细考察该项目给企业带来的利益大小。但每个企业每种活动的终极目标是不一样的,需要综合考虑很多因素,如品牌影响力、销量等等。

2. 使用 ROI 的原因

用 ROI 来评判是否使用 e-learning 的原因有以下几点:

第一,现代企业要进行任何信息化投入都必须进行投资回报率分析,e-learning 是一项比较大的信息化投入,无疑要进行 ROI 分析。ROI 分析的主要作用就是企业投资决策评估,提供真实的可跟踪的数据,为决策过程打基础,可以使企业的 e-learning 投资更加趋于理性。

第二,确定现阶段企业对 e-learning 投资是否合理,也可以大致算出何时可以回收 e-learning 投资成本。可根据企业自身情况考虑投资回报时间,尤其是中小企业,可以避免为了上 e-learning 项目造成资金周转出现问题,企业资金流动不畅。使用 e-learning,短期内的 ROI 可能会出现亏损情况,因为 e-learning 上马初期需要大量的资金投入,这一阶段成本节省和项目收益短期内并不明显。因此,企业应从一个中长期来判断 ROI。

第三,ROI 分析的结果可以作为考核企业 IT 部门和培训部门业绩的一个可量化的指标。业绩增强了才能带来盈利能力的增强,而企业盈利能力的增强是检验 e-learning 建设成功与否的重要标准,更是它的根本目的。

虽然用 ROI 来评判是否使用 e-learning 是合理的,但是现实情况下的问题是 e-learning 的投入产出很难准确计算,而且有些隐形成本和收益可能会被忽略而导致判断失误。

3. ROI 简易计算模式

这里以一个非常简单的范例来看如何计算一个企业 e-learning 内训课程的投资回报率。首先,比较传统训练和 e-learning 每门课程的制作成本,假设 e-learning 可以缩短每门课程的进行时数,但其制作时数较长,也需要较高的单位制作成本,由此便可计算出传统训练课程及 e-learning 课程的总制作成本。接着比较传统训练和 e-learning 课程每班次的教师费成本。传统训练课程每次开班时皆需支付内部教师费及教师差旅费,但 e-learning 课程可以省下后者,由此便可得出每班教师费的支出差异。

接着,比较传统训练和 e-learning 课程在学员部分的成本差异。假设学员每次以传统方式上课,公司就需提拨差旅费用,但采用 e-learning 时则无须支付该笔费用。传统课程方式中,学员每次受训将占用一天的工作时间,以机会成本的观点来看,公司仍需支出该笔费用;但采用 e-learning 课程进行培训时,员工无须完全离开工作岗位,只需占用三分之一的上班时间进行学习,因此机会成本较低。

将上述三大类的成本综合之后,便可求出传统训练及 e-learning 的总成本,继而算出导入 e-learning 之后缩减成本的效益。而制作成本增加的部分,则为公司投资 e-learning 的支出。最后,计算出缩减成本的效益和投资支出之间的比例,即为投资回报率的数据。

4. 利用工作底稿自动计算

在实际工作中,要考虑的因素比上述复杂得多,且每家公司的训练结构及成本计算模式都不同,因此需要进一步调整,才能求得更精确的结果。由于投资回报率目前是企业导入 e-learning 时非常重视的议题,因此已有若干 e-learning 供应商,如 Interwise. com、Geo Learning 等公司,均已开发出自动计算投资回报率的工作底稿,e-learning 规划人员只要输入各项数据,便可以快速求出 e-learning 的投资回报率,并立刻观察出各种成本支出的变化状况,非常方便。

由于国外企业在计算训练成本、差旅费标准、薪资结构等方面都和国内企业有所不同,因此不论是计算模式或是计提方法,都仍需进一步调整,才能够适合国内企业的 e-learning 应用。从投资回报率来看企业导入 e-learning 的效果是以成本面为主的,其实这是相当片面的观点。而且就“学习”这件事情来说,有很多潜在的效益根本无法以投资回报率的形式即用金钱来衡量。例如,员工的学习时间缩短及经验能力的提升、组织学习文化的增强、创意提案的数量增加、教材可妥善保存及重复使用、员工沟通效率的增进及自主学习的意愿提升等,全都不是投资回报率可以解释的现象。

5. 使用 ROI 的注意事项

(1)投资 e-learning 应考虑企业的长期利益。在初期由于设备、系统、课件和推广上的投资可能会造成使用 e-learning 会亏损的假象,但就长期数据显示来看,使用 e-learning 能为企业节约成本。

(2)避免把 ROI 作为衡量 e-learning 成功的标准,ROI 计算并不能正确评估 e-learning 带来的潜在收益和企业发展后劲。

（3）根据企业自身特点，避免盲目投入 e-learning，避免选用跟企业自身条件不相符的 e-learning发展战略，使企业陷入资金困境。

延伸阅读

显性收益与隐性收益

服务供应商常以多少网络培训取代了传统面授培训，省却了多少教师费、差旅费以及学员离岗的机会成本等等，推算出 e-learning 的 ROI；或者以增加业务收入、提升利润率、提高持续发展能力来推算 e-learning 的 ROI。就本质上而言，可以从显性收益和隐性收益两方面来看：

1. 显性收益

（1）减少培训中产生的差旅费用。

（2）减少课堂面授的教师费用。

（3）减少培训实施中的后勤支持费用。

（4）减少课程的教材费用。

（5）减少培训中的交往费用。

（6）减少培训离岗的机会成本。

2. 隐性收益

（1）培训员工快速进入新角色带来的收益。

（2）快速复制技能，提升员工技能所带来的市场份额扩大的收益。

经过大量的企业应用后，根据调查结果显示，实施 elearning 后的直接效果如下：

（1）面授培训时间缩减了40％。

（2）差旅的费用下降了50％。

（3）培训的完成率增加了2倍。

（4）员工培训总数增加了25％。

（5）学习曲线加快60％。

（6）内容保持力提高25％～60％。

（7）学习收获增加56％。

（8）连贯性增强50％～60％。

（9）培训过程压缩了70％或更高。

（10）内容传递减少了教学过程中的偏差26％。

思考与展望

1. e-learning 实施后的宣传和推广是必须的吗？为什么？

2. 企业组织结构和文化中的哪些因素会影响 e-learning 的推广？

3. 如何调动员工持久地利用 e-learning 学习的热情？如何保证企业内部持续推广 e-learning的动力？

4. 对一些学习和培训资源本就匮乏的企业，有哪些更好的 e-learning 推广策略？

5. 有没有必要进行 e-learning 实施效果的评估？有哪些方法可以采用？

6. 如何快速高效地评估一个 e-learning 项目？怎么评估 e-learning 带来的无形学习效益？

第十章　e-learning 的探索与展望

在系统学习和了解 e-learning 的知识之后,我们希望更进一步拓宽视野,看看 e-learn-ing 的未来。本章从 e-learning 与电子商务的发展、ICT 技术的发展、SSME 的研究热潮等角度来介绍 e-learning 在新的理论和技术潮流下发展和使用的广阔空间,并对 M-learning、U-learning、按需学习、商业智能等 e-learning 新方向、新趋势进行探索与分析。

本章重点

- 多学科的发展如何推动 e-learning 的应用。
- e-learning 与最新技术的整合趋势。

第一节　e-learning 与电子商务

中国电子商务发展迅猛,2007 年全国电子商务交易总额达 2.17 万亿元,比上年度增长 90％。中国网络购物发展迅速,2008 年 6 月底,网络购物用户人数达到 6 329 万,半年内增加 36.4％。截至 2008 年 12 月,电子商务类站点的总体用户覆盖已经从 9 000 万户提升至 9 800万户。

2009 年 1 月 29 日世界互联网媒体测评机构"尼尔森在线"公布的研究数据显示:全球在线购物的网民已经达到 85％。截至 2008 年 3 月 13 日,按用户数量计算,中国已经超过美国而成为全球最大的互联网市场。其手机网民数已超 5 040 万人。网络市场购物成交额达到 590 亿元。艾瑞和淘宝网联合发布的《2007 年网购调查》显示:网上消费已经成为现代人的购物趋势。据淘宝网监测数据发现,截至 2007 年 12 月 31 日,中国的网购人数超过 5 500万,与 2002 年相比,增长近 7 倍。

一、电子商务概述

(一)电子商务概念

电子商务(Electronic Commerce,EC)通常是指在全球各地广泛的商业贸易活动中,在互联网开放的网络环境下,基于浏览器/服务器应用方式,买卖双方不谋面地进行各种商贸活动,实现消费者的网上购物、商户之间的网上交易和在线电子支付以及各种商务活动、交易活动、金融活动和相关的综合服务活动的一种新型的商业运营模式。电子商务利用计算机技术、网络技术和远程通信技术,实现整个商务(买卖)过程中的电子化、数字化和网络化。

广义的电子商务定义为,使用各种电子工具从事商务或活动。这些工具包括从初级的电报、电话、广播、电视、传真到计算机、计算机网络,到 NII(国家信息基础结构——信息高速公路)、GII(全球信息基础结构)和互联网等现代系统。而商务活动是从泛商品(实物与非实物,商品与非商品化的生产要素等)的需求活动到泛商品的合理、合法的消费除去典型的生产过程后的所有活动。

狭义的电子商务定义为主要利用互联网从事商务或活动。电子商务是在技术、经济高度发达的现代社会里,掌握信息技术和商务规则的人,系统化地运用电子工具,高效率、低成本地从事以商品交换为中心的各种活动的总称。这个分析突出了电子商务的前提、中心、重点、目的和标准,指出它应达到的水平和效果,它是对电子商务更严格和体现时代要求的定义,它从系统的观点出发,强调人在系统中的中心地位,将环境与人、人与工具、人与劳动对象有机地联系起来,用系统的目标、系统的组成来定义电子商务,从而使它具有生产力的性质。人们不再是面对面的、看着实实在在的货物、靠纸介质单据(包括现金)进行买卖交易,而是通过网络,通过网上琳琅满目的商品信息、完善的物流配送系统和方便安全的资金结算系统进行交易(买卖)。和传统的商务活动相比,电子商务具有不可比拟的优势,如:降低企业的成本、提高效率、提高企业的竞争力、用户有更多的选择等。许多著名的公司纷纷在互联网上开设电子商场,如亚马逊、戴尔、Intel 等。在国内,电子商务的应用也越来越广泛,网上购物、网上售票、网络广告等为人们的工作和生活带来了极大的便利。

(二)电子商务模式

中国网络营销网相关文章指出,电子商务涵盖的范围很广,一般可分为企业对企业(Business-to-Business),或企业对消费者(Business-to-Customer)两种。另外还有消费者对消费者(Customer-to-Customer)这种快速增长的模式。随着国内互联网使用人数的增加,利用互联网进行网络购物并以银行卡付款的消费方式已渐流行,市场份额也在迅速增长,电子商务网站也层出不穷。

我国的电子商务开始于 20 世纪 90 年代。从一开始的企业对个人(B to C),到后来的企业对企业(B to B)、个人对个人(C to C),电子商务在我国取得了良好的发展,又出现了企业对政府(B to G)等一些新的商业形式。常见的是 B to B、B to C、C to C、B to M、M to C、B to A(即 B to G)、C to A(即 C to G)七类电子商务模式。

1. B to B (Business to Business)

商家(泛指企业)对商家的电子商务,即企业与企业之间通过互联网进行产品、服务及信息的交换。通俗的说法是指进行电子商务交易的供需双方都是商家(或企业、公司),他们使用了互联网的技术或各种商务网络平台,完成商务交易的过程。这些过程包括:发布供求信息、订货及确认订货、支付过程及票据的签发、传送和接收、确定配送方案并监控配送过程等。B to B 有时写作 B2B,这是网络上利用 to 的谐音的简便书写方法。B to B 的典型是阿里巴巴、慧聪网等。

2. B to C (Business to Customer)

B to C 即商家对消费者。B to C 模式是我国最早产生的电子商务模式,以 8848 网上商城正式运营为标志。又可分为综合商城型、专一整合型、百货商店型、垂直商店型、导购引擎型。B to C 典型的例子有亚马逊、当当网等。

3. C to C (Consumer to Consumer)

C to C 是用户对用户的模式,C to C 商务平台就是通过为买卖双方提供一个在线交易平台,使卖方可以主动提供商品上网拍卖,而买方可以自行选择商品进行竞价。C to C 的典型例子有淘宝网、拍拍网等。

4. B to M (Business to Manager)

B to M 相对于 B to B、B to C、C to C 的电子商务模式是一种全新的电子商务模式。这种电子商务相对于以上三种有着本质的不同,其根本的区别在于目标客户群的性质不同,前三者的目标客户群都是以消费者的身份出现的,而 B to M 所针对的客户群是该企业或者该产品的销售者或者合伙者,而不是最终消费者。

5. B to M (Business to Marketing)

面向市场营销的电子商务企业(电子商务公司或电子商务是其重要营销渠道的公司)。B to M 电子商务公司根据客户需求为核心而建立起的营销型站点,并通过线上和线下多种渠道对站点进行广泛的推广和规范化的导购管理,从而使得站点成为企业的重要营销渠道。

6. M to C (Manager to Consumer)

M to C 是针对于 B to M 的电子商务模式而出现的延伸概念。在 B to M 环节中,企业通过网络平台发布该企业的产品或者服务,职业经理人通过网络获取该企业的产品或者服务信息,并且为该企业提供产品销售或者提供企业服务,企业通过经理人的服务达到销售产品或者获得服务的目的。而在 M to C 环节中,经理人将面对 Consumer,即最终消费者。

M to C 是 B to M 的延伸,也是 B to M 这个新型电子商务模式中不可缺少的一个后续发展环节。经理人最终还是要将产品销售给最终消费者,而这里面也有很大一部分是要通过电子商务的形式,类似于 C to C,但又不完全一样。C to C 是传统的盈利模式,赚取的基本就是商品进出价的差价。而 M to C 的盈利模式则丰富、灵活得多,既可以是差价,也可以是佣金。而且 M to C 的物流管理模式也可以比 C to C 更富多样性,比如零库存。现金流方面也较传统的 C to C 更有优势。

互联网上的电子商务可以分为三个方面:信息服务、交易和支付。主要内容包括:电子商情广告、电子选购和交易、电子交易凭证的交换、电子支付与结算以及售后的网上服务等。主要交易类型有企业与个人的交易(B to C 方式)和企业之间的交易(B to B 方式)两种。参与电子商务的实体有四类:顾客(个人消费者或企业集团)、商户(包括销售商、制造商、储运商)、银行(包括发卡行、收单行)及认证中心。

从贸易活动的角度分析,电子商务可以在多个环节实现,由此也可以将电子商务分为两个层次,较低层次的电子商务如电子商情、电子贸易、电子合同等。最完整的也是最高级的电子商务应该是利用互联网网络能够进行全部的贸易活动,即在网上将信息流、商流、资金流和部分的物流完整地实现,也就是说,你可以从寻找客户开始,一直到洽谈、订货、在线付（收）款、开据电子发票以至电子报关、电子纳税等通过互联网一气呵成。

（三）电子商务过程

整个电子商务交易的过程可以分为三个阶段：

1. 信息交流阶段

第一个阶段是信息交流阶段。对于商家来说，此阶段为发布信息阶段。主要是选择自己的优秀商品，精心组织自己的商品信息，建立自己的网页，然后加入名气较大、影响力较强、点击率较高的著名网站，让尽可能多的人们了解你、认识你。对于买方来说，此阶段是去网上寻找商品以及商品信息的阶段。主要是根据自己的需要，上网查找自己所需的信息和商品，并选择信誉好、服务好、价格低廉的商家。

2. 签订合同阶段

第二阶段是签定商品合同阶段。作为 B to B（商家对商家）来说，这一阶段是签定合同、完成必需的商贸票据的交换过程。作为 B to C（商家对个人客户）来说，这一阶段是完成购物过程的定单签定过程。顾客要将选好的商品、自己的联系信息、送货的方式、付款的方法等在网上签好后提交给商家，商家在收到定单后应发来邮件或电话核实上述内容。

3. 交货结算阶段

第三阶段是按照合同进行商品交接、资金结算阶段。这一阶段是整个商品交易很关键的阶段，不仅要涉及资金在网上的正确、安全到位，同时也要涉及商品配送的准确、按时到位。在这个阶段有银行业、配送系统的介入。

二、e-learning 与电子商务的整合

（一）共同的技术基础

e-learning 和电子商务均涉及如下的技术和设备。

计算机硬件系统：e-learning 和电子商务的运行必须具备计算机硬件及软件的要求，如网络设备、服务器、计算机终端、数据库等。

网络通讯技术：e-learning 和电子商务都需要通过计算机和网络通讯设备对图形和文字等形式的资料进行采集、存储、处理和传输等，使信息资源达到充分共享。

安全和认证技术：电子商务系统中主要是保护互联网上的交易，保证数据安全地传送，保护站点及企业网络抵抗黑客的攻击，包括防火墙、网络安全监控、信息加密等。e-learning 主要是防止非法下载和盗链，保护学习资源和企业的知识产权等。

（二）共同的商业目标

企业的绩效是通过员工的工作绩效达成的，e-learning 的对象主要是企业员工，也包括客户或者其他商业伙伴，其最终目的是提高企业的经营绩效。电子商务的实质也是企业经营各个环节的信息化过程，依新的手段和条件对旧的流程进行变革，从而提高企业的经营绩效。

由此可见，降低企业成本、提高企业效率、提高企业的竞争力等是 e-learning 和电子商

务共同的目标。

（三）e-learning 与电子商务的交叉促进

一方面,企业可以用 e-learning 方式传播电子商务知识,通过开设网上电子商务的专门培训机构,比如电子商务网校等,通过自主开发的系列教学软件和远程网络教育平台两种方式为用户提供电子商务教学的完整解决方案;另一方面,电子商务也丰富了 e-learning 的实践。

1. e-learning 与电子商务简单的结合

e-learning 绝不仅仅是建设一个信息系统或者培训系统,而是一场在企业中推进学习的变革,目的是建立学习型组织。e-learning 还可以发挥它在企业业务运营系统中更多的作用,这需要在 e-learning 的实施中综合考虑组织、绩效、流程等企业的运营要素。一些从事电子商务的组织已经认识到 e-learning 带来的商机。这些企业不仅将 e-learning 用来进行内部员工培训,给员工带来即时更新的信息支持,强化员工的业务能力,从而促进业绩的上涨,还将 e-learning 直接搭建在电子商务网站中,扩充网站的学习功能,提供客户更多增值服务,提升他们对网站的黏性和忠诚度。这种方式是 e-learning 与电子商务最简单的结合。

2. 教育营销（EM,Education Marketing）

为了更好地理解 e-learning 如何与电子商务结合,本书将 e-learning 与电子商务结合应用于市场培育的方式简要地称之为"教育营销"（Education Marketing,EM）或"学习式营销"（Learning Marketing,LM）,即利用现代先进的电子化学习系统,通过与企业电子商务流程的整合,对企业的员工和服务对象、合作伙伴进行产品或服务知识的培训,使受培训者能深刻理解本企业的产品和服务目的。EM 是一个较新的概念,更明确的定义和范畴希望能在后续的专门研究中做出。

EM 有三类明确的培训对象。

（1）终端消费者

EM 教育培训的内容是和企业产品、企业服务相关的知识,指导消费者正确地使用产品。将这种培训利用 e-learning 方式整合进企业的电子商务系统,能取得不错的效果。据丽迪诗公司透露,自从该公司推出由营销专家制定的美容业培训课程后,其销售业绩一路飙升。目前该公司已在全国范围内建立了 200 多家模范店,美容院的业绩平均上升 70%,更创下单日销售 2.6 万元的纪录。

（2）经销商

EM 以传授营销经验作为教育培训的主要内容,旨在帮助客户在经营中提高销售业绩。由于竞争日益激烈,市场变化大,许多经销商不能适应市场的发展形势,在经营过程中遇到的问题令他们不知所措,极须通过培训不断提升他们的综合素质和竞争能力,有必要对他们进行培训,让他们吸收新知识,指导他们的市场销售。EM 利用成熟的 e-learning 系统和便捷的电子商务接口对经销商进行培训,培训的内容不仅有关于公司产品和服务,也帮助解决一些现实问题,如经营管理、促销、客源开发等。

（3）供应商和合作伙伴

EM 可以用来进行供应商的培训,让供应商快速学习如何生产符合本企业的组装标准和生产标准的零配件,使之能更符合要求,降低采购风险。更进一步,也可以利用 EM 向上游供应商进行培训,在企业价值链的整合和扩展中起标准整合、文化整合的作用,为企业将来的购并扩张打下坚实的伏笔。在一些现代企业组织中特别是 IT 和网络企业,企业大量采用这种模式来使自己的核心竞争力不断得到加强。例如微软、戴尔等公司以及一些大型商业企业、连锁企业对供应商的培训等。

EM 有知识培训、信息提供和绩效支持三种方式。

（1）知识培训

EM 使用 e-learning 给 EM 的对象提供知识培训。知识培训对产品和服务的推广用处很大。顾客通过线上和线下的训练,不仅对产品和服务加深了解,而且产生想拥有的愿望。

e-learning 独有的优势使得线上训练的内容可以及时更新、重复使用,加大了受众面,减少对了教室、教师等基础设施的需求,降低了企业成本。例如,星巴克通过网络营销和"咖啡达人教室",将线上营销与线下活动结合了起来,以文化引导的方式来塑造星巴克式的咖啡文化、生活态度,从而促进市场销售。"康师傅"站在一个消费者的角度上,教育消费者怎样选一瓶好水,贴近生活,简单易懂。

（2）信息提供

EM 可向顾客和员工提供信息支持。EM 可以利用电子商务本身强大的功能,在线提供大量的数据和信息。例如,中关村在线的"手机频道"（http://mobile.zol.com.cn/）提供了关于手机产品的报价和供应。每一个产品按照品牌、价格范围排列,并有高级搜索,每一个产品均有详细的综述、不同供应商的报价、参数、驱动、评测,论坛里有关于该产品的帖子等等。通过该网站,消费者可以了解一款手机的价格走势和在不同城市不同供应商的报价,了解每一款手机的性能、bug 和小技巧,了解什么是行货、水货、翻新机,购买新机的注意事项。顾客可以根据网站提供的信息进行比较分析,做好购买的前期功课。

（3）绩效支持

EM 可协助顾客和员工完成各自的任务,进行绩效支持。绩效支持是利用工具、软件或系统把工作做好、任务完成。例如,一家商业零售网站的电子商务功能可以在用户注册后记忆其 IP 地址和挑选的商品,根据以往浏览和购买记录来推测用户的个人爱好,分析研究客户的购物需求,进而为客户推荐属性与其选择商品和购买经历相关度最高的适合商品。当用户再次访问时会直接进入"个人商店",只要用鼠标点一下欲购之物,网络系统就会完成后面的手续,这个功能大大方便了顾客的购物过程,为用户订货提供了极大的便利。

延伸阅读

EM 案例

案例一:中国民生银行"创智大富翁"

2008 年 12 月,中国民生银行携手游戏运营商寰宇之星、中国电子商务协会共同举办"创智大富翁——2008 民生银行首届网银富翁大比拼活动",本质上是一个基于在线游戏的教育营销活动,并结合了现场营销。"创智大富翁"是一款拼智游戏比赛,采用积累金币的形式来角逐名次。玩家在游戏中通过虚拟股市进行股票投资来积累和赚取金币,最终金币积累前十名玩家参加落地活动,夺取丰厚大奖。民生银行通过丰厚的奖励刺激用户进入游戏,并在玩家玩游戏之前、之中和之后对其进行教育营销,推广民生银行的品牌和相关产品。

案例二:汇丰中小企业金融在线课堂

汇丰银行(中国)有限公司 2009 年启动了一个"汇丰中小企业金融在线课堂",借助科技手段,面向全国中小企业提供非商业性的财务管理课程,帮助更多的中小企业管理者,在全球经济依然面临挑战的环境下,掌握规避风险的技巧和方法。

这是内地首个由外资银行为中小企业度身定制的免费财务管理在线学习平台。该平台根据中小企业当前面临的挑战而设计,涉及财务管理 5 大领域内共 8 项课题,不含商业信息。在线课堂 24 小时免费开放,结合实务理论与经典案例,协助中小企业强化运用金融工具的能力,提高财务管理效率。

参考网址:www.hsbc.com.cn/emasterclass

第二节　e-learning 与 ICT

一、ICT 概述

(一) ICT 的定义

ICT 即信息与通信技术(Information and Communications Technology),是信息技术与通信技术相融合而形成的一个新的概念和新的技术领域。以前当人们说信息技术(IT)时,通常指的是运用计算机及其软件技术来采集、存储、加工与处理信息的技术。而通信,这里主要指电信,是用电的手段来传递与交流信息的技术。这两种技术及其产品原来不在同一市场上竞争,因此可以说两个行业原属不同的产业。随着技术的进步,两个行业都在朝着相同的方向演进,相互渗透,相互融合,相互学习。两种技术正在向着同一个方向发展,即都要实现网络化、宽带化、多媒体化。因此,两种技术下一步的目标是用几乎相同的技术,建设几乎相同的宽带网络,实现信息社会的人类信息交流:多媒体通信。

(二) ICT 的发展

从应用角度看,IT 与通信技术现在已经紧密地整合在一起了。互联网技术诞生于 IT 业,但它很快被公共通信部门利用,建设了公共互联网,成了由通信公司经营的另一种大众通信与信息交流的媒体。当人们设计一个信息应用系统时,必然要将 IT 与通信技术这两个方面的知识和资源有机地整合起来才能获得成功。因此,将这两种技术称作"信息与通信技术(ICT)"不但恰逢其时,而且有重大的现实意义。

2004 年的印度洋海啸从另一个方面显示了 ICT 对社会发展影响的重要性。夏威夷太平洋海啸预警中心实际上已经观察到了一些要发生海啸的迹象,但是由于没有一个可以通知可能受影响地区的框架,他们无法向决策者传递这些信息。如果 ICT 是大范围灾害早期预警系统的一部分的话,那么,印度洋海啸就会充分显示 ICT 的功效。海啸过后,ICT 广泛应用于帮助医疗、救援人员和募集资金,建立了基于 WAP 网站的"海啸帮助热线",专门用于人们在没有计算机的情况下用移动电话接入,为寻找紧急救援电话的现场人员提供帮助。英国 BBC 新闻台也建立了一个移动站点提供所有与海啸相关的信息。

同时,随着 ICT 和互联网的飞速发展,网络舆论对社会生活,特别是对公共决策、民主政治、伦理道德和文化安全等方面的影响不容忽视。研究部门在了解和学习网络舆情形成与发展的一般规律,进一步提高所在政府部门的舆论引导能力和水平上开始进行探索。例如清华大学新闻与传播学院联合中国信息协会信息主管(CIO)分会于 2009 年 4 月 21~24 日在北京举办网络舆论与政府决策系列高级研讨班,期间学员被邀请参加举办首届清华大学—中国信息协会信息主管(CIO)分会网络舆论与政府决策高层论坛。

ICT 对社会生活的影响可能是正面的、积极的,也可能是负面的、消极的。负面影响的典型例子出现在 2009 年 5 月份,有两亿用户的暴风影音网站由于 DNS 域名解析服务器遭受攻击造成瘫痪,结果导致江苏、安徽等 6 个省的网络阻塞和瘫痪,即所谓的暴风门事件。(新闻网址:http://www.cnetnews.com.cn/2009/0601/1372511.shtml)

正面影响的例子最典型的有美国总统奥巴马竞选。他巧用网络建立官方网站,实行"奥巴马无处不在"和网络广告营销战略,广泛宣传自己,最终获得成功。虽然奥巴马不只是依靠网络的力量而获得成功的,他的成功还源于自己的人格魅力、能力等多方面因素,但是可以毫不犹豫地说,奥巴马的成功离不开网络,网络是奥巴马获得成功的坚实后盾。当然,ICT 的发展要为人类的生活、工作和学习产生积极的影响,将那些负面影响降到最低。

二、ICT 支持下的多种 e-learning 的应用

互联网正以它无限的容量、广阔的覆盖面、交互和定制化特色,迅速改变着传统,改变着人们的工作、生活、娱乐和学习。网络和多媒体技术的发展带来了新的机遇,培训的方式日益灵活。ICT 的进步和网络技术媒体化的特征让学习获得了新的载体,e-learning 正为全球企业、教育机构和政府机构所接受,并演绎着培训新的趋势。(注:本节所指 e-learning,属本书第一章 e-learning 定义中的广义 e-learning。)

(一)搜索工具与知识检索

ICT 的大力发展,使得很多的技术手段可以为 e-learning 所使用,比较著名的就是搜索引擎。搜索引擎实际上就是一种知识检索工具,是对互联网上的信息资源进行搜集、整理,供用户查询的数据库系统。网络时代的信息检索技术就是指使用搜索引擎作为检索工具,根据需要对互联网信息资源进行查询、检索的方法。目前,国内主要的搜索引擎网站如表10-1 所示。

表 10-1　国内主流搜索引擎网站

名　称	网　址
百度	http://www.baidu.com
Google	http://www.google.com
雅虎	http://cn.search.yahoo.com
搜狐	http://search.sohu.com
新浪	http://cha.iask.com

从功能和检索效果上讲，百度和 Google 是学习者使用最为方便、功能最为强大的两个搜索引擎，两者各有特色。Google 拥有全球数据量最大的全文检索数据库，而百度具有强悍的中文搜索能力，并提供音乐搜索等特色检索服务。在使用时，学习者可以依据具体情况进行选择，将百度与 Google 配合使用，以达到最佳的检索效果。

正确使用基本搜索技巧是获取知识资源的基础，恰当地利用高级逻辑语法检索能帮助提高检索的精确性。利用 Google 高级搜索的逻辑语法如"AND"、"OR"、"NOT"等，可以更有效地提高检索精度。打开百度和 Google 的页面，点击"高级搜索"，学习者便可根据提示使用高级搜索而不需要输入逻辑命令。除了利用百度和 Google，恰当使用其他特色搜索引擎，会更有针对性。例如，专门搜索图片的 Picsearch（www.picsearch.com）、优秀的搜书引擎——多来搜书（http://www.51soshu.com/）、Google 的专业视频搜索网站——Google Video（http://video.google.com）等等。信息检索不仅是必备的技术，而且是一种理念、意识和思维习惯，也是一种学习能力和问题解决的能力，信息搜索技术需要不断地实践总结，探索出符合自己的实际和实用的搜索方法。

（二）网络资源储存与运用

ICT 的高速发展使得大容量的知识存储成为可能，并能快速方便地检索和使用。通俗地说，网络资源储存就是对互联网上有关的网络资源，借助一定的网络技术进行收集、组织、整理，以备能在后续使用、分享与交流时快捷、方便、高效地提取。

本地电脑 IE 浏览器中的"收藏夹"功能、网络上为数众多的在线收藏夹和网络书签等，都可以实现网络资源的管理，但它们之间有很大不同，主要表现为各自的功能特点不同，如表 10-2 所示。

表 10-2　IE 收藏夹和网络收藏夹的功能特点

名　称	IE 收藏夹	网络收藏夹
存储位置	电脑硬盘	网络
提取方式	仅在存储网址的电脑上可以使用	无论何时何地都能使用
网址收藏	添加到收藏夹中，可粗略分类	使用"类别""标签"进行细致分类
网站评论	无此功能	有此功能
社会交际	无此功能	有此功能

目前网上有许多免费的"网络收藏夹"，如美味书签（del.icio.us）、Diigo、天天网摘

(365key. com)等系统。不过这类大众的网络书签服务所收藏的网站类型太多太杂,许多网络书签的界面不够清爽、简洁。相比较而言,还是 Mypip(mypip. com)、Igooi(igooi. com)、5135(5135. net)更适用。

Mypip 是一个英文网站,所收藏的网址会以名称的形式显示于一个网页之内,使用者只需注册一个账户后登录就可以使用了。具有添加新的网址(new link)、添加新类别(new-group/module)、页面设置(config,包括修改登录密码、设置页面属性等)、导出(export)和导入(import)全部收藏等功能。目前不支持中文,但只要在记住主页上的一些命令的基础上,使用拼音一样可以非常方便地记录和编辑各个网址。

Igooi 支持英文、简体中文和繁体中文三种文字,有较广的适用度。你可以将 Igooi 记为 Igooi ="i google it"。这意味着你可以建立自己的收藏库,然后方便地管理你的收藏。特别地,它除了具有上述 Mypip 的全部功能之外,还具有收入资源的共享和评价等功能,即 Igooi 不仅可以帮助用户随时随地收藏网上看到的有用的信息、查阅自己保存的资源,还可以方便地与自己的朋友共享,方便地展开讨论,这一共享功能体现在 Igooi 特别提供的"兴趣小组"上。

5135 显然是与"我要上网"谐音。它除具有前述两个网络书签的功能外,还提供一个用户个人日历事件管理功能。在 Mypip、Igooi 及 5135 三个网络书签中,Igooi 与 5135 都提供 IE 右键收藏插件,从而使得网络资源收藏更简便快捷。

(三) 公共知识传播与学习

ICT 不仅对经济的增长做出了直接的或者间接的贡献。来自不同国家或经验的案例都说明了 ICT 对人类的生活也产生了积极的影响。e-learning 的更大范围应用在于公共知识的传播和学习,ICT 在其中起了不可估量的作用。

ICT 影响社会发展的方式在于加速信息与思想的传播、扩展人际网络、更好地交换信息、实现低成本的信息传递、跨越社会和文化界线的互动、提高透明度、有助于将权力和决策分散、提高工作效率。以美国麻省理工学院(MIT)开放式课程计划(OCW)为例,截至2005年底,该计划通过互联网总共提供了1 250个 MIT 的教学课程,全世界的教学者及学习者从 MIT OCW 网站公开且免费提供的材料中获益。为了解 MIT OCW 的实施效果,同时也为了建立全面、连续的信息反馈机制以确保计划得到不断改进,人们建立了一套客观的评估体系。评估集中在了解用户行为三个方面的细节上:访问模式、使用模式和感受。该项评估于2004年10月启动,为了达到一定的广度与深度,评估综合了在线调查、访谈及网站反馈等多种手段。评估结果显示,在2003年11月至2004年10月期间,该站点唯一访客数的数量达230万人。从访问者的地理分布来看,行动计划获得了国际范围的成功。在影响方面,基于用户感受评分的调查显示,访问者认为对 OCW 的教学和学习已有深刻的影响。80%的访问者认为站点上的信息对其教学活动产生了积极影响。MIT OCW 站点的内容通过翻译及镜像站点广为传播,开放式课程模式被世界各地院校所采纳。

借助 ICT 的快速发展,利用 e-learning 技术培训偏远地区农民,给全球农业发展带来了明显的影响,ICT 已经成为加快传统农业现代化和食品链科学管理的驱动力。对中国来说,国际电联、联合国一直强调要利用 ICT 消除数字鸿沟,ICT 和 e-learning 的结合可以缩短我国东西部地区差距明显的问题。

第三节　e-leaning 与 SSME

e-learning 的产业性质本质上是一种知识服务业,同时又属于讲究效率的企业管理范畴。如何从最新的服务科学和管理科学理论角度来研究 e-learning,是业界和学界的重要思考方向之一。SSME 正好结合了 e-learning 的这几个特点,值得我们认真去思索和探讨。

一、SSME 概述

服务科学、管理和工程(Service Science,Management and Engineering,SSME)是近年来 IT 业界的热点。

(一) SSME 的定义

IBM 公司首先提出了服务科学和 SSME 的概念,并且一直致力于 SSME 的研究,是 SSME 研究的主要倡导者。IBM 公司认为 SSME 的核心是知识资源驱动的服务创新,是多种创新功能的交叉,如图 10-1 所示。知识资源即知识管理的发展推动了服务创新,SSME 与服务创新都是在知识与信息的管理下发展的。信息技术的进步,是 SSME 发展的技术要素。SSME 是科学与工程、社会科学、商业运营和管理、全球经济与市场四个方面综合推动的。SSME 是在全球经济与市场中运用科学与工程、社会科学理论实施商业运营与管理,SSME 正是这四个方面的综合交叉。同时图 10-1 还说明 SSME 的服务创新是技术创新、企业创新、社会组织创新、需求创新的交叉形成的。

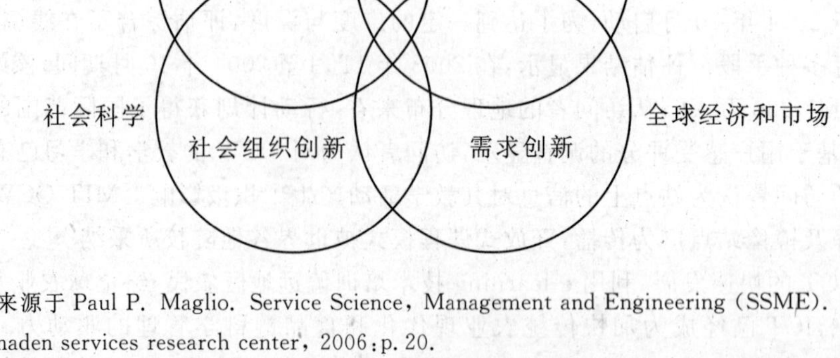

知识资源驱动服务创新

注:资料来源于 Paul P. Maglio. Service Science,Management and Engineering (SSME). America: IBM Almaden services research center,2006:p. 20.

图 10-1　服务创新是多种创新的交叉

学者对于 SSME 的学科交叉性,有不同的认识。IBM 公司 CEO 塞缪尔·彭明盛 (Samuel Palmisano)认为 SSME 是一个融合计算机科学、运营管理、决策理论、社会科学和其他学科的研究性学科。另一位 IBM 高管波尔·霍恩(Paul Horn)认为 SSME 是服务科学、服务工程、服务管理的内部交叉应用。前者强调 SSME 的学科交叉性,而后者强调 SSME 的实质。此外,有人认为 SSME 强调的不是基本科学的定义,而应是整合学科的能力。SSME 的本质就在于它内部学科交叉的能力,它是自然科学、社会科学等的交叉运用。但是,SSME 的学科交叉涉及哪些学科,是如何交叉的,这些问题的答案并不清晰。

我国学者梁战平认为,SSME 是自然科学、社会科学、人文科学、技术科学的交叉使用,具体如图 10-2 所示。自然科学、人文科学、社会科学、技术科学相互交叉,其共同的交叉区域是 SSME。SSME 的这种学科交叉的特点,也决定了它是一门实用性很强的学科。

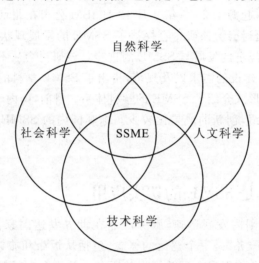

图 10-2　SSME 是多学科的交叉

(二) SSME 的发展

2005 年 5 月 24 日,IBM 公司宣布与高校合作,为大学提供一门新的课程——服务科学 SSME,该课程的宗旨是培养面对服务产业具有管理、人文和技术综合能力的人才。IBM 公司认为,服务科学将渗入各行各业的不同领域,IT 技术发展将成为服务科学的引领力量和基础。同时,服务科学对中国的发展具有重大的意义,是中国由世界工厂向世界技术服务中心转型,在国际市场上取得高价值突破的契机。

近几十年来,服务业占 GDP 的比例不断上升,服务业带来的就业比重也在不断增加,服务业已经成为发达国家经济发展中最有贡献的产业。根据世界银行《世界发展报告》公布的数字,2000 年服务业占 GDP 的比例美国为 74%,日本为 66%,中国为 32%。在就业方面,服务业已经成为主要发达国家对就业贡献最大的部分,而发展中国家服务业带来的就业比重同样在不断增加。我国服务业带来的就业人数的比重为 30.6%,并且保持增长的势头。服务业重要性的凸显,使得对 SSME 的研究成为各国发展经济必须关注的方面。

国外的 SSME 发展演进主要是以美国的研究为主线。美国在服务营销、服务质量、服务创新等方面的研究比较成熟,为 SSME 的产生与发展奠定了基础。SSME 正是基于这些研究,在多学科交叉融合中产生并获得发展。2002 年 IBM 公司的 Almaden 研究中心与 UC Berkeley 大学的享利·伽斯柏(Henry Chesbrough)教授组成一个合作研究团队,首次提出服务科学的概念,并较早地展开了服务科学的研究和学科探讨。2005 年,正式提出服务科学、管理和工程(SSME)的概念,强调服务科学的多学科交叉特性。另外,IBM 公司还在大学积极推广 SSME 学科建设,培养具备 SSME 业务、管理、技术等交叉知识的人才。IBM 的 SSME 学科旨在更方便和有效地利用服务的无形资产,使政府、企业获得更大的服务收益。SSME 是计算机科学、运筹学、产业工程、公司战略、管理科学、社会和认知科学以及法律科学等的整合与交叉,旨在通过学科的交叉来发展服务经济所需要的服务技能。

我国学者黄敏行于 1998 年提出了"服务的科学"的概念。但是他的概念与 SSME 是有区别的,仅强调服务研究要用科学的方法,并没有意识到 SSME 的学科交叉性。国内 SSME 的研究起步较晚,起源于 2005 年 9 月 12 日 IBM 公司在北京大学召开的"服务创新和服务科学学科建设"研讨会。该研讨会探讨了 SSME 的发展现状和前景,并积极构建服务科学学科以推动服务经济的发展与 SSME 的进步。该研讨会从不同角度分析 SSME,并积极探讨了 SSME 学科建设的需求以及规范,指出了 SSME 学科的重要性。同年,梁战平首次在文章中以图表的形式介绍了 SSME 的学科体系。目前,国内学者关于 SSME 的研究大多是对国外文献的介绍,创新的成果比较少。综观国内的 SSME 的发展演进,SSME 研究还处于初步阶段。

二、e-learning 是 SSME 的切实应用

服务经济在全球范围内发展迅速,服务产业在世界发达国家甚至已经占到 GDP 的 70% 以上的份额,但是"服务"是一个宽泛的概念,包括从饭店和旅馆到医生和律师的万事万物。包罗万象的服务业使得现今日益涌现的服务业的机会变得模糊。IT 和商务咨询领域内显然蕴含着特别的机会,许多公司都在通过更加高效的 IT 系统、业务流程流水线化以及互联网来把握新的业务机遇。但是,它们缺少具备业务、管理和信息技术等综合知识的人才,而这些又是提供有效服务必需的。很少有人关注为新的服务经济培养人才,甚至都没有认识到服务经济时代的到来,相应的具有综合能力的高级人才也日益成为困扰服务业发展的因素,或许 e-learning 与 SSME 的结合可以破解这一难题。

(一)e-learning 对 SSME 的诠释

服务科学面临的两个关键问题:一个是信息不对称与信息透明的要求是对立的,即服务活动的各方,只有了解相关方的专门知识才能作好服务,但这往往是很难做到的;另一个就是显性知识与隐性知识需要同时使用。显性知识可交流、可形式化,但隐性知识(如技巧、经验)却难以交流和形式化。而当今的服务交换,许多都是显性与隐性知识的复杂结合。可以利用 e-learning 将隐性知识标准化,流程化,以便更好地进行知识交换,甚至创造新的知识。

现代服务业有三个主要概念:共同创造价值、关系、服务供应。服务是提供者—客户之间的交互,共同创造和获得价值并共担风险的过程。e-learning 产业很好地诠释了服务科学的主要概念,属于知识密集型服务业中的学习和培训服务业。

e-learning 可以看成是培训供应商、组织者、学员等三方共同创造价值的过程。通过在课堂上、网络上讨论学习内容，学员和教师之间频繁互动，这就是作为培训服务的客户——学员积极参与服务，共同创造价值的过程。

服务科学事实上是研究如何运用科学的方法和原则，管理服务的组织过程和资源，以达到服务的效果和效率的学问。e-learning 强调的是如何应用科技化的手段和方法，促进学习效果，依据教学设计原理，运用大量的互动设计，调动学员学习的积极性。通过学员积极主动的参与，在网络上形成虚拟学习社区，节省了大量的面授时间，从而在经费、时间上获得了巨大的财务利益。因此，e-learning 符合服务科学的研究范畴，是服务科学的实际应用。

（二）SSME 理论促进 e-learning 的发展

服务科学综合运用经济学、心理学、地理、管理等方面的知识，根据服务产品特征、社会和经济因素，把个别消费者的消费行为在空间、时间和服务分类上进行分析和聚集，得到服务需求，并应用到服务管理中。

研究者们认为，服务管理是 SSME 在运营管理方面的研究。SSME 通过科学方法有效管理商业和组织，例如服务中的客户关系管理就可以通过专业的 CRM 软件进行分析，以更有效处理客户关系。类似的还有企业资源规划、供应链关系管理、财务系统、人力资源管理等方面，因此，服务管理是 SSME 关于运营管理的子学科。

e-learning 作为企业学习和培训管理中的一个重要应用系统，同样可以利用 SSME 的科学有效方法进行管理。随着 SSME 研究的不断深入，可资 e-learning 借鉴和运用的理论和方法将会越来越多，将来可以利用 SSME 理论不断提高 e-learning 的应用效果。

第四节 e-learning 的新发展

一、移动学习（M-learning）

处在信息社会，终身教育已成为现代社会的需要，随着传统课堂以外学习者人数的不断增加，人们希望能够随时随地地进行学习。要真正实现学习在任何时间、任何地点进行的梦想，基于移动数据通信技术与互联网整合而产生的移动互联网技术之上的 M-learning 是一大途径。

（一）M-learning 的概念

目前对 M-learning 并没有明确的界定，领域内的专家学者各抒己见，从不同的角度去理解和阐述 M-learning。

（1）克拉克·奎因（Clark Quinn）从技术的角度对 M-learning 作了这样的定义：M-learning（m-Learning）是通过 IA 设备实现的数字化学习，这些 IA 设备包括 Palms、Windows CE 设备和数字蜂窝电话等。

（2）查布拉（Chabra）和费格雷多（Figueiredo）整合了远程教育的思想，对 M-learning 作了一个较宽泛的定义：移动学习（M-learning）就是能够使用任何设备，在任何时间任何地点接受学习。

（3）波尔·哈瑞斯（Paul Harris）给出的定义是：移动学习（M-learning）是移动计算技术和 e-learning 的交点，它能够为学习者带来一种随时随地学习的体验，Harris 又进一步对此作了解释，他认为 M-learning 应该能够使学习者通过移动电话或 PDA 随时随地享受一个受教育的片断，并且在这个过程中，往往更多使用的是 PDA 设备，虽然笔记本电脑被广泛使用，但它并不符合大多数 M-learning 的定义。

（4）亚历山大·戴耶（Alexzander Dye）等人在以上学者的基础上对 M-learning 作了一个较具体的定义：M-learning 是一种在移动计算设备帮助下的能够在任何时间任何地点发生的学习，M-learning 所使用的移动计算设备必须能够有效地呈现学习内容并且提供教学者与学习者之间的双向交流。

综上所述，M-learning 是一种全新的学习方式，它是移动通信、网络技术与教育的有机整合，具有无线移动性、高效便携性、广泛性、交互性、共享性、个性化等学习特征。移动学习 M-learning 与传统 e-learning 相比较不仅具备了数字化、多媒化、网络化、智能化的特征，而且还有其独特的优势，即学习者不再受桌子、电脑以及网线的限制，可以"随时、随地、随身""短、平、快"地进行学习。

（二）M-learning 的系统结构

在生活节奏日益加快的现代社会 M-learning 更方便、灵活地满足了学习者的学习需求，它是通过无线 PDA、手机短消息和电子邮件技术的整合来实现的。

M-learning 系统的基本结构主要由互联网、移动学习网和移动通信设备三部分组成，如图 10-3 所示。

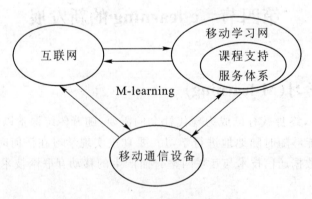

图 10-3 M-learning 系统的基本结构

互联网：互联网的出现是人类通信技术的一次革命，它是一个全球性的信息系统，也是学习资源的有效载体。目前互联网技术已经非常成熟，与互联网连接的客户可方便地进行信息交换，并访问互联网上的丰富资源。

移动学习网：移动学习网是整个移动通信网络的一部分，由多个基站组成，用来发射或接收来自移动台以及互联网的信息，并通过空中接口使移动台与互联网实现无缝连接。移动学习网在本质上是一个可以使个人和组织通过分享信息（如课程支持服务体系、课程内容）来进行通信和学习的平台。

移动通信设备：如手机、掌上电脑、笔记本电脑等。掌上电脑、笔记本电脑相对手机而言功能强大，我国目前虽有运用，但是远不如手机等移动设备的普及，因此在我国基于手机服务的 M-learning 系统，如图 10－4 所示，有开发和进一步研究的必要。随着移动网络 3G 时代的到来，手机 M-learning 有着广阔的发展前景。

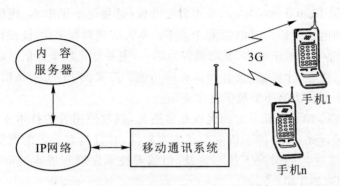

图 10－4　基于手机的 M-learning 系统结构

（三）M-learning 的学习工具

M-learning 离不开可以移动的学习工具，而这些工具最大的特色就是能在移动中传送数据，具有良好的移动通讯功能。下面详细介绍常用的移动通信设备，它们都可成为 M-learning 的有效工具。

1. 笔记本电脑

笔记本电脑是较早出现的可供进行 M-learning 的终端设备，在许多论述 M-learning 的文章中，并没有将其作为 M-learning 终端的一种，其实笔记本电脑非常适合小范围内的 M-learning 的开展。

在便携性方面，笔记本电脑是比较差的。目前比较轻的笔记本电脑如联想的 ThinkPad X200，重量也在 1.1 千克左右，而且电池使用时间也相对较短，一般在 2～3 个小时，需要外接电源或者备用电池，这会给使用者的学习造成不便，也就决定了它的使用范围相对较小。

笔记本电脑在接入性方面则具有很大的优势。一方面，主流的笔记本电脑往往都内置无线接入模块，在具有 AP 的区域内可以轻松接入互联网。另外还可以通过安装外置的 GPRS 上网卡实现拨号上网。但现在的 3G 时代，已经有 WiFi 等多种接入方式，上网非常方便。

在资源获取性方面，笔记本电脑本身往往也不提供内置的学习资源，需要通过多种方式获取。在学习辅助性方面，笔记本电脑无疑是所有设备中最好的。它有着丰富的软硬件的支持，同时存储容量较大，可以保存大量的各种格式的资源，非常有利于学习活动的开展。至于操作方面，由于笔记本电脑采用一般通用的操作系统，普及度非常高，对于学习者来说在使用方面不存在困难。而且笔记本电脑的屏幕普遍较大，在 12.1～17 英寸之间甚至更大，能够满足任何资源对于观看方面的要求。

笔记本电脑扩展性同样很强大，无论是软件方面还是硬件方面，都可以获得非常丰富的扩展。笔记本电脑的购买成本基本上与智能手机持平，对于电脑类的产品来说属于中档价位。尤其是发端于 2008 年底的上网本——便携式笔记本电脑的大力发展，已经让笔记本电脑的价格降低到了与普通手机持平，一个笔记本电脑普及化时代到来了。这对于利用笔记本开展移动式学习来说，提供了一个非常现实的可能。

2. PDA 和智能手机

PDA（Personal Digital Assistant，个人数字助理）是集电子记事本、便携式电脑和移动通讯装置为一体的电子产品。PDA 能将个人平常所需的资料数字化，能被广泛地利用与传输。狭义的 PDA 是指电子记事本，其功能较为单一，主要是管理个人信息，如通信录、记事和备忘、日程安排、便笺、计算器、录音和词典等功能。广义的 PDA 主要指掌上电脑，当然也包括其他具有类似功能的小型数字化设备。

智能手机在支持 M-learning 方面优势非常明显，但对使用者的技术水平要求较高，需要相关人员的指导。此外，智能手机的购买成本较高，并且具有一定的网络使用成本。虽然目前在缺乏外部支持的情况下还不普及，但随着技术发展和成本的降低，越来越多的 M-learning 会采用智能手机。

3. 学习机

这类产品主要指电子词典厂商提供的产品和各类研究机构的产品，如好记星、诺亚舟等，这类产品在基础教育领域有一定的市场。最早的形式是电子词典，并且加入了一些简单的学习内容，如诗词欣赏、数学公式查询等。随着英语学习热潮的掀起，其市场需求迅速增长，也促使它们向功能更加全面、内容更加丰富的"学习机"型产品转变。2005 年，诺亚舟首创 NP-iTECH 数字动漫引擎技术，并在一年后成功升级该技术，使流畅地播放视频成为可能。此外，各个厂家还纷纷研发彩色屏幕的产品，使学习机能够提供更多、更丰富的学习内容。这类产品一般从基础教育教材入手，紧密联系学科教材，提供对教材的下载支持服务，力求与课堂同步。

（四）M-learning 与播客、3G 技术

1. 播客学习

"播客"又被称作"有声博客"，是 Podcast 的中文直译。它是数字广播技术的一种，出现初期借助一个叫"iPodder"的软件与一些便携播放器相整合而实现。Podcasting 录制的是网络广播或类似的网络声讯节目，网友可将网上的广播节目下载到自己的 iPod、MP3 播放器或其他便携式数码声讯播放器中随身收听，不必端坐电脑前，也不必实时收听，享受随时随地的自由。更有意义的是，还可以将自己制作的声音节目上传到网上与广大网友分享。就像博客颠覆了被动接受文字信息的方式一样，播客颠覆了被动收听广播的方式，使听众成为主动参与者。此外，播客还可以为人们提供快捷、方便、有效的互动。

播客技术能在发表文本信息的基础上，传播视频、音频、Flash 动画等多媒体资源，也可以提供 Power Point 文档、网络课件等连接下载，其中尤其以音、视频的传播交流、交互为特色。

播客通过互联网将多媒体文件传送给计算机，将新的情节自动地传送到订户的个人计算机上，需要的人可随时检查和手动下载可利用的内容。播客文件能被转换成数字音频，

使人能在任何地方、任何时候收听。从教育和学习观点来看,播客有潜力给予学习者更多的控制,使他们能够在希望的时间和地点进行学习。

学习者下载播客后可以使用移动设备随时听。学习者收听播客通常是在非生产或无所事事的时候,例如,在开车或乘坐公共交通工具时。其他使用播客的原因包括:年轻的学习者认为它的流动信息和通信技术可以成为社会上的一种流行形式;它可以鼓励学习中的协作;它能迎合有听觉学习风格的学习者的需要。

播客也是教师开展移动教学的普遍形式。教学者可以通过播客技术,利用各种视频、音频编辑软件加工各种教学素材,在生动、形象的环境中,激发学习者的学习兴趣和热情,使教学产生更好的效果。教学者可以利用播客技术中的 E-mail 网址功能,将自己的 E-mail 与播客相连。这样,学习者在学习过程中遇到困难可以及时向教学者求助,教学者则可通过小组面板直接回答或向小组成员发布指导意见和建议,使师生之间的互动更加完善和高效。

播客技术的实时性可使学习者随时登录播客,针对自己的薄弱环节开展学习,并将自己的疑问向教学者反馈,学习者的问题可随时得到解决,学习者的成就感会增加,学习的动机会明显增强,学习的态度也会进一步端正,形成良性循环,使学习者的学习主动化。

在理论上,播客能为学习者提供学习经验的支持。从研究结果中发现,学习者在使用了播客后觉得他们获得了好处,96%的学习者说播客提高了他们的学习能力,89%的学习者认为播客使他们学会了有效地参与。就灵活学习来说,96%的学习者喜欢在他们自己的时间中利用播客进行学习。

2. 3G 技术

所谓 3G(3rd Generation),中文含义就是指第三代移动通信。第三代移动通信系统(3G)可以提供前两代产品不能提供的各种宽带信息业务,例如高速数据、图像与电视图像等。其传输速率高达 2Mbit/s,带宽可达 5MHz 以上。第三代移动通信与前两代的主要区别是在传输声音和数据的速度上的提升,它能够处理图像、音乐、视频流等多种媒体信息,提供包括网页浏览、电话会议、电子商务等多种信息服务,有通信多任务、实时化、个性化、多媒体化的特点。

3G 能实现全球覆盖,具有全球漫游能力,与固定网络相兼容,并用小型便携式终端设备在任何时间、任何地点实现移动中数据交互、实时连接,为 M-learning 提供了网络支持。要在通信网络上真正实现生动的交互式教学,就不能缺少大量文字、图像、声音、动画和视频。由于第二代移动通信速度较低,一般只能以短信息的形式通过移动网与互联网通信。而短消息的教育方式只适用于通信数据小,简单文字描述的教学活动。"一幅画能顶千句话"的古语在数字世界中得到了很好的体现,教学不可能只通过文字来进行。

随着 W-CDMA、CDMA2000 和 TDS-CDMA 三大主流 3G 无线接口标准通信协议的推出,我国已经进入了 3G 时代。移动通信的速度大大增强,使用手机就可以代替个人电脑,在这样的条件下,在计算机中应用的文字、图片、音频、视频等多媒体信息都能通过无线网络轻松地传递。3G 通过有效地利用宽频带还可处理真实的动态图像。这些新应用的出现与灵便的智能终端(如 PDA 手机)相整合,毋庸置疑地为丰富多彩的移动学习提供了展示舞台。

二、随时随地学习 (U-learning)

(一) U-learning 的概念

U-learning(Ubiquitous-learning)可译作泛在学习、全能学习、随时随地学习等。广义上讲,学习本身是泛在(无处不在)的。首先,学习的发生无处不在。其次,学习的需求无处不在。第三,学习的资源无处不在。然而,无处不在的学习并不一定能无处不在地得到支持,并不一定能无处不在地产生相应的学习效果。从狭义的角度来理解,U-learning 是指泛在计算技术支持下的学习。泛在计算技术在人类学习中的应用,最重要的就是为学习构建一个泛在学习平台或环境。当然,在 U-learning 环境的构建过程中,泛在计算技术并不一定只是单一的外围支持角色,它也可能是一种认知工具,或者扮演学习伙伴,或者是直接的学习目标。

就 U-learning 的本质特点来说,它是以人为中心,以学习任务为焦点的学习。技术可以支持学习,但不应该干扰学习。目前,当学习者使用互联网作为一种学习工具时,学习者首先需要掌握相关的技术知识,虽然这些技术、技能可能跟当前的学习任务没有必然的联系,但事实上无形中增加了学习者的认知负担,并且很容易使学习者产生挫折感,分散学习者的注意力。

然而在 U-learning 的环境下,学习是一种自然或自发的行为。学习者可以积极主动地进行学习。学习者所关注的将是学习任务／目标本身,而不是外围的学习工具或环境因素。技术对人而言,会是一种外围角色,甚至不用让学习者注意到。技术的服务功能实际上是增强了,但可视性被减弱了。技术会成为一种自然存在,不再增加学习者的认知负担。这样,学习者就可以更顺利、更自然地将注意力集中到学习任务本身,而不是技术环境。U-learning意味着任何人在任何地方、任何时间都可能获取自己需要的学习信息和学习支持,从而轻松地完成学习任务。

(二) U-learning 的特点

U-learning 具有如下几个主要特点。

(1) 永久性(Permanency):学习者不会失去学习成果,除非他们故意删除。另外,所有的学习过程,都会被不间断地记录下来。

(2) 可获取性(Accessibility):学习者可以在任何地方、任何时间导入他们所需要的文档、数据和视频等等各种学习信息。这些信息的提供是基于学习者自身需求的,因此,学习是一种自我导向的过程。

(3) 即时性(Immediacy):不管学习者在哪里,都可以即时地获取信息。因此学习者可以迅速地解决问题,或者他们可以记录问题,并在事后寻找答案。

(4) 交互性(Interactivity):学习者可以同步或异步地与专家、教学者或学习伙伴进行交互。因此,专家成为一种更易接近的资源,而知识也可以得到更有效的利用。

(5) 教学行为的场景性(Situating of Instructional Activities):学习可以融入学习者的日常生活中。学习者所遇到的问题或所需的知识可以以自然有效的方式被呈现出来。这会帮助学习者更好地注意问题情境的特点。

（三）U-learning 的优势

与 M-learning 比较，U-learning 主要具备两个优势。

一个优势是具有泛在性。学习者可以在任何地方、任何时间接入文档、数据和视频学习信息，进行自我导向的学习。不管学习者在哪里，如果遇到学习上的困难都可即时或事后寻找答案。因此，U-learning 将可能成为一种主要以问题为学习导向的成人终身教育新模式。

另一个优势是计算设备便携先进。尽管当前的 M-learning 具有方便快捷的学习特点，但是信息传输速率还是非常低，计算设备的输入方式和显示设备都存在着较大的局限性，在很多情况下，M-learning 设备成为干扰或者影响学习的工具。学习者必须花费大量的时间和精力首先来学习如何使用 M-learning 设备，以及面对移动设备随时可能遇到的计算问题、存储问题或者显示和输入问题等。在泛在网络里，学习可以融入学习者的日常生活。学习者遇到的问题或所需的知识可以自然有效的方式呈现出来。泛在计算代表着高速运算、高速传输交互和高级智能系统等未来先进技术的集合，泛在计算提供的学习条件正好能解决当前 M-learning 遇到的这些问题。

第五节　其他 e-learning 新理念

一、按需学习

随着企业 e-learning 的开展及人们进一步学习的需要，按需学习将成为企业 e-learning 的一个趋势。按需学习（Learning On Demend，LOD），意味着所有的数字学习资产（课程、参考资料、档案、文件、演示）可以被按需获取——只要需要就可以获取。它融合了培训的课程驱动方式和网上绩效支持。企业要真正地实现按需学习，可以从内容搜索、专家栏目、个性内容、播客技术、最终应用几个方面来满足人们个性化学习的需要。

（一）内容搜索

强大的搜索能力和技术使学员能够通过图书馆搜索课件、模拟试验、现场重放、书籍、参考资料、预定活动、小组讨论等等。如果实施得当，这些搜索将带来学习产品的分类清单，并按照相关性和内容类型进行分类。

如果学员有 5 分钟学习时间，可以选择看短片模拟，如果需要即时回答则可以浏览帮助文件。如果学员有 15 分钟学习时间，学员可以选择参加一个短暂的课程。这种按需学习模式可以满足当今大部分知识工作者（销售人员、服务代表、工程师、专业人士、经理、行政人员）的需求，如果整合得好的话，就可以取代许多正规培训课程的学习。

这种按需学习解决方案的关键是需要一个"联合搜寻"。当一个人寻找一个问题的解决方案时，他可以看到一个结果列表，其中包括组织中分为不同类型的所有资产。单纯的 LMS 系统难以执行这样一项联合搜索，除非将所有的内容装入到一个学习内容管理系统中。国内有些公司已经开始构建这些解决方案,常常和 IT 以及知识管理系统整合。

(二)专家栏目

按需学习要求找到合适的人来回答问题或者为一个项目提供帮助,这可以通过在线专家栏目来解决。这些栏目往往由人力资源组织主办,允许员工在其中展示自己的能力、兴趣、可用性和他们首选的联系专家。这些专家可以和正式学习资源一起,通过门户网站进行发布。

学习者可以制定他们的搜索标准。从某种意义来说,每一位员工都是在线专家栏目中某些方面的"专家",可供学习者搜索。如 IBM 公司的业务咨询中,整个公司的所有员工都被列入了在线专家栏目,并要求他们与业务咨询部门保持联系和交流信息。

(三)个性内容

按需学习的另外一个要素是让内容主动找到需要者。有一个简单的新技术——真正简易聚合(RSS)(详见第三章第二节相关内容),这个技术最初是让用户"订阅"切合自身需求的信息。一旦用户订阅了一个类别的内容,这些内容就会自动出现在他们的"新闻阅读器"中——可能是电子邮件、移动设备,或是他们访问的一个网页。

RSS 是一个简单的基于 Web 的技术,这项技术广泛提供给任何 IT 部门或网络开发商。使用 RSS 技术的学习者可以使新的学习产品和事件自动传送到他们的个人电脑中。每当有新的文章、发展信息、程序,或学习产品的时候,就可以迅速看到,这实际上也符合学习者的需要。RSS 以达到"学习者正好需要的"方式来帮助他们完成工作。

(四)播客技术

当把 RSS 技术和以 MP3(音乐或语音)为基础的内容整合在一起时,就有了所谓的播客(详见本章第四节)。播客是一个功能强大的学习辅助工具,可以分发资料和名人讯息(例如总裁的一个讲话)、音频教程等等。

(五)最终应用

电信业有"最后一公里"这个概念:电缆把通信网络带进组织和家庭。从学习技术到最终应用也有一个类似的问题:组织怎么让学习者通过最后一公里达到应用这个学习目标呢?

一个办法是使用自然语言处理办法,让用户能够在提出一个问题后,立即让搜索引擎找到的这个问题的相关内容,来回答用户的这个问题。这样,就能实现按需学习,立即应用,解决了最后一公里问题。例如,最新出现的搜索引擎 Wolframalpha(简称 WA),据说其功能将超过 Google。

搜索工具可以越来越接近组织想要的答案,同时人脑在搜索结果中浏览并选择最优答案,最后选择最需要的学习对象。随着时间的推移,由于搜索工具和 XML 标注等技术更加成熟,信息和技能最后一公里的问题将会以更好更新的办法得到最好的解决。"培训"越来越被淡化,而"学习"则越来越被强化,企业 e-learning 将更好地帮助实现按需学习。

新智能搜索引擎挑战 Google 老大地位

2009-05-20 14:48 来源：广州日报

据新华社电，一种能够回答具体问题的搜索引擎 18 日正式登场。有观点认为它可能终结谷歌的搜索引擎老大地位，但也有人认为它实力并不够。

这一名为 Wolframalpha（简称 WA）的搜索引擎由英国科学家斯蒂芬·沃尔弗拉姆和他的团队开发。与常见搜索引擎不同的是，WA 系统自带 10 万亿条信息的数据库，还存有 5 万多种算法和模型，能对需要搜索的内容进行计算，给出具体答案而不是提供相关链接。普通搜索引擎只提供网络上存在的内容，而这种新引擎能通过计算，给出以前没有出现过的答案。

例如，如果使用者在搜索框中输入：委内瑞拉的首都是哪儿？得到的答案不仅仅是加拉加斯，还包括地图、城市人口、现在的当地时间、天气实况等一系列数据。如果在谷歌输入同样内容，返回的结果是超过 3 000 万个网页链接。又比如，如果输入：巴黎哪一天能看到下一次日全食？网站会给出答案：2090 年 9 月 23 日。

沃尔弗拉姆以"计算型知识引擎"来形容这一产品。他希望这项新技术能给人们在网络上查阅资料的方式带来变化。在现今搜索引擎市场，谷歌公司占据着超过 60% 的份额，但同时也遭到业内同行挑战。WA 就被认为可能会打破谷歌搜索引擎的优势。

二、商业智能

企业信息化系统未来可能只包括几个关键的信息化系统，例如，以人为核心的人才管理系统；以资源和流程管理为核心的 ERP 系统等。这些企业信息化子系统高度成熟后，企业便开始进入更为高级的信息整合阶段，即商业智能（Business Intelligence，BI，参见本书第三章第一节）应用阶段。商业智能通常被理解为将企业中现有的数据转化为知识，帮助企业做出明智的业务经营决策的工具。从某种意义上来说，商业智能应用阶段是 IT 应用于企业管理的一种最高境界，目前还没有一个企业能够完全达到这个层次。但是，商业智能应用阶段可以为企业信息化发展指明发展方向和目标。商业智能应用阶段中组织的学习将发生如下变化：

（一）嵌入式学习的实现

学习管理已经延伸到各业务系统中，工作与学习高度集成，学习被"嵌入"到工作之中，基于工作经验的学习能够被有效管理。

（二）按需学习的实现

学习者能够根据工作中的需要，快速找到最合适的学习资源，并能够运用最恰当的学习方法和策略,快速完成学习过程。

(三) 与知识管理的融合

学习与知识管理不再分开,成熟的学习和知识管理系统能够快速、高效地支持组织内部的知识、经验扩散。

(四) 达成高效率的学习型组织

人尽其才,组织与个人和谐发展,组织已经发展成为高效率的学习型组织。

上述这些特点都是学习所能达到的最高境界。尽管企业很难从整体发展上达到这个阶段,但仍然可以从某一局部达到这个阶段的某些目标。例如,IBM 公司在一些学习项目上开始尝试嵌入式学习和支持业务创新的学习,并取得相当大的成功。埃森哲公司在学习与知识管理的融合上也有相当成功的经验。

三、内容革新

什么是好的 e-learning 内容? 好的 e-learning 课程最重要的是能达到学习和培训的目标和成本效益。根据业内专家的经验,有以下几个方向:

(一) 小即是美(Bite-sized)

制作 e-learning 内容的成本与其长度有一个直接的关系,学时越长,成本越高。不过,学时越长课件的吸引力越小,一般人是很难集中精神在电脑前面完成一个数小时课件的。反之,小件学习(Bite-sized Learning)更加切题和更具针对性。企业应该在课程设计方面,奉行"小即是美"的原则,在适当的时候把一些小课件推向(Push)有需要的学员,达到即时学习(Just-in-time Learning)的效果。

(二) 游戏元素(Game-based)

游戏是吸引学员的一个很好方法,若课程设计能寓教于乐,肯定会更容易被学员接受,提高他们完成课程的兴趣。不过,加入游戏的元素一般会提高课件的制作成本,不能滥用,因为太多的游戏元素有时会喧宾夺主。

(三) 实况模拟(Simulation)

在 e-learning 中加插实况模拟,使学员有亲临其境的感受,实践边做边学的学习模式(Learning By Doing)是一个非常奏效的方法。不论是模拟实际操作的情况或是重现一些参考案例,都能令学员直接参与,加深印象,使学习更有效率。

(四) 多渠道(Multiple Channel)

e-learning 中的"e"并不意味着 e-learning 仅限于在网络上进行,更不应把 e-learning 看成一个网上的 CBT 课件。要更有效地推行 e-learning,应该考虑其他渠道和手法。电子邮件、手机、DVD 和电视都是一些可行的渠道。小件学习和多渠道的发放将会是未来 e-learning 的一大趋势。

四、游戏化学习(G-learning)

游戏化学习是一种新型的学习方式,学习者在游戏的情境中进行探索和学习,从而习得知识、技能和情感体验,实现学习目标。利用网络游戏来模拟实践学习的过程是一种新的学习方法,即 G-learning。G-learning 是利用严肃游戏进行学习的方式,能让员工在游戏中学习,在游戏中成长。

在游戏情境中,学习者可以享受游戏精神,感受游戏乐趣,并获得游戏成果。根据荷兰学者胡伊青加(Huizinga)的解释,所谓的游戏精神是一种自由和和谐,即游戏者在游戏中能享受主客观世界的和谐,而不必过多地承受来自现实世界的压力,学习者能公平自由地选择参与游戏,而不必受强制和压迫。游戏乐趣主要是指游戏者根据游戏规则,体验到游戏活动的趣味性、挑战性和刺激性,即通过参与游戏而体验到的一种令身心愉悦的感受。游戏成果是指游戏者在游戏过程中获得的鼓励、赞美和肯定,这些成果具体地表现为取得某个胜利、赢得某个奖品、获得某种头衔。如果学习过程能像在游戏过程一样,享受一种自由和谐的学习精神,感受到学习的乐趣,取得学习成果,那么学习也会像游戏一样充满吸引力。

游戏化学习一般具备两个特点。第一个特点是"游戏化",如果没有这个修饰语,游戏化学习便不复存在。具体而言,"游戏化"就是强调学习过程的趣味性,而这正是游戏化学习的价值所在。它能增强学习者的动机,使学习过程变成轻松的旅程,使学习者乐于学习。第二个特点就是"教育性","学习"是游戏化学习的核心所在,"教育"是教育游戏的重要前提。如果没有教育和学习,那么,剩下的就只有游戏,只有玩乐。教育和学习应该是游戏化学习的两翼,缺一不可。

游戏化学习优于其他学习方式的亮点在于利用趣味性能全面激发学习者的原始动机,进而促进学习者的学习。但必须清楚这种动机并不是基于自身的内在驱动,而只是一种外部动机的刺激,它的持久性是令人担心的。当然,若学习者是儿童的话,游戏化学习显然是大有作为的。而为较大年龄的学习者研究游戏化学习是应当慎重考虑的,应该更加注重游戏情景与现实情景比较接近。

游戏化学习有很多的应用。比如,实习医生诊断病人的过程,如果通过实地授课来进行培训,要花很长的时间。但是如果通过模拟游戏来进行培训,就非常方便。不但只花很短的时间,而且可以进行不断的尝试,加深对每个步骤的记忆,比在课堂进行一次培训的效果好很多。游戏化学习目前最热门也是最著名的例子就是美国的 Second Life 游戏中的哈佛学堂(参见本书第四章相关介绍),国内也已经有很多企业进行了游戏化学习的探索,比如,安利中国等。

思考与展望

1. e-learning 与电子商务的结合要点是什么？

2. ICT 如何促进和支持了 e-learning 的发展？

3. e-learning 可以为 SSME 的研究提供什么样的佐证？

4. 为什么人们热衷于在网络上进行"偷菜"类游戏，而不愿意进行对自身有益的学习？人类天性爱游戏吗？如何将学习与游戏更好地结合起来？

5. 从 e-learning 到 M-learning、U-learning，新名词不断出现，可以预测下一个有关 learning 的名词吗？e-learning 之后的下一个学习热潮是什么？

6. 为紧跟人类知识和学习发展的步伐，e-learning 之后我们可以做什么？是类似史前先哲追随心灵的内省，还是需要继续借助科技的力量？

第十一章　e-learning 实施案例选编

本章选取金融、通信、零售等几个在中国实施 e-learning 的代表企业进行案例介绍,既有大型企业集团,也有快速发展的中小型企业。这些企业在 e-learning 方面的实施与探索表明企业是一个重视员工学习和人才培养、着力打造学习型组织的企业,在这里进行经验总结,有利于增强这些企业内部实施和应用 e-learning 的信心。同时更重要的是通过案例观察,梳理现有发展中的 e-learning 实战经验,结合不同企业的经验进行点评和分析,让读者看到 e-learning 在中国现实的使用全貌,读者可以对照自己企业在实施应用 e-learning 中的得失,进行系统而深入的总结,从而指导将来 e-learning 的使用。

第一节　中国平安 e-learning 实施案例

一、中国平安及 e-learning 概况

中国平安保险(集团)股份有限公司(简称"中国平安")是中国第一家以保险为核心的,融证券、信托、银行、资产管理、企业年金等多元金融业务为一体的紧密、高效、多元的综合金融服务集团。公司成立于 1988 年,总部位于深圳。2004 年 6 月和 2007 年 3 月,公司先后在香港联合交易所主板及上海证券交易所上市,居于国际大型金融保险机构行列。

中国平安通过旗下各专业子公司共为超过 4 000 万名个人客户及约 200 万名公司客户提供了保险保障、投资理财等各项金融服务。集团拥有约 35.6 万名寿险销售人员及 8.3 万余名正式雇员,各级各类分支机构及营销服务部门 3 000 多个。2008 年 1 月 1 日至 2008 年 12 月 31 日,按照中国会计准则,集团实现总收入为人民币 1 398.03 亿元,净利润为人民币 8.73 亿元。从保费收入来衡量,平安人寿为中国第二大寿险公司,平安产险为中国第三大产险公司。

中国平安的 e-learning 建设概况如下:

(1) 与 HR 系统实时接口的 LMS。

(2) 学习时数累计 353 997 小时。

(3) 在线学习完成 211 790 门次。

(4) 自制专业网络课程近 500 门。

二、e-learning 的项目背景

(一) 高标准的企业大学建设提供 e-learning 硬件基础

2006 年中国平安保险(集团)股份有限公司投资将近 7 亿元人民币在深圳建成平安金融培训学院,一切设施按照四星级酒店建设。教室功能按照国际一流商学院的标准设计,多媒体教学系统、会议系统均采用最先进的设备,可实现课件实时化制作、教室间互动、同声传译、卫星双向视频会议等多项功能。同时在上海设立了培训分院,在全国 35 个省会城市都有自己的培训中心。

平安金融培训学院的概况如下:

(1) 占地 20 万平方米,容纳 3 000 人。

(2) 9 洞高尔夫球场及练习场、游泳池、网球场、健体设施。

(3) 酒店客房 490 间。

(4) 图书馆 1500 平方米,220 个阅读席位。

(5) 实体图书逾万册,期刊逾百种。

(6) 100 个固定网络接口和无线网络覆盖。

(7) 电子图书馆上百万册电子图书和报纸杂志。

(二) 先进的培训理念是 e-learning 实施的前提

中国平安认为,在企业培训的价值链中,有三个最重要的要素:第一个是客户,第二个是产品,第三个是渠道。客户就是培训的对象,平安金融培训学院的培训对象是 8 万名员工,30 万名营销员。平安金融培训学院的产品是指课程。怎样的课程才能满足客户的需要?需要把培训学院当成企业一样来经营,去了解客户的需求,观察客户在工作过程中、在发展中存在什么的问题,然后有针对性地去做全球的课程采购。有了产品,有了客户之后,还有一个重要因素就是培训传递的渠道。

平安金融培训学院有两个重要的培训传递渠道,它们是面对面的培训和 e-learning。在面对面的培训方面,中国平安有自己的培训学院和培训中心,在县级市这样的三级机构里都有自己的培训教室。另一个更重要的培训传递渠道就是 e-learning 平台。

(三) 业务增长的需要是 e-learning 实施的现实要求

中国平安业务版图不断扩张,人员增长迅速,且分布在全国各地。中国平安的综合金融战略要求员工"一专多能",传统面授培训已满足不了日益增长的培训需求。尽管中国平安培训体系拥有近千人的专职教师,上万人的兼职教师,但如何才能让员工得到更有针对性的培训?这促使公司搭建平安网络学习平台,大力发展 e-learning,将平安金融培训学院送达每一位员工的办公电脑,推动全员技能一致化。

三、e-learning 的导入过程

中国平安 e-learning 的建设接近 10 年时间,其间充满了艰辛的探索过程。

（一）尝试期：2000 年到 2001 年

2000 年的时候，中国平安开始规划自己的企业大学，做规划时就已经提出要实施 e-learning。那时 e-learning 还只是一个概念，管理者还不知道 e-learning 该怎么做。但公司已经实现无纸化办公，每个管理人员每天必须守在电脑前去处理业务数据，处理所有的管理工作，所以管理高层提出所有管理人员，包括分布在全国各地的几千名管理人员，几百名高层管理人员，必须要做网上培训。虽然还不知道 e-learning 的内容在哪里，但知道那是未来一定要走的路。2001 年中国平安成立企业大学筹备中心做的第一个采购项目就是 e-learning，从 SkillSoft 引进了 60 个 e-learning 课件，把网络课程的学习和员工的绩效考核联系起来，把课程交给各个主管，让主管对下属员工进行绩效考核，然后再指定部门的某个员工要学什么样的课程。这第一次的尝试起到了很好的效果。

（二）摸索期：2002 年到 2004 年

平安金融培训学院的管理者希望让更多的人参加网络学习，开始自主研发系统，以使这个系统能够覆盖所有参加培训的员工。这期间自主研发的系统上线课程覆盖到了所有的员工，同时开始尝试网络考试和规划培训管理系统，考虑怎么管理 20 万人的营销队伍，1 万多人的兼职教师队伍以及巨额的培训费用。在规划培训管理系统的两年中，系统曾经获得过金融教育发展基金会的优秀管理系统奖。

（三）提升期：2005 年至今

提升期是中国平安 e-learning 发展的第三个阶段。这个阶段很重要的一个标志是自主研发的 e-learning 系统已经不能满足业务发展的需要。2006 年，平安金融培训学院提出了三年发展计划，以适应中国平安未来的发展。但是 e-learning 的技术平台是瓶颈，在此情况下引进了 Oracle 的 e-learning 系统，2007 年末开始大力推动网络学习和内部专业网络课程制作，随着中国平安的发展，e-learning 让更多员工得到更有针对性的培训，整体效果越来越好。

四、e-learning 的实施推广

（一）e-learning 的策略制定

平安金融培训学院配合公司的发展战略，给 e-learning 制定了五年发展规划，与企业目标环环相扣，解决企业战略实施过程中对人才、知识需求问题。近期目标是：由业务部门作为主导，根据新产品、新政策等培训需求准备相关素材，e-learning 部门利用快速课件制作工具生成网络课程，通过内部管理系统向指定人群配送，达到快速、准确传达的目的，促进业务发展。

（二）e-learning 紧密配合培训

在知识经济时代，知识来源丰富并且更新速度极快，但是知识怎样和企业的发展产生

联动,变成对企业发展有价值的东西,这是一个问题。现在的员工,特别是优秀企业的员工,都已经是高学历、高知识的群体,但是这种高知识的群体怎样在企业里发挥自身价值,有一个转化的过程,也需要建立一种能够帮助实现这种转换的媒介。企业培训机制就是完成这个转换的平台,包括 e-learning 学习平台。

企业人才的培训是一个系统工程,培训只是其中一个很小的环节,而且人才的成长受培训管控的因素非常少,培训不是万能的。在中国平安,员工在两个阶段必须进行培训。一个阶段是新员工入职时,另一个阶段是员工被提升前后。新员工入职之前所接受的培训包括面授,也包括用 e-learning 方式进行的培训,时限可以是三个月、六个月,最长可达到十二个月。管理人员在晋升之前和晋升之后都要进行培训。除此之外,中国平安还有和职业生涯发展、绩效考评联系在一起的培训,并且有一套员工培训标准,直属上司会告诉员工哪些方面需要加强。

(三) e-learning 中的"过桥论"

中国平安关于员工培训有一个著名的"人才过桥论",而 e-learning 建设同样遵循"过桥论"。中国平安的理念是:"我们不但可以摸着石头过河,我们还可以架桥过河!"架桥,即建立质量上乘的企业大学,包括 e-learning 网上大学。

(1) 有"桥"先过"桥"——直接引进现有资源:有书的先用书,配合网络考试检测学习效果。直接引进市场上领先的通用型网络课程。中国平安学习平台现有 170 门通用网络课程,可直接学习。

(2) 没"桥"快修"简易桥"——自制"简易网络课程":业务急需,市场无资源,用"短、平、快"方式自制课程,例如,新产品推广、销售经验分享、政策宣导、新系统推广、业务答疑。平安金融培训学院具备基础的制作能力,已制作近 500 门专业网络课程。

(3) 逐步打造"高品质的桥"——定制"高品质网络课程"和建立网络课程体系:建设内容稳定,传承度高的专业性课程。选择优质供应商定制高品质课程。建立了网络课程体系、网络认证体系等来充实培训体系。

(四) 课程发布与选购

平安金融培训学院每年初发布包括学院的课程和各个专业系列的课程,由各个主管与员工进行绩效成绩情况的面谈后,再与他们一起制定学习计划,并且把这个学习计划导入到平台系统中,由这个系统来支持后期排课的安排和学习记录的管理,同时把学院开发的课程送到中国平安的每一个机构。

中国平安选购平台和课件会优先考虑国际上行业领先的供应商。现在已开始建立自己的案例库,以便依靠专业技能做网上的演练。

五、e-learning 对公司的影响

实施 e-learning 后对企业来说,培训时间、成本的节约是显而易见的,更重要的是时效性和传达准确性大大提高,对于业务遍布全国的中国平安来说,这一点尤其重要。

实施 e-learning 对员工而言,也有更多的机会可以接受专业方面的培训,对个人的发

展、绩效达成都有很好的促进作用。

中国平安的 e-learning 学习文化已经建立，也逐渐成为员工的自觉行动。有希望能够以综合金融服务为导向对员工的能力进行管理，并为他们制订学习计划。

六、经验与启发

中国平安实施 e-learning 取得如下经验与启发。

(一)公司管理层的支持

高层领导的重视和对 e-learning 的认可、支持非常重要，只有管理层真正意识到它对公司的价值，才会坚定地支持 e-learning 的发展。推动 e-learning 需要从高级管理人员开始，然后逐层往下。当高层管理人员认识到 e-learning 很好的时候，他会给员工指定学习课程。公司管理层非常认可和支持电子化学习，并作为表率主动使用，已形成网络学习的文化。

(二)每一分钱都要有回报

平安金融培训学院在 e-learning 的使用上规划得非常详细，体现在每一个 e-learning 项目在投入使用前的明确定位和实施过程中的严格管理。每一门课程都是一个小流程，员工学习的每门课程都要和他的业绩挂钩，看看是否学以致用。平安金融培训学院会与人事客户代表联系，也会与员工的直属主管联系，调查一下授课情况和效果评估。培训不是一天两天能够完成的，要长期跟踪监控效果。

中国平安 e-learning 的成功与董事长马明哲对 e-learning 的认识和重视分不开，他对平安金融培训学院提出要求时说："平安金融培训学院要发挥作用，80％的功能和效果是在 e-learning，它让更多的人得到更及时和更个性化、更有针对性的培训和教育，从长远来看，它的成本更低，整体效果更好，它应该成为我们教育和培训的主力和支柱。"

(三)在企业文化土壤中成长

e-learning 应该既是硬件又是软件，硬件指课程，软件指文化。只有这样，中国平安培养出来的人才更能适合中国平安。企业培训体系的建立和发展一定要与企业文化相连才能够为企业带来长久的价值。企业培训可以促进企业文化的传播，同时也要建立在企业文化之上才能够成长。2006 年 5 月，中国的保险监管机构——中国保监会，在中国平安举办了中国保险公司治理培训班，会后保监会评价中国平安"很规范，很多东西至少领先行业十年"。这些成绩的取得都与中国平安的企业文化息息相关。它所积淀下来的企业文化是它继续发展的源泉，也是平安金融培训学院和中国平安 e-learning 网上大学发展的源泉。

(四)关于课件制作

在启动内部课件制作的初期，培训部门为了发掘需求，向业务部门调查、征询课程制作项目，但业务部门在不了解课程对业务推动的价值情况下都不上报课程。学院发现这个问题后改变了策略，采用直接向业务部门领导推荐课程，通过体验会的形式，展示课程制作技术和效果，让他们了解课程可以解决业务前线新产品、新政策、新流程宣导的准确性、时效性等问题,从而激发业务部门强烈的需求,使课程制作量激增。

(五)与员工的个人发展结合

中国平安将员工的个人发展与管理与 e-learning 学习结合起来,一方面可以根据员工的发展水平和岗位要求进行课程针对性配送,另一方面可以根据员工学习情况促进个人职业生涯发展进程。在线学习和绩效管理是挂钩的,实行末位淘汰,员工学习 e-learning 的动力非常强。

案例来源:根据中国平安金融培训学院提供的资料整理。

第二节 中国电信集团公司 e-learning 实施案例

一、中国电信集团公司及 e-learning 概况

中国电信集团公司成立于 2002 年,是我国特大型国有通信企业,连续多年入选"世界500 强企业",主要经营固定电话、移动通信、互联网接入及应用等综合信息服务。截至 2008年底,拥有固定电话用户 2.14 亿户,移动电话用户 3 544 万户,宽带用户 4 718 万户,集团公司总资产 6 322 亿元,全年业务收入超过 2 200 亿元,人员 67 万人。公司自 2004 年以来连续四年被国务院国资委评为 A 级绩优企业,被《财富》、《亚洲财经》、《欧洲货币》、《资本杂志》等评为"全球最受赞赏公司"、"亚洲最佳固网电信公司"、"中国杰出电信企业",获中国区最佳管理最佳企业治理、最佳股息承诺、最佳投资者关系、最令人信服企业策略等奖项。

中国电信集团公司在全国 31 个省(市、自治区)、香港、澳门和美洲、欧洲等地设有分支机构,拥有覆盖全国城乡、通达世界各地的"我的 e 家"、"天翼"、"号码百事通"、"互联星空"等知名品牌,具备电信全业务、多产品融合的服务能力和渠道体系。公司下属"中国电信股份有限公司"和"中国通信服务股份有限公司"两大控股上市公司,形成了主业和辅业双股份的运营架构,中国电信股份有限公司于 2002 年在中国香港、美国纽约上市,中国通信服务股份有限公司于 2006 年在香港上市。

中国电信学院位于上海信息园区的中部,面向集团全体员工,传播企业文化、宣传贯彻企业战略、统一员工理念、推动企业转型变革。目前已建成并投入使用的 B16 地块 a、b 两幢楼总建筑面积为 27 704 平方米,分为教学楼和公寓楼两个单体。教学楼内设有智能化办公系统、教学声像系统、可视会议系统、同声传译系统等一流设施。公寓楼内客房配套设施完备,共设有客房 220 套。规划中的 B17 地块分为公寓楼和综合文体中心两个单体,综合文体中心将提供游泳、羽毛球、乒乓球、健身等文体设施。

作为中国电信的 e-learning 实施平台,中国电信网上大学已走过近六年历程。今天,中国电信网上大学已经是国内较为成熟并被广泛应用的 e-learning 平台,并成为所有电信员工学习和工作的助手。现阶段,中国电信各级公司的培训管理与实施工作全部通过网上大学进行,据统计,2008 年中国电信主业员工的在线学习率达到 100%。95% 以上的培训管理人员认为网上大学确实对培训管理工作水平的提升起到重大作用。

中国电信集团公司的 e-learning 概况如下（数据截至 2009 年 5 月 31 日）：

（1）注册用户超过 40 万人。

（2）学习人数超过 39 万人。

（3）累计学习时长超过 1.1 亿小时。

（4）各专业电子课件 5 300 余门。

（5）在线考试 12 053 场。

（6）日登录人次数 6 万～7 万人次。

二、e-learning 的实施

e-learning 在中国电信的发展可分为四个阶段：推广认知阶段、普及应用阶段、深化应用阶段和创新应用阶段，各阶段都有不同的影响 e-learning 推动的阻力。

（一）推广认知阶段：2004 年 3 月到 2005 年 3 月

在推广认知阶段中国电信网上大学刚刚起步，员工尚处在从"不知"到"知"的过程。这个阶段，公司从有效宣传、组织试用、制度建设等多方面入手，某些分公司甚至采用考核等手段，力争先让员工了解 e-learning 这个新生事物的存在，为后来的大规模应用打下基础。

（二）普及应用阶段：2005 年 4 月到 2007 年 4 月

这个阶段虽然各级公司如火如荼地推广和应用网上大学，但公司业绩指标带来的压力导致部分领导和员工都无法把较多的时间投入培训。此外，企业 IT 系统给员工或管理人员带来的太多困扰也是一个棘手问题。这时，推动应用的工作重点转向把握时机，使 e-learning 强有力地渗透集团重要战略的宣传贯彻过程。2005 年，公司根据集团转型战略第一时间开发了课件，及时组织大规模转型与精确管理在线培训。短短一周，学习此课程的人数就突破 3 万人，为快速传播企业战略做出重要贡献。同样的实例还存在于一些新技术新业务推广过程中。与此同时，引入了 ISO10015 质量管理体系，规范与完善了系统的培训管理功能，使之成为集团各级公司培训管理流程的实施工具，让培训管理工作者切身体会到系统给培训管理工作带来的好处。

IT 系统太多且互相不联通的问题不是能一步到位迅速解决的问题，必须正确处理 e-learning 与 OA、EHR、KM、绩效管理等人力资源相关信息化系统之间的关系。规划如何更为有效地整合各个系统是一直在逐步尝试的工作。EHR 与 e-learning 系统的互通已经在部分省级公司进行试点。

（三）深化应用阶段：2007 年 5 月到 2008 年 9 月

这段时期大部分省级公司已经自发在 e-learning 部分功能和应用上深入挖掘，并取得很好成绩。但平台的持续吸引力不够成为各省反馈上来的焦点问题，这包括人机界面和内容两方面的问题。在解决人机界面问题的过程中，借助增强易用性、以客户为中心设计互动、及时宣传与引导新功能运用等手段优化用户体验，吸引用户使用。内容方面，主推"资源牌"，在内容运营上不仅全开放共享了所有资源，更强化了知识筛选、知识包装和知识推荐的一条龙服务。实践证明,知识全共享和推荐推送机制对提升 e-learning 吸引力功不可没。

(四)创新应用阶段:2008 年 10 月至今

该阶段从深化应用阶段摸索着进入,现在仍停留在创新应用的起点上。在此期间公司投入大量精力进行 e-learning 前瞻性研究,以及适合企业的下一步 e-learning 解决方案研究。值得去做的事很多,但可用于 e-learning 发展的资金有限。同时,在人手紧缺的情况下,日常运营工作和 e-learning 应用研究工作的矛盾凸显出来。为解决这两个问题,公司首先制订了 e-learning 开发与应用的三年规划,把平台功能、培训内容与可提供服务的开发做了周密部署,充分评估每一项工作的投资回报,聚焦高价值重点项目,为资金的重点投入设计目标。同时发展更多合作伙伴与外包队伍,逐渐把服务与支撑工作以及部分先进功能研发工作等外包给专业化程度更高的供应商,并通过各种规章制度与监督体系管理这些供应商,从而提高 e-learning 整体运作能力与效率。

另一方面,中国电信 e-leaning 平台因其丰富的用户资源及巨大的使用量,吸引了诸多专业公司或部门在平台基础上开发出更多的应用,推动学习与知识管理平台逐步向"学习管理+知识门户+能力发展中心+学习媒体信息发布中心"的多元化综合学习系统发展。在创新应用阶段,平台推出了"天翼大讲堂"高端专家在线讲座系列、"添翼振翅"在线访谈互动培训系列、"对话发展"高层领导与基层员工在线对话系列、"歌颂祖国,展我风采"员工才艺展示大赛、"天翼展翅"案例点评大赛、移动互联网业务维护技能竞赛等内容丰富、形式多样的学习活动,整合使用视频点播、互动直播、在线课堂等工具、结合平台已有功能,为员工的学习生活、企业的学习管理开创出多姿多彩的天地。

三、经验与启发

通过坚持不懈的工作,中国电信的 e-learning 应用在每个阶段均取得不同的收获。

推广认知和普及应用阶段,e-learning 在快速宣传贯彻企业战略、共享与组织目标相关的培训资源、解决工学矛盾方面表现出明显优势。

深化应用阶段,e-learning 已经获得多数人的认可,并逐步转化了用户的学习习惯。这个阶段,在规范培训管理、建立电子培训档案、实现高效培训评估与统计、建立灵活的日常岗位技能认证机制等工作中,e-learning 平台日益成为培训管理人员的助理。

在创新应用阶段,e-learning 在协助用户开拓新型培训与教研活动、搭建员工能力提升的学习交流平台方面已经起到积极作用。它所提供的获取知识的技术手段,支持企业内生经验得到快速复制与积累。

案例来源:选编于夏冰《从应用到价值延伸:中国电信的 e-learning 之路》,载于《培训》,2009 年 4 月。

第三节　多样屋 e-learning 实施案例

一、多样屋概况与 e-learning 项目动机

（一）多样屋概况

多样屋生活用品（上海）有限公司（简称：多样屋）是一家从事幸福产业的连锁时尚家居品牌运营商，经过 11 年的发展，多样屋的门店覆盖了全国 30 个省市自治区的 160 多个城市，在全国拥有 400 多家门店，3 000 多万用户，业务网络遍及上海、华东、东北、华北、西北、西南、华南、华中八大区域，并在上海、北京、深圳设有三大物流配送中心。随着企业的不断发展，多样屋旗下拥有了 TAYAHYA、SPlus、SUSAN'S GARDEN 三大自有品牌及阿原肥皂、CRISTEL 两大代理品牌。

（二）e-learning 项目动机

多样屋的 e-learning 自 2007 年底上线以来，深受广大员工欢迎，平均每天上线时间超过 2.5 小时，学习内容涉及 27 个模块，学习记录超过 18 000 次。

多样屋实施 e-learning 关键的驱动因素如下：

（1）经营网点多。

（2）辐射地域广。

（3）业务线长。

（4）培训实力不强。

（5）领导层的意识强。

多样屋的管理层非常重视员工的发展和团队的学习。结合多样屋的经营模式和企业理念，创建学习型组织一直是企业领导层关注的领域。

随着多样屋的不断发展和壮大，品牌效应的日趋扩大，如何保证多样屋品牌实现"零缺陷复制"，将总部的各类知识、信息、管理、专业技能等迅速准确地传递给全国的终端门店及员工成为一个严峻的挑战。

据此，管理层希望借助 e-learning，改变点多、面广、业务线长培训复杂的现状，实现共同成长的目标。

二、e-learning 导入策略

多样屋经过多方的考察和研究比对，针对现有公司发展的需求与管理层的战略方向，决定利用适合多样屋的 e-learning 网上教学平台来帮助多样屋成立"多样屋学习发展中心"。在甄选 e-learning 网上教学平台的过程中，公司从解决方案、服务模式、费用成本、行业影响力、成效口碑等诸多方面进行了考量，本着务实的态度为多样屋选择了一个最优化

的平台供应商。

同时公司结合本企业的战略发展规划和现有资源，制定了 e-learning 发展的长期和近期目标。

（一）长期目标

从长远发展看，企业的发展需要不断积累和不断传播，多样屋员工需要一个持续发展、分享学习的良性成长环境。门店和员工分散是零售连锁的一大特点，在教育、训导、培养员工的过程中更需要有标准化、可复制、可迅速传播的模式来支持企业的长期战略。因此，公司不但针对上海地区大力推进 e-learning 项目，更对全国其他地区进行广泛的 e-learning 普及。

随着多样屋业务的不断发展，在线学习平台将成为多样屋的企业资源库及重要学习工具，为实现跨地域的教育训练及资源管理打好基础。人力资源和培训部门结合员工的实际情况，对企业及员工关注的课程进行分析，对管理层的指导思想进行转化，对课程的完整性和多样性进行创新，逐步推进长期目标的实现。

（二）近期目标

e-learning 发展近期目标是：按照 e-learning 构建的模块和课程架构，定期地更新和完善课程及其他资源，保持 e-learning 与企业发展的同步性，保证全国的多样屋人随时随地可以参与学习。通过组织考试和增添论坛互动讨论，促进员工的学习和分享。并加强线上线下学习、培训、交流等内容的联动，最大限度地推进和提升平台的使用效益。

三、e-learning 的实施与推广

（一）将企业状况与员工需要紧密结合

任何一个学习项目的成功实施都离不开与企业自身状况的有机结合，多样屋在推进的过程中把 e-learning 的功能与公司培训考试、资源积累、员工学习等诸多需求相结合，在构建好的构架中添加规范的资源模块。首先对自身的人员结构、部门结构、岗位结构、知识结构、学习方式、学习时间等因素进行分析，以员工学习成长为本开展 e-learning 项目的实施。并结合年度培训计划，针对新、老员工及不同部门、职级的员工进行差别化课程、考试设计。不定期通过公司的信息平台、各种会议宣传和引导员工参与 e-learning 平台的学习，做到人人能学习，人人爱学习。

（二）实施中的困难解决

e-learning 在资源上传、更新、维护及软硬件故障等方面都遇到困难，公司主要采取线上线下责任到人的方式设定平台管理员，根据不同的角色开放不同的权限，保证平台使用不混乱。并且结合事先约定好的规范进行上传、更新、维护，保证平台资源及时更新。针对硬件故障，IT 部门会第一时间响应，在无法解决的情况下及时联络平台服务商，迅速解决问题，保证平台持续稳定地运行。

（三）积极进行在线考试

与此同时公司积极组织员工运用 e-learning 进行在线考试，不但提高了学习成效，也降低了考试成本。在 e-learning 的使用过程中，通过不同渠道汇总学习资源，针对公司不同部门、区域、工作职能等属性进行细化分类。不但积累了大量的数据，而且使 e-learning 平台成为了"零缺陷复制"的有效工具，使遍布全国的多样屋人与公司紧密相连，共同学习，分享进步。

四、e-learning 对公司的影响

e-learning 项目对公司的发展有如下帮助：

（1）促进学习。使全国各地的员工更方便、快捷地看到公司最新、最全的学习课程和信息资讯，多元化的课程形式使员工更容易学习，学习不受时间、地点的限制。

（2）节约成本。在线课程、在线考试的推出使培训成本大大降低，原来次区域培训以面授的方式进行，通过把相关培训内容制作成线上视频、音频、图文类的课程之后，分支机构既可以组织区域内的培训，又可以组织员工自行上线学习，使人工成本、时间成本、物料成本等培训成本大大降低。

（3）改善习惯。通过在线学习，使员工有了更多的渠道可以进行学习，上线率的增加充分体现出员工的学习积极性，每天 24 小时开放的学习环境，使员工可以自由轻松地获取更多知识和资讯。配合考核激励机制，使员工逐渐养成了好的学习意识和学习习惯，大大提升了员工自身的竞争力。

（4）提高效率。通过在线学习的方式使员工可以更多地利用零散的时间进行学习，减少了集中学习、集中培训、集中考试在同一时间段内的资源浪费。缩短了组织培训和组织考试的周期，学习效率得以提升。

（5）宣导文化。通过建立学习平台，让员工在更方便地进行学习的同时也将企业以人为本关注员工成长的理念传递到了全国各地，每一名员工都可以享受企业为其精心准备的学习、培训、考试资源。并通过不断的宣导和传播，让员工对企业有更深刻的认识，无形中加强了团队的向心力。

五、经验与启发

（1）获取管理层支持。向管理层展现学习平台的成果，并加强与管理层的互动，将网络学习的新思路、新模式、新成效、新的增长点与管理层交流，阶段性地提升和调整网络平台发展的方向和重点。

（2）获取员工的支持。通过线上、线下问卷调查和对学习报告等数据的分析，获取员工对学习的需求，并及时开发制作适合员工需求的课程，选择合适的课程表现形式。

（3）课程多元化。从学习资源发展的角度，不断开发更多更新的学习课程，并采用更多新颖高效的学习呈现方式，结合线上线下的互动，加大 e-learning 学习与传统学习的交互性和互补性，营造轻松学习的氛围。

（4）学习平台普及。针对全国范围扩大学习平台的使用范围。与各分支机构协力，共同推进终端门店及基层员工对学习平台的使用。

（5）引导及考评。定期进行员工学习的引导及考核，督促员工养成好的学习习惯和学习意识。

（6）加强硬件及网络建设。结合网络平台的发展、课程资源的增加、在线呈现形式的创新、用户需求的变化、访问量的变化等因素适时地对硬件及网络平台进行升级和更新，以适应企业发展的需求。

案例来源：据多样屋生活用品（上海）有限公司人力资源部采访提供资料整理。

第四节　复星集团星之健身俱乐部 e-learning 实施案例

一、星之健身俱乐部概况与 e-learning 导入动机

（一）星之健身俱乐部概况

复星集团星之健身俱乐部有限公司（简称星之健身俱乐部）是一家专业从事各类休闲体育项目经营、专业休闲健身场所管理的企业，由复星集团投资。通过与国内外诸多体育、保健、美容、教育、餐饮等行业品牌和企业达成双赢合作，迄今已成功地与上海各级企事业单位，及多家世界五百强企业形成了稳固的合作关系，举办了多球联赛、白领健身大赛、瑜美人大赛、企业运动联谊会等一系列丰富多彩的活动，并以瑜伽话剧、小橘灯表演队等创新形式，充分展示和体验着运动健康的快乐，正在迅速发展成为拥有星健投资管理有限公司、星之健身俱乐部、齐乐动动网、瑜伽健身会所、星锐体育文化传播公司等多个事业体的休闲体育产业集团。

（二）e-learning 导入动机

培训最突出的特点是要配合企业的整体战略，为战略服务。如何通过培训让星之健身俱乐部的员工学会更为职业的工作态度和工作方法，成为适应健康行业激励竞争需求的职业化人才，是摆在星之健身俱乐部面前的重要任务，也是团队能否迅速适应现有的发展变化和发展速度的关键。

作为一个服务网点遍布上海以及周边城市的健康连锁机构，星之健身俱乐部以往对销售以及服务人员的培训是采用文件学习或集中培训的方式。虽然这种方式传递信息的速度很快，传递的成本也可控，但是并不能有效地进行后续培训转化。此外，公司经常安排公司职业经理人外出听课，但是经理在外部参加的学习并不能有效转化为组织的学习。

从公司、部门到员工，对培训都抱着一种积极支持的态度。在培训理念提升的同时，也发现销售培训历来采用的是团队主管传帮带的方式，常常出现各个门店由于经理帮带的方式和理念不同，对业绩会产生不同的影响，同时也会对优秀销售人员的保有率产生影响。

培训对企业发展和员工成长的帮助是不言而喻的,公司面临的是门店分散、业务增长迅速、人员集中困难以及原有的培训体系建设有待完善等困难,开展培训工作有一定难度。e-learning 是一个非常适合企业培训需求的工具和系统,但是关键要找到让 e-learning 发挥最大作用的培训实施方法。

二、e-learning 的实施

公司战略部门和人力资源部门在公司开展了读书会和 e-learning 的策划,开展了星之健身俱乐部销售团队的 e-learning 培训。

由于星之健身俱乐部初涉 e-learning 培训方式,因此在供应商的选择上偏向选择已经开发成熟的通用课程以及操作方便、易于被学员接受的学习管理平台,所以 ASP(应用服务提供商)提供的服务成为当仁不让的首选。在实施上公司将学习管理平台的应用和企业知识的传承相结合,与培训内容的整合相结合,并将学员的学习考核与企业绩效考核相挂钩。

经过对星之健身俱乐部销售团队各层级的调研和数据分析,星之健身俱乐部对 e-learning课程和学习方式进行了设计。课程主要选择通用课程供应商的内容,并且要求该课程采用 Flash 形式呈现,区别于三分屏的视频类课程,这样占用带宽资源少,保证学习时公司网络的通畅。此外,这类课程内包含的人机互动、状态测试、对话案例、情景模拟等教学设计,符合以学习者为中心的理念以及成人学习的特点,易于激发学员的学习乐趣。

鉴于技能培训的特性,销售培训采用混合培训来进行。目的在于通过态度-知识-演练-技能的循环,把员工的行为从意识向潜意识迁移,保证培训效果的最终实现。e-learning 培训主要过程如下:

(1)课程导入:公司领导和部门主管分别向销售人员做课程宣导,激发学习热情。强调销售团队在整个公司的重要作用,而目前销售人员的知识和技能滞后,无法满足工作的需要,所以必须通过学习相关知识,提高销售水平,提升客户服务能力,打造高绩效团队。

(2)在线学习:按照培训需求设计的 e-learning 课程模块和培训计划的时间安排,学员一个星期完成一个模块学习,并完成课程的单元测试和模拟测试,在掌握知识的层面上进行思考和学习。

(3)团队巩固:包括主管授课、团队讨论和角色扮演的研讨模块以及基于岗位的实践行动和反馈。研讨模块主要专注于团队之间互相研讨,有针对性地将在线学习课程中的内容转化为基于本公司的问题和解决方案。实践行动则将学习后行动方案化作具体工作中的行动,并由主管在下一次的研讨模块中提出反馈。

三、经验与启发

星之健身俱乐部将该项 e-learning 混合培训命名为星之健身俱乐部骑兵项目,该项目主旨为建设销售梯队以及甄选优秀销售职业经理人和销售人员。骑兵项目现在已经固化为星之健身俱乐部自有的课程体系,每年定期开展。

星之健身俱乐部骑兵项目实施过程顺利,培训逐步达成了预期的期望。由于采用了态度—知识—演练—技能的循环,并将学习与绩效考核及激励机制联系起来,员工的学习与企业目标得以匹配,员工的能力得以不断提升。现在培训部门已经尝到了这一类似行动学习法的培训项目的好处,因此开始不断采取措施推动 e-learning 的推广。

案例来源:选编于连云驰《复星集团的星之骑兵计划》载于《培训》,2008 年 10 月。

第五节　广东移动 U-learning

近年来随着 e-learning 的深入应用以及 M-learning、Web2.0 等新兴学习技术的兴起,人们开始对信息技术辅助学习有了新的思考。目前,一种不受时空限制、可整合更多学习技术并具有更先进的学习理念的模式——U-learning 开始浮出水面,并倍受关注。

U-learning,即 Ubiquitous-learning,泛指无处不在的学习。U-learning 在中国企业的实践和运用时间不长,其中最突出的案例就是中国移动广东公司。广东移动 U-learning 项目的实施开创了 U-learning 在中国企业中应用的先例。

一、公司情况介绍

中国移动通信集团广东有限公司(简称广东移动)隶属于中国移动通信集团公司,是中国移动通信集团有限公司在广东设立的全资子公司。1987 年 11 月最早开通了第一台移动电话,首开我国移动电话的先河。1995 年,公司最早开通了 GSM 数字移动通信服务,并先后最早在国内提供了移动互联网业务、GPRS 业务和 EDGE 等最新的移动通信服务。

广东移动网络人口覆盖率 99.24%,城区 99.71%,国道覆盖率 99.80%,城区主要道路覆盖率超过 99.71%,高速公路实现 100%全面覆盖,三星级以上酒店、电梯和地下车库等重要场所实现了 100%覆盖。目前,公司网络容量、客户数、业务收入、净利润指标分别占据中国移动公司的 1/6、1/6、1/5 和 1/4,连续 5 年为广东省第一纳税大户。

二、实施 U-learning 的动因

从内部因素来看,广东移动在内部培训上与国内同类企业面临着同样的问题,即培训及时性不够、培训资源利用不足、培训覆盖面有限、重培训、轻学习以及学习资源的重复投资等等。

从外部因素来看,广东移动身处信息技术飞速发展的知识经济时代,新的学习方式、学习技术层出不穷,特别是广东移动作为国内省级移动通讯运营服务商的领头羊,如何利用自身优势在企业内部培训中更好地发挥移动学习(M-learning)与电子化学习(e-learning)的价值,已经成为摆在广东移动培训部门面前的新课题。

广东移动 U-learning 在概念上包含了两层含义。首先,在理念与文化层面上,广东移动领导层十分看重营造适合企业的先进的学习理念和文化,良好的学习文化可有效指导、统一教育培训工作。为此,广东移动培训学院借鉴了 IBM 公司倡导的"随需应变的学习"理

念,提出了适合广东移动的学习理念,即 U-learning "无处不在的学习"。U-learning 代表了广东移动的学习理念和文化。其次,在实施应用层面,U-learning 是一套先进的学习管理系统,U-learning 系统是一套开放学习管理架构,不仅可以管理 e-learning,同时可以支持对 M-learning、面授培训、混合式学习、非正式学习等多种学习模式的管理,其模块化和可扩展性还支持各种未来新的学习模式。

三、U-learning 的导入

(一)成立联合课题小组

U-learning 项目首先面临的是战略定位的问题,U-learning 是否就等同于 e-learning?与 M-learning、面授培训等又有怎样的关系? 在广东移动内如何架构能够体现 U-learning 先进性的学习体系? 很多问题都不仅仅是广东移动内部的问题,而是在整个业内多年来悬而未决,甚至广存争议的问题。广东移动培训学院在经过充分考虑后决定选择后者,随即启动 U-learning 战略规划咨询项目,在全国范围内广邀专家,成立 U-learning 联合课题小组,集中攻关、积极推进。据了解,广东移动是国内首家实施 e-learning 战略规划咨询的企业。

(二)确定适合的新学习架构

坚持"三思而后行"原则,联合项目小组通过对企业内部组织结构、人员特征、学习需求等方面进行了综合调研,同时对国内外相关的最佳实践进行深入研究和分析。随着对项目的深入思考,一个个难题逐一突破,最终,项目组平衡了阶段需求与前瞻性,确定了适合广东移动的新学习架构——U-learning。在该战略定位下,联合项目组制定了清晰的 U-learning 建设与推广目标,并有条不紊地开始进入实施应用阶段。

(三)定位超越 e-learning 的战略

广东移动 U-learning 项目缘起于 e-learning。实际上,广东移动的 e-learning 应用并不落后,各地市分公司几乎都已经实施和应用 e-learning,省公司也陆续推出了知识管理系统、培训管理系统、博客系统等 e-learning 相关系统,甚至各专业线条也已经充分利用信息化学习手段推进日常业务。然而,广东移动所面临的问题,是如何建立一套统一、规范的学习管理系统,让学习更为有效地服务广东移动的战略目标。因此,广东移动 U-learning 项目虽缘起 e-learning,但注定要超越 e-learning,也唯有站在组织学习的高度,U-learning 项目才能起到有效整合和推进的作用。

广东移动将 U-learning 的目标定位在 e-learning 成熟度的第三阶段——企业级学习阶段(成熟度模型参见《培训》杂志 2007 年 11 月和本书第八章第二节有关内容)。该阶段的特征是超越 e-learning,全面考虑组织内各种学习资源与学习方式的管理,重点应用混合式学习模式,并为进入全面的人才管理阶段做好准备。

四、U-learning 的实施

(一) 在技术体系上建立了企业级学习管理系统

为了实现 U-learning 战略目标,广东移动需要建立起能够支撑战略目标的技术体系。然而,问题是市面上 e-learning 服务商所提供的多是非企业级的学习管理系统,不能很好支持混合式学习、移动学习等模式,无法满足 U-learning 战略需要。国外的学习管理系统,虽然能够支持企业级学习,但在满足广东移动个性化需求上不够灵活。

经过慎重考虑,广东移动采取了逐步升级 e-learning 平台的策略。在原有 e-learning 平台基础上分期改造,逐步实现既能满足广东移动个性化需求,又具备企业级学习管理系统的特点。目前,广东移动 U-learning 系统已经能够支持混合学习、辅助面授培训,并实现单点统一登录、学习积分整合等个性化功能。未来,U-learning 系统将进行 Web2.0 等技术升级,U-learning 系统将与公司内更多学习相关系统实现内容关联与聚合,最终 U-learning 系统将发展成为广东移动员工智能化学习门户。

(二) 在内容建设上建立全面课程质量管理体系

U-learning 学习管理系统上线后,广东移动 U-learning 项目重点开始转移到内容规划与建设上。以往,广东移动在内容开发上缺乏统一规划,各地市公司缺乏沟通,没有标准的流程规范,开发的课件既难以控制质量又无法实现有效的资源共享。U-learning 项目的内容规划与建设首要目标就是要建立和实施全面的课程质量管理体系。U-learning 课程质量管理体系主要包括课程开发流程规范和课程质量标准两个部分。

U-learning 课程开发流程规范不仅适用于在线学习课件,也适用于面授课程、教师课件开发等其他形式的课程开发。U-learning 课程开发流程规范以国际通用的 ADDIE 教学设计流程为参考,并结合广东移动项目管理特点而开发的。特别是在 ADDIE(参见本书第六章第二节)的实施导入和评估环节中,加入了学习方案活动设计规范。这样做的好处是针对在线课程开发项目立项时,可充分考虑实施推广过程中的细节,避免课件开发上线后与推广执行脱节。根据广东移动课程开发以往的经验,课程开发的风险控制十分重要,流程控制上稍有疏忽,课程开发项目就有失败的危险。U-learning 课程开发流程规范将风险控制在内容设计、脚本设计以及原型设计三个重要阶段中,每个阶段设计了验收标准,如没有达到验收标准便无法进入下一个阶段,从而有效地控制了课程开发风险。

U-learning 课程质量标准主要针对在线课程设计。广东移动确定了四种在线课程建设方式,分别是外包开发、自主开发、合作开发与直接采购。为了控制课程质量,广东移动成立了虚拟的 U-learning 课程质量专家小组,任何形式的课程在进入 U-learning 学习管理系统之前,均需要专家小组的评审。课程评审主要依据 U-learning 课程质量标准。质量标准共分为教学内容、教学设计、界面设计与技术规范四大类十六个指标,只有满足评审要求的课程才能够进入 U-learning 课程库。U-learning 课程质量标准的贯彻和实施有效保证了上线课程质量。

五、经验与启发

(一)应用行动学习法推进

很多实施 e-learning 的企业都有这样的困惑,即从 e-learning 项目的立项、实施到推广,往往需要培训部门、人力资源部门、技术部门以及各业务部门多方人员参与,共同协力推进才能取得效果。然而,不同类型人员能够形成一致性认识并非简单的事情,有时即便是项目组内部也很难达到认识上的统一。广东移动在 U-learning 项目实施上也是如此,直到广东移动培训学院创造性地将行动学习法落实应用在 U-learning 项目推动上,这种局面才真正得以突破。

行动学习法(Action Learning)是将具有不同技能和经验的人,组合成一个团队,分析解决某一实际工作问题,或执行一项具体行动方案的过程。行动学习法发展至今已有几十年时间,是一种成熟、系统化的解决问题的方法。广东移动培训学院将 U-learning 项目引入到行动学习标准流程之中,经过成立小组、分析问题、汇讲问题、问题重组、确立目标、制定战略、采取行动等规范化步骤,有效地推动了 U-learning 项目的执行,特别是在项目组达成统一认识上,起到了决定性的作用。行动学习法在项目中的应用大大加快了广东移动 U-learning 项目的推进过程。

(二)制定阶段性推进策略

广东移动 U-learning 项目在完成初期的实施阶段任务后,便进入持续性的运营阶段。广东移动培训学院清楚地认识到,仅仅拥有先进的学习管理系统以及优质的内容并不能取得成功。学习者上线率、课程上线数量也不能作为衡量 U-learning 项目是否成功的主要标准。唯有确保每一个运行在 U-learning 系统之上的学习项目的成功,才能作为 U-learning 是否成功的标准。在确立 U-learning 成功标准的指导方针后,广东移动培训学院为 U-learning 的推动制定了长期的阶段性推进策略,通过在不同时期实施的独立的、有针对性的学习项目,来持续推进 U-learning,并通过对每个项目的评估,来衡量 U-learning 的投资回报率(ROI)。

广东移动培训学院面临的一个挑战是如何确定 U-learning 学习项目及推广方法。培训学院通过充分的研讨,确定了推广的策略与原则。

首先,培训学院扭转了自身角色,从仅提供培训职能向提供学习服务职能延伸。针对广东移动全省范围内深入的用户分析,分别从组织结构、功能结构和群体结构三个维度,对广东移动 U-learning 潜在用户从人员特征、工作特征、对功能的需求等多方面进行综合分析。最终找出不同机构、不同组织对于学习的需求点,并依据学习者特点找到最适合的学习方式。同时,培训学院将 U-learning 与培训学院多年形成的培训积分机制相结合,形成积分互通、互换的机制,激励学习者通过多种方式学习。

其次,广东移动培训学院广泛吸取业内的先进经验,对国内外成功的电子化学习项目进行了系统的分类与分析,分别从应用领域、技术创新、内容创新、模式创新、推广创新以及联合应用六个方面对业内案例进行分析,借鉴和学习对广东移动适用性强、价值高的项目。

最后,广东移动培训学院确定了以季度为单位的重点项目推广计划以及以更短时间为周期的常规性项目推进计划。初期以培训学院推动为主，逐步形成学习项目推动模板、规范，并将推动方法传递给各业务部门，最终使业务部门实现基于 U-learning 的独立应用。

（三）用 M-learning 打造移动专家

广东移动作为全国最大的省级移动运营服务商，在移动增值业务的应用推广上一直走在全国同行的前列。M-learning（移动化）学习是广东移动推广的增值业务之一，特别是在作为 3G 业务试点单位，广东移动十分重视 M-learning 在 3G 网的应用。作为面向企业内部的 U-learning，考虑更多的是如何利用身处移动通信服务行业的自身优势，在企业内部推广 M-learning。广东移动培训学院在 U-Learning 的推广中，提出了用移动学习打造移动专家的口号，加速 M-learning 在组织内部的应用。

目前，已经有两个学习项目通过 M-learning 方式在广东移动内部全面展开。其一是旨在提升管理者综合管理能力的"移动管理前沿"学习项目。"移动管理前沿"每周精选一篇管理文章，通过彩信的方式发送到管理者手机上。管理者每周都能够收到一篇短小精悍、图文并茂的文章，这种方式深受管理者欢迎。目前，广东移动正在开发 M-learning 与 U-learning 系统之间的接口，未来，"移动管理前沿"在保持原有特点的同时，还会向学习者推荐与内容相关的在线课程，学习者直接点击即可进入学习管理系统学习更多的在线课程。

广东移动推行的另一个 M-learning 项目是"手机万花筒"移动学习频道，学习频道以精选的视频课程和广东移动最新的视频讲座为主。新的视频课程和讲座通过短信的方式通知员工，员工可随时打开手机进入移动学习频道，即可学习清晰、流畅的视频课程。随着 3G 运营网络的开通，广东移动将在 M-learning 上推出更多丰富的学习内容，使任何员工都可以选择使用电脑终端或手机来学习某一内容，真正实现广东移动无处不在的学习。

六、发展计划

在广东移动，也许并不是每个员工都知道 U-learning 项目的宏伟计划和目标，但是每个员工都能感觉到新的学习模式不断更新、新的学习体验不断尝试。U-learning 项目已经走向正轨，"E 课件制作大赛"、"新员工混合培训"、"移动管理前沿"等学习项目正在有条不紊地开展之中。培训学院计划一至二年借助 U-learning 项目的深入推广，完成从培训到学习的转型，建立起完善的企业学习体系。同时着手进行能力与发展体系规划，建立起基于能力模型的学习体系和学习资源库，为广东移动进入全面的人才管理阶段做好充分的准备工作。

案例来源：

选编于秦宇《U-learning：让学习无处不在》，载于《培训》，2008 年 9 月。

参 考 文 献

[1] 郑世良. e-learning 的整体特征分析. http://www.edu.cn/20020110/3016982.shtml

[2] 程智. 对网络教育概念的探讨. 电化教育研究,2003,(7)

[3] Vaughan Waller, Jim Wilson. Open Learning Today. British Association for Open Learning, 2001, (58)

[4] Waller. V. & Wilson. J. Open Learning Today Accessed May 2004. http://www.baol.co.uk/PDF/OLT/Issue%2058/wilson.pdf

[5] 甘永成. 虚拟学习社区中的知识建构和集体智慧研究——以知识管理与 e-learning 结合的视角. 华东师范大学博士论文,2004,(4)

[6] 何克抗. e-learning 的本质——信息技术与学科课程的整合. 电化教育研究,2002,(1)

[7] e-learning 概述. http://www.anystudy.cn/e-learning/Learning.aspx? LearningID=1379275b-0c8d-4d56-a466-1b92f4b9f4e4

[8] 祝智庭. 网络教育技术标准研究概况. 开放教育研究,2001,(4)

[9] 关于 AICC、SCORM 和 LMS. http://www.iscorm.cn/post/86.html

[10] 余胜泉,俞晖. 可共享内容对象参考模型研究. 现代远程教育研究,2003,(1)

[11] 孙迪. IMS 学习设计规范及其实践. 中国电化教育,2006,(6)

[12] 企业 e-learning 市场现况与发展趋势. http://www.kmcenter.org/html/s81/200901/15-6672.html

[13] 欧洲远程教育与电子学习的发展趋势. http://www.kmcenter.org/html/s81/200611/07-3985.html

[14] 他山之石:德、日、韩 e-learning v.s. U-learning 应用分享. http://www.itmag.org.tw/magazine/article_single_588.htm

[15] Desmond Keegan. 远距离教育基础. 丁新等译. 北京:中央广播电视大学出版社,1996

[16] Desmond Keegan. 远距离教育理论原理. 丁新等译. 北京:中央广播电视大学出版社,1999

[17] John R. Bourne. Net-Learning:Strategies for On-Campus and Off-Campus Network-enabled Leaning. Journal of Asynchronous Learning Networks,1998

[18] 林丽霞,陈斌. 试析现代远程教育、网络教育与 e-learning. 广州广播电视大学学报,2007,(7)

[19] 祝智庭,钟志贤. 现代教育技术——促进多元智能发展. 上海:华东师范大学出版社,2003

[20] 李炯,黄艳. 组织需要什么样的 e-learning. 培训,2009,(4)

[21] 夏巍峰,郑天坤. 高校网络教育带给企业 e-learning 启示. 中国远程教育资讯,2008,(11)

[22] 王桂玲. LMS/LCMS 相关概念简介. 在线教育资讯, http://www.online-edu.org/index.php? action/viewnews/itemid/3872/page/1/php/1

[23] 《2008 年度中国企业信息化 500 强调查报告》发布. http://www2.cas.cn/html/Dir/2009/04/30/16/31/91.htm

[24] 需求旺盛, 中国中小企业的信息化发展缺失. http://cio.ciw.com.cn/cio01/20071101102419.shtml

[25] 信息化:现代金融服务的命脉——我国金融业信息化发展现状与趋势调查报告. http://blog.ce.cn/html/46/136046—208003.html

[26] 关于中国企业文化建设现状的基本判断及其入世后的对策. http://www.wccep.com/Html/200411114154—1.html

[27] 陈国权. 学习型组织的过程模型、本质特征和设计原则. 中国管理科学, 2002, (8) 86—94

[28] (美国)彼得·圣吉等. 第五项修炼. 王秋海等译. 北京:东方出版社, 2006

[29] 张声雄. 学习型组织理论概述. 中国人才, 2003, (2). 18~19

[30] 现代学习型组织的趋势和特点. http://www.sasac.gov.cn/n1180/n2429527/n2438790/4543455.html.

[31] Molenda. M. In Search of the Elusive ADDIE Model. www.indiana.edu/~molpage/In%20Search%20of%20Elusive%20ADDIE.pdf

[32] 柯清超, 李克东. 企业数字化学习的理论与实践研究——企业数字化学习体系的构建与案例分析, 中国电化教育, 2008, (2)

[33] 曹晓明, 何克抗. 学习设计和学习管理系统的新发展. 现代教育技术, 2006, 16(4)

[34] 陈曦, 朱晶. 结合开源 LMS 初探 e-learning 的发展, 考试周刊, 2008, (15)

[35] CEC 企业网校. http://www.anystudy.cn/

[36] 企业培训部门面临的挑战. 中华硕博网, http://www.china-b.com/jyzy/rsgl/20090318/1051611_1.html

[37] 祝智庭, 孟琦. 远程教育中的混合学习. 中国远程教育, 2003, (19)

[38] Margaret Driscoll. Blended Learning: Let's get beyond the hype. http://elearning-mag.com/ltimagazine/article/articleDetail.jsp? id=11755. 2006

[39] Michael Orey. Definition of Blended learning. http://mikeorey.myweb.uga.edu/blendedLearning/. 2006

[40] 张利兵. Blended Learning 理论研究及其支持系统开发. 华中师范大学硕士论文, 2005 年 5 月

[41] 田世生, 傅钢善. Blended Learning 初步研究. 电化教育研究, 2004, (7)

[42] 周华杰, 陈静娴. Blended Learning 把教学要素融合. 现代教学, 2004, (11)

[43] 王元彬. 混合式学习的设计与应用研究. 山东:山东师范大学出版社, 2006

[44] 何克抗. 从混合式学习看教育技术理论的新发展(上). 中国电化教育, 2004, (3)

[45] 企业培训常用的 8 种方法. http://esoftbank.com.cn/wz/61_2075.html

[46] 石敏. 通过混合式培训提高销售人员绩效. 培训, 2008, (10)

[47] e-learning 思考之二——应用问题. http://www.online-edu.org/index.php/15919/

viewspace—10701

[48] 黄荣怀,马丁,郑兰琴,张海森.基于混合式学习的课程设计理论.电化教育研究,2009,(1)

[49] 张琴珠,淘丽莎.企业培训中的混合式学习设计研究.华东师范大学硕士论文,2008 年 5 月

[50] 王元彬,张从善.混合式学习的设计与应用研究.山东师范大学硕士论文,2006 年 4 月

[51] (美)尼克·范·达姆.电子化学习实战攻略.上海:上海远东出版社,2006 年 6 月

[52] 李德升.知识管理概观.http:www.chinaeis.com/viewarticle.asp?articleid=343

[53] 刘省权,项国雄.知识管理与 e-learning 的整合发展研究.现代教育技术,2004,(4)

[54] 廖开际,李志宏,刘勇.知识管理原理与应用.北京:清华大学出版社,2007

[55] 刘峰.CSDN 博客.http://blog.csdn.net/wishfly/archive/2008/07/17/2663776.aspx

[56] 何清,史忠植.知识的增值:知识发现与知识管理.计算机世界,2003,(5)

[57] 陈建军.企业知识管理系统架构研究.科技进步与对策,2009,(3)

[58] 甘永成,王炜.虚拟学习社区多重内涵之解析与研究.现代远程教育研究,2005,(5)

[59] 张江山,鲁平.视频会议系统及其应用.北京邮电大学出版社,2002

[60] 吴志军,马兰,沈笑云.Visual C++视频会议开发技术与实例.北京:人民邮电出版社,2006

[61] 求是科技.Visual C++音视频编解码技术及实践.北京:人民邮电出版社,2006

[62] 李鸣华.面向远程教育的智能虚拟教室的设计.中国电化教育,2008,(6).97—101

[63] 张小群,申耀新.两类虚拟教室整合技术与应用的研究.现代教育技术,2009,(5)

[64] 朱莉.虚拟现实技术在多媒体课件开发中的应用.电脑知识与技术,2009,(3)

[65] 胡小强.虚拟现实技术与应用.北京:高等教育出版社,2004

[66] 征宇.虚拟现实技术的教育应用模式.芜湖职业技术学院学报,2008,10(2)

[67] 徐素霞,马文婕.虚拟现实技术及其在远程教学中的应用.教育技术导刊,2006,2(2)

[68] 李艳红.虚拟教室为核心的远程教育平台的研究与实现.重庆大学工程硕士学位论文,2006 年 10 月

[69] 丁兴富.远程教育学.北京:北京师范大学出版社,2001

[70] 祝智庭,王陆著.网络教育应用.北京:北京师范大学出版社,2004

[71] 钱小龙,邹霞.试论虚拟学习环境的整体实现.教育信息化,2004,(12)

[72] 冯秀琪等.网络环境中的交互学习.中国电化教育,2003,(8)

[73] 何瑾,薄芙丽,刘润华.基于 ASP 技术的网络远程教学系统的设计.中国电化教育,2004,(7)

[74] 李宗花.基于 Web 的虚拟教室设计研究与开发实践.2005,(4)

[75] 祝智庭.教育信息化与教育改革.http://www.etc.edu.cn/articledigest11/infor-mation-education.htm

[76] 张军伟,丁刚,闵登中.构建基于网络资源的学习环境.http://www.vschool.net.cn/english/gccce2002/lunwen/gccceshort/5.doc

[77] 郭飞飞,杨城根,王荣泰,马群.虚拟教室.http://218.22.0.27/lunwen/D145.HTML

[78] 李欣.面向远程教育应用的"视频化虚拟教室"设计.电化教育研究,2008,(8)

[79] 王丽君,刘凤娟.虚拟教室的开发与应用初探.中国现代教育装备,2007,(1)

[80] ZJ. RTP 与 RTCP 协议介绍. Blog, http://zhangjunhd. blog. 51cto. com/06−11−17

[81] 蒋爱权.流媒体技术的 Java 实现.计算机应用研究,2002,(10)

[82] 吴国勇.网络视频流媒体技术与应用.北京:北京邮电大学出版社,2001

[83] 王荼生.教育测量理论在网络考试系统中的应用.华中师范大学硕士学位论文,2007 年 10 月

[84] 包佃清.基于 IRT 分布式网络考试系统的设计与实现.苏州大学硕士学位论文,2007 年 10 月

[85] 李青.联机考试系统的研究与实现.南京师范大学硕士学位论文,2002 年 3 月

[86] 何健雄.基于 J2EE 的网络考试系统设计与开发.成都:电子科技大学硕士学位论文, 2006 年 10 月

[87] 李丽.基于 Agent 的考试系统的研究与设计.河北工业大学硕士学位论文,2007 年 11 月

[88] 彭纪良.面向企业培训的网上考试系统的设计与实现.湖南大学工程硕士学位论文, 2006 年 10 月

[89] 金世伟,李一军.怎样评价信息化效能.企业管理,2004,(10)

[90] 徐刚. e-learning 市场将会爆炸式增长.中国远程教育,2003,(4)

[91] 胡炎平.企业 e-learning 的应用实施和体系建设研究.中国科学技术信息研究所硕士学位论文,2006 年 7 月

[92] 秦宇.从学习管理到人才管理——e-learning 实施应用成熟度模型解析.培训,2008, (1)

[93] 秦宇,夏冰.企业学习信息化白皮书.中国电信学院、在线教育资讯联合发布,2009

[94] 连云驰.中国企业 e-learning 实施攻略之三 e-learning 实施的"五重合力"——如何在企业内更有效地推动 e-learning 实施.培训,2007,(12)

[95] 构建 e-learning 学习环境的荣誉体系. http://blog. csdn. net/microrain/archive/2008/ 01/21/2057250. aspx.

[96] 整合式学习:企业持续竞争力的原动力. http://www. 69169. cn/company/point/ 1. html

[97] e-learning:企业文化的内涵. http://finance. 21cn. com/news/2002 − 10 − 14/ 797383. html

[98] 王知津,谢瑶.基于知识社区的 e-learning 及实例分析.图书情报知识,2008,(5)

[99] 三大措施旺盛企业 e-learning 培训. http://www. online-edu. org/html/13/n−10313. html

[100] 廖肇弘. e-learning 效益如何计算. http://www. xici. net/b195366/d7398758. htm

[101] 培训效果,需要怎样的评估模型? http://www. dzswu. com/qygl/renli/11587_2. html

[102] 赵新伟.平衡计分卡与绩效管理.企业研究,2007,(3)

[103] 平衡计分卡的指标体系设计. http://info. qinghuaonline. com/info/info_5_ arc58400. htm.

[104] 刘兴国,左静等.传统企业组织结构模式的比较分析.科学学与科学技术管理,2003,(24)

[105] 郝晓玲,孙强.信息化绩效评价:框架实施与案例分析.北京:清华大学出版社,2005

[106] 张志梅,郑起运.技术接受模型在教育中应用研究的元分析.开放教育研究,2009,(4)

[107] 陈莹,仇梅美.技术接受模型在远程网络教育中的应用.教育信息化,2005,(2)

[108] 张俊杰.什么是电子商务.http://www.people.com.cn/GB/channel5/30/20000811/183333.html.

[109] 王少锋,王克宏.电子商务技术的发展与研究.计算机工程与应用,2000,(4).36~38

[110] 张军强.P to P 电子商务的信任风险问题探讨.http://www.studa.net/Electronic/090325/14202767.html.

[111] 我国电子商务的发展形势分析.http://news.xinhuanet.com/ec/2005-11/29/content_3850423.htm.

[112] 马克.J.罗森伯格.在线学习:强化企业优势的知识策略.北京:机械工业出版社,2002

[113] 什么是 e-learning.http://www.amteam.org/k/others/2007-11/604011.html

[114] 殷沈琴.e-learning 在电子商务中的运用研究.情报科学,2007,(11)

[115] 担当起可持续发展的使命——以信息通信引领经济社会可持续发展探析.http://www.cnii.com.cn/20080623/ca513548.htm.

[116] e-learning 发展趋势及应用现状.http://blog.sina.com.cn/s/blog_49189b010100c9ah.html~type=v5_one&label=rela_prevarticle.

[117] 吉喆.打开互联网教学之门——网络时代教学者必备 ICT 技能之信息检索篇.信息技术教育,2007,(2)

[118] 秦丽娟,焦建利.构建网络教学资源宝库——网络时代教学者必备 ICT 技能之网络资源管理篇.信息技术教育,2007,(3)

[119] 关注网络舆论与政府决策.http://www.ccwresearch.com.cn/store/article_contentn.asp?articleId=35568&Columnid=1532&view=#

[120] 吴建祖,张兴华,陆俊杰.服务科学、管理与工程(SSME)学科体系构建.中国科技论坛,2009,(1)

[121] 郑宏.IBM 提出服务科学概念 SSME 成大学新课程.通信世界,2005,(9)

[122] 服务科学管理与工程(SSME)的发展.http://jdsong.blog.sohu.com/

[123] 王建刚.企业培训新方法.科技促进发展,2009,(6)

[124] 王晓东,李彦敏.基于手机短消息服务的移动学习.中国电化教育,2007,(1)

[125] 马小强.移动学习终端的选择与评价.中国电化教育,2007,(5)

[126] 梅晓丹,于新强.PDA 的应用及其前景.科技信息,2005,(9)

[127] 刘超,姜婷婷,韩捷.播客在移动学习中的应用.科技信息,2007,(1)

[128] 罗小巧,周丽丽,万李.3G 在移动教育中的应用展望.高等函授学报(自然科学版),2004,(6)

[129] 彭伟强,叶维权.通过电子邮件学习英文写作.天津电大学报,2005,(12)

[130] 李卢一,郑燕林.泛在学习环境的概念模型.中国电化教育,2006,(12)

[131] 刘婷,丘丰.论未来终身教育新模式——泛在学习.广东广播电视大学学报,2007,(3)

[132] 郝冰.基于 e-learning 的企业员工培训开发研究.南京理工大学硕士论文,2007 年 6 月

[133] 韩静.企业 e-learning 与学习型组织创建.华东师范大学硕士论文,2002 年 5 月.

[134] 陈兆辉.e-learning 之中国路:中国远程教育,2009,(2)

[135] 吕刚强.浅谈 e-learning 标准.http://www. ourelearning. com/2008/10/0957121621 . html

[136] 宋国学.国外 E-学习的研究综述.外国教育研究,2006,(2)

[137] (美)罗宾斯.组织行为学.第七版.北京:人民大学出版社,2004

[138] 吴建祖,张兴华,陆俊杰.服务科学、管理与工程(SSME)学科体系构建,中国科技论坛,2009,(1)

[139] 邰宏伟.G-learning 在游戏中增长才干,培训,2007,(8)

[140] Xiaoli Wang, Jiangang Wang. Organizational roles' differences in e-learning acceptance. ICIECS,2009,(12)

[141] Chang, M. Wang etc.. National Program for e-learning in Taiwan. Educational Technology & Society,2009,12 (1)

[142] Barron. T. (2000). Getting IT support for e-learning. Training and Development,2000,54(12)

[143] Davis. F. D. Perceived usefulness, perceived ease of use, and user acceptance of information technology. MIS Quarterly,1989,13 (3)

[144] Harun. M. H. Integrating e-learning into the workplace. Internet and Higher Education,2002,4 (3 - 4)

[145] Shu-Sheng Liaw, Hsiu-Mei Huang, Gwo-Dong Chen. Surveying instructor and learner attitudes toward e-learning. Computers & Education,2007,(49)

[146] Juan Carlos Roca a,Marylene Gagne. Understanding e-learning continuance intention in the workplace. A self-determination theory perspective. Computers in Human Behavior, 2008, (24)

附　录

一、术语表（Glossary）

编号	中文术语	英语词汇	缩　写
1	电子电气工程师协会	Institute of Electrical and Electronics Engineer	IEEE
2	美国培训与发展协会	American Society for Training & Development	ASTD
3	国际电信联盟	International Telecommunication Union - Telecommunications	ITU－T
4	航空工业计算机辅助训练委员会	Aviation Industry CBT Committee	AICC
5	可共享内容对象参考模型	The Sharable Content Object Reference Model	SCORM
6	高级分布式学习	Advanced Distributed Learning	ADL
7	全球学习联盟	Global Learning Consortium	IMS
8	美国信息交换标准码	America Standard Code for Information Interchange	ASCII
9	计算机管理教学	Computer Managed Instruction	CMI
10	学习管理系统	Learning Management System	LMS
11	学习内容管理系统	Learning Content Management System	LCMS
12	教学管理模块	Learning Management Module	LMM
13	定制课程	Custom Courseware	——
14	现成课程	Off the Shelf Courseware	——
15	可扩展标记语言	Extensible Markup Language	XML
16	异步 JavaScript 和 XML	Asynchronous JavaScript and XML	AJAX
17	Java 2 平台企业版	Java 2 Platform Enterprise Edition	J2EE
18	虚拟现实造型语言	Virtual Reality Modeling Language	VRML
19	简易信息聚合	Really Simple Syndication 或 Rich Site Summary	RSS
20	元数据	Meta-data	——
21	打包	Packaging	——
22	课件结构文件格式	Course Structure File	CSF
23	轻型目录访问协议	Lightweight Directory Access Protocol	LDAP
24	内容打包规范	Content Packaging Specification	CPS
25	客户端	Client	——
26	应用软件	Application Software	AS
27	网络服务器	Web Server	WS

编号	中 文 术 语	英 语 词 汇	缩　写
28	浏览器/服务器模式	Browser/Server	B/S 模式
29	客户机/服务器模式	Client/Server	C/S 模式
30	集群服务器	Cluster Server	CS
31	内容服务器	Content Server	CS
32	数据库服务器	Database Server	DS
33	分布式服务器	Distributed Server	DS
34	内容发布学习服务器	Delivery Server	DS
35	中继器	Repeater	——
36	网桥	Birdge	——
37	路由器	Router	——
38	网关	Gatway	——
39	结构化查询语言	Structured Query Language	SQL
40	中间件	Middleware	——
41	计算机支持的协同工作	Computer Support Cooperative Work	CSCW
42	办公自动化	Office Automation	OA
43	门户	Portal	——
44	人力资源	Human Resource	HR
45	人力资源管理信息化	Electronic Human Resource	EHR
46	应用程序编程接口	Application Programming Interface	API
47	建构主义	Constructivism	——
48	课件制作流程	Analyze, Design, Develop, Implement, and Evaluate	ADDIE
49	学习动机激励模式	Attention、Relevance、Confidence、Satisfaction	ARCS
50	项目管理	Project Management	PM
51	质量保证	Quality Assurance	QA
52	学科专家	Subject Matter Expert	SME
53	教学设计	Instructional Designer	ID
54	混合式学习	Blended Learning	BL
55	知识管理	Knowledge Management	KM
56	知识管理系统	Knowledge Management System	KMS
57	外显知识	Explicit Knowledge	EK
58	内隐知识	Tacit Knowledge	TK
59	知识库	Knowledge Base	KB
60	商业智能	Business Intelligence	BI
61	知识地图	Knowledge Map	KM

编号	中文术语	英语词汇	缩 写
62	专家系统	Expert System	ES
63	虚拟学习社区	Virtual Learning Community	VLC
64	虚拟教室	Virtual Classroom	VC
65	虚拟现实技术	Virtual Reality Technology	VRT
66	在线考试系统	Online Exam System	OES
67	经典测试理论	Classical Test Theory	CTT
68	项目反应理论	Item Response Theory	IRT
69	计算机自适应考试	Computer Adaptive Test	CAT
70	投资回报率	Return On Investment	ROI
71	企业核心竞争力	Corporate Core Competence	CCC
72	企业学习策略	Corporate Learning Strategy	CLS
73	企业目标	Enterprise Target/Objectives	EO
74	首席财务官	Chief Finance Officer	CFO
75	首席信息官	Chief Information Officer	CIO
76	首席学习官	Chief Learning Officer	CLO
77	首席知识官	Chief Knowledge Officer	CKO
78	快速 e-learning	Rapid e-learning	——
79	培训效果评估	Training Evaluation	T E
80	层次分析法	Analytic Hierarchy Process	AHP
81	平衡计分卡	Balanced Score card	BSC
82	柯氏模型	Kirkpatrick Model	——
83	电子商务	Electronic Commerce	EC
84	教育营销	Education Marketing	EM
85	信息与通信技术	Information and Communications Technology	ICT
86	服务科学、管理和工程	Service Science，Management and Engineering	SSME
87	移动学习	Mobile-learning	M-learning
88	泛在学习	Ubiquitous-learning	U-learning
89	游戏化学习	Game-learning	G-learning
90	按需学习	Learning On Demand	LOD
91	第二人生(大型游戏)	Second Life	SL
92	个人数字助理	Personal Digital Assistant	PDA
93	播客	Podcast	
94	第三代移动通信技术	3rd Generation	3G
95	互联网协议电话	Voice Over IP	VOIP

二、e-learning 管理制度

说明：《e-learning 管理制度》给出的只是一个 e-learning 管理框架，在制订本企业 e-learning 管理制度时可依据本企业实际情况进行增、减、删、改。本管理框架适用于已经上了学习管理系统 LMS 的企业，对拥有视频会议、考试系统等其他 e-learning 系统和资源的企业也可借鉴。

1.0 总则

1.1 目的

e-learning 作为企业学习的一种有效方式，是员工知识学习的重要渠道。员工通过学习各种电子化学习资源，掌握知识并加深对知识的理解，从而增强工作能力、提高工作绩效。为了更好地对 e-learning 资源进行管理，指导员工开展 e-learning 学习，特制定本制度。

1.2 概念

e-learning，即"电子化学习"，具体指员工通过学习管理系统（LMS）对电子化资料进行的学习。本制度中 e-learning 包括 e-learning 学习、e-learning 考试和 e-learning 课件三部分内容。

e-learning 课件：将课程的内容采用电子化、多媒体的形式表现出来，用以达到更好地传授知识的目的。e-learning 课件开发就是将公司的课程内容通过外部专业公司加工转换成 e-learning 课件的过程。

e-learning 课程资源：包括购买或开发的 e-learning 课件、电子学习文档等资源，放置在学习管理系统（LMS）上，供员工学习。

e-learning 考试资源：包括考试题目、考试答案、考试附属信息等资源，放置在学习管理系统（LMS）上。

学习管理系统：e-learning 的承载平台，简称为 LMS 系统。

1.3 适用范围

本制度由人力资源部或培训部门制订，适用于公司全体员工。

2.0 各部门管理职责

2.1 人力资源部职责

2.1.1 制订并完善 e-learning 管理规范。

2.1.2 统筹管理公司 e-learning 课程资源和考试资源。

2.1.3 明确 e-learning 平台的系统开发需求和权限管理。

2.1.4 购买、开发领导力与核心素质类的 e-learning 课件。

2.1.5 构建、完善和维护领导力与核心素质的 e-learning 课程资源和考试资源。

2.1.6 组织相关部门开发或购买专业类 e-learning 课件。

2.1.7 组织员工进行领导力与核心素质类的 e-learning 学习和考试。

2.2 各业务部门职责

2.2.1 购买、开发专业类 e-learning 课件。

2.2.2 构建、完善和维护专业类 e-learning 课程资源和考试资源。

2.2.3 组织本部门或专业线条员工进行 e-learning 学习和考试。

2.3　信息部门职责

2.3.1 负责 e-learning 平台的建设与优化。

2.3.2 负责 e-learning 平台的故障处理。

2.3.3 将 e-learning 课件放置在 LMS 系统上，并进行维护。

2.3.4 接受学员的咨询与投诉。

3.0　e-learning 资源构建和维护

3.1　资源分类及责任单位

e-learning 课程资源和考试资源按照内容可分为领导力与核心素质类资源和专业类资源。人力资源部负责领导力与核心素质类课程资源和考试资源的构建、完善和维护，并组织员工进行学习，同时评估学习的效果。各部门负责本部门或相关专业线条的专业类课程资源和考试资源的构建、完善和维护，并组织员工进行学习，同时评估学习的效果。

3.2　资源的构建与维护

构建 e-learning 课程资源和考试资源时，须以课程体系为依据，在每一门课程中增加相应的资源。各部门应根据本部门负责的课程范围，组织本部门（或本线条）内相关的专家（本制度中简称为"课程专家"）开发、购买、整理课程资源，同时构建对应的考试资源，并将它们上传到 LMS 对应的课程中；各部门定期组织课程专家对课程资源和考试资源进行完善、更新和维护，以保证其准确性、完整性和有效性。

4.0　e-learning 学习

4.1　学习步骤

e-learning 学习包括课程内容的准备、内容的系统录入、组织学习、效果评估、课程内容的完善等几大步骤。

4.1.1 课程内容的准备：主要指 e-learning 课程资源的构建。即各部门根据学员需要掌握的知识或提升的能力明确课程的内容，并由本部门或本专业线条内的课程专家根据该内容开发或购买 e-learning 课程。e-learning 课程由 e-learning 课件和电子学习文档构成。e-learning 课件的开发与购买请见本制度 6.0 的内容。电子学习文档的整理和开发主要由课程专家负责完成。

4.1.2 内容的系统录入：指将 e-learning 课程上传到 LMS 上对应的课程中。

4.1.3 组织学习：发布通知，让学员在指定的时间内完成相应的学习。

4.1.4 效果评估：评估学员学习的效果，一般通过 e-learning 考试的形式进行。

4.1.5 课程内容的完善：各部门收集学员的反馈意见，经整理后反馈给课程专家，由课程专家对课程的内容进行完善和更新。一般每三个月更新一次。

4.2　e-learning 学习发起方式

4.2.1 员工根据岗位能力的要求和能力发展计划的安排，选择相应的课程进行学习。

4.2.2 各部门根据所负责的课程范围，组织员工进行 e-learning 课程学习。

4.2.3 员工根据自己的兴趣和爱好，选择相应的课程进行学习。

4.3　根据《员工培训积分管理办法实施细则》的要求，员工须完成经人力资源部审核

确认的年度能力发展计划中涉及的 e-learning 课程,以及公司或相关部门要求学习的 e-learning 课程。

4.4　根据课程的要求,员工学习完毕并通过相应的评估后,系统才能将该记录转为员工的培训记录,同时增加相应的培训积分。

5.0　e-learning 考试

5.1　考试步骤

e-learning 考试包括明确考试目的、设计试题、试题的系统录入、组织考试、计算成绩、反馈成绩等几大步骤。

5.1.1 设计试题:主要指 e-learning 考试资源的构建。具体内容包括:考试发起部门确定考试目的和考试对象,课程专家根据考查的内容设计题型和题目及答案并确定分值。

5.1.2 试题的系统录入:指将设计好的题目录入到 LMS 中,并在系统上明确考试的对象和考试的起止时间。

5.1.3 组织考试:发布通知,让学员在指定的时间内完成相应的考试。

5.1.4 计算成绩:对于客观试题,LMS 可以自动进行阅卷;对于主观题目,需要人工批阅。

5.1.5 反馈成绩:向参加考试的人员反馈成绩。对于没有通过考试的员工,可根据考试的性质决定是否要求其重新进行考试。

5.2　考试方式

5.2.1 要求考试的 e-learning 课程,员工在学习时,须完成相应的 e-learning 考试。

5.2.2 各部门组织的专业类 e-learning 考试,员工必须完成。

5.2.3 市场线条人员的业务类 e-learning 考试由市场部培训室负责组织,相关人员必须完成。

5.2.4 要求能使用 LMS 的考试功能模块或专业的在线考试系统进行考试。

6.0　e-learning 课件

6.1　需求管理

6.1.1 每年年初,人力资源部在制定公司的"年度培训计划"中,明确今年需要开发或购买的领导力与核心素质类 e-learning 课件计划,并报公司领导审批后执行。

6.1.2 各部门根据人力资源部反馈的部门员工能力发展计划,确定本年度内需要开发或购买的专业类 e-learning 课件计划,并以部门通知的形式提交给人力资源部审批。人力资源部审批通过后,方可按计划执行。

6.1.3 对于非年度计划内的 e-learning 课件的购买和开发,须将具体的需求以部门通知的形式报给人力资源部审批,人力资源部审批通过后,方可执行。

6.2　开发与购买

e-learning 课件的开发与购买包括明确课程目的、选择课程专家、确定课程大纲和内容、开发或购买课件、课件的系统录入等几大步骤。

6.2.1 明确课程目的:是开发或购买 e-learning 课件的基础。相关部门需说明为什么要开发或购买课件、要达到什么目的。

6.2.2 选择课程专家:相关部门根据开发或购买课件的目的和内容在公司内确定1到3名该领域内的专家,由其负责课件的具体内容。

6.2.3 确定课程大纲和内容:课程专家根据课程目的编写、整理课程的大纲和内容。

6.2.4 开发课件:课件开发商根据课程的大纲和内容进行开发。开发过程中,需要课程专家与开发商不断地沟通,不断地修改,最终加以完成。

6.2.5 购买课件:根据课程专家确定的大纲和内容选择合适的课件进行购买。

6.2.6 课件的系统录入:课件开发或购买完毕后,由课件的开发或购买部门交给信息技术中心将课件放置于 LMS 上。

6.3 维护和完善

6.3.1 对于开发的课件,员工学习过程中,课件开发部门需要定期汇总学员的反馈意见,并提交给课程专家,让其对课程的内容和形式进行修改和更新,再由课件开发部门联系课件开发商对课件进行更新。一般更新的周期为三个月。

6.3.2 课件的开发或购买部门需要定期对课件的使用情况和效果进行评估,提出改进意见,对课件进行完善。

6.4 职责分工

根据 e-learning 课程的内容,人力资源部负责领导力与核心素质类课件的购买与开发,并组织各部门开发或购买专业类课件;各部门负责本部门和相关专业线条专业类课件的购买与开发。

7.0 其他

7.1 本制度自发文之日起执行。

7.2 本制度的解释权在人力资源部。

三、e-learning 服务商指南

提供的 e-learning 服务内容	可供选择的服务商
学习管理系统（LMS）	SumTotal Systems Inc. 汇思软件（上海）有限公司 上海汇旌网络科技有限公司（ASP 服务） 上海正邦教育培训有限公司（ASP 服务） 北京通铭派瑞科技有限公司 北京全景赛斯科技发展有限公司（ASP 服务） 北京中欧互联信息技术有限公司 北京易迅方舟科技有限公司 北京杰佛软件技术开发有限公司
知识管理系统（KMS）	深圳市蓝凌软件股份有限公司 北京拓尔思信息技术股份有限公司 用友致远软件技术有限公司 上海源天软件有限公司 深圳升蓝软件有限公司 明基逐鹿软件（苏州）有限公司 北京金和软件股份有限公司
虚拟教室系统（VCS）	艾康（上海）信息技术有限公司 网迅（中国）软件有限公司 北京网梯科技发展有限公司 北京威速科技有限公司 北京网动科技有限公司 太御科技上海分公司
在线考试系统（OES）	深圳市新风向科技有限公司 北京杰佛软件技术开发有限公司 深圳新为软件有限公司 永道软件（北京）有限公司
内容制作工具	SumTotal Systems Inc. 台湾讯连科技股份有限公司 上海平南信息技术有限公司 北京翰博尔信息技术有限公司 北京东方金鸟网络科技有限公司 北京网梯科技发展有限公司 北京软望时代科技有限公司

提供的 e-learning 服务内容	可供选择的服务商
通用课件	安博教育集团有限公司（Skill Soft 代理） 凯洛格咨询有限公司（哈佛商学院课程代理） 汇思软件（上海）有限公司 上海易知信息科技有限公司（Video Arts 代理） 上海汇旌网络科技有限公司 上海一佳一网络科技有限公司 上海时代光华教育发展有限公司
课件定制	汇思软件（上海）有限公司 上海易知信息科技有限公司 上海兴汉计算机技术有限公司 上海思创网络有限公司 上海科冠信息科技有限公司 深圳市新风向科技有限公司 深圳市荣景企业管理咨询有限公司 深圳市致铭科技有限公司
综合咨询服务	北京博奥新世纪信息技术有限公司（在线教育资讯） 汇思软件（上海）有限公司 上海东智企业咨询有限公司 建复实业上海赛伍信息技术有限公司

编写本书的某个晚上,听到收音机里报道小贝(贝克汉姆)正来上海,引起了众人特多关注。第二天早上又听到有报道说,中国围棋队如何如何战胜了韩国队的李昌镐等,夺得了农心杯,深为吸引。由此想到,为什么体能竞技(如小贝代表的足球),这些锻炼人的体能耐力和技巧的运动,能得到社会大众如此之高的热情参与;而围棋、象棋等智力竞技,这些更适合人类智力发展和进化的运动,却没有得到大众的追捧和参与? 也许有人不以为然,也许有人感到不平,但喜欢体能竞技的继续喜欢着,爱好智力竞技的也继续爱好着。

遵循物竞天择,适者生存的规则,生物界里捕猎者和猎物为了更好地生存下去,都在不断地发展自己的优势基因,进化出更高的技能。比如,狮子和羚羊,都在发展自己的奔跑速度。狮子发展自己的奔跑速度是为了能更快地追上猎物,其目的是为了生存;而羚羊发展自己的奔跑速度则是为了更快地逃脱捕猎者的追赶,目的也是为了生存下去。不过,动物再进化,都还主要表现在身体能力方面的进化。到了智力超群的人类这里,任何高级的身体技能都抵御不了人类聪明大脑的能力。

人类之所以能称雄这个星球,根本原因是因为人类进化发展了自己的智力。动物再好的身体技能的发展,都比不上人类制造和利用工具的能力——脑力的发展。有人说,假如人能进化得像鸟一样会飞,像鱼一样会游泳就好了。却不知,人类由于智力的发展,轻而易举地就取代鸟类和鱼类,取得了天空和海洋的统治地位,还用得着那么费力从身体技能上去进化得像鸟和像鱼吗?

人类的智力,来自学习。20世纪微软、思科等公司的崛起,是美国人致力于学习和发掘智力的结果。而我们国家的一小部分人,却一度以破解、盗版、占便宜、走捷径为荣,惰于学习,惰于创新,恍惚于这种变态的生存竞争中,觉察不出这陋习会带来的恶果。

我国是一个人数众多的大国,其实情是:教育水平虽然正在逐步提高,但还远远达不到快速发展的需要;全民的学习意识虽然正在逐步加强,但不同人群学习意识的差距还相差甚大。相当多的人希望自己不费吹灰之力就一夜暴富,所以对"股神"之类的故事津津乐道,即使是热爱体育的部分人,也只是羡慕体育明星的高收入和高奖金,不愿意刻苦训练,更不愿意踏踏实实地进行学习。而教育和学习,天生就是要用很长时间才能有收效的,十年树木,百年才树人啊!

我国的孩子,只有三分之一的人有机会进高等学府学习,还有三分之二的人他们所接受的教育相比之下就差得多。根本原因就是我们国家的人太多,资源太少。无法满足更多的人接受高等教育的愿望,也无法更多地满足那些优秀者进一步学习,发展自己智力的要求。

在现代的信息社会,人穷一点并不可怕,而可怕和可悲的是被抛弃在信息孤岛,没有信息,没有学习的机会,就找不到一条能自我发展的道路,更谈不上有智力进化的机会。幸亏,这个世界有了网络,有了 e-learning。e-learning 有她天生的优势,能给更多的人学习的机会,e-learning 传输的学习内容是广泛和便捷的,能满足各种不同需要和不同层次学习者的需求,能突破很多既往学习模式的限

后

记

制，使那些三分之二没有机会进大学学习的人圆大学的梦，能使想要发展自己智力的优秀者得到进一步的深造；更能使各类从业人员在自己的职业岗位上即学即用，展才示能。

19世纪的中国人，被人叫为东亚病夫，21世纪的中国人，可别让人叫成东亚笨蛋。我们应积极行动起来，通过 e-learning 来实现终身学习的愿望，我们应充当 e-learning 的传道者，积极宣传 e-learning，推崇人人学习、时时学习、处处学习，真正向着建立学习型社会前进。

摘自本书作者之一王建刚的博客文章
——《智力进化与 e-learning》

《企业 e-learning 实战攻略》读者调查表

尊敬的读者：

感谢您对本书的支持与爱护。为了今后向您提供 e-learning 方面更优秀的图书，请您抽出宝贵的时间将您的意见以下表的方式及时告知我们。我们将从中评选出热心读者若干名，免费赠阅我们以后出版的图书。

姓名：_____ 性别：□ 男 □ 女 年龄：_____ 职业：_____

电话(手机)：_____ E-mail：_____

传真：_____ 通信地址：_____

邮编：_____

1. 影响您购买本书的因素(可多选)：

□封面封底 □价格 □内容提要、前言和目录 □书评广告 □出版物名声

□作者名声 □正文内容 □其他_____

2. 您对本书的满意度：

从技术角度 □很满意 □比较满意 □一般 □较不满意 □不满意
□改进意见_____

从文字角度 □很满意 □比较满意 □一般 □较不满意 □不满意
□改进意见_____

从版面、封面设计角度 □很满意 □比较满意 □一般 □较不满意
□不满意 □改进意见_____

3. 您最喜欢书中的哪篇(或章、节)？请说明理由。
_____
_____

4. 您最不喜欢书中的哪篇(或章、节)？请说明理由。
_____
_____

5. 您希望本书在哪些方面进行改进？
_____
_____

6. 您感兴趣或希望增加的图书选题有：
_____

联系方式：

联系人：王建刚、杨政 地址：上海市莘庄西环路 391 号

邮箱：shyu808@126.com 或 08elearning @ tongbi. edu. cn

邮编：201100 电话：021－64989110